Bacterial Biogeochemistry: The Ecophysiology of Mineral Cycling, Third Edition

微生物の地球化学

元素循環をめぐる微生物学
―第 3 版―

T. フェンチェル・G. M. キング・T. H. ブラックバーン　著

太田寛行・難波謙二・諏訪裕一・片山葉子　訳

東海大学出版部

BACTERIAL BIOGEOCHEMISTRY: THE ECOPHYSIOLOGY OF MINERAL CYCLING

THIRD EDITION

T. Fenchel
Emeritus Professor, Marine Biological Laboratory
University of Copenhagen, Denmark

G. M. King
Professor, Department of Biological Sciences
Louisiana State University, Baton Rouge, LA USA

T. H. Blackburn
Emeritus Professor, University of Aarhus, Denmark

Bacterial Biogeochemistry: The Ecophysiology of Mineral Cycling Third Edition

by T. Fenchel, G. M. King and T. H. Blackburn
Copyright ©2012 by Elsevier Ltd.
Japanese translation right arranged with Elsevier Ltd.

日本語版への序文

　生命とは，密接に相互作用している比較的少数の元素の繋がりという見方ができる．これらの元素は生物の構造とエネルギー消費システムのダイナミクスに貢献し，また，生命を維持および再生するための情報の記録と使用に関与している．こう考えると，生物地球化学という学問は，生物や元素循環の相互作用を学ぶことに留まらず，生命そのものを学ぶことである．さらに，さまざまな微生物とその生物学を学ぶことも必要である．というのも，地球史においてのほとんどの期間，微生物こそが唯一の生命体であり，今日においても元素循環でもっとも大きな役割を担っているからである．

　太田，難波，諏訪，片山による「Bacterial Biogeochemistry: the ecophysiology of mineral cycling, third edition（邦題；微生物の地球化学─元素循環をめぐる微生物学）」の日本語版は，生物地球化学の研究と教育の欧米での伝統と，それに匹敵する日本の伝統との，待ち望んでいた連携である．これまで，日本のベテランの研究者や教育者は，さまざまな情報源から研究情報を得るために言葉の障壁を打ち破ってきたが，研究を始めたばかりの研究者や学生にとって，この分野を学ぶ情報はいくらか不足していたかもしれない．本書はこれを補うものとなるだろう．

　日本の読者がまず目にする4つの章は，本書での導入部である．そこでは生物地球化学プロセスの微生物学を理解するために必要な基礎知識が与えられている．微生物はあらゆる棲息場所と生態系に見出すことができるのである．第1章では，細菌の特性と生理学を取り扱い，元素循環を駆動する代謝の共通性に力点を置く．第2章では，細菌細胞への基質輸送を支配する原則に焦点をあてる．輸送での諸現象は，代謝が起こる細胞内部の世界とさまざまな空間的スケールで細胞の外側で起こっている多種多様な生物地球化学プロセスとの，もっとも重要な接続点である．第3章では，粒子状の有機物の加水分解に焦点をあてる．なぜなら，生物地球化学的循環を駆動する有機物"燃料"はおもに，複雑な高分子物質の状態で存在しているからである．導入部の最後として，第4章では，おもな元素循環にみられる類似性と相違性，および相互作用を解説する．

　引き続く6つの章では特定の棲息場所や生態系─地球規模で重要性をもつ土壌，堆積物，水圏や，特有の重要性をもつためモデルとして取り扱われる極限環境など─での元素循環と生物地球化学的プロセスを概説する．ここでのねらいは，それぞれの生態系を特徴づける重要なプロセスや原則を示すことにあり，さらに，それらの底流にある統一的な性格を読者に認識させることにある．この部分の最後に（第10章），微生物プロセスが大気組成に及ぼしてきた影響を，地球史的に長期間および短期間で考える．メタンの利用や生成のようなプロセスのいくつかは温室効果ガスの消長に影響し，そのため，気候変動で重要な役割を演じている．

最後の章（第11章）では，生物地球化学循環の起源と進化をどのように理解するかを議論する．ここでは，非平衡熱力学からそれらを考察し，地球史上のおもなできごと（たとえば，大酸化イベント；the Great Oxidation Event）や，特定のプロセス（たとえば，硫酸塩還元，好気的呼吸）の発達に影響したできごとを概説する．補遺1は生物地球化学の諸反応の熱力学についての補足的な説明であり，補遺2は細菌の系統分類学と生物地球化学的な機能についてのまとめである．

　原著者ら（Fenchel, King と Blackburn）は，翻訳者チームの優れた仕事に感謝の意を表する．翻訳者チームは，原書中のこれまで気づかなかった誤りや誤植を見つけ出し，修正した．また，誤解を生じる可能性について，多くの示唆を提供した．彼らの仕事はこの書物自体を確実に改善した．その結果は単なる翻訳に留まらず，科学の精神による共同作業となった．

T. Fenchel
G. M. King
T. H. Blackburn

2015年3月7日

Preface to the Japanese edition

In an abstract sense, life can be viewed as the nexus of a relatively small number of intimately interacting elements that contribute to the structure and dynamics of energy dissipative systems characterized by their ability to store and use information for maintenance and reproduction. From this perspective, the discipline of biogeochemistry is not just a study of the interactions among organisms and elemental cycles, it is a study of life itself. It is also necessarily a study of microorganisms and their biology, since microbes were the only life forms for much of Earth's history, and they continue to play dominant roles in elemental cycles today.

This translation by Ohta, Nanba, Suwa, and Katayama of the 3rd edition of "Bacterial Biogeochemistry: the ecophysiology of mineral cycling" provides a welcome connection between European and North American biogeochemical research and instructional traditions, and comparable traditions in Japan. While more senior scientists and instructors typically transcend barriers of language to access research from numerous sources, beginning researchers and students may have somewhat more limited resources to use for learning and reference.

Japanese readers will find that the text begins with four introductory chapters, which provide basic knowledge that is necessary for understanding the microbiology of biogeochemical processes as they occur in a wide range of habitats and ecosystems. The first chapter describes properties of bacteria and their physiology, emphasizing common modes of metabolism that drive elemental cycles, while the second chapter focuses on principles that govern substrate transport to bacterial cells. Transport phenomena represent a critical link between the internal world of metabolism and a variety of processes that occur externally at many different spatial scales. Chapter three focuses on particulate organic matter hydrolysis, since the organic "fuel" for biogeochemical cycles exists largely in a complex high molecular weight state. A final introductory chapter addresses the similarities, differences and interactions of the major elemental cycles.

The next six chapters describe elemental cycles and biogeochemical processes in specific habitats or ecosystems, including those with global significance (e.g., soils, sediments and water column) as well as systems that are otherwise intrinsically important or serve as models (e.g., extreme environments). The intent is to present important processes or principles that characterize each system, while recognizing underlying unifying features. The final chapter in this set (Chapter 10) deals with microbial processes that affect atmospheric composition on various time scales. Some of these processes, e.g., methanotrophy and methanogenesis, affect greenhouse gases, and thus play a role in climate change.

A final chapter (Chapter 11) provides perspectives on the origin and evolution of biogeochemical cycles. This chapter includes insights from non-equilibrium thermodynamics and an overview of major events in Earth's history (e.g., the Great Oxidation Event) that affected the development of specific processes (e.g., sulfate reduction, aerobic respiration). Appendix 1 provides additional information regarding the thermodynamics of biogeochemical reactions, and Appendix 2 summarizes information about bacterial phylogeny and biogeochemical functions.

The authors (Fenchel, King and Blackburn) gratefully acknowledge the outstanding work of the translation team. The translators uncovered and corrected a number of errors in the original text, typographical and otherwise, and offered numerous suggestions for clarification. Their work has certainly improved the text. The result is not just a translation, but a collaboration that reflects the spirit of science.

T. Fenchel
G. M. King
T. H. Blackburn

7th March 2015

まえがき

　本書では，微生物の活性が生物圏の化学環境に及ぼす影響を解説する．私たちのアプローチは，おもに，原核生物の生理学的性質を基礎にする．本書は，1979年のFenchel，Blackburnによる初版，1998年のFenchel，King，Blackburnによる第2版に続く第3版であり，本書第2版の基本構成に大きな改訂を加えていないが，この10年間での新知識や発見を踏まえて，大部分の章を書き直し最新のものにした．

　本書は，環境科学や水圏および陸圏の生態学の中心を成すテーマを扱っている．また，一般微生物学，生物エネルギー論や生物化学の基礎知識を前提にしている．私たちは，本書が，大学の微生物生態学や環境科学の講義のテキストになるとともに，水系や土壌の科学，一般微生物学および地球化学の専門家にも役立つことを願っている．

目　次

日本語版への序文　iii
まえがき　vii
はじめに　xi
用語に関する訳者注　xiv

1　細菌の代謝　001
1.1　総論：細菌の機能特性　001
1.2　細菌の代謝　003
1.3　異化代謝　005
1.4　同化代謝　018
1.5　微生物代謝の生体エネルギー論　020

2　物質輸送のメカニズム　027
2.1　物理的な物質輸送のメカニズム　027
2.2　細菌の行動と走性　035

3　有機ポリマーと炭化水素の分解　039
3.1　基質と分解の効率　039
3.2　加水分解酵素　041
3.3　無機栄養物と植物由来デトリタスの分解速度　042
3.4　腐植物質と炭化水素　044

4　元素循環の比較　047

5　水圏　053
5.1　浮遊性原核生物群集の組成　055
5.2　有機物：組成，起源，循環　057
5.3　懸濁粒子の生成および浮遊と堆積のつながり　059
5.4　細菌と窒素・リンの循環　062
5.5　細菌細胞の運命　063
5.6　化学走性　064
5.7　成層した水圏　066

6　土壌における生物地球化学循環　071
6.1　生物地球化学循環の基本変量としての土壌水分　074
6.2　水ストレスの生理学　077
6.3　植物性有機物に対する応答　087
6.4　撹乱と変化に対する土壌の生物地球化学的応答　091

7 水圏の堆積物

- 7.1 鉛直的帯状分布，鉛直輸送，混合 … 098
- 7.2 堆積物中の元素循環 … 103
- 7.3 堆積物に対する光の影響 … 105
- 7.4 微生物マット … 107

8 微生物地球化学と極限環境

- 8.1 概観 … 116
- 8.2 極限環境の生物地球化学 … 118
- 8.3 極限環境のモデルとしての高塩環境の微生物マット … 120
- 8.4 極限環境としての地下圏 … 123
- 8.5 極限環境の好熱菌と超好熱菌 … 126
- 8.6 補遺的な考察 … 129

9 共生システム

- 9.1 ポリマーの共生的分解 … 133
- 9.2 共生による窒素固定 … 140
- 9.3 共生者としての独立栄養細菌 … 144

10 微生物地球化学循環と大気

- 10.1 元素の貯留場所としての大気 … 148
- 10.2 大気の構造と変遷 … 152
- 10.3 微量気体成分の生物地球化学と気候変動との関連 … 158
- 10.4 微量気体の動態と気候変動－メタン生成と消費 … 171

11 生物地球化学循環の起源と進化

- 11.1 生物地球化学循環と熱力学 … 179
- 11.2 生命誕生前の地球における元素循環 … 183
- 11.3 初期の生命とその起源 … 184
- 11.4 先カンブリア代の生命と生物地球化学循環 … 187

補遺1 さまざまな代謝プロセスの熱力学とエネルギー収率の計算 … 191

補遺2 生物地球化学循環における微生物の系統と機能 … 200

文献 207
事項索引 238
菌種名索引 244
訳者あとがき 247

はじめに

　地球の表面は化学的には不均衡の状態にある．もし地球に生命が無かったならば，大気を保持できなかった火星や金星と同じように，地球の大気や海洋は化学平衡の状態に近づいていたであろう．もちろん，地殻変動のプロセス（火山噴火，造山運動，その後の侵食）や，大気や海洋での光化学作用があるので，地球は完全な平衡状態にはならない．

　地球が誕生して46億年たち，生命はおそらく40億年前に生まれた．生命の歴史の約半分は原核生物だけの世界であった．

　本書では，「細菌（bacteria）」を原核生物と同義で考える．すなわち，生物分類学でのドメイン バクテリア，*Bacteria*（真正細菌，Eubacteria）とドメイン アーキア，*Archaea*（古細菌，Archaebacteria）の両方で，真核生物でない生物である．バクテリアとアーキアは大きく異なるけれど，両者は基本的な細胞構成の点や機能面ではよく似ている．そこで，とくに分けて言及する必要がある場合は，アーキアやバクテリアという用語を用いる．一般的な用語としての細菌は，核膜をもたない単細胞の生命様式で，ドメイン バクテリアとドメイン アーキアに分類される生物として扱う．

　この単純な生きものは，環境中の化合物を利用する代謝や太陽からの電磁輻射を利用する代謝を驚くほど多様に進化させた．地殻構造変化や風化作用は，堆積岩中に埋まっている生体必須元素である炭素，リン，硫黄を再生し生命を維持させている．この地質学的および化学的変化と微生物の働きとの相互作用が，現在の海洋や大気の化学的性質に大きな役割を果たしている．

　生物学的なプロセスは，原則として，化学的な酸化反応と還元反応によって進行する．すなわち，電子の交換を介した2つの「半電池」の共役である（補遺1を参照）．そのような少数の作用が微生物の代謝の基本を作る；そこには，炭素，窒素，酸素，鉄，硫黄といった元素が関わっている．代謝は，いくつもの"微生物エンジン"（Falkowski et al., 2008）で駆動しており，進化を通して保存されてきた．約20億年前に生まれた真核生物は，異なるタイプの細菌の中で生まれた代謝過程の一部を受け継いだだけである．

　細菌の活性は地質学的作用と共役して地球表面の化学的環境を変え，多細胞生物の出現を導いた．シアノバクテリアにおいて酸素発生型光合成が誕生したことは，多細胞生物の生存に必須な酸素を含む大気を生みだした点で，疑う余地のないもっとも重要な進化のステップである．生物圏での重要なプロセスの多くは依然としてもっぱら細菌が行っており，たとえ真核生物が誕生しなかったとしても，元素の生物地球化学循環の主要な部分は，現在の地球上で細菌が行っているような活発さで進んでいたであろう．

　生態学や生物地球化学の観点で考えると，代謝プロセスは相補的な組み合わせ

になる傾向がある；たとえば，酸素がないとき，ある細菌は SO_4^{2-} を電子受容体として利用し，水素や低分子の有機化合物で呼吸を行い，硫化水素が産物として生じる．もし，酸素や NO_3^- が利用できれば，今度は他の細菌が硫化物（還元型硫黄化合物）を酸化して SO_4^{2-} に戻し，その結果，サイクルが出来上がる．

　細菌の活性が地球表面の化学環境に影響を与えていることが，20世紀に入って徐々に分かってきた．これは，新しい微生物代謝が数多く発見されたことや，集積培養（enrichment culture）を利用した成果と関係している．その集積培養の代表例として，"ウィノグラドスキーカラム（Winogradsky column）"があり，これは，1900年以前に，WinogradskyとBeijerinckが開発した．2人は，さまざまな微生物の作用のなかで，化学合成無機栄養性と窒素固定を発見した．彼らの学究的な伝統はおもに"デルフト学派"に受け継がれ，20世紀前半にKluyver，van Niel, Baas-Beckingや，さらに多くの研究者たちを輩出した．彼らの研究や手法は微生物生態学と微生物地球化学の研究分野を創成し，これらは現代微生物学の必須部分になっている．応用面での研究課題，とくに，土壌肥沃度や農地土壌での窒素の形態変化もまた初期の微生物学の進展に貢献した．Zobellと彼に続く研究者たちは，20世紀の中頃に水系の細菌の群集と活動を研究し，この40年間で水圏微生物学を一気に作り上げた．地球化学者や化学者も，生物学的作用が海水や大気の化学組成をどのように決めるのかに関心をもつに至っている．たとえば，生物圏という用語を広めたVernadskyの研究（Vernadsky, 2007）やSillén (1966) の研究がある．

　微生物による新しいタイプの代謝が，現在も発見されており，生態学の研究にインスピレーションを与えている．この40年間に，化学分析法の感度が向上し，放射性同位体や安定同位体を用いる代謝経路や反応速度の測定法が新たに開発され，また，微小電極や最新の顕微鏡，画像化装置の開発によって，化学的な帯状分布の記録やミリメーター以下の空間スケールや短時間スケールでの反応速度の測定ができるようになった．

　分子生物学的方法（ゲノミクスやメタゲノミクス）は，微生物の進化や微生物多様性の程度や分布を理解するための基盤を提供してきた．分子生物学的アプローチは，特異的な代謝がどの生息場所で起こっているかに関する詳細な情報をもたらした（DeLong & Karl, 2005を参照）．その分析は，複雑な群集から単一細胞のレベルにまで及んでいる．

　自然生態系での細菌の存在量とエネルギー変換が果たす極めて重要な役割が，生態学者間でも理解されるようになり，微生物生態学は水域や陸域の生態系の研究の重要な要素になってきた．微生物による化学的環境の改変が，初期の続成作用や古環境を理解するうえでは重要になっている．また，細菌の代謝は，油流出や人工化合物の分解，汚水処理，水域の富栄養化，温室効果ガスの発生，鉱山でのバクテリアリーチング法などの技術への応用にも影響を与えている．

　本書は11章からなる．第1章は，細菌の機能生物学的観点からさまざまな概論を，とくに代謝のタイプと生体エネルギー論を強調して述べる．第2章は，環境

中での輸送メカニズム（拡散，移流，乱流），走化性の役割，微生物群集の空間構造を述べる．同時に，これらの観点は自然界での微生物プロセスの様式や速度を理解するうえでの基礎となる．第3章では，ポリマーの加水分解と炭化水素の分解を扱い，生物が駆動する元素循環を考察する．第4～9章では，特定の生息場所，すなわち，水圏，土壌，根圏，水飽和土壌，海洋と淡水の堆積物，微生物マット，成層した水圏，共生系，極限環境，における微生物の活動を述べる．この6つの章では，あらゆる角度からの包括的な記載はしないで，一般的な原則や反応速度の制御を中心に解説する．第10章は，地球レベルでの元素循環と，大気中での気体状の炭素，窒素，あるいは硫黄の化合物の量を制御する微生物の作用や役割を考察する．最終章は，生命と生物地球化学循環の初期進化を扱う．補遺では，熱力学的原理と酸化還元ポテンシャルについて述べ，さらに生物地球化学循環に関わる細菌の概要を記載した．

用語に関する訳者注

- 原核生物の分類学的階級は，ドメイン（Domain）以下，門（Phylum），網（Class），目（Order），科（Family），属（Genus），種（Species）で構成される．本訳書では、系統分類学的な階級を明示することが必要なとき以外は，ドメイン等の階級名を省略する．たとえば、*Cyanobacteria* 門や *Alphaproteobacteria* 網は，それぞれ *Cyanobacteria*，*Alphaproteobacteria* と表記する．

- 原書中にある用語"sulfide"は，化学式で表すと，H_2S，HS^-，S^{2-} の3つの化学的形態を，また硫化物，硫化物イオンをも表現しうる言葉であり，文脈によって指すものが異なる．翻訳文中では，特定できる場合はその名前を示し，特定できない場合は"硫化物"とした．

- 同様に，"nitrate"，"nitrite"，"sulfate"は，多くはイオンの形態をとるので，化学式で示したが一部は，"硝酸塩"，"亜硝酸塩"，"硫酸塩"とした．

細菌の代謝

1.1

総論：細菌の機能特性

　細菌は小さな生きものであり，通常の細菌の直径は0.5〜2 μm程度である．一部は少し小さく，*Nanoarchaeum equitans*に代表されるナノアーキアでは，その直径は約0.4 μmで，より大型のアーキアの絶対共生体である（Waters et al., 2003）．約0.4 μmよりも小さい構造でも細菌であるとされてきたが，自由生活型と考えられる微生物のなかで，それらが代謝活性のある生物かどうかは，まだ分かっていない．

　種類は多くないが，2 μmを越えるサイズの細菌もいる：シアノバクテリアのなかには，5 μmを越える細胞をもつものがあり，硫化物酸化細菌のなかにも20 μmかそれ以上の大きさの細胞をもつものがいる（*Thiovulum*, *Beggiatoa*）．*Achromatium*の細胞サイズは0.1 mm，*Thiomargarita*では直径0.75 mmに達する（Schultz & Jørgensen, 2001）．これらは，2〜3 μmしかない一番小さい単細胞の真核生物のサイズと重なるが，大部分の真核生物は5倍から100倍くらい大きい．小さな真核生物と対照的に，大型細菌の体積の大部分を占めるのは液胞や封入体である．

　ほとんどの細菌は単細胞であるが，いくつかは繊維状やその他の形状の集合体を作る．細菌細胞は桿状（桿菌），球状（球菌），カンマ状（ビブリオ），あるいはらせん状（スピリラム）であるが，その他の形態の菌もいる．土壌細菌のなかには，糸状菌様の菌糸を作るものがあり（放線菌，ミクソバクテリア），ミクソバクテリアは胞子嚢形成を含む複雑な生活環をもっている．細菌は，ほとんど常に，細胞膜を取り囲む堅い細胞壁をもっている．例外は，細胞に内生する絶対寄生体（たとえば，*Chlamydia*）で，水分ストレスに抵抗する必要性がないために細胞壁がなくなっている．

　細菌がもつ2つの重要な特徴（小さいサイズ，堅い細胞壁）が，真核細胞を特徴付ける細胞骨格をもつに至らなかった理由である．この特徴から，さらに細菌の2つの性質が説明できる．1つは，細胞膜を介して，能動（エネルギー要求性）輸送か促進拡散によって，環境中から低分子化合物を取り込む性質である．ポリマーや粒子状有機物を利用する細菌は，まず，膜結合性か分泌型の加水分解酵素で基質を分解し，次にその低分子分解産物を取り込む（第3章を参照）．細菌は，粒子状基質や高分子を細胞内に取り込むことができない；食作用や飲作用は真核細胞だけが行う．細菌の形質転換では1本鎖DNAが取り込まれるが，これは進化的な意味をもつけれども，例外である．さらに，細胞骨格をもたない結果，細胞内での物質の輸送が分子の拡散に依存し，成長できる細胞の大きさを制

限してしまう．小型である細菌は，希薄溶液中から基質を効率よく濃縮している（第2章を参照）．

サイズが小さいことは，サイズの大きな生物と比較すると，結果として，代謝速度を高めていることになる；すなわち，大きな生物と比べると，小さな生物は，体積あたりの代謝速度が高く，世代時間が短い．さまざまなサイズの微生物を比べると，同様なサイズの種間で増殖速度は変わるけれど，比増殖速度定数や体積当たりの代謝速度は概ね［体積］$^{-1/4}$に比例する．至適条件で，多くの細菌の世代時間は15〜30分であり，もっとも速いものは10分である．これに対して体長100 μmの原生動物や，コペポーダ，小型の魚の世代時間は，それぞれ約8時間，10日，1年である．

生息場所（とくに，陸域）での細菌の全バイオマス必要量は多細胞生物に比べると大きくはないが，物質変換とエネルギー流の点からすれば，大きな影響を与えている．たとえば，一般的な海水中の細菌数は，1 ml あたり約10^6であり，その量を体積の割合で表すと，100万分の1以下の量になる．この体積量は原生動物の体積量に相当するが，細菌群集の代謝活性は原生動物の活性よりも10倍くらい大きい．

自然界における細菌の役割を理解するのに重要な性質は，"極限生物（extremophiles）"としての記録をもっている点である．80℃を越える条件や，さらに高圧下で121℃に達する条件でも生存する細菌（超好熱菌）がいる．その他にも，濃縮塩水（高度好塩菌），pH2以下（好酸性菌），pH10以上（好アルカリ性菌）で生存する細菌や，mM濃度の銅，亜鉛，ヒ素などの重金属やメタロイドイオンに耐性を示す細菌がいる（第10章を参照）．このような極限環境でなくても，多細胞生物が生息しない場所に細菌は生存している．たとえば，それらは，嫌気的で，硫化物に富む水や堆積物（特殊なタイプの原生動物が生息することがある）や，粘土やシルトを多く含み，孔径が小さくてより大型の生物が生息できない堆積物である．

細菌が優占する水圏や極限環境とは対照的に，陸域（土壌やリター層）では，バイオマスや活性の点で，細菌と匹敵ないし上回る糸状菌の群集が形成されている．とくに，植物体を作る化合物（たとえば，セルロースやリグノセルロース）の初期分解では，糸状菌が優勢である．陸域で，細菌の役割が制限される理由の1つは，自然界でのさまざまな物理的，化学的制約があるなかで，細菌が活性を発揮するのに液体の水を必要とすることである．多くの細菌，とくに土壌細菌には，乾燥に耐性の構造体であるシストや内生胞子を作るものがある．しかし，代謝活性や増殖には水が必要であり，"陸域の細菌"の増殖や代謝活性は，土壌中の無機物やデトリタス粒子，岩石表面，リター，植物の根，幹，葉の表面にできるマイクロメートル厚の水薄膜中だけにみられる．

細菌と比べると，糸状菌は水分ストレスへの耐性が高く，水薄膜への依存性は低い．実際に，糸状菌は土壌空隙やセルロースからなる植物細胞壁にも菌糸を分岐させて，土壌空間中へ伸長し植物ポリマーを分解する．この点で，糸状菌は土壌やリター中での生活にうまく適応している．糸状菌と細菌の関係は第6章で詳細に解説する．

すべての生態系で，細菌が中枢的な役割を担っているもう1つの理由は，その代謝の多様性である．ある種の細菌は特定の基質や代謝経路に特化している．しかし，細菌代謝の多様性は真核生物で知られているものよりもはるかに高い．たとえば，メタン生成やメタン酸化，炭化水素の酸化，窒素固定は細菌によってのみ行われる．これらは，さまざまな

種類の細菌が関わり，生物圏の重要な機能となっている．

さらに，細菌は，ほとんどすべての天然ポリマーを加水分解するだけでなく，植物の二次代謝産物，原油成分，生体異物のような化合物を加水分解する能力をもっている．ポリマーの分解は，細胞外での加水分解の問題とともに，第3章で扱う．本章では，細菌代謝の多様性について考察を進める．

1.2

細菌の代謝

他の生きものと同じように，細菌は成長し，分裂する．細菌の活性はこの目的のために制御されており，細胞材料を合成するのに必要なエネルギーと基質を環境中から得ている．これらの2つのプロセスは，増殖のためのエネルギーの獲得と素材の獲得または合成であり，それぞれ，異化代謝と同化代謝と呼ばれる．

この2つの代謝は分けて考察するのが分かりやすい．微生物では2つの代謝は密接に共役しており，生成したエネルギーのほとんどは，高分子（DNA，RNA，タンパク質）の生合成や細胞膜を介した分子の輸送に使われる（表1.1を参照）．

普通の条件では，増殖速度定数とエネルギー生成速度はほぼ直線関係になる．さらに，ある種の基質は，エネルギー源と炭素源の両方になり，グルコースを使って好気的に増殖している細菌は，一部はエネルギー源としてグルコースを使いCO_2に酸化し，一部は細胞材料に使う．エネルギー源と同化材料が異なる場合もある．これは光合成細菌では普通に見られ，硫黄酸化細菌でもみられる．この場合，CO_2かその他の化合物が同化される．最終的には，異化代謝と同化代謝に関わる酵素は重複し，ある菌種で，またはある環境で酸化的，異化的に働く経路は，他の菌種や他の環境では，逆方向に働いて，還元的，同化的な経路になる．たとえば，ほとんどの呼吸生物では，クエン酸（TCA）回路は酢酸をCO_2にまで段階的に酸化する．

しかし，光合成緑色硫黄細菌（たとえば，*Chlorobium*），*Aquificales*，*Proteobacteria*，そしてアーキアの一部では，クエン酸回路は逆向きに回り，CO_2を取り込む生合成の還元的な代謝として使われる．前者では，酸化的なエネルギー生成代謝になるが，後者では還元的なエネルギー要求性（ATP消費性）の代謝になる．紅色非硫黄細菌（たとえば，*Rhodopseudomonas*）では，同じ電子伝達系が呼吸と光リン酸化の両方に使われる（図

表1.1　グルコースで増殖する細菌のエネルギー収支
（Stouthamer, 1973に基づく）

プロセス	各プロセスで消費される エネルギー（ATP）の割合（%）
合成：	
多糖類	6.5
タンパク質	61.1
脂質	0.4
核酸	13.5
細胞内への輸送：	18.3

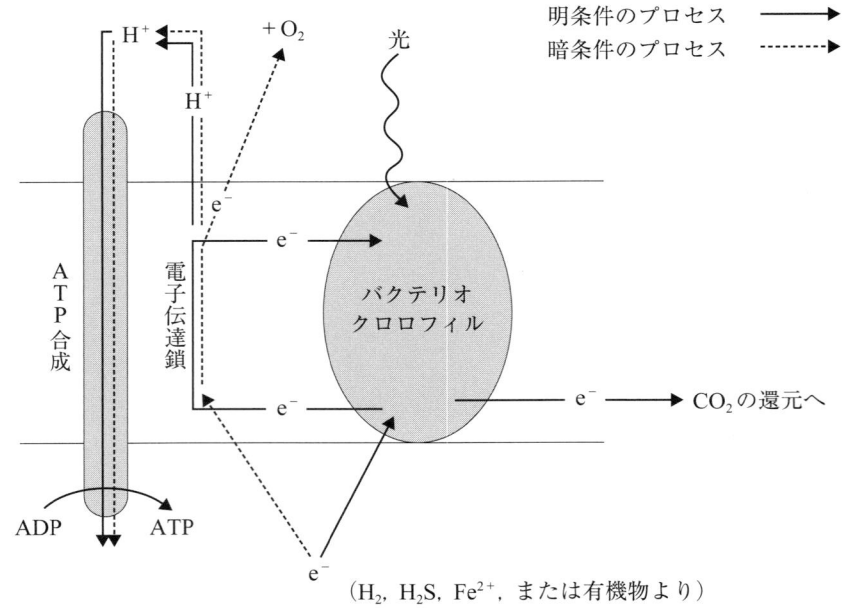

図 1.1 紅色非硫黄細菌の代謝経路．明条件では，活性化されたバクテリオクロロフィル II 分子は，電子を電子伝達鎖に移して，またバクテリオクロロフィル II に戻す．この過程で，プロトンが細胞から排出され，プロトンが戻る流れと ATP 合成が共役している．さらに，明条件では，電子は NADPH を介して CO_2 を有機物に還元するのに使われる．暗条件では，外部の電子供与体から電子伝達鎖を介して電子が外部の電子受容体（O_2）に渡される—同様にプロトンポンプとして働き，ATP 生成に至る．

1.1）．これと同じような例が，代謝経路の起源や進化を解き明かすものとして，進化的背景から多くの関心が向けられている；また，そのような例は，比較的少数の基本的な経路が，どのように代謝経路の多様化と結びつくかを示している（第11章を参照）．すべての環境で，異化と同化の区別は意味があるが，両者は相互に絡み合っているものと考えるべきであろう．

　独立栄養と従属栄養という用語は，異化代謝と同化代謝の両方に適用できる．従属栄養菌は，有機材料をエネルギー生成と細胞構成材料の合成前駆体に使う．独立栄養菌は，有機材料に依存せずに，CO_2 を炭素源として同化する．

　光合成独立栄養菌は，電磁放射（波長400〜1,100 nm）のエネルギーを ATP 生成と CO_2 固定のための還元力を得るのに使う．化学合成独立栄養菌（化学合成無機栄養菌）は，無機物（たとえば，HS^-，Fe^{2+}，NH_4^+）を O_2，NO_3^- や Fe^{3+} などの無機電子受容体を用いて酸化してエネルギーを獲得し，同化的な CO_2 還元によって細胞炭素を得ている．

　独立栄養と従属栄養という用語は，多くの場合に絶対的ではない．多くの微生物はさまざまな環境で独立栄養菌か従属栄養菌として機能できる．たとえば，紅色非硫黄細菌は，明条件で H_2 や HS^- を光合成の還元剤として使い，CO_2 を同化する独立栄養性を示すが，光合成条件でも酢酸や低分子有機物を同化し，暗条件では，従属栄養的にさまざまな低分子有機物を基質として酸素呼吸を行う．また，

化学合成独立栄養菌のなかには，有機物を同化できるものがあり，硫黄細菌は嫌気条件では発酵や有機基質を使う硫酸塩還元によって生活している．独立栄養菌のなかには，有機態増殖因子やビタミン類を要求する菌もいる．独立栄養と従属栄養の概念は，炭素以外の元素，たとえば，窒素についても適用できる．窒素源として無機窒素化合物（NH_4^+，NO_3^-，NO_2^-）を同化する細菌は，窒素に関して独立栄養的であり，有機窒素化合物（たとえば，アミノ酸）を同化する細菌は従属栄養的であると考えられる．

最後に，独立栄養という用語は，ともかく他の生物の産物に依存しないことを意味するが，状況の問題でもある．たとえば，紅色硫黄細菌は光合成独立栄養菌であり，光合成での電子供与体としてHS^-を使い，CO_2を同化する．しかし，ほとんどの生息場所では，硫化物の還元力は，最初は酸素発生型光合成で作られ，次に嫌気条件下で分解された植物材料に由来する．それゆえ，生態系では，紅色細菌は酸素発生型光合成産物から始まるデトリタス食物連鎖とつながっているにすぎない．光合成を行なう紅色細菌が地熱起源の硫化物を利用する状況にあれば，それは独立栄養という用語をあてはめる根拠になるであろう．

本書では，細胞内の生理学よりは，環境中で微生物が仲介する化学的変換に焦点をあてる．以下では，代謝物として何が摂取され，何が生産されるか，すなわち，細菌代謝の最終結果に重点をおく．したがって，細胞内の代謝経路の考察は，反応のエネルギー論的理解や，なぜ，ある環境で特定のタイプの代謝が起こりやすいかを理解するのに必要なことに限定する．この意味で，異化代謝の生体エネルギー論は重要であり，以下で詳細に述べる．細菌代謝の生化学の成書では，Madigan et al. (2011) がある．細菌の生物学や多様性に関する一般的な成書は，Dworkin et al. (2006) を参照されたい．光合成，嫌気性，化学合成独立栄養性，発酵の代謝については，Fenchel & Finlay (1995)，Schlegel & Bowdin (1989)，そして Zehnder (1988) が参考になる．この20年間で，新しいエネルギー代謝がいくつも発見され，以前に考えられていたよりも微生物代謝の多様性が高いことが分かってきた．

1.3

異化代謝

Kluyver & Donker (1926) は，「生化学的統一性」について言及し，細菌においては（他の生物においても），エネルギー獲得代謝は，$AH_2 + B \leftrightarrow BH_2 + A$ のように，つねに酸化還元反応の共役であり，半電池間の電子伝達反応であることを説いた．この考えは今でも支持されている．特定の共役反応では，自由エネルギーが減少する（Gibbs の自由エネルギー $\Delta G < 0$）．詳細は，1.5節と補遺1で述べる．微生物が利用する基質は環境中から取り込まれる．細菌がエネルギー保存のために使う反応は自発的に起こる場合もある．たとえば，酸素による硫化物の酸化がある．アンモニアや有機基質の酸化のような反応は活性化エネルギーが高いので，ゆっくり進み，菌体外では起こらない．したがって，エネルギー代謝の重要な機能は，平衡になるように化学反応を触媒することと，生じるエネルギーを細胞が使えるかたちで保存することである．

生細胞では，エネルギーはまず，ADP + Pi + エネルギー → ATP + H_2O という反応で，アデノシン三リン酸（ATP）として保存される．ここで，ADP はアデノシン二リン酸であり，Pi は無機リン酸を示す．ATP の

ΔG°（25℃，1気圧，1 mol の濃度，pH 7 という標準条件下での加水分解の Gibbs 自由エネルギー変化）は -29.3 kJ mol^{-1} である．次に，細胞は ATP を消費して生命作用，たとえば，高分子の合成や細胞膜を介した能動輸送を行う．

ATP 合成には，基質レベルでのリン酸化と酸化的リン酸化の 2 つの方法がある．基質レベルのリン酸化では，異化代謝経路のある反応段階で，1 mol の基質の変換で 1 mol の ATP が合成され，この変換の自由エネルギー変化は 29.3 kJ mol^{-1} よりも大きい．酸化的リン酸化では，そのような基質分子と ATP 合成の間に厳密な化学量論的な関係はない．リン酸化は，呼吸と光合成の両方で起こり，膜に結合した酵素である電子伝達鎖に依存し，H$^+$（プロトン）のポンプや，ある場合には Na$^+$ のポンプによって細胞内からこれらのイオンが排出される．これによって生じる電気化学的な勾配が"プロトン駆動力"を作り，細胞内への H$^+$ や Na$^+$ の流入を導く．この流入が ATP 合成と共役し，この反応は膜結合性の ATP 合成酵素によって触媒される．

エネルギー獲得反応の分類は容易ではなく，例外が多く，類別の境界線もはっきりしない．ここでは，発酵，呼吸，メタン生成，光栄養に分けて解説する．

発酵

発酵は嫌気的なエネルギー獲得過程であり，基質は連続的な酸化還元プロセスによって変換される．外部の電子受容体に関わらず，基質と代謝物の酸化還元レベルは同じである．発酵は基質分子の段階的分解である．エネルギーの獲得は比較的少ない：1 mol のグルコースの発酵で 2〜4 mol の ATP が生成し，酸素を電子受容体とした呼吸の 32〜36 mol の ATP 生成と比べると，保存されるエネルギー量は小さい．

発酵と呼吸の比較を表 1.2 に示したが，分ける基準は絶対的なものではない．嫌気的な堆積物中での微生物による S$_2$O$_3^{2-}$ から硫化物への変換（Bak & Cypionka, 1987）は，厳密には発酵であるが，無機基質の反応である．コハク酸／プロピオン酸発酵では，フマール酸がコハク酸に還元されるステップは，基質レベルのリン酸化でなく酸化的リン酸化と共役している．発酵産物の細胞外排出がプロトン駆動力の形成になる場合があり，これは膜酵素による ATP 合成に利用される．厳密に言えば，外部の CO$_2$ や H$_2$O を電子受容体とする発酵では，酸化還元バランスは完全には保持されない．水素ガスを発生させずに，NO$_3^-$ や酸化鉄のような外部物質を還元する発酵もある．

発酵細菌は，酸素存在下では酸化的リン酸化ができる通性嫌気性菌（たとえば，*Escherichia*）か，耐気性嫌気性菌（たとえば，*Lactobacillus*），または偏性嫌気性（酸素感受性）菌（たとえば，*Clostridium*）である．

グルコースを乳酸またはエタノール＋CO$_2$ に変換する発酵では，ATP 収率は 1 mol

表 1.2 発酵と呼吸の性質

発酵	呼吸
基質レベルのリン酸化：外部からの電子受容体がない	電子伝達系と共役したリン酸化
基質分子の不均化反応	Fe-S タンパク質，ユビキノン，チトクロムから構成される電子伝達系
嫌気的プロセス	好気的または嫌気的
通常は有機基質	

の基質あたり2molである．これは，ピルビン酸（解糖系に由来）が解糖系で生じる還元型ニコチンアミドアデニンジヌクレオチド（NADH）の再酸化に使われるためで，こうして酸化還元バランスが保たれて，乳酸またはエタノール＋CO_2が最終産物として生成する．ピルビン酸がさらに酢酸に代謝されて余分のATPが生成できるという意味では，これは"無駄使い"と言える．実際には，乳酸やエタノール＋CO_2への発酵は，易分解性糖類が高濃度にある場でのみ重要となる．そのような環境で，酸耐性の乳酸菌は，酸生成によってpHを下げ，一度，その集団が大きくなれば，他のタイプの発酵細菌との競争で有利な状態を保つことができる．

混合酸型の発酵では，還元力の一部をギ酸の生成に使って，さらにギ酸をH_2とCO_2に分解する．この反応によって，ピルビン酸の一部はアセチルCoAに変換され，さらに酢酸に酸化される．この最後の反応は基質レベルのリン酸化と共役しており，ホモ乳酸発酵と比べると，ATPを余分に生成できる．

NADHに由来するその他の還元力は，アセチルCoAの代謝と共役し，酢酸やH_2の生産に加えて，酢酸よりは酸化される余地がある酪酸，コハク酸，乳酸，エタノールの混合物を生成する．このタイプの発酵は，腸内細菌に特徴的にみられる．

*Clostridium*属の細菌は，発酵の酸化還元バランスを再生する別な方法をもっており，ピルビン酸-フェレドキシン酸化還元酵素が，低ポテンシャルの電子受容体であるフェレドキシンの還元とピルビン酸の酸化を共役させる．フェレドキシンは，ヒドロゲナーゼによって再酸化され，H_2が生成する．NADHはアセチルCoAで酸化されて，最終産物はH_2と酪酸になる．この代謝は*Clostridium butyricum*にみられ，1molのグルコースあたり3molのATPが生成する．混合酸型発酵と同じように，周囲の水素濃度（分圧，pH_2）にはあまり敏感ではない．

*Clostridium*属の細菌の数種では，1molのグルコースが2molの酢酸と2molのH_2に変換される完全な発酵があり，ATP収率は

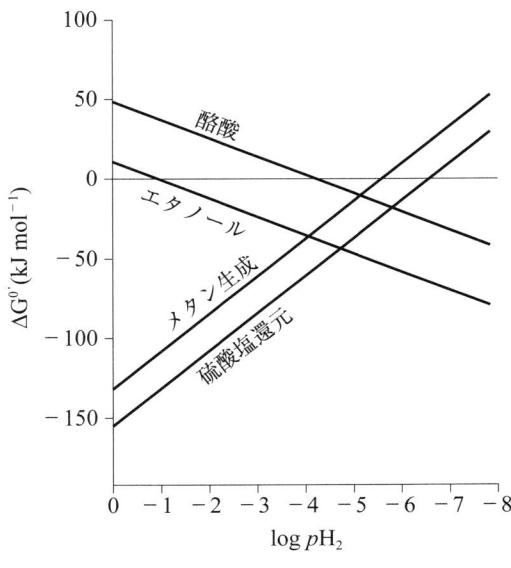

図1.2 酪酸とエタノールから酢酸とH_2を生成する発酵代謝と，硫酸塩還元とメタン生成を介したH_2酸化の代謝反応における，水素分圧と自由エネルギー変化の関係．

4 mol となる．この代謝は，H_2 の発生をともなう NADH の再酸化が必要であり，熱力学的には，周囲の pH_2 が十分に低い場合において可能となる（図 1.2 を参照）．この代謝は，硫酸塩還元菌やメタン生成菌のような水素消費細菌の存在を必要とする．水素生成と水素消費の代謝的共役は，いわゆる栄養共生的な"種間水素転移"の基本となる．

種間水素転移の最初の例は，見かけ上はエタノールを発酵してメタンを生成する *Methanobacillus omelianskii* で観察された．あとで，この細菌は 2 つの異なった細菌からなることが分かった（Bryant et al., 1967）：いわゆる S-細菌が，エタノールを発酵して酢酸＋H_2 を生成し，メタン生成菌（*Methanobacterium* MoH 株）が H_2 と CO_2 を消費してメタンを生成する．S-細菌の活性は，メタン生成菌によって pH_2 が非常に低くなった場合にのみ，熱力学的に好適（発エルゴン的）になる（図 1.3）．この *M. omelianskii* の培養系は，その後失われたが，相補的な代謝経路によって絶対的に依存し合う細菌ペアの例は数多く報告されてきた．これらは，とくに，メタン生成の場である腸管系（たとえば，ルーメン），汚泥消化槽，堆積物で重要であり，多くの場合は，水素生産菌と水素消費菌の間で H_2 か水素の担体（たとえば，ギ酸）の転移をともなっている．

いわゆる偏性酢酸生産菌は，低分子の脂肪酸やアルコールを発酵して，酢酸＋H_2 を生じる．この細菌群は，低い pH_2 条件で，水素消費細菌と栄養共生的な関係を形成している．

いわゆるホモ酢酸生成菌は，まったく違ったタイプの偏性酢酸生成菌である．この細菌は，有機物を発酵代謝できるばかりでなく，有機物がない場合は，以下の反応式で CO_2 を H_2 で還元して，独立栄養的に増殖する：

$$2CO_2 + 8H_2 \rightarrow CH_3COOH + 2H_2O$$

独立栄養的な条件で，ホモ酢酸生成菌は細胞膜を介したプロトン濃度勾配を形成し，それが ATP 生成と共役している：生成するアセチル CoA は，基質レベルでのリン酸化による ATP 生成ではなく，同化に使われる．

自然界ではあまり大きな役割は演じていないが，他にもいくつかのタイプの発酵がある．コハク酸発酵では，解糖系に由来するピルビン酸の一部がカルボキシル化されてリンゴ酸が生成し，さらに脱水されて生じるフマール酸が NADH の再酸化での電子受容体に使われて，コハク酸かプロピオン酸を最終産物として生成する．この代謝では 1 mol のグルコースあたり 3 mol の ATP 収率になる．アミ

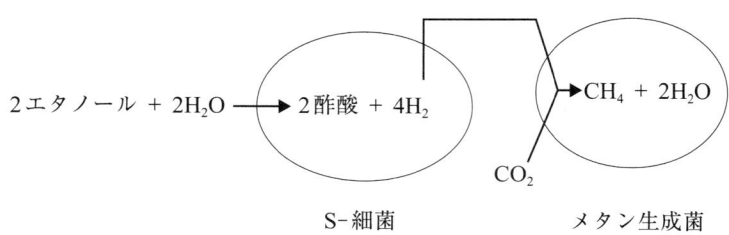

図 1.3 "*Methanobacillus omelianskii*"は，相互に依存する 2 つの微生物の栄養共生の共同体である．S-細菌とメタン生成菌の $\Delta G^{0'}$ は，それぞれ 19.2 kJ（mol エタノール）$^{-1}$ と −131 kJ（mol メタン）$^{-1}$ であり，栄養共生全体の反応は発エルゴン的となる（−112 kJ（mol メタン）$^{-1}$）．

ノ酸の発酵が，いわゆるスティックランド反応によって起こる．この反応では，あるタイプのアミノ酸が他のアミノ酸を酸化するのに使われ，最終産物はおもに酢酸＋アンモニアである．この代謝は，嫌気条件で高濃度のタンパク質が分解されるときに重要となる．

単一菌による有機基質の発酵では，酢酸＋H_2を生じる発酵が究極であり，嫌気条件でのCO_2への完全な無機化は嫌気呼吸系をもった細菌が存在するかどうかに依存する．とは言っても，嫌気微生物群集では，ポリマー（多糖類，タンパク質）を加水分解して利用する微生物は限られているので，発酵細菌は嫌気的な群集内で重要な役割をもっている．嫌気的な生息場所で重要となる他の微生物，とくに，硫酸塩還元菌とメタン生成菌は限られた低分子基質しか利用できない．こうして，嫌気的な生態系での無機化の最終ステップ（大体は，メタン生成と硫酸塩還元）は，基質の供給に関わる発酵細菌の活性に依存する．発酵の生化学に関する詳細な説明はZehnder (1988) を参照されたい．

多くの自然システムで，発酵は重要な役割を担っているが，千年以上にわたって人間は食品や飲料の生産に発酵を利用してきた．20世紀初期でのアセトン生産では，*Clostridium acetobutylicum* による溶剤生産が主要であり，第一次世界大戦を引き起こす1つの原因になったとも言われている．発酵は，また産業や燃料用のエタノールを供給している．現在，バイオ燃料源として，バイオマス発酵からエタノールとブタノールを生産する効率（速度，収率，コスト）の改善についての関心が高まっている．

呼吸

発酵とは対照的に，呼吸は基質酸化において細胞外の電子受容体を必要とするエネルギー代謝である．電子伝達鎖（特徴として，Fe-Sタンパク質，キノン類，シトクロムを含んでいる）が最終の酸化ステップを触媒する．ここでは，最終電子受容体の種類ごとに呼吸プロセスを分類して述べる．

好気呼吸は，異化代謝のなかでもっとも多くのエネルギーを生じる．多くの細菌は次式にしたがって有機基質を酸化する：

$$[CH_2O] + O_2 \rightarrow CO_2 + H_2O$$

ここで，$[CH_2O]$ は典型的な有機物の酸化状態をもった仮想の基質である．この反応では，1 mol の炭素あたり 5 mol の ATP を生じる．最終電子受容体として O_2 を使う酸化的リン酸化を行う菌種は，細菌やアーキア間で広く存在する．これらの微生物の多様性は，特定の基質の代謝や特定の高分子の分解への特化や，エネルギー代謝には関係しない多数の適応に基づいている．多くの好気呼吸菌は，酸素がないときには発酵代謝や硝酸呼吸を行う通性嫌気性菌である．

特定の基質に特化した好気性菌のなかには，化学合成独立栄養代謝で還元型無機基質を利用できる菌がいる．水素酸化菌（爆鳴気細菌）は，$2H_2 + O_2 \rightarrow 2H_2O$ という反応で増殖と細胞維持のエネルギーを得ている．これらの細菌は自然界では目立たない役割を担っている．そのニッチの1つはシアノバクテリアのマットであり，そこでは窒素固定の副産物として水素が発生している（Schlegel, 1989）．水素酸化菌は土壌中にも生存し，大気中に約 0.55 ppm 存在する水素を消費している．一酸化炭素（CO）酸化菌は，CO ＋ ½O_2 → CO_2 という反応で CO を消費する．水素酸化菌と同様に，CO 酸化菌は土壌や水系で生存し，大気や光化学的に生じる CO を利用している（King, 2001；King, 2003；Tolli et al., 2006）．大気中の CO の大部分は，バイオマスの燃焼や分解，化石燃料の燃焼，

火山のガス噴出，有機化合物の化学反応，とくにメタンの化学反応に由来する．

還元型の無機窒素化合物，たとえば，NH_4^+やNO_2^-，を酸化する細菌（硝化菌）は，自然界では非常に重要である．アンモニアからNO_3^-への酸化は，2種の異なったProteobacteriaによる2段階の反応であり，次のような化学反応式となる．現場では両反応は共役している：

反応1：$2NH_4^+ + 3O_2 \rightarrow 2NO_2^- + 4H^+ + H_2O$
反応2：$2NO_2^- + O_2 \rightarrow 2NO_3^-$

反応1は反応2よりも多くのエネルギーを生じるので，亜硝酸塩酸化菌の増殖はアンモニア酸化菌と比べると遅い．しかし，その他の無機基質を酸化する細菌と比べると，両グループの増殖は遅い．最初の反応を行う典型的なProteobacteriaの属は，Nitrosomonas，Nitrosocystis，Nitrosospira，そしてNitrosolobusである．2番目の反応を行うProteobacteriaの属は，Nitrobacter，NitrococcusとNitrospinaである．Nitrospira marinaなどのNitrospiraeのメンバーは海洋やある淡水環境では重要な亜硝酸酸化菌である．

最近になって，アーキアのなかのThaumarchaeota門（Crenarchaeotaとも呼ばれる）が，海洋や土壌，そしておそらく汚水処理系においても重要なアンモニア酸化菌であることが明らかになってきた（Gubri-Rangin et al., 2010；Moin et al., 2009）．アンモニア酸化アーキアであるCandidatus Nitrosopumilus maritimusは細胞の直径が0.2μmしかない小さな菌であり，アンモニアを亜硝酸に酸化するが，その他の菌はアンモニアを硝酸塩まで完全酸化する（Könneke et al., 2005）．

硫化物酸化菌（あるいは無色硫黄酸化細菌）はもう1つの重要な好気性化学独立栄養細菌である．アンモニア酸化と同じように，硫化物からSO_4^{2-}までの完全酸化は2段階の反応であり，HS^-がS^0に酸化され，さらにS^0がSO_4^{2-}に酸化される．ほとんどの硫黄酸化細菌は両反応を行い，最終的な反応は次式となる：

$$HS^- + 2O_2 \rightarrow SO_4^{2-} + H^+$$

多くの無色硫黄細菌，たとえば，Gammaproteobacteriaのメンバーである Thiobacillus 属はチオ硫酸イオン（$S_2O_3^{2-}$）も酸化できる．Thiobacillusは多くの自然環境で共通して硫化物酸化に寄与している．Thiovulum属やAchromatium属などの無色硫黄細菌，そして巨大細菌であるThiomargarita属の細菌は，マットや"ベール"を作るのでよく観察される．Beggiatoa，Thioplocaや付着性のThiothrixなどの繊維状のコロニーを形成する硫黄酸化細菌もいる．多くの硫化物酸化菌はS^0を細胞内顆粒として貯蔵するので，硫化物を含む堆積物の表面に肉眼で見える白い層を作る．

鉄酸化菌とマンガン酸化菌

Acidithiobacillus（旧名，Thiobacillus）ferrooxidansは鉱物の黄鉄鉱（FeS_2）で生育することが分かっている．この細菌は，以下のような反応で黄鉄鉱中の硫黄を酸化して環境を酸性化する：

$$S^{2-} + S^0 + 3.5O_2 + H_2O \rightarrow 2H^+ + 2SO_4^{2-}$$

酸性条件下で，この細菌は次式のように2価鉄イオンを酸化する：

$$4Fe^{2+} + O_2 + 4H^+ \rightarrow 4Fe^{3+} + 2H_2O$$

この反応の後に，すぐに Fe^{3+} の化学的水和が起こり，酸を生成する：

$$Fe^{3+} + 3H_2O \rightarrow Fe(OH)_3 + 3H^+$$

全体の反応は次式となる：

$$4Fe^{2+} + O_2 + 10H_2O \rightarrow 4Fe(OH)_3 + 8H^+$$

酸性条件では，多くの金属含有鉱物（たとえば，閃亜鉛鉱 [(Zn, Fe)S]，方鉛鉱 [PbS]，黄銅鉱 [(Cu, Fe)S]）が溶解するので，この反応は鉱業での鉱石リーチングで大きな意義がある．しかし，鉱業では役立っているこの反応は，世界的に見ると長さが数千kmにもなる鉱山廃水路での水質酸性化や水酸化鉄の沈着をもたらし，環境問題の原因にもなっている．この問題は，金属鉱石だけでなく，石炭中の黄鉄鉱が酸化される場合にも生じるので，採炭にも関わっている．

硫黄酸化細菌以外にも，その他の多くの細菌が還元型の鉄やマンガンを酸化して，不溶性の酸化物（オキシ水酸化鉄あるいは錆び，マンガン酸化物）の沈殿を作る．たとえば，*Proteobacteria* に属する *Siderocapsa* や繊維状の *Leptothrix* は水酸化鉄の鞘に被われている．これらの細菌は，Fe^{2+} が浸出した好気的な場所の排水溝や泉によく見られる．中性付近のpHでは自動的に化学酸化が起こるため，微生物による Fe^{2+} の酸化も起きているかどうかが議論されてきたが，ツイスト状の柄 (stalk) に3価鉄を沈着させる *Proteobacteria* である *Galionella* の研究で，Fe^{2+} の酸化でエネルギーを得ていることが示された (Emerson & Revsbech, 1994)．さらに，多くの培養法や非培養法を用いた研究によって，中性付近での微生物による鉄酸化が海洋環境では重要であり，かなりのバイオマス生産を支えていることが示された（Neubauer et al., 2002；Edwards et al., 2004；Emerson et al., 2007）．硝酸塩還元と共役した嫌気的な化学合成無機栄養性の鉄酸化が，湖の堆積物から分離された *Proteobacteria* で実証された（Weber et al., 2006）；この反応は，NO_3^- と Fe^{2+} イオンが共存するさまざまな淡水堆積物や土壌，そして湿地植物の根圏で重要である．

Actinobacteria，*Firmicutes* や *Proteobacteria* を含むさまざまなバクテリアは，水溶性のマンガンイオン（Mn^{2+}）を酸化して不溶性のマンガン（Mn^{4+}）酸化物を形成する（Tebo et al., 2005）．マンガン酸化細菌は土壌，堆積物，淡水や海水の環境など，地球の至る所に生息する．マンガン酸化物の形成は地球化学的に重要である．なぜならば，それらの酸化物は硫化物やさまざまな無機物の酸化に関係し，微量金属の濃縮に関わり，また嫌気条件下では電子受容体としても使われるからである（Tebo et al., 2005）．マンガン酸化は，特定の銅含有酵素によって触媒されるが，化学合成独立栄養的な増殖と共役していない点や，代謝的には不活性な胞子でも起こることから，その反応は謎のままである（Tebo et al., 2005）．

Methylosinus，*Methylocystis*，*Methylococcus*，*Methylobacter* などのメタノトローフは，メタンやメタノール，メチルアミンなどのC1化合物を，$CH_4 + 2O_2 \rightarrow CO_2 + 2H_2O$ という反応式に従って酸化する．メタノトローフは，土壌だけでなく水系環境でも重要な微生物である．

嫌気呼吸

嫌気呼吸は，細胞外にある，酸素以外の最終電子受容体を使う酸化的リン酸化による有機または無機基質の酸化として定義される．エネルギーやATP収率は，分子状酸素を用いるよりもつねに低い．酸素以外の電子受容体は多様であり，酸化型金属（Fe^{3+}，Mn^{4+}），

オキシアニオン（AsO_4^{3-}，NO_3^-，NO_2^-，ClO_4^-，SeO_4^{2-}，SO_4^{2-}，そしてUO_2^{2+}）やいくつかの有機物（ジメチルスルホキシド，フマール酸塩，酸化トリメチルアミン）がある．これらの電子受容体の利用は，多様な元素の循環と炭素循環を共役させて，複雑な生物地球化学循環を形成させ，細菌における代謝多様性を促し，系統的な多様性を導いている．

量的に重要なプロセスは，NO_3^-やNO_2^-の還元（硝酸塩呼吸，亜硝酸塩呼吸，脱窒），SO_4^{2-}や硫黄の還元（硫酸塩呼吸と硫黄呼吸），そして鉄とマンガンの還元である．エネルギー収率の点では，硝酸塩還元は酸素呼吸の直ぐ下に位置づけられる．この反応は，2つの異なるプロセス—亜硝酸塩を最終産物とした異化的硝酸塩還元と，窒素ガス（N_2）または，一酸化二窒素（N_2O）を最終産物とした脱窒—によって起こる．異化的硝酸塩還元は，発酵の反応と共役する場合があり，NO_2^-はアンモニウムに還元される．さらに，NO_2^-は，脱窒とアンモニア発酵の起点となる．

脱窒はさまざまな系統グループにみられる；ドメイン バクテリアの*Aquifex*, *Bacteroidetes*, *Firmicutes*, *Proteobacteria*，そしてアーキアの一部．異化的硝酸塩還元は，より広範な細菌とアーキアの系統群にみられる．さらに，いくつかの真核生物，とくに糸状菌は脱窒菌またはアンモニア発酵菌として報告されている．脱窒も硝酸塩呼吸も，鍵となる酵素である硝酸塩還元酵素の転写はO_2存在下で阻害され，無酸素条件で抑制が解除される．脱窒では，続いてその他の3つの脱窒酵素（亜硝酸還元酵素，NO還元酵素，N_2O還元酵素）の遺伝子発現抑制の解除が起こる：

$$5[CH_2O] + 4NO_3 + 4H^+ \rightarrow 5CO_2 + 2N_2 + 7H_2O.$$

N_2は脱窒の最終産物であるが，中間代謝物であるNOやN_2Oが細胞外に少量拡散し，これらの大気中ガス濃度を決める一因となっている．さらに，脱窒糸状菌類はN_2O還元酵素を欠き，N_2Oのみを生成する．一般に，脱窒菌はさまざまな有機物を利用できる．また，NO_3^-やNO_2^-を電子受容体として用いて，さまざまな無機基質で呼吸代謝する．たとえば，*Thiobacillus denitrificans*は脱窒によって還元型硫黄化合物を酸化する．繊維状の*Beggiatoa*や*Thioploca*のような大型の無色硫黄酸化細菌の多くの種も脱窒反応を行う．これらの大型細菌は，堆積物中の硫化物に富む層から，アンモニア酸化で生じるNO_3^-のあるゾーンまで鉛直方向に移動し，その液胞中にNO_3^-を蓄積し，さらに下降して脱窒によって硫化物を酸化する．生じる最終産物はN_2ではなく，ある場合にはアンモニアである（Jørgensen & Gallardo, 1999；Mussmann et al., 2003）．

アナモックス（anammox）反応は，特殊な脱窒であり，次の反応式に示すように，アンモニア酸化と亜硝酸塩還元が共役してN_2を生じる：

$$NH_4^+ + NO_2^- \rightarrow N_2 + 2H_2O.$$

この反応は，比較的最近になって下水処理用反応装置中で発見され，廃水処理を改善する可能性があるために，相当な関心を集めている（Strous et al., 1999）．しかし，アナモックス反応は，水系堆積物や低酸素水域のような自然の生息場所に広く分布しており，地球レベルでみると微生物によるN_2生成のかなりの部分に関わっているとも考えられている（たとえば，Dalsgaard et al., 2005）．アナモックス細菌（anammox bacteria）は，反応の場としてアナモキソゾーム（anammoxosome）という特殊な構造体をもっている．アナモックス反応では，非常に反応性が高くて毒性が

あり，ロケット燃料として知られているヒドラジンが中間代謝物になるので，そのためにこの反応は細胞内で隔離されている．

SO_4^{2-} や硫黄の還元は，海洋堆積物では非常に重要なプロセスであり，淡水環境堆積物での嫌気代謝にも大きく寄与している．硫酸塩還元菌（sulfate reducer）が利用する基質の種類は限られている（とは言っても，新発見によって基質利用性の範囲は広がっている）．もっとも重要な基質は，酢酸，酪酸，プロピオン酸のような低分子脂肪酸，乳酸，アルコール，そして H_2 である．自然界では，これらの基質は発酵細菌によって供給され，硫酸塩還元菌はコンソーシアム（共同体）を作っている．そのコンソーシアムでは種間水素転移（interspecies hydrogen transfer）によって，硫酸還元菌が局所で H_2 を消費して発酵プロセスを進行させる．大部分の硫酸塩還元菌は，*Deltaproteobacteria* に属する；*Firmicutes* の細菌や好熱性のアーキアのなかにも，SO_4^{2-} で呼吸するものがいる．

機能面からみれば，硫酸還元菌は2つのグループに分けられる．1つは，不完全なクエン酸回路を持ち，おもに H_2 や乳酸を基質に使うグループであり，後者では酢酸＋硫化物を最終産物として生成する；*Desulfovibrio* がその例である．もう1つのグループは，*Desulfobacter* に代表される菌で，完全なクエン酸回路をもち，次の反応式で示すように，酢酸を完全に酸化できる：

$2H^+ + CH_3COO^- + SO_4^{2-} \rightarrow 2CO_2 + 2H_2O + HS^-$

Desulfuromonas は，SO_4^{2-} よりも S^0 を使って酢酸を CO_2 と HS^- に完全酸化する．

最終電子受容体としての Fe^{3+} と Mn^{4+} の重要性は，純粋培養では明確な証拠が得られていないので，また Fe^{3+} 還元が嫌気条件では自発的に起こるため，以前から論議された．

しかし，分離菌株や自然系での20年以上にわたる研究によって，呼吸による鉄還元が，淡水環境の堆積物や無酸素の帯水層や土壌のような嫌気的な生息場所での炭素変換において量的に重要であることが明らかになってきた．*Deltaproteobacteria* のメンバーである *Geobacteriaceae* の細菌は，そのような系で広範に分布しており特徴的である．*Geobacter* 属のさまざまな種は，トルエンやフェノールなどの単環芳香族化合物や，酢酸などの発酵産物を完全酸化できる能力によって炭素循環に寄与している．その結果として，これらの細菌は，嫌気的な炭素循環の最初と最後の両方の段階に関わっている．鉄やマンガンの還元に加えて，*Geobacter* のメンバーは，その他の金属（たとえば，ウランやクロム），NO_3^-，SO_4^{2-} を還元し，腐植物質を使って直接には接触していない酸化型基質に電子を渡すことができる．鉄還元細菌では，伝導性の高い線毛が酸化型鉱物に電子を伝達するナノワイヤー（nanowire）として機能することが示された（Reguera et al., 2005；Gorby et al., 2006；Hartshorne et al., 2009）．

広範な酸化型無機物に加えて，量的な重要性は限られているが，有機物も呼吸プロセスの最終電子受容体になる．それらは，フマール酸（コハク酸－プロピオン酸経路でコハク酸に還元される），ジメチルスルホキシド（DMSO，硫化カルボニル，DMS に還元される）と酸化トリメチルアミン（TMAO，トリメチルアミン TMA に還元される）．反芻胃（ルーメン）の中のフマール酸還元は，プロピオン酸生成を導き，プロピオン酸は反芻動物のバイオマスに取り込まれる；フマール酸は，宿主動物には有害作用を与えることなくメタン生成を減少させるので，反芻動物飼料の補助栄養素であることが示唆されている（Hattori & Matsui, 2008）．DMSO の DMS への還元は，硫酸塩還元細菌やさまざ

まな好気性菌で見出されている；DMSO還元は，DMSの動態を決める重要な因子であり，DMSO還元の測定は，水試料や堆積物での全体的な微生物活性の指標として提案されてきた（Griebler, 1997；Griebler & Slezak, 2001；López & Duarte, 2004）．TMAOはある種の海産の魚類や無脊椎動物の浸透圧調節システムの重要な成分であり，TMAO還元は，細菌に広く見出されている．動物の腐敗の過程に起こるTMAO還元に由来するTMAは不快臭として容易に検出される．

　嫌気呼吸は，一般的には酸素に敏感であり，分子状酸素がない場合でのみ見出される．しかし，硫酸塩還元菌の一部は偏性嫌気性菌であるが，その他は耐性あるいは微好気性を示す菌もいる（Sass et al., 2002）．同様に，硫酸塩還元は，微好気条件下の堆積物や低酸素状態の海洋でもみられる（たとえば，Fründ & Cohen, 1992；Canfield et al., 2010）．この硫酸塩還元は，生じた硫化物はすぐに再酸化されるので，検出するのが難しく，"隠れた硫酸塩還元"と呼ばれる（たとえば，Gao et al., 2010）．

メタン生成

　メタン生成は，以前は特殊な発酵と考えられていた．しかし，生化学的には非常にユニークな点があり，発酵や呼吸とは区別される．このプロセスは，すべてが偏性嫌気性であるメタン生成菌によって行われ，中温性菌から好熱性菌までを含む*Euryarchaeota*門の5つの目に属している：*Methanobacteriales*, *Methanococcales*, *Methanomicrobiales*, *Methanopyrales*，そして*Methanosarcinales*．メタン生成菌は，自由生活菌として，原生生物（protist）や動物の共生体として，淡水環境，海洋，寒冷堆積物，熱水噴出口に見出され，メタン生成を促し，細菌と共生して嫌気的メタン酸化を促進させている．

　メタン生成には3つの異なった経路がある．酢酸利用性メタン生成菌（Acetoclastic methanogen）は，以下の反応式のように酢酸を不均化する：

$$CH_3COOH \rightarrow CO_2 + CH_4.$$

　酢酸利用性メタン生成菌は，*Methanosarcinales*目（たとえば，*Methanosarcina*と*Methanosaeta*）にみられる．前述の点からすれば，酢酸の不均化反応は，発酵のタイプになるが，典型的な発酵経路とは異なり，メタン生成でのATP合成は，電子伝達鎖と連動したリン酸化で起こり，基質レベルのリン酸化ではない．いくつかの酢酸利用性*Methanosarcinales*目と，*Methanomicrobiales*目のなかの少なくとも一群は，2番目の経路であるメチル基含有のC1化合物，メタノールやメチルアミン，を基質としてメタンを生成する（メチロトローフメタン生成；methylotrophic methanogenesis）．酢酸利用性メタン生成は，淡水系底質や嫌気消化槽ではもっとも活性が強くて重要であり，全メタン生成の約3分の2を占める．メチロトローフメタン生成は，メチル化基質が生じる海底堆積物やその他の無酸素系で重要である．

　3番目の経路は，水素利用性のメタン生成（hydrogenotrophic methanogenesis）であり，上述した5つの目のグループすべてで見られる．水素利用性のメタン生成菌は，以下のように，H_2を使ってCO_2（またはCOまたはギ酸）を還元する：

$$4H_2 + CO_2 \rightarrow CH_4 + 2H_2O.$$

　このプロセスは，正式には呼吸の1つであり，この微生物は独立栄養的に増殖できる．しかし，呼吸微生物で見られるような電子伝

達鎖はみつかっていない．メタン生成菌は，その代わりに特殊な補酵素を使う．その1つはF_{420}で，H_2の活性化に関わり，補酵素Mは，最終的にメチル基をメタンに還元する反応に関わっている．酸化状態で，補酵素F_{420}は紫色の蛍光を発するので，混合細菌群集中でメタン生成菌を顕微鏡的に同定することができる．

水素利用性のメタン生成をエネルギー論的に考えると，理論的には比較的有利にみえるが，実際には，その細胞増殖速度は熱力学的に予測される値よりも低い．このことは，独立栄養的な増殖では，大量のATPを使い，炭素同化にもある量の基質を使うことに一因がある．酢酸利用性のメタン生成は，水素利用性のメタン生成と比べると，エネルギー的には有利でないため，増殖速度は低く，細胞収率も低くなる（1.5章を参照）．硫酸塩還元菌に比べて，メタン生成菌は，両者が使う基質であるH_2と酢酸の獲得競争では劣る．したがって，SO_4^{2-}が存在するとき，メタン生成は進みにくい．しかし，SO_4^{2-}が不足した嫌気的な生息場所では，とくに，淡水環境の底質，汚泥消化槽，反芻胃，ある深さの海底底質では，メタン生成菌は中心的役割を担い，H_2の除去や酢酸の最終的な無機化を行っている．このように，メタン生成菌は炭素循環に大きく寄与している．

嫌気的メタン酸化

嫌気的なメタン酸化の可能性は，長い間謎のままだった．海底堆積物中のメタンとSO_4^{2-}の濃度やその他の関連する変数の鉛直分布を測定した地球化学的証拠からは，メタンがいくらか消費されていることが分かっていた．熱力学的に考えると，メタン酸化とつながる硫酸塩還元が起こることが示されたが，メタン消費が極めて小さいなどの理由から，硫酸塩還元性のメタン酸化菌を分離する試みは成功しなかった．嫌気的メタン酸化は種間水素転移によって進むことが示唆されてから（Hoehler et al., 1994），いくつかのグループが硫酸塩還元細菌とメタン生成アーキアからなる共同体で，メタンを$CO_2 + H_2$に酸化してエネルギーを獲得することを示した．この反応は，硫酸塩還元のパートナーが水素分圧を十分に低くしているかぎりは熱力学的に起こりうる（DeLong, 2000；1.6節を参照）．嫌気的メタン酸化の共同体を含む凝集物は海底堆積物で一般にみられ（Orphan et al., 2002），淡水や陸圏の好気的メタノトローフと同じくらい多くのメタンを消費することが報告されている．

これに同じくらい注目に値する，NO_3^-が関わる"嫌気的"メタン酸化の経路が最近になって特定された（Ettwig et al., 2010）．このプロセスはメタンと脱窒が共役するようにみえるが，実際のメカニズムは，硝酸塩還元菌が有機基質を使って嫌気的，異化的にNO_3^-をNO_2^-に還元する．亜硝酸塩は，その後でNOに還元され，特殊なメタノトローフである*Methylomirabilis oxyfera*によって，NOはO_2とN_2に不均化される．*M. oxyfera*は分子状酸素を使うので，普通にメタンを酸化する（Ettwig et al., 2010）．このプロセスの生態学的意味は，現在もわかっていないが，細菌代謝の驚くべき多様性を示し，また，熱力学的に好適であっても，1つのグループが単独ではできない反応を，栄養共生であれば遂行できることを示すものである．

光合成

光合成では，エネルギー保存に太陽の電磁放射が使われる．すべてでないが，ほとんどの光合成は，次のような一般式で表されるように，CO_2を還元して有機物に同化するためのエネルギー要求と共役している：

$$2H_2A + CO_2 \rightarrow [CH_2O] + 2A + H_2O$$

ここで，H_2A は外部の電子供与体で，A はその酸化産物である．

　もっとも重要な光合成の例は，クロロフィル（chlorophyll）やバクテリオクロロフィル（bacteriochlorophyll）をもとにしている．どちらの場合も，その反応の中心は，クロロフィルまたはバクテリオクロロフィルの分子であり，その分子は400～550 nmの光を吸収するカロチノイド（carotenoid）のような光捕捉分子や，フェオフィチン（phaeophytin）のような光合成色素と電子伝達鎖で囲まれている．利用される波長は400～1,000 nmであるが，クロロフィルや補助光合成色素の種類によって，利用される波長域は異なり，保有する色素に基づいて，光合成細菌は異なった光スペクトルを利用する．反応の中心は，細胞膜の陥入（紅色細菌とシアノバクテリア）か，特殊な膜（緑色非硫黄光合成細菌，たとえば *Chlorobium*）で作られる細胞内の小胞（ベシクル，vesicle）または管状構造にある．

　主要な一連の過程では，電子が，光活性化されたクロロフィルまたはバクテリオクロロフィルによって，一次受容体（フェオフィチン：Mg原子を欠いたクロロフィルまたはバクテリオクロロフィル）を介して，膜結合性の電子伝達鎖（Fe-Sタンパク質，ユビキノン，チトクロムを含む）に渡され，循環してクロロフィルに戻ってくる．これはプロトンポンプのように働き，膜でのリン酸化（サイクリック光リン酸化）によってATP合成と共役する．この反応は，呼吸とよく似ており，光合成細菌では，電子源がNADHではなく光活性化されたクロロフィルである．光合成では，電子が還元型ニコチンアミドジヌクレオチドリン酸（NADPH）の生成に使われ，それは次にCO_2の還元的同化に使われる（図1.1と次項を参照）．

　いわゆる酸素非発生型光合成を行う細菌は，H_2O以外の電子供与体に依存し，O_2を発生しない．そのような酸素非発生型の細菌は，4つの独立したグループにみられる；これらは，光合成色素によって特徴づけられる．紅色硫黄細菌（*Proteobacteria*）は，825～890 nmの赤外部に吸収極大をもつバクテリオクロロフィル *a* か，バクテリオクロロフィル *b*（1020～1040 nm）をもつ；別グループの紅色硫黄細菌は，異なる組み合わせのカロチノイドをもっている．紅色硫黄細菌（たとえば，*Thiocapsa*，*Thiopedia*，*Chromatium*）は，次のような反応で，還元型硫黄を光合成の電子供与体に用いる：

$$2H^+ + 2HS^- + CO_2 \rightarrow [CH_2O] + 2S^0 + H_2O$$

そして

$$5H_2O + 2S^0 + 3CO_2 \rightarrow 3[CH_2O] + 2SO_4^{2-} + 4H^+$$

　細胞はしばしばS^0を貯留する．ある種の湖沼の深水層や微生物マットでは，光に曝され，かつ硫化物に富む生息場所があり，これらの菌が多くみられる．それらは独立栄養菌であり，さまざまな程度でO_2耐性であるが，いくつかは偏性嫌気性菌である．このことに加えて硫化物耐性の違いが，自然界での存在の多様性を説明している．最近，亜ヒ酸塩（AsO_3^{3-}）の形態の還元型ヒ素化合物を光合成の電子供与体として利用し，最終産物としてヒ酸塩を生成する紅色硫黄細菌，*Ectothiorhodospira*に近縁な細菌が分離された（Kulp et al., 2008）．

　紅色非硫黄細菌（*Proteobacteria*；たとえば，*Rhodopseudomonas*，*Rhodospirillum*）という用語は正確ではない．その多くの分離株では，紅色硫黄細菌よりは高レベルの硫化物

に対する感受性がより高く，細胞内にS^0を貯留しないが，光合成で硫化物を電子供与体として利用する．それらは，他にも，H_2やいくつかの有機化合物，Fe^{2+}を電子供与体として利用する．ごく最近になって，少なくとも1種の紅色硫黄細菌と紅色非硫黄細菌が，NO_2^-を電子供与体として使い，NO_3^-を最終産物とすることが明らかにされた（Schott et al., 2010）．紅色非硫黄細菌は，酢酸のような低分子有機化合物を消費できる；暗条件では，それらは微好気条件の方を好み，好気呼吸を行う（図 1.1）．紅色非硫黄細菌は，堆積物表層でよく見出される．

紅色非硫黄細菌のメンバー（Alphaproteobacteria 内の）のなかには，光合成能力を失いなっているが，サイクリック光リン酸化の能力を保持している細菌がいる．したがって，それらの菌は，増殖には有機基質を絶対的に必要とするが，光エネルギーを保存でき，異化代謝に有機基質を多く使う必要がないため，他の従属栄養細菌に対する競争力を得ている．たぶん，このことは飢餓期間中での生存性を上げていると考えられる．そのような好気的な光合成従属栄養菌は，以前から知られていたが，最近になって，海洋水中では数多く生存し，細菌の10%以上にまで達することがわかってきた（Kolber et al., 2001）．これらの細菌は，しばしば容易に海水から分離され，その名称 -Erythrobacter と Roseobacter - が示すとおり，光合成能力が理解される前から，その特徴的な赤色が知られていた．

かなり異なったタイプの光合成がアーキアとバクテリアの両方に存在する．1970年代，オプシンが好塩性アーキア，Halobacter の細胞膜中に見つかった．オプシンは光感受性のタンパク質である．光に曝されると，オプシンはプロトンポンプとして働き，細胞外にプロトンを排出して電気化学的な勾配を形成し，ATPの生成と共役する；Halobacter のオプシンは，バクテリオロドプシン（bacteriorhodopsin）と呼ばれる（Osterhelt et al., 1977）．類縁のタンパク質がプロテオバクテリアでみつかり，プロテオロドプシン（proteorhodopsin）と命名された．オプシン（たとえば，ロドプシン）は，動物眼の光感受性色素でもあり，単細胞真核生物での光応答に関わっている．現在，オプシンはさまざまな種類の細菌で光センシングの役割をもっていることや，ATP合成を通してエネルギー保存に利用されていることが分かっている．これは，海洋の浮遊性細菌のいろいろなグループ間で広く見られる性質である．オプシンがさまざまな細菌分類群に広く分布するのは，多分，遺伝子の水平伝播を示しており，その研究は，微生物の生物地球化学でのゲノミクスおよびメタゲノミクス研究の有効性を反映している（Frigaard et al., 2006；McCarren & DeLong, 2007；DeLong & Beja, 2010）．

細菌のなかで，シアノバクテリアだけが酸素発生型の光合成（oxygenic photosynthesis）を行う．酸素発生型光合成は，この30億年間の地球史のなかでももっとも重要な光合成のプロセスであった．それは，O_2を含む大気の発生をもたらし，多細胞生物の進化を可能にした．酸素発生型光合成が作る有機物は，生物圏を動かす化学エネルギーの大部分を占める．真核生物の光合成の役割は，現存の生物圏（とくに，陸圏）では，シアノバクテリアよりも大きいが，すべての証拠は，真核生物の葉緑体がシアノバクテリアの細胞内共生に起源することを示している（Falkowski et al., 2004）．

シアノバクテリア（そして葉緑体）はその主要な光合成色素としてクロロフィル a を使う；補助的な光合成色素は，オレンジと緑の光スペクトル領域の利用を可能にするフィ

コビリン（(phycobilin；フィコシアニン (phycocyanin) とフィコエリスリン (phycoerythrin)）を含んでいる．シアノバクテリアは，浅い水系堆積物で重要であり，"シアノバクテリアマット"に多い－とくに，*Oscillatoria*, *Lyngbya*, *Microcoleus*, や *Spirulina* のような繊維状のタイプ；しかし，マットや堆積物では単細胞性のタイプもみられる（7.2節を参照）．シアノバクテリアは浮遊生物のなかでの一次生産者としても重要である；この場合は，単細胞性のタイプ（*Synechococcus*）が優勢である．しかし，*Trichodesmium* や *Nodularia* のような群体性のタイプが大量に発生する場合もある．さらに，シアノバクテリアは，土壌や，非常に過酷な環境にある岩の割れ目（endolith）ような陸圏の生息場所にも定着する．真核生物と共生するシアノバクテリアもいる．たとえば，地衣類では光合成を担っている．

シアノバクテリアが住みついた堆積物で，HS^- に曝されているような場所では，光合成系 II が阻害され，O_2 発生が抑えられている．しかし，光合成系 I はそのままであり，硫化物が光合成の電子供与体として利用される（Cohen, 1986）．

Cyanobacteria に属する *Acaryochloris* はクロロフィル *d* をもち，酸素発生型光合成に赤外光を利用できる点でユニークである．それは，珊瑚礁のサンゴモの下で見つかっている（Mohr et al., 2010）．プロクロロファイト（prochlorophyte）は小さな単細胞の形態で，クロロフィル *b*（緑藻や植物の葉緑体のように）をもっている．最初は，ある種の尾索類被膜の共生体として発見され，最近になって，海洋での重要な浮遊生物であることが分かった－とくに，大洋域での深部有光層（4.1節を参照）．

1.4
同化代謝

地球上に存在する天然の92元素のなかで，4分の1はすべての生命に必要な生元素である．そのなかで6元素が量的に主要な元素である；C, O, N, H, P, S は，それぞれ，乾重量あたり約55, 20, 10, 8, 3, 1% を占める．さらに，生物は，必須電解質（Na, K, Mg, Ca, Cl）といくつかの金属（特定の酵素の構成要素として，Fe, Cu, Co, Mo, Ni, Zn, W, V）も含んでいる；I, F, Br, Se も必須元素である．

細菌は約70%の水分を含んでいる．増殖している細菌細胞は，タンパク質（55%），RNA（20%），脂質（9%），その他にDNA，多糖類，単糖やアミノ酸のようなモノマーから成っている．

すべての必須元素は環境中から取らなければならないし，ある場合には，バイオマス中に取り込む前に化学的に変換する必要がある．たとえば，SO_4^{2-} は海洋の浮遊性細菌の代表的な硫黄源であり，システインやメチオニンのようなアミノ酸に取り込まれる前に硫化物に還元される．対照的に，リンは生物学的なプロセスで原子価を変えず，一般的には無機リンの形で同化される—おそらく，有機態リンが加水分解されたあとで．

ここでは，C, N, S に焦点をあてる．これらの元素の酸化型を同化する場合には，還元するためのエネルギーが必要である．CO_2 のようにもっとも酸化された状態の無機態元素を独立栄養菌が同化する場合，糖やアミノ酸のような"高分子合成素材（building blocks）"を生合成するためにはエネルギーコストがかかる．したがって，独立栄養の生物では，モノマー単位（糖，アミノ酸）で元

素が同化される場合に比べて，増殖速度や増殖収率が低くなる．

C1化合物の同化では，アーキアとバクテリアで複数のメカニズムが見つかっている．そのなかでも，カルビン回路（正式には，Calvin-Benson-Bassham回路，CBB，あるいは，還元的リブロース-ビスリン酸回路）はCO_2還元と同化のもっとも重要な経路であり，CO_2還元は，リブロース-ビスリン酸カルボキシラーゼ/オキシゲナーゼ（RuBisCO）によって触媒され，CO_2とリブロース-ビスリン酸との反応から2分子のC3分子が生成する．RuBisCOは地球上にもっとも多く存在するタンパク質であり，CBB回路は事実上，すべての一次生産を担っている．CBB回路は，酸素発生型光合成の微生物（シアノバクテリア），多くのProteobacteria（たとえば，紅色硫黄光合成細菌，紅色非硫黄光合成細菌，ほとんどの化学独立栄養性プロテオバクテリア），小数のFirmicutesとChloroflexiで見つかっている．

異なる経路の1つ―還元型クエン酸回路（あるいは，還元型トリカルボン酸回路，rTCA）―は，緑色硫黄細菌（Chlorobi），Epsilonproteobacteria，その他小数のProteobacteria，Aquificales，Nitrospiraeの細菌で使われている．この回路での重要な反応はCO_2とサクシニルCoAの縮合であり，2-ケトグルタル酸を生成し，さらに縮合してイソクエン酸を生成する．rTCA回路は，大部分はエネルギー生成性のトリカルボン酸回路の反応を利用する．さらに，もう1つの重要な経路は，還元的アセチルCoA経路であり，独立栄養性のDeltaproteobacteria，Firmicutesの酢酸生成菌，Planctomycetesのアナモックス菌，Euryarchaeotaのメタン生成菌がもっている．この経路では，注目すべき酵素で，起源が古くニッケルを含有する酵素，アセチルCoAシンターゼ/一酸化炭素デヒドロゲナーゼが，CO_2をCOに還元してメチル基と結合させて酢酸に縮合する．その他のCO_2固定経路として，3-ヒドロキシプロピオン酸回路（Chloroflexi）とアーキアでのみ見出される2つの回路があり，その回路中にはプロピオン酸が含まれる．

メタノトローフ（好気的メタン酸化菌）は，C1固定経路の多様性を示すもう1つの例である．すべてのメタノトローフはメタンをHCHO（ホルムアルデヒド）に酸化する．ホルムアルデヒドの一部は，以下に示す2つの経路の一つで生合成の有機物に転換される．"グループⅠ"メタノトローフ（Betaproteobacteria と Gammaproteobacteria）はリブロースモノリン酸経路を用い，グループⅡメタノトローフ（Alphaproteobacteria）は"セリン経路"を用いる．小数のメタノトローフ（たとえば，Methylococcus capsulatus）はCBBシステムでCO_2を固定する．

ほとんどの細菌は，それ以上還元する必要のないNH_4^+を同化してアミノ酸を合成する．NH_4^+は嫌気環境でもっとも多い窒素化合物であるが，好気的な生息場所でもよく存在する．好気的生息場所では，NO_3^-が主要な利用可能な窒素の形態であり，大部分の好気性菌は同化的硝酸還元を行う．硝酸塩は，NADPHを電子供与体に用いて段階的に還元され，最初は硝酸塩還元酵素の触媒で亜硝酸塩に，その次に結合型中間体を経てアンモニアに還元される．

窒素固定-N_2の同化的還元-は一部の原核生物でしかみつかっていない．この反応はニトロゲナーゼによって触媒され，本酵素は2つの酵素-ジニトロゲナーゼとジニトロゲナーゼ還元酵素からなる複合体である：この2つの酵素はFeを含み，後者はさらにMoを含んでいる．ジニトロゲナーゼ還元酵素は酸素感受性であり，嫌気条件でのみ窒素固定が起こる．N_2の活性化エネルギーは非常に

高く，この反応では低い酸化還元電位が要求され，エネルギーコストは高くなる．このプロセスではプロトンの還元が起こり，その結果，1分子のN_2が2分子のNH_4^+へ還元されるのと同時にH_2が生成し，1分子のN_2の還元には18～24分子のATPが必要となる．このH_2生成のメカニズムはよく分かっていない．ニトロゲナーゼの特異性は低く，N_2以外の化合物，たとえば，アセチレンをエチレンに還元するので，ニトロゲナーゼ活性を測定するのに利用されている．

窒素固定は，光合成緑色硫黄細菌，紅色硫黄および非硫黄細菌，クロストリジウム，硫酸還元菌などの多くの嫌気性菌にみられる．また，多くの通性嫌気性菌は嫌気条件でN_2を固定することが分かってきた（たとえば，*Bacillus*, *Klebsiella*）．*Azotobacter*の菌種は，好気条件では，粘液を多量に分泌し，また，必要なエネルギーを満たす以上に高い速度でO_2を消費して，細胞内を無酸素環境に維持できる．シアノバクテリアの多くは，嫌気および微好気条件では窒素固定を行う．群体性のシアノバクテリアには，光合成系Iのみが機能している特殊な細胞（ヘテロシスト）中でN_2固定が起こるものがある；こうして，サイクリック光リン酸化が窒素固定にATPを供給するが，O_2は発生しない．植物の多くは共生的N_2固定細菌をもっている．"根粒菌"は一番よく知られた例で，生物地球化学的にも経済的にももっとも重要である．根粒菌は，*Alphaproteobacteria*中の6属と*Betaproteobacteria*に属する*Burkholderia*のなかのいくつかに分類される．根粒菌はマメ科植物（Fabaceae科）の根に定着して，窒素固定性の小瘤を形成し，陸圏生態系への窒素投入に大きな貢献をしている．その他に，N_2固定性の*Actinobacteria*（たとえば，*Frankia*）が，ヤマモモ属（*Myrica*）やハンノキ属（*Alnus*）のような植物と同様な小瘤を作る．ソテツ，水生シダの*Azolla*や地衣類のいくつかは，N_2固定性のシアノバクテリアと共生している．シロアリ後腸内の共生的N_2固定細菌は重要で，これらの昆虫に窒素を供給している（9.2節を参照）．

無機態硫黄は，嫌気的生息場所ではHS⁻のかたちで同化される；還元は必要でなく，輸送にわずかなエネルギーだけが必要とされる．しかし，好気条件では，SO_4^{2-}が生体のおもな硫黄前駆体である．細胞内に輸送された後，SO_4^{2-}はATPを消費してアデノシン-5'-ホスホリン酸（APS）に活性化されてから，リン酸化されホスホアデノシン-5'-ホスホリン酸（PAPS）を生成し，SO_3^{2-}を介してS^{2-}に還元される．異化的なSO_4^{2-}の硫化物への還元はATP保存と共役するが，熱力学的に同等に有利な還元であっても，同化的還元にはATPが必要であることに注意して欲しい．同じことが，異化的および同化的硝酸還元でも存在する．

1.5

微生物代謝の生体エネルギー論

ある環境でどの細菌の作用が主要であるかを予測することは，言うまでもなく，特定の場所や時間にある利用可能な資源に依存する．また，異化代謝のエネルギー論の理解も必要である．このことは2つの観点から考えることができる：(i) 化学的熱力学を基礎にした考察と (ii) 化学反応の反応速度論的制約である．反応速度論的制約とは，熱力学的には可能なプロセスが，高い活性化エネルギーが必要なために，自発的には起こらないことをさす．たとえば，熱力学的考察では，N_2をO_2で酸化することは可能であり，それによって細菌が生存できることを示唆する．しかし，

N≡Nの三重結合はとても強いので，高い活性化エネルギーが必要であるため，実際には起こらない．

まず，化学的熱力学を基礎にした平衡論の考察から生体エネルギーのプロセスを論議する．以下に述べる理由から，平衡論の考察は，生体内または現場でのプロセスの近似でしかないが，いくつかの異なるタイプの細菌代謝の分布に関する理解を導いてくれる．以下の項目についての熱力学的背景は補遺1に述べる．

代謝プロセスのエネルギー収率

あるプロセスの標準自由エネルギーは，次式にしたがって自由エネルギー生成から計算できる（Thauer et al., 1977と表 A1.1）：

$$\Delta G^{0'} = \sum \Delta G_f^{0'}(生産物) - \sum \Delta G_f^{0'}(反応物).$$

標準自由エネルギー変化の計算は，個々の代謝反応のエネルギー論を近似する．したがって，表A1.1にある値から，4つの異なった電子受容体で水素が酸化される際の自由エネルギー変化が，次のように計算できる（単位は kJ/mol H_2 酸化）：

$2H_2 + O_2 \to 2H_2O; \Delta G^{0'} = -238$ kJ
$5H_2 + 2NO_3^- + 2H^+ \to N_2 + 6H_2O; \Delta G^{0'} = -224$ kJ
$4H_2 + SO_4^{2-} \to 4H_2O + HS^-; \Delta G^{0'} = -38$ kJ
$4H_2 + CO_2 \to CH_4 + 2H_2O; \Delta G^{0'} = -33$ kJ.

明らかに，好気的酸化とメタン生成は，エネルギー論的には，それぞれもっとも有利な反応と不利な反応に相当する．しかし，定量的には，上記の計算は近似でしかない．なぜなら，たとえば，硝酸塩呼吸でのATP収率は，自由エネルギー変化の計算では，酸素呼吸の90％以上になると推察されるが，実際には約50％しかない．これは，水素酸化が硝酸塩還元と共役するメカニズムの効率が，酸素呼吸の場合よりも低いからである．

一般に，エネルギー保存の効率は高くない．グルコースの好気分解（$C_6H_{12}O_6 + 6O_2 \to 6CO_2 + 6H_2O$）では，$\Delta G^{0'} = -2{,}877$ kJ mol^{-1}である．この反応では32 mol の ATPを生じる．ATPの加水分解での自由エネルギー変化は-29 kJ mol^{-1}なので，エネルギー保存の効率は，$29 \times 32/2{,}877$，すなわち約32％しかない．残りの68％は代謝熱として失われる．

もう1つの問題は，標準自由エネルギー変化の計算が，反応物の mol，または標準濃度値を仮定している点にある．1つの例として，有機基質を完全に酢酸とH_2に発酵するプロセスを考えてみる．1.3節で論議したように，これには，H_2生産によって，NADH（解糖系の過程で生じる）の再酸化が必要である．補遺1の表A1.2（訳注；NAD/NADHの値を加えた）より，NAD/NADHに対して$E^{0'} = -0.32$ V，H_2O/H_2に対して$E^{0'} = -0.41$ Vである．$pH_2 = 1$ atmと仮定すると，A.5とA.6の反応式は$\Delta G^{0'} = +17.4$ kJ mol^{-1}となり，反応は不可能となる．しかし，pH_2を10^{-4} atm（Q $= 10^{-4}$）と仮定すると，$\Delta G^{0'} = \sim -5$になる．こうして，環境のpH_2が10^{-4}未満の場合，反応は可能になる．自然系では，そのような低いpH_2の維持には，H_2消費細菌の存在が必要である．

この要求性は，偏性酢酸生成菌が，エタノールと脂肪酸から酢酸$+H_2$を生じる発酵にも適用される（1.3節を参照）．図1.2には，そのような2つの発酵のpH_2への依存性を示した．また，2つのタイプのH_2消費菌（硫酸塩還元菌とメタン生成菌）のpH_2への依存性も示した；明らかに，それらは高いH_2分圧によって支持される．そのグラフから，栄養共生的な種間水素転移のある嫌気システムは，10^{-6}～10^{-5} atmの水素分圧で釣り合うことが示唆される—硫酸還元菌はメタン生成

菌よりもやや低いpH_2を維持できる．この結果は，嫌気的生息場所での実際のpH_2測定と一致する．

環境中の基質や電子受容体の濃度はつねに代謝過程のエネルギー収率に影響を与えるが，とくに，H_2代謝の場合は重要である．その他の場合のほとんどで，上述のような標準自由エネルギー計算は，反応エネルギーやどの反応が可能かを適切に示唆する．

エネルギー論，Y_{ATP}と増殖収率

異なった細菌間での競争では，基質取り込みの速度論や基質利用と増殖が共役する効率などが重要な因子である．その他のさまざまな適応特性も，いろいろな状況下での結果を左右するが，エネルギー代謝においてATP収率をいかに高くするかが，競争力の重要な要素である．

大部分のエネルギーは増殖のプロセスで消費される事実（表 1.1）に従えば，エネルギー生成と増殖との間には比例関係がある．具体的には，異化代謝を通して，1 mol ATPあたり乾重で約10 g の有機物が合成される：$Y_{ATP} = 10 \text{ g mol}^{-1}$．この値は，さまざまな細菌から計算されてきた（Bauchop & Elden, 1960；Payne & Wiebe, 1978）．この値の適用には例外があるが（以下を参照），有用な一般化である．

これを具体的にみるために，同じ基質を使うが異化代謝が異なる2つの従属栄養菌について，その増殖収率を計算してみる．増殖収率とは，細胞物質に取り込まれた有機物（すなわち，同化）と消費基質全量（異化＋同化）との比である．グルコースで増殖している好気性と嫌気性の細菌を考えると，前者は1 mol のグルコース（＝180 g）あたり32 mol のATPを獲得する．$Y_{ATP} = 10 \text{ g mol}^{-1}$と仮定すると，好気性細菌はグルコース180 g を異化代謝して320 g（= 32 moles × 10 g mol^{-1}）の細胞物質を合成できる．したがって，細胞は，全体でグルコースを180 g（異化）＋320 g（同化）を消費すると，収率は320/(180 + 320) = 0.64となる；すなわち，消費された基質の64%が細胞物質として回収したことになる．嫌気性の発酵細菌では，1 mol のグルコースの異化で3 mol のATP生成があると仮定すると，増殖収率は14%にしかならない．実際に，この数字は測定値に近い．したがって，同様な環境（同様な速度のグルコース取り込み）下では，好気性菌は嫌気性菌に比べて4倍速く増殖できる．この計算を他の場合に適応すると，たとえば，嫌気環境では，硫酸塩還元菌はSO_4^{2-}が利用できる限り，メタン生成菌との競争に勝てることが分かる．

実際には，Y_{ATP}はいつも10 g mol^{-1}ではない．広範囲の増殖速度で一定のY_{ATP}が保たれるが，増殖速度が低いとき，全エネルギー生成のなかで，直接には増殖と関係しない細胞代謝を維持するエネルギーの割合が増えるために，その値にはズレが生じる．さまざまな人工的な増殖条件や特定の栄養物の利用性が制限された場合も，Y_{ATP}は小さくなる．もっと重要な因子は生合成のコストであり，同化代謝での炭素の利用可能な形態に左右される．たとえば，炭素数が2ないし3の化合物しか利用できないときは，Y_{ATP}は小さくなり，炭素源がCO_2ならば，Y_{ATP}を犠牲にして，より多くのエネルギーが還元的同化に消費される．最後に，エネルギー要求性であるN_2固定のような適応的な性質は，細胞収率や増殖速度定数を低下させる．

細菌群集の生体エネルギー論と構造

ここで，細菌群集の一般的な性質のいくつかについて述べる．古典的な細菌学は，実験室での純培養が研究に値すると長く考えてきた．このことが，異種細菌間の相互依存性が，

なぜ，長い間無視されてきたかや，微生物の機能生物学が不十分にしか理解されてこなかったかの原因である．ここでは，エネルギーと物質の流れを強調する；微生物群集の空間的，時間的なパターンは次節で扱う．

1つの留意点は，好気的従属栄養微生物が形成する群集は，嫌気的従属栄養性菌が作る群集とは根本的に異なることである．その違いは1.3節で明らかにした．ほとんどすべての場合で，個々の好気性細菌は基質を完全に無機化する．さまざまな菌種は，どのポリマーが加水分解できるかや，どの低分子有機物を取り込んで分解し同化できるかで，特徴づけられる．しかし，ほとんどすべての菌は，完全な酵素体系（たとえば，解糖経路，クエン酸回路，電子伝達鎖）をもち，炭水化物とアミノ酸を完全に無機化して，細菌細胞 + CO_2 + H_2O + 無機態 N などを含む代謝最終産物に変える．さらに，嫌気的代謝と比べると，エネルギー代謝は効率的なので，代謝した物質のより多くの部分が新しい細胞バイオマスに変えられる．

対照的に，嫌気代謝では，エネルギー効率が低いので，より多くの基質が異化代謝に使われ，細胞物質に取り込むよりも代謝産物を生成する割合が高くなる．さらに，脱窒菌や鉄還元菌，硫酸還元菌の一部を除外すれば，グルコースのような複数の炭素原子をもつ基質を完全に無機化できる嫌気性菌はほとんどいない．嫌気的な無機化は，種々の機能タイプの細菌から構成される"食物鎖"や"食物網"によって段階的に起こる．セルロースを加水分解してグルコースに変え，グルコースを解糖系で発酵して，その代謝産物を水素と酢酸に代謝して，最終的に CH_4 + CO_2 を生産する嫌気性菌がなぜ存在しないのかを，論理的には問うことはできる．その説明の1つは，一揃いの必須なタンパク質をコードする

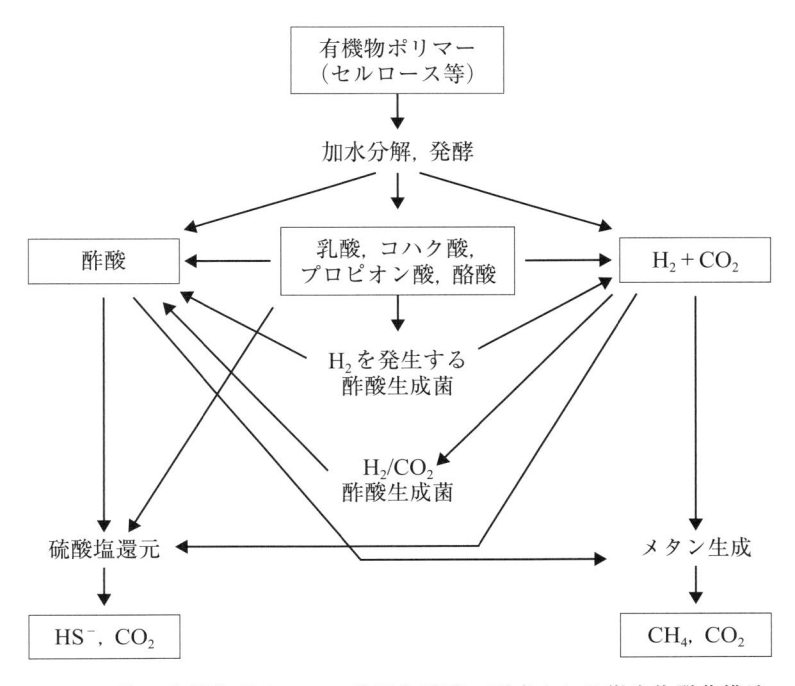

図1.4 セルロース等の有機物ポリマーの分解と発酵で形成される微生物群集構造．ポリマーは数段階の反応を経て分解され，各反応段階の微生物はそれぞれ異なっている；酢酸と H_2 への完全な発酵分解は，硫酸塩還元菌やメタン生成菌による H_2 の除去に依存する．

のに必要な遺伝学的"負担"があるので，進化的な選択では不利になることだ；さらに，1つの細胞内でそのような多様なプロセスを制御することは，ある程度の細胞内の区画化が必要であり，それは小さな細胞サイズの細菌では実現できない．どんな理由であれ，有機物を完全に分解するためには，多数の機能タイプの嫌気性菌が必要であり，嫌気性菌群集の構成に重大な影響を及ぼしている．

　嫌気性菌の群集では，種々の発酵細菌がもっぱら有機ポリマーの加水分解に関わり，さまざまな脂肪酸，アルコール，H_2を代謝物質として生産する（図 1.4）．SO_4^{2-}を含む生息場所（SO_4^{2-}濃度 > 約 0.1 mM）では，これらの代謝産物が硫酸塩還元菌によってさらに分解され，嫌気的無機化の最終段階を担当している．硫酸塩がない場合は，他のタイプの発酵菌が基質（酪酸，プロピオン酸など）を酢酸 + H_2 に変換し，それらを最終の無機化を担当するメタン生成菌が利用する．それらの発酵菌は偏性酢酸生成菌として知られている．

　水素利用性のメタン生成菌とホモ酢酸生成菌の相対的な役割は注目に値する．酸性条件下（pH < 5）では，後者が競争では勝っており，H_2除去の役割を担っている．その後，生成する酢酸が酢酸分解性メタン生成菌によって分解される．より中性の環境では，水素利用性のメタン生成菌が H_2 消費で優位となる（Jones & Simon, 1985；Phelps & Zeikus, 1984）．

　先に述べたように，種間 H_2 転移は嫌気的無機化の重要な特徴である：メタン生成や嫌気呼吸による効率的な H_2 除去があるときのみ，発酵プロセスが完結する．もしそうでなければ，環境は酸性になり，無機化の進行は阻害される．これは，嫌気的な廃水処理がうまく管理できない問題や反芻動物に致命的な

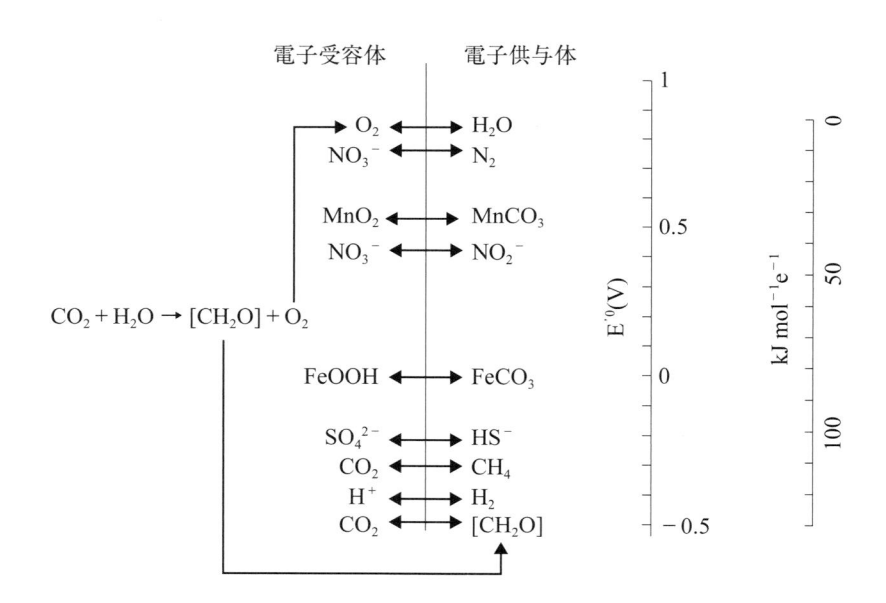

図 1.5 酸化還元反応の順序．いくつかの重要な酸化還元対と呼吸プロセス，メタン生成の標準酸化還元ポテンシャル（pH = 7）．この図は，単純化した生物圏モデルも示している：酸素発生型の光合成によって作られる化学ポテンシャルは，さまざまな微生物が行う酸化還元反応の共役によって元の状態に戻る．酸化還元対（半電池）の自由エネルギー変化（kJ/mol e$^-$）も示した．

問題を引き起こす．

発酵は，原則的には環境の酸化還元電位を変えないという点で，生物地球化学では，特徴的である．これは，エネルギー保存（ATP生成）が有機分子の不均化と共役し，生成物と反応物の酸化還元状態が変わらないからである．発酵は，嫌気的な分解であるが，外部の電子受容体が関わらないので，図1.5のようには示すことができない—基質がCH_2Oのレベルに維持される作用として考えられる．（しかし，電極ポテンシャルの直接測定は，発酵細菌の培養が環境を還元的にすることを示すだろう．なぜなら，セルロースのような発酵菌の基質は本来，電気化学的な活性を示さないが，H_2のような代謝物は電極ポテンシャルの測定値を下げるからである．）．

図1.5にある情報は，補遺1の表A1.2の情報とほぼ同じであるが，どの反応が熱力学的に可能であるかを強調している．図は単純化した生物圏モデルも示している．駆動力は，酸素発生型の光合成であり，O_2と還元型有機物（CH_2O）で構成される化学エネルギーポテンシャルを生み出している．有機物に貯えられた化学エネルギーの一部は，発酵を通して放出されるが，ほとんどは，外部の電子受容体を必要とする酸化還元過程（呼吸）を介して放出される．O_2が利用できるかぎり，酸化的リン酸化が無機化を担っている．酸素が無くなると，エネルギー的にはより不利なNO_3^-還元が引き継ぎ（NO_3^-が利用できる限り），続いて，マンガンや鉄の酸化物の還元，硫酸塩還元，水素利用性のメタン生成の順番で起こる．この酸化還元の順序は，大まかに言えば，有機物分解の経時的な遷移やプロセスの空間分布を記述ないし説明する．たとえば，水系堆積物の表面から下層に向かって調べてみると，種々の電子受容体が順次に枯渇する：最初はO_2，その後にNO_3^-，続いて，マンガンと鉄の酸化物，最後にSO_4^{2-}．エネルギー論はこのパターンを説明するが，個々のプロセスの定量的な重要性は種々の電子受容体の利用性によって決まる；この点では，ほとんどの海洋の生息場所では好気呼吸と硫酸還元が主要となる．土壌では，通常は好気呼吸が優勢となるが，淡水系では，複数の無機化プロセスが混ざり，より変化に富んでいる．

図1.4は，嫌気的な無機化のプロセスの還元型産物（H_2，CH_4，HS^-，NH_4^+，還元型金属）が最後にはその他の電子受容体によって酸化されることも示している；結局は，すべてはO_2によって酸化され，種々のタイプの細菌の協調的な作業を通して化学平衡が元の状態にもどる．しかし，生物活性の還元型産物のいくつかは，おもに還元型炭素，たとえば，ケロゲン（kerogen）や化石燃料（fossil fuel），金属硫化物（黄鉄鉱，pyrite）のような還元型硫黄化合物の形で堆積岩中に埋め込まれる—これらは，地質学的プロセスを介してより長い時間スケールで生物圏に戻る．

N_2を生じる脱窒はとくに複雑で，不完全な再酸化である：N_2は，最終的には大気中で放電を受けて窒素酸化物に酸化されるか，窒素固定→アンモニア→微生物の硝化という複雑な経路で酸化される．

本章を締めくくるにあたり，理論的な生体エネルギー論で用いる酸化還元電位（補遺1を参照）と白金電極で実際に水系の生息場所で測定した電位との関係について手短に述べる．補遺1の表A1.2であげたデータの多くは直接，測定したものではなく，標準自由エネルギーの値から間接的に計算したものである．しかし，そのような多くの酸化還元対は補遺1の図A.1に示すような装置で直接，測定される．微生物の作用を直接知るためには，すなわち，自然界での実験によって得られるデータを使った図1.5に示した図式を与えるためには，自然の水系について測定された酸

化還元電位を用いるのが当然であろう．

　この測定は早くから試みられていて(Hutchinson et al., 1939；Pearsall & Mortimer, 1939)，それ以来，水系堆積物を特徴づける研究論文では測定値が報告されてきた．堆積物の鉛直プロファイルは，表層の好気性水と堆積物表層では，約＋0.4 Vの値を示しているが，嫌気的な硫化物に富むゾーンでは電位が急に－0.15 Vに低下する（図7.3を参照）．この結果は，図1.5に示した見解を説明し，電極電位の測定は，進行中の微生物作用や化学環境の概要を示している．

　しかし，正確な化学環境という点では，測定した電極電位を理解することは困難か不可能であることが分かっている．これにはいくつかの理由がある．いくつかの酸化還元対は非常にゆっくりと電極と平衡化するので，読み値はドリフトする傾向にあり，白金電極に付着した不純物は，実際の環境の変動よりも大きな程度で，測定に影響を与える．たとえば，酸素を通気した水の電位期待値である約0.8 Vは得ることができない．いくつかの酸化還元対は電気化学的に不活性であり，平衡化しないので，いくつかの系では，記録される電位に影響を与えてしまう．元素によっては，その化学性の複雑さも問題である．Fe^{3+}/Fe^{2+}の対の標準電位は＋0.7 Vであるが，鉄の化学性は複雑で，水系環境ではFeイオンは種々のリガンドと結合し，Fe(III)/Fe(II)対の酸化還元電位は，理論値よりも低い値になり，定まらないと推察されている．酸化還元電位の理論と実際の測定に関しては，Stumm & Morgan (1996)が詳細に論議している．

物質輸送のメカニズム

2

　個々の微生物にとっても，微生物群集にとっても，物質輸送は欠かせない機能である．微生物はさまざまな物質を環境との間でやりとりしており，その速度は物理的な物質輸送に依存している．さらに，微生物はより好ましい環境を求め，逆に，不利な条件を避けることが必要になることもある．さまざまな生物学的な反応の速度を決める要因として，物理学的な物質輸送や遊泳の速度などがある．化学物質や光は細菌の遊泳を引き起こすが，化学物質や光を検出する感度も速度を決める要因となる．これらは，すべて，微生物群集の空間配置をも決める要因となる．

　微生物は小さなスケールの世界に暮らしている．これは，物理的な物質輸送メカニズムや細胞の運動性にも反映する．予想どおりの結果だけでなく，場合によっては，われわれの直感に反した結末がもたらされることもある．大型の水生生物の物理的な物質輸送は，基本的に水の水平の動き（移流）に支配されている；たとえば，濾過摂食動物（filter-feeding animal）は，餌となる粒子を濾しとるために，ある種のフィルターを通る水流を作り出す（魚は酸素を含んだ水をエラ（鰓）に通すために，えらを隔てて水を汲み上げ，あるいは，大きく口を開けて泳ぐ）．捕食者は被食者と出会う確率を上げるために活発に動き回る．

　しかし，微生物については，これはあてはまらない．個々の微生物細胞のスケールでみると，基質の輸送では分子の拡散だけが意味をもつ．流動する液体に浸漬されたどんな物体もねばねばした"拡散境界層"に取り囲まれており，そこでは乱流は存在せず，移流も物体の表面近くでゼロに近づく．この状況は，運動しない粒子や細菌によくあてはまる．こうした拡散境界層が存在することと，流動液中に小物体が存在する場合には，慣性力よりも粘性が上回ることを考えると，細菌はまるでヒトが濃厚なシロップに浸っているのと同じような状態にある．細菌細胞の大きさでは，水の特性が細胞の遊泳のメカニズムに強く影響する．それは同時に，水流が魚類のエラによるO_2取り込みを促進するのとはちがって，移流が溶液からの溶質の取り込みに影響するわけでないことを意味する．

2.1

物理的な物質輸送のメカニズム

　拡散は分子のランダムな運動の統計的な結末である．一次元的な拡散では（図2.1），濃度勾配は，高い濃度から低い濃度への物質の正味のフラックスをひき起こす．十分に短い時間間隔では，ある分子1個が右に動くのか左に動くのかの確率は同一である．そのため，x方向への正味の流れ，J（単位時間あたり単位面積を通過する分子の量）は次の式（2.1）で示される．

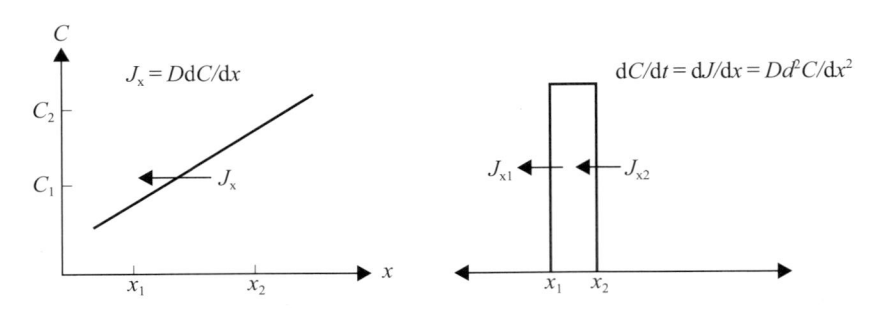

図 2.1 Fick の第 1 法則および第 2 法則．本文の説明を参照．

表 2.1 さまざまな距離まで溶質を輸送するのにかかる時間 (T) の例．ここでは O_2 を水中で輸送する場合を示す．O_2 の拡散係数 $D = 2 \times 10^{-5}$ cm^{2}s^{-1} であり，$T = L^2/2D$ で計算した

L	1 μm	10 μm	100 μm	1 mm	1 cm	10 cm	1 m
T	0.25 ms	25 ms	2.5 s	4.2 min	6.9 h	29 d	7.9 y

$$J = -D dC/dx \quad (2.1)$$

マイナスの記号は，正味のフラックスが高い濃度から低い濃度に向かう方向であることを示す．この式はFickの第一法則とよばれる．定数 D は拡散係数で，その次元は L^2T^{-1} である．この定数は，溶質（おもにその分子のサイズ），溶媒（おもにその粘性），および温度で特徴づけられる．水中では，低分子量の分子の拡散係数は 10^{-5} cm^2 s^{-1} の桁である．D の単位は，拡散による物質の輸送において，輸送に要する時間が輸送される距離の二乗に比例することを示している（表 2.1）．このことは，微生物群集の空間配置を理解するうえでもっとも重要である．

空間の中のある点における物質の濃度変化を考えるために，濃度勾配に対して直角に位置する，一定の面積×厚み $x_2 - x_1$ の容積をもつ立方体について考えてみよう（図 2.2）．この箱の中のある物質の濃度の変化は，箱に流入するフラックスと箱から流出するフラックスの差 ($J_{x2} - J_{x1}$) に比例するはずである．つまり，$dC/dt = (J_{x2} - J_{x1})/(x_2 - x_1)$ である．ここで，極限 $x_1 - x_2 \to 0$ では，$dC/dt = dJ/dx$ となり，ここに式 (2.1) を代入すると，式 (2.2) となる．

$$dC/dt = D d^2C/dx^2 \quad (2.2)$$

式 (2.2) は Fick の第二法則と呼ばれる．定常状態，$dC/dt = 0$ かつ拡散している物質が一定の濃度である（つまり，生産されることも消費されることもない）場合，ここでの濃度勾配は直線的であり，その傾きはフラックスの大きさである．

これを基に，微生物の生態でのいくつかの問題を見ていこう．拡散の物理学についての

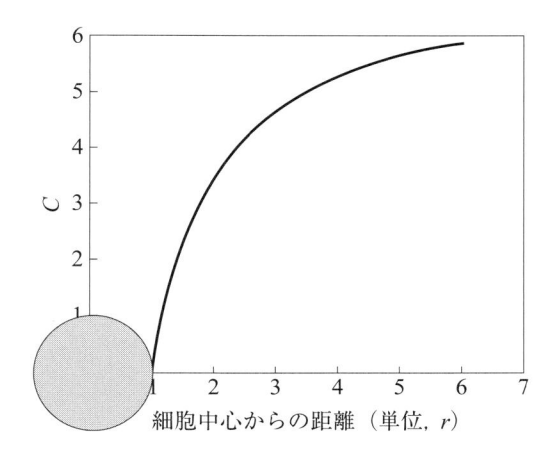

図 2.2 拡散律速での球菌の周囲における基質の濃度勾配.細胞表面での基質の濃度はゼロである.

より精確で徹底した取扱いについては,Berg (1993) や Cussler (1984) を,また,拡散と細菌生理学との関係についての議論は Koch (1990) を参照されたい.

細菌細胞による溶質の取り込みと細菌細胞からの排出

細菌の活性は溶存する基質の取り込みに依存している(細胞表面での取り込みで生じる濃度勾配によって拡散フラックスが引き起こされ,それによって物質が細胞内に輸送される).はじめに,半径 R の球状の細胞による取り込みを考えてみよう(図 2.2).表面からの距離ゼロにおいて,細胞がある基質を濃度 C で維持すると考え,これを"拡散が律速されている"と仮定する.すなわち,ここでは細胞膜を通した物質輸送は律速になっていない.細胞から無限大の距離での基質濃度を C',細胞中心からの距離を r とする.

この細胞を取り囲む,半径 r が $r > R$ の同心円状の球体の殻があるとすると,球体の殻の単位面積を通るフラックスは,式 (2.1) によると,$J = -DdC/dx$ で与えられる.殻を通した単位面積あたりの全フラックス(定常状態での細胞の取り込み速度,V と同じである)は,$V = 4\pi r^2 J = -4\pi r^2 dC/dr$ である.

境界条件は $C(R) = 0$ および $C(r \to \infty) = C'$ である.さらに,球体を通るフラックスは変わらないので,$dC/dr = $ constant $\times r^{-2}$ である.dC/dr についての解は:

$$C(r) = C'(1 - R/r)$$

(図 2.2).これは境界条件を満足し,$dC/dr = -C'R/r^2$ となる.これを上述の式に代入すると,

$$V = 4\pi RDC' \qquad (2.3)$$

拡散律速の場合,この式は細胞による物質の取り込みが,細胞の大きさ,(細胞の近傍ではなく)溶液全体での物質濃度,および基質の拡散係数だけの関数によって決まることを示唆している.式 (2.3) を C' で割ると"細胞が基質を使う領域あるいは範囲"を表す指標が得られる;つまり,細胞が単位時間あたりに基質を使い切る水の容積($= 4\pi RD$)である.細胞が必要とする基質量が細

胞容積に比例すると仮定すると，さらにこれを細胞容積 ($4/3\pi R^3$) で割ることで (2.4) が得られる．

$$E = 3R^{-2}D \quad (2.4)$$

栄養が制限された状況では，これは基質の奪い合いや親和性の重要な尺度である．もっとも高い E 値をもつ細菌は，細胞容積あたりでみると，最大量の基質を獲得できる．明らかに，より小さなサイズであればその効率はより高くなる．このように，基質が制限されている状況下では，細菌にとって状況を改善する方策は細胞のサイズを小さくすることだけである．ここで，式 (2.3) および式 (2.4) が現実的な記述なのかどうかという問いに戻ろう．まず，式 (2.3) が示す完全に拡散律速ではない状況を考えてみよう．

完全な拡散律速は極端な事例である．もう一方の極端は，取り込みが取り込みじたいの機構で制限されている場合である．そのとき，取り込みは C' とは独立であり，$C(R) = C'$ である．"物質輸送係数" k を考えてみよう．これは，細胞膜での取り込み部位の密度の尺度であり，細胞膜を挟んで分子を輸送するのに要する時間に係る定数と考えることができる．C' 値が非常に大きいとき，取り込み速度は $V_\text{max} = 4\pi R^2 k$ で与えられる．V_max の次元は単位時間あたりの基質重量であり，V_max^{-1} は単位重量の基質を取り込む時間である．このとき，それ以外の基質が細胞膜を透過することはないとする．これを考慮すると，式 (2.3) は $V = 4\pi RC' [1 - V/V_\text{max}]$ となる．ここで，カッコ内の式は取り込み部位が使われていない時間の指標である．この式を V について解くと，$V = [4\pi R^2 kC']/[kR/D + C']$ となる．この式はモノー（あるいはミカエリス‐メンテン）動力学式とまったく同じであり，通常以下のように記述される：

$$V = V_\text{max} C' / (K_m + C') \quad (2.5)$$

ここで，"半飽和定数" $K_m = kR/D$ は取り込み速度が $V_\text{max}/2$ となる基質濃度である．これはまた，取り込み制限と拡散制限の比率の暫定的な定数でもある．この関係を図 2.3 に示す．ここで，原点での傾きは $E \times$ 細胞容積 $\times C'$ であり，C' 値が大きいとき，取り込み速度は V_max に近づく．増殖速度が基質濃度に比例する範囲では（これはしばしば成り

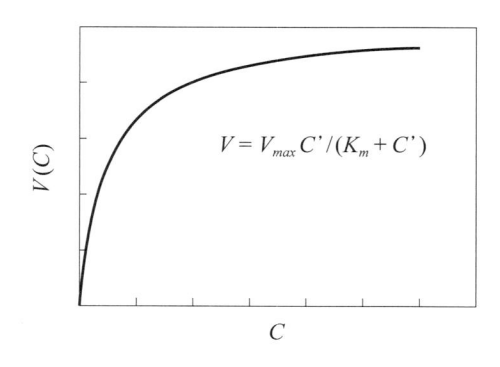

図 2.3 モノー式の模式図：基質の取り込みが全体としての基質濃度 (C) の関数となっている．原点での傾きは，低い C' 値での拡散が律速する取り込みを現している．半飽和定数 (K_m) は取り込み速度が最大取り込み速度の50%のときの C' 値である．

立つ），y軸を増殖収率係数で乗じた場合，この式は増殖速度が基質濃度の関数であることも表す．

次に，式（2.3）～（2.5）はどんな結果を与えるのかを考えてみよう．容積が1.33×10^{-12} mL（$R = 1$ μm），乾燥重量が30％の好気性球菌があるとすると，この細胞は4×10^{-13} g の有機物を含んでいることになる．式（2.4）によると，もし，$D = 10^{-5}$ cm^{2}s^{-1}なら，$E = 1.1 \times 10^7$ h である．1個の細菌細胞が，1時間以内に，その重さに相当する基質（有機物の乾燥重量として）を取り込んでいるとする．このとき，好気性菌はだいたい1.5時間に1回分裂することができる．単位の変換を慎重にやってゆくと，式（2.4）から，これに必要な有機物は，たった9 μg L^{-1}ということになる．

こうしたことが実際に認識され，大腸菌（*Escherichia coli*）を使って実験的な研究が行われている（Koch, 1971；Koch & Wang, 1982）．Eの値（式2.4），および原点での傾き（式2.3）は予想よりも50～100倍低いことが見いだされた．また，栄養を制限した条件で増殖させ続けた後では，細胞はV_{max}を変化させるやり方で環境にいくらか適応した．細菌の細胞壁が拡散の障壁になっており，細胞壁の構造の変化が，非常に希薄な基質濃度を取り込む効率をいくらか変える可能性があるというのが，この結果に対する彼らの説明である．栄養物が非常に乏しい条件，すなわち貧栄養な水圏に棲息している細菌について，これまでにこの観点から詳細に研究された例はない．ただし，限られたデータではあるものの，E値について似通った数値が示唆されている（Button, 1991）．しかし，ここで議論してきた範囲のE値（$1\sim 2 \times 10^{-6}$ h^{-1}）を受け入れたとしても，細菌は驚くほど効率的に非常に希薄な栄養物を利用する：0.5 mg L^{-1}程度の有機物を基質として約1時間の世代時間で増殖する．しかも，ここで私たちが計算の対象とした細菌細胞のサイズはかなり大きい．たとえば，海水で見いだされる細菌のほとんどが2 μmよりもかなり小さい．つまり，実際に自然界では，細菌はこの計算よりもさらにうまく環境に対応しているはずである．

さまざまな細菌を比べると，EとV_{max}との間には負の相関があるという経験的な事実がある．すなわち，高いV_{max}値，つまり，栄養濃度が高いところで速い増殖を行うことに優れた能力をもつ細菌は低いE値をもつ傾向があり，栄養物が制限された条件下での競合では弱い．その逆のことも言える．疑いなくこの対立関係は自然界の多様性に貢献している（ある種の細菌は，時間的にも，空間的にも断片的（パッチ状）に出現する高い濃度の基質を迅速に利用することに特化している．一方，別種の細菌は希薄な濃度の基質に対して効率的に競り勝つことができるが，すばやく増殖するために高濃度に存在する基質を利用することができない．それぞれは"発酵型"および"固有型"とよばれる）．

取り込みとは反対の課題も（細胞からの代謝物の排出）あり，これも興味深い課題である．たとえば，ある種の代謝物の集積，つまり発酵細菌からのH$_2$，は代謝経路に影響する．また，ある種の細菌は別の細菌の代謝物に依存する（1.3節を参照）．この問題に対する解答は式（2.3）を導いたときの考察によく似ている．代謝物の生産をPとすると$r > R$について，$P = 4\pi r^2 D\, dC/dr$となる．勾配は$C(R) = [C(R) - C']R/r + C'$，つまり，$dC/dr = -[C(R) - C']R^2$である．

細胞表面での基質濃度は$C(R) = P/(4\pi RD) + C'$である．

図2.4は10 fmol h^{-1}でH$_2$を発生する球状のごく小さい発酵槽（$R = 1$ μm）を想定したものである．大気の水素分圧pH$_2$は10^{-5} atm

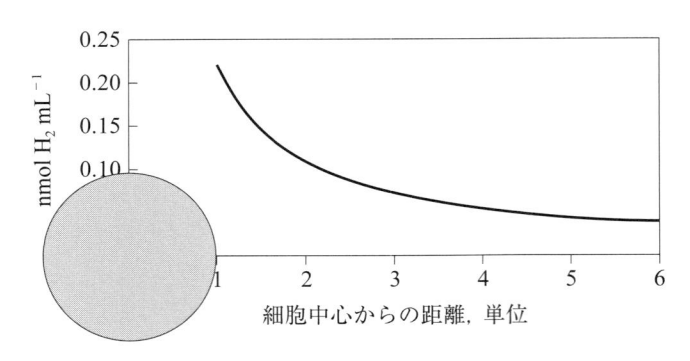

図 2.4　バックグラウンドの H_2 濃度 (C') を 0.5 nmol H_2 mL^{-1} とした場合，ある現実的な速度で H_2 を生産する球菌のまわりにできる H_2 濃度勾配．

(～1 Pa) と考えられている．これは $C' = 8$ pmol mL^{-1} に対応する．細胞のすぐ近くを取り巻く H_2 濃度は，C' に比べて一桁以上高いレベルに増加すると考えられ，細胞表面から，細胞半径の 2～3 倍の距離を離れると，H_2 濃度は急激に減少する．これは絶対栄養共生細菌のペアにとって示唆に富む．これらが効率的に機能するためには，細胞塊の中で隣接していなければならない．この現象は十分に記述されている．下水汚泥や湖沼堆積物の嫌気分解の効率は団塊化（aggregation）で強く促進される．ほとんどのメタン生成はフロック化した構造で起こり，そこでは H_2 の消失が認められない．液体を全体としてみると，それよりもはるかに少ないメタン生成活性が検出されるにすぎない．また，液体全体の H_2 濃度とそのターンオーバーからの推定では，実際の H_2 の輸送を過少評価する（たとえば，Conrad et al., 1985）．微生物どうしの物理的な距離が近い同様な例として，硫化水素生産菌と硫化水素酸化菌が知られている．一例としては，*Pelochromatium* が緑色硫黄細菌（硫黄酸化菌）と硫酸還元菌の団塊を作る．相補的な代謝を互いに要求する異なる細菌どうしが物理的に隣接することは（たとえば，硫酸還元菌と硫化水素酸化細菌，光合成細菌

および化学合成独立栄養細菌とさまざまな従属栄養細菌，嫌気性メタン酸化細菌と低濃度水素利用細菌），粒状物質が優占する堆積物，土壌および微生物マットなどの棲息場所で，ことさら重要な役割をもっている．

拡散に制御された群集

　ある種の微生物群集では，乱流や移流による物質輸送はほとんど，あるいはまったく存在しない．微生物マットがもっとも良い例である（第 7 章）．"生物撹乱"が現象を複雑にするとはいえ，一般に，海洋や湖沼の堆積物でも，拡散が大きな役割を果たしていると考えられる．生物撹乱とは，穴に棲息する環形動物，二枚貝，あるいは甲殻類による，表層と酸素が溶解した水との混合のような，動物の機械的な活動を指す．

　とはいえ，拡散を考察することで物質のフラックスや物質濃度だけに依存する反応速度が推定できることがあり，微生物群集の空間的な構造を描き出すことにも役立つ．土壌（第 6 章）は液相と気層の両方を含んでおり複雑である．大気中のさまざまな気体種の拡散係数は水に溶けている溶質の拡散係数に比べておよそ 10^4 倍高い．その結果，O_2 のような気体は，その気体種が飽和していない土壌

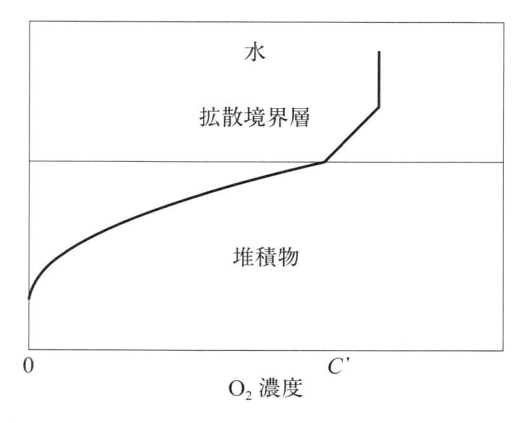

図 2.5 酸素を消費している堆積物の内部と直上での O_2 の濃度勾配.

であれば，どんな深さにでも容易に行き渡る．水飽和土壌の個々の団粒のなかでも，拡散は重要である．拡散のパターンは単純な撹乱されていない水界の堆積物でより複雑である．

理想化された堆積物生態系での細菌を，一次元の拡散で完全に制御された群集として表すことができる．酸素やその他の電子受容体は上方から供給され，埋没有機物の嫌気的な分解の結果生じた，より還元的な化学的性質をもつ代謝産物は下方から供給される．拡散による O_2 移動が酸化反応での要求量を満たさないため，堆積物表層のすぐ下で嫌気条件が形成される．その結果，1.4節（同化代謝）で議論した酸化還元の連続反応にしたがって，垂直の層位パターンが発達する．ここでは，堆積物表層での O_2 濃度勾配だけを考える（ある別の環境の議論のなかで引きあいに出された他の物質の濃度勾配に対しても，この一般的な原則は適用できる）．

図 2.5は水界の堆積物表面の直上から直下にかけての O_2 濃度勾配の模式図である．生産性の高い，浅い堆積物の場合，この図での縦軸の全長が示す長さは 2〜4 mm ほどである．水は深さ方向の全体にわたって混合され，O_2 分圧は一定となっているが，一般には大気の pO_2 と平衡状態にある．堆積物表面の上の 0.5〜1 mm では，堆積物上にある水の乱流の程度に依存するものの，拡散境界層が形成される．拡散境界層では乱流は存在せず，垂直方向のすべての物質輸送は拡散による．堆積物は O_2 を消費するので，O_2 濃度勾配が形成される．堆積物の直上水では O_2 の消費も生産もないと仮定されるので，O_2 の濃度勾配は直線的になる．したがって，堆積物に入る酸素のフラックスは Fick の第一法則（式 2.1）そのままを使って計算することができる．温度ごとの溶存酸素の拡散係数と塩分濃度はデータ集や資料集で見つけ出すことができる．

堆積物の表面の下での状況は，これよりもいくらか複雑になっている．表面のすぐ下では，勾配はより急である．これは，堆積物中の拡散係数が水中でよりもいくらか低いためである．さらに，堆積物表面の直上と直下ではフラックスは同一であるはずなので，濃度勾配は式（2.1）にしたがって変化すると考えられる．酸素は堆積物表面の下でも消費される．ここで，平準化した O_2 取り込み速度 $= R$（単位時間あたり堆積物単位容積あたりの酸素消費量）と仮定する．堆積物の深さを z とする（表面では $z = 0$）．Fick の第二法則（式2.2）により，$dC/dt = Dd^2/dz^2 - R$（ここ

で D は堆積物中の拡散係数である）が得られる．定常状態が成り立っているとすると，微分係数はゼロになるため $d^2C/dz = R/D$ である．積分を2度繰り返し，$C(z) = z^2R/(2D) + az + b$ となる．ここで，a および b は積分定数である．境界条件は，$C(0) = C'$ と $C(L) = 0$，および $dC(L)/dz = 0$ である．ここで，C' = 堆積物表面直上水中の O_2 濃度，L は O_2 が消失する深さである（最後の条件が満たされる場合，C は負の値にはならない）．この関係を置き換え，a および b について解くと，$a = (2C'R/D)$ および $b = C'$ となる．したがって，

$$C(z) = z^2R/(2D) + z(2C'R/D)^{1/2} + C' \quad (2.6)$$

これは堆積物中の O_2 濃度勾配が放物線型であることを示す．正味の酸素消費があるため，濃度勾配は上に凸である．もし，下に凸なら，正味の酸素生産があるはずであり，高い速度の光合成がある場合などにみられる．

式（2.6）で $C(z) = 0$ とすると，

$$z = L = (2C'D/R)^{1/2} \quad (2.7)$$

したがって，R は無酸素層の深さから直接計算される．ここでのフラックスは $J = RLv$ である．ここで v は堆積物の間隙率である．置き換えにより，$J = 2Dv C'/L$ である．O_2 フラックスが堆積物の上にある拡散境界層での O_2 濃度勾配に依存しない場合，この式から O_2 フラックスの見積もりができる．

ここまでの記述でのいくつかの仮定には疑問点がある．深さが変わっても R は変わらないとは言えない．O_2 濃度がゼロになるまで R は一定と仮定されているが，$pO_2 < 0.5$ atm のとき，これはたしかに当てはまらない．しかし，これは O_2 電極での測定では検出限界なので，この影響は観察されない．実際のところ，モデルと実測の O_2 濃度勾配はかなりよく一致する．強い水流に曝されている砂質堆積物では，堆積物の上層で移流がいくらか起こってもおかしくない（Hüttel & Webster, 2001）．

浅い水界の堆積物では，堆積物表面の直下数 mm で，強い光合成活性があることが多い．そうした場合，pO_2 は O_2 過飽和であり，正味の O_2 フラックスは堆積物から外に向かっているはずである（図7.4）．

二次元の拡散についても，同じような計算が成り立つ．たとえば，C' 値と R 値が同じであれば，底生生物の筒状の巣穴を取り囲む酸化層は，巣穴の曲面の影響で，巣穴のない堆積物表層下の酸化層よりも薄い（Fenchel, 1996）．球面座標を当てはめ，また，一次元拡散を考察したときと似たパラメータを使うことで，式（2.2）をデトリタスや土壌粒子のような酸素を含む環境に浸漬された状態で，酸素を消費しながら内部に無酸素域を維持する粒子の最小サイズを推計する目的に利用できる．ここで酸化的な表層の厚さを L とすると，式（2.7）と同様に，$L = (6C'D/R)^{1/2}$ となる．これは中心部に嫌気状態がぎりぎり現れる半径である．

C' が大気による飽和（～200 nmol mL^{-1}），R = 1,000 nmol mL^{-1} という有機デトリタスについての妥当な値，$D = 1.5 \times 10^{-5}$ cm^{-2} s^{-1} と仮定すると，$L = 2.5$ mm となる．つまり，もし，デトリタス粒子が数 mm を超える直径をもつならば，十分に酸化的な環境でもデトリタス粒子は嫌気的な微小環境を保持でき，そこにはさまざまな嫌気的な微生物反応が起こりうる．

移流と乱流

移流は整然とした一方向の分子の流れである．それに対して，乱流は，移流の1つの形式であり，渦（そこでは大きな渦がより小

な渦に分断されている）のカスケードとして表すことができる．したがって，乱流は長さとしても速度としてもさまざまな大きさをもつ流体の動きという特徴をもつ．しかし，ある短い長さ（つまり Kolmogorov 最短スケール）では乱流は直線的なせん断力に変わっている．これが起こる長さスケールは流体の粘性と密度に依存し，さらにエネルギー分散率が影響する．典型的には，水がもっている Kolmogorov 最短スケールは 0.5 cm 程度である（第 3 章を参照）．もっと小さい mm のスケールでは，物質輸送では拡散が移流を上回る．したがって，液体に懸濁された細菌には乱流も移流も影響しない．

しかし，水流と乱流は固体表面に付着した微生物群集への栄養と酸素の供給ではもっとも重要と考えられる．これが顕著となる場としては，たとえば，小川や温泉，あるいは潮汐域の堆積物と水の境界面にみられる微生物膜（バイオフィルム）がある．このような場では，それが起こるにふさわしい時空間の大きさと水流の速度が，それらの重要さが明確になるほど十分に大きい．

乱流は複雑な問題である．湖沼や海洋の水塊で，乱流は物質の混合や物質輸送過程に大きな役割を担っている．分子の拡散の場合と同様に，乱流は"渦拡散係数"として定量的に取り扱われることが多いが，これはあくまでも近似的な記述方法である．自然水塊では，乱流は等方向ではない．すなわち，水平の乱流による混合は垂直の混合よりもはるかに大きい．しかし，乱流が個々の微生物細胞に直接影響することはなく，それが実際に影響するのは物質の化学的濃度勾配をくずして均質化することなどであり，混合することを通じて，むしろ微生物群集に対してである．垂直方向に成層した湖沼や海盆で深層に無酸素水塊のあるところでは，微生物学的および化学的な層位パターンの形成が見られ，それは定性的には堆積物で起こるパターンと似通っている．しかし，垂直方向に安定した水塊であっても，乱流による混合は分子拡散よりも 3 桁も大きい．その結果，堆積物では数 mm しかない層位パターンは，水塊では > 1 m の広がりをもつことになる．

2.2

細菌の行動と走性

細菌は水流や風に乗って拡散される．多くの細菌は，少なくとも決まった外的条件下や生活環のある時期では運動性をもっており，彼らが棲息する環境を最適化するため，化学的なきっかけや電磁気放射に応答する場合がある．細菌の運動性の特徴は，その機能を発揮するために常によりよい場を探し出すことである．細胞は不連続に分布する栄養源や環境での化学物質濃度勾配に反応するため，細菌の知覚行動がその棲息場所での反応速度を増加させることがある（Fenchel, 2002）．

細菌の運動性について，もっともよく知られた機構は鞭毛を使っての遊泳である．細菌は，1 本の鞭毛をもつこともあるが，鞭毛の束を 1 つあるいは多数もつことがある．あるいは，多くの鞭毛が細胞表面全体にわたってかなり均等に生えていることもある．鞭毛は回転するらせん形の比較的硬い構造をもち，粘性力によって水中で細胞を推進させる．細菌の遊泳のメカニズムを取り扱った研究として Purcell (1977) がある．細菌は鞭毛の角速度を調節でき，また，回転を反転させることもできる．遊泳の速度は，一般的には 50〜100 μm s^{-1} の範囲内にあるが，O_2 濃度勾配が急な環境に棲息するいくつかの細菌種はそれよりもかなり速く遊泳する；最高速度の記録は約 1 mm s^{-1} である（Thar & Fenchel,

2005)．遊泳する細菌とは類縁関係ではない多く細菌が固体表面を滑走運動する．これには2つの異なるメカニズムが考えられているが，いずれも完全に理解されているわけではない．Twitching 運動は，表面に付着する特別なタイプの繊毛での運動であり，細胞は後退する．Twitching 運動は多くのタイプの滑走細菌に広くみられるメカニズムである．それに対して，糸状のシアノバクテリアの滑走はムコ多糖の排出によると考えられる（McBride, 2001）．遊泳細菌に比べると滑走細菌ははるかにゆっくりと移動する．

　細菌は化学物質の濃度勾配のある方向や光が来る方向を直接には検出できないと一般には信じられている．細菌が応答する化学物質の濃度勾配に比べると，細菌細胞の大きさは非常に小さいことが多い．そのため，細胞の長さ，幅，あるいは直径に相当する距離での物質の濃度差は非常に小さい．しかも，リガンド（検出対象となる物質）と可逆的に結合するリガンド特異的なレポーターのある部分が物質を検出するメカニズムを担っている．細胞のすぐ近傍に存在する分子数は限られているので，温度による妨害を受けやすい．加えて，細胞はブラウン運動の影響を受ける．その結果，細菌は"経時的な勾配検出"を行う．具体的には，細胞はある一定時間ほぼ直線的に遊泳する（1遊泳）．その後，ほんの短い時間，鞭毛を逆回転させる（1制動）．これが細胞の方向転換を引き起こし，遊泳を再開すると，細胞は新たな方向に向かって泳ぐ（向かう方向はランダムであるが，その直前に遊泳していた方向からみてだいたい反対の方向に遊泳する）．均質な環境では，1遊泳は典型的には 0.5〜1 秒間程度である．このような環境では，細胞は"ランダムウォーク"を演じるが，これは，拡散過程で記述することができる．細菌が応答する要因（たとえば，化学物質の濃度勾配）が均一には存在していないある環境では，遊泳の間に起こる環境条件の変化が遊泳時間の長さと遊泳距離の長さに影響する．もし，ある誘引物質の濃度の上昇に細胞が曝された場合，遊泳の制動が抑えられて，細胞は濃度勾配の方向に沿って泳ぎ続ける．反対に，遊泳中に，誘引物質の濃度が減少するか忌避物質の濃度が増加する場合，制動が起こる．この結果は，いわゆる，偏りのあるランダムウォークであり，細胞を望ましいゴールに向かわせる（Berg, 1993）．これにはいくつかのバリエーションがあって，その種が誘引物質源に向かうように適応されているのか，あるいは直線的な濃度勾配のなかで方向が決まるように適応されているのかによって違ってくる．次章でさまざまな細菌の棲み場所を述べる際に，さらに説明する．

　多くの遊泳細菌は一時的に固体表面に付着する傾向があり，しばらく後には，永続的に付着する場合もある．その場合，細胞外高分子を分泌し，細胞自身をしっかりと固体表面に固定し，それによって最終的には生物膜が形成される．ある種の細菌はセルロースのような固体状の基質を加水分解する特殊な能力をもち，さらに利用することができる（たとえば，*Cytophaga*）．こうした細菌にとって，表面への付着は明らかに適応の結果である．しかしながら，多くの場合，すべての細菌種は不活性な表面，たとえばスライドグラス，に付着する．これらの細菌にとって，付着することが，ある種の基質を獲得しやすくさせ，多様な細菌種からなる複雑な群集でのなかで有益な相互作用が起こることになる．1943 年までに Zobell は，反応性のないミネラルの粒子を加えた場合，細菌懸濁液での代謝活性は増加することを記した（Zobell, 1943）．飢餓状態にある細菌は，固体表面が存在している条件下の方が，かなりうまく生き残ることが示されてきた．一例をあげると，海水中

の細菌は固体表面がそこに存在するなら，可逆的に付着する．この現象は，よく研究されているが，この適応の特徴はまだ必ずしも明確になっているとは言えない（Marshall, 1986）．

　細菌から応答を引き出すきっかけにはさまざまなものがある．たとえば，有機物を利用する細菌は，アミノ酸や単糖類など，多種多様な溶存有機物に応答する．さらに，多くの細菌は低いpO$_2$（典型的には大気のO$_2$分圧の2〜3%程度）を好み，微好気性である．おそらく，これは好気的な代謝で毒性をもつO$_2$を利用せざるをえない矛盾に対する妥協策なのであろう．堆積物の化学的遷移層に棲息する硫化水素酸化細菌は酸素分圧に対してとくに強い化学走性を示し，運動性で応答する（低いpO$_2$が，硫化水素と酸素とが同時に存在することの合図になっている）．光合成細菌は，それらがもっている光合成色素の吸収スペクトルと同じ波長の光に応答する．走磁性細菌は水界の堆積物表層に広く分布していることが示されてきた．走磁性細菌は鎖状に連なった磁性結晶を細胞内にもち，そのため，地磁気線に沿った運動で整列する傾向をもっている．この例についても，細菌が微好気環境に向かうためのメカニズムの反映である可能性が示唆されてきたが，そうした適応にどのような意義があるかはまだ十分には明らかにされていない（参考として，Armitage & Lackie, 1991；Blakemore et al., 1985；Fenchel, 2002；Thar & Fenchel, 2001, 2005）．

有機ポリマーと炭化水素の分解

3

　微生物プロセスは，主として，一次生産者によって作られる有機物の分解である．多くの場合，その物質は複雑なポリマーからなる粒子状物質の形態で存在する．したがって，有機物の無機化での最初のもっとも重要な段階は，ポリマーの加水分解であり，多くはモノマー単位の可溶性分子を生じる．この律速段階の後でのみ，細菌は有機物を取り込んで代謝することができる．

　完全な無機化が進む従属栄養系では有機物の蓄積は起こらないが，続成過程を介して，最終的には，堆積岩中の有機物（ケロゲン）や泥炭，褐炭，無煙炭のような化石燃料，原油や天然ガスの形態をとる炭化水素の蓄積に至る．これらの物質が生物圏に曝されると，たとえば，天然の油の浸み出しの場所には，その一部は細菌によって分解される．埋没有機物の分解（熱的，化学的，生物的）で生じるCO_2は，たとえば火山のガス噴出を介して生物圏に戻る．

3.1

基質と分解の効率

　細菌が分解する基質は，おもに，一次生産物，すなわち，光合成独立栄養性の真核生物（植物と藻類）が炭素固定して作った分子である．固定した炭素は，タンパク質，脂質，ポリヌクレオチド中に存在するが，大部分は，海洋系での構造多糖類や陸上系での多糖類とリグニン中に存在する．タンパク質やポリヌクレオチドは容易に加水分解され，構成するモノマーはすぐに無機化される．しかし，構造多糖類は加水分解されにくく，モノマー同士の間にはいろいろなグルコシド結合を含んでいる．

　光合成生物には，主要な構造多糖類が3タイプある：セルロース，ヘミセルロース，そしてペクチン．セルロースは，陸上植物でもっともよくみられる多糖類であり，もっとも分解されにくいものの1つである．これはグルコース（六炭糖，ヘキソース）分子がβ-1,4グルコシド結合してできており，扁平で堅くリボン様で結晶領域をもつ鎖状ホモポリマーである．この結晶化度が耐分解性を付与している．また，セルロースは不溶性である（セルロース由来で，6グルコース単位程度のオリゴマー（（低分子ポリマー））は水に溶けない）．ヘミセルロース（たとえば，マンナンやキシラン）は，少なくとも2種の異なったヘキソースまたはヘキソース誘導体がβ-1,4結合したヘテロポリマーである．ヘミセルロースは容易に加水分解される．ペクチンもすぐに分解される（これは，おもにガラクツロン酸とメトキシル化された誘導体からなるヘテロポリマーである）．また，モノマーがα-1,4結合している点でも，セルロースやヘミセルロースと異なる．寒天やカラギーナンは，さまざまな海洋性紅藻類に特徴

的な物質である．これらは，ガラクトースや無水ガラクトースがさまざまに硫酸化，メトキシル化，そしてピルビル化された誘導体を含んでいる．これらの化合物の多くは，非海洋性細菌に対しては難分解性であるが，海洋細菌はすみやかに分解する．

リグニンは，まったく異なったタイプの植物の構造ポリマーである．その起源は4億7,500万年前に遡り，植食者に対する化学的防御として生じたと提唱され，ヘミセルロースと結合して構造的な役割を担っている．リグニンは，疎水性で，細胞壁成分としては側方への水移動のバリアーになるため，維管束植物での水路の役割を担っている．リグニンは，さまざまにメトキシル化された芳香族サブユニットがランダムに重合した非晶室構造であり，有酸素条件で比較的ゆっくりと分解され，無酸素条件での分解は極めて遅い．陸上では，セルロースに次いでもっとも多く存在し，多くの土壌，泥炭，石炭鉱床に多く蓄積している．

構造ポリマーは多くの従属栄養生物にもみられる．N-アセチルグルコサミンがβ-1,4結合したホモポリマーであるキチンは非常に不溶性であり，堅く，酵素作用に抵抗性を示す．これは，ある動物種，とくに，節足動物の外骨格や糸状菌の細胞壁にみられる．キチンの誘導体であるキトサンは，多くのサブユニットではN-アセチル基を欠いており，より柔軟性があり，高度には構造化されていない．ペプチドグリカンはほとんどの細菌の細胞壁中に存在する（このポリマーはN-アセチルグルコサミンとN-アセチルムラミン酸が交互にβ-1,4結合した構造になっている）．この多糖鎖は，タンパク質には見られないd-アミノ酸を含む短いペプチド鎖で相互に結合している．完成した構造は非常に堅く，酵素的な加水分解に対する抵抗性が非常に高い．このような構造多糖類は，陸上と海洋で見られる粒子状有機物のストックとなっている．

構造多糖類やリグニンに加えて，すべての生物は，炭素とエネルギーの貯蔵ポリマーを生産する．これらのポリマーはすみやかに分解され，生物圏における生存体および枯死体の炭素ストックとしてはあまり寄与していない．セルロースと同じように，デンプンはグルコースモノマーから出来ているが，ゆるい構造の重合鎖なので，酵素分解を比較的受けやすい．デンプンは2つの成分，アミロースとアミロペクチンからなる．前者は，α-1,4結合したグルコースの長い直鎖から出来ており，後者は，α-1,6結合の分枝鎖がついた，より短いα-1,4結合鎖からなっている．その他にも，ホモポリマーやヘテロポリマーを含む多数の貯蔵ポリマーがあり，とくに，真核性の光合成生物で知られている．たとえば，海洋性褐藻類はα-1,3結合のグルコースポリマーであるラミナランを特徴的にもっている．

土壌や堆積物中での植物残渣の蓄積は，通常，多量の供給物の緩慢な分解（ターンオーバー時間が遅いこと）に起因する．ターンオーバーが遅いことは，酵素分解に対して基質固有の抵抗性があることを示しているが，他の因子が原因の場合もある．ポリマーは無機イオンや他の有機残渣と結合できるので，分解から保護されている．植物残渣は他の分子と結びついてできている．たとえば，セルロースはリグニンと密に結合していることが多く，セルラーゼの接近を制限している．リグニンは，おもに，酸素依存性のパーオキシダーゼやジオキシゲナーゼによって分解されるが，リグニンと結合したセルロースは嫌気環境ではすぐには分解されない．硝酸塩や金属酸化物，硫酸塩などの酸化剤は嫌気的分解を促進しないと考えられ，リグノセルロースの蓄積が水飽和した土壌や堆積物，たとえば，泥炭地で見られる．そのような環境中での貯蔵が，生物圏炭素の主要な貯留庫となってい

る．ときとして，考古学的関心をよぶ木製構造物が無酸素堆積物中で保存されるのは，この分解速度の低さが原因である．

細胞壁を作る繊維が浸軟すると，ポリマーの長さが短くなり，表面積が大きくなって酵素の攻撃を受けやすくなるので，植物ポリマーの加水分解の効率が上がる．風や波によって誘起される摩耗のような物理的作用は，同様な効果になるが，さらに頻繁に起こることとしては，動物による咀嚼が繊維分解では重要な役割をもっている．後者の過程は，炭素循環における動物と微生物間の相互作用であり，生態学的および生物地球化学的には重要である．動物の消化器官内に繊維を保持することは，化学的分解と細菌分解が共同で働き，すみやかな加水分解が起こるので重要である．恒温動物では，温度上昇が微生物と酵素活性をより至適な条件に導くので，ポリマーの加水分解はさらに促進する．

ポリマーの加水分解での動物—微生物の関係は，炭素循環でのもう1つの意義をもたらしている（すなわち，植物炭素の微生物から動物バイオマスへの転移である）．これは，難分解性の細菌および糸状菌細胞とは対照的に，易分解性有機物を生産する効果がある．この炭素転移の全体的な効果は誇張されるべきではないが，いくつかの陸上生態系では，植物残渣中のエネルギーのかなりの割合が，微生物による嫌気分解の最終産物である短鎖脂肪酸の形で動物に使われる．もし，消化が好気的に起これば，微生物バイオマス量はもっと大きくなる．これは好気呼吸での炭素の取り込み効率が高いことに起因する：発酵での約14％の効率と比べると，好気呼吸では約60％になる．

3.2

加水分解酵素

セルロースのような高分子は細胞内に輸送できないので，細菌によるポリマーの加水分解は細胞膜外で起こる．細胞内で合成された加水分解酵素は細胞外に分泌され，細胞外の加水分解が起こる．これらの酵素は，細胞外に活性が存在するので，細胞外酵素と定義される．しかし，細胞外酵素は細胞からすぐに放出されない．グラム陰性菌では，細胞質膜と細胞外膜の間にあるペリプラズム空間に酵素が保持される．グラム陽性菌では，細胞外酵素は，しばしば，細胞質膜で作られたセルロソームのような特殊な構造体のなかに保持されている．セルロソーム自体は，複雑なポリセルロソーム内に配列されている（Felix & Ljungdahl, 1993）．セルロースのモノマーへの加水分解では，少なくとも3種類の酵素が必要であり，それらは水溶性のオリゴ糖類への分解を触媒する（オリゴ糖類は，順次，セロビオースに分解され，最終的にはグルコースになる．しかも，多種多様な酵素ドメインをもつ種々のポリペプチドが存在する）．セルロソームはセルロースに結合する．アーキアも細胞外酵素を生産するが，細胞質膜での局在性はよく知られていない．

細胞外酵素のなかで，少なくともいくつかは，細胞に結合した状態からすぐに放出されて，自由に拡散する．ほとんどの酵素は，細胞溶解に起因して，ある時間後に放出される．細胞外への酵素の遊離は，タンパク質やデンプン，セルロースを含む寒天培地上で生育するコロニーの周辺で生じる加水分解によるクリアーゾーンによって見ることができる．ほとんどの場合，細胞表面から加水分解部位までの拡散距離を小さくして，細胞外酵素生産

細胞と細胞外酵素，そして基質を密に接触させることが有利になる．しかし，細胞外酵素を生産する細胞だけでなく，生産しない細胞もある空間配置をもった環境では維持される．それは酵素生産量と拡散の程度に依存している（Allison, 2005）．その相互作用は，共生では重要な意味をもつ場合がある．細胞外酵素による"餌のやりとり"のモデルでは，細胞必要量よりも過剰なポリマー加水分解が必ず起こるので，加水分解部位から可溶性分解産物が流れ出す結果に至る；予測モデルでは，細胞外酵素が食物供給のための環境探査の役割を担っていることも示している（Vetter et al., 1998）．

3.3
無機栄養物と植物由来デトリタスの分解速度

無機栄養物を微生物バイオマスに取り込むことは，デトリタスの完全無機化の効率に大きな影響がある．とくに，陸上植物材料のC/N比やC/P比が細菌の比よりも相当高いので，その取り込みは根本的に重要である．細菌バイオマスのC/N比は5前後である．もし，分解中に細菌バイオマスの増加がないならば，無機化された基質のC/N比，すなわち，$CO_2/(NO_3^- + NH_4^+ + N_2)$ は基質の比と同じになる．しかし，自然はめったに定常状態にはならないし，植物残渣の付加は細菌バイオマスの蓄積をもたらす．細菌の増殖効率をE，代謝された基質炭素量をC_mとすると，無機化された炭素量は，$C_m(1-E)$ となる．窒素の無機化量は $C_m[(C/N_s)^{-1} - E(C/N_b)^{-1}]$ となる．ここで，C/N_s と C/N_b は，それぞれ，基質と微生物のC/N比である．Eを0.5（好気微生物では妥当な値），C/N_bを0.5とすると，$C/N_s > 10$で，細菌バイオマスの増加があれば，明らかに，正味の無機化は起こらない．無機産物のC/N比は次式で与えられる：

$$(1-E)/[(C/N_s)^{-1} - E(C/N_b)^{-1}].$$

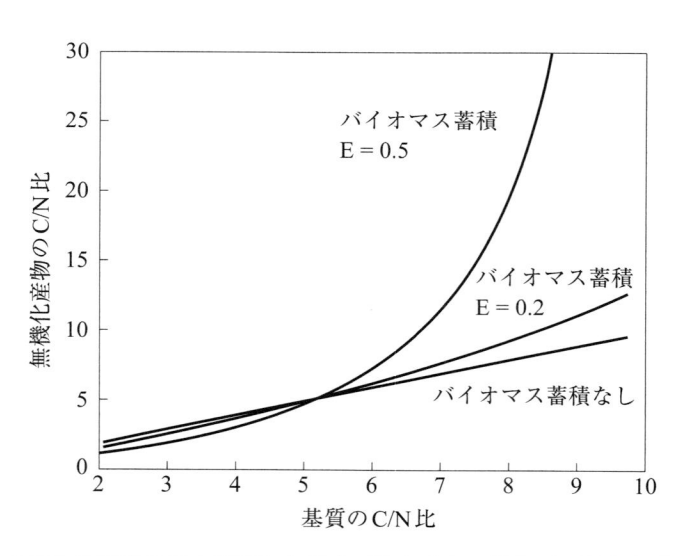

図 3.1 2つの異なる増殖効率を仮定した場合（それぞれ，好気及び嫌気細菌群集での炭素あたりの増殖収率の典型値）における，基質のC/N比に対する無機化生産物のC/N比の関係．バイオマス蓄積がない場合も示した．

この結果を図3.1に示した．明らかに，微生物バイオマスの蓄積は，デトリタス物質の分解中での無機態N（およびP）の正味の摂取（不動化）をもたらす．それゆえに，無機態窒素の添加は，セルロースのような窒素をあまり含まない基質の分解を促す．当然，細菌バイオマスは最終的に分解され，蓄積したNやPが放出する．したがって，微生物バイオマスに固定された栄養素のリサイクルは，NやPをあまり含まないポリマー基質の分解促進には重要となる．こうして，NやPの利用性が一次生産を制限するのと同じように，その利用性は落葉リターや類似の基質の無機化も制御する．原生動物や動物による細菌の摂食が—おそらく，細菌バイオマスからNとPが遊離することで—植物残渣の無機化速度を高めることを示す証拠が得られている（Fenchel & Harrison, 1976）．

嫌気条件では，増殖効率は大きく低下する（発酵で $E = \sim 0.16$）．その結果として，嫌気的無機化では無機態窒素の放出量が増える（図3.1）．

土壌中にあるいくつかの重要なリター成分の分解速度を図3.2に示した．糖類は非常に速く分解されるが，フェノール類の分解は非常に遅い；ワックス類，リグニン，セルロース，ヘミセルロースの分解速度は中間である．実際に，陸上生態系のタイプによって，分解速度は変わる．熱帯林での無機化速度は，最大で，月あたりデトリタスプールの40%になると測定されており，ツンドラでの年間 < 20% と対照的である（Witkamp & Ausmus, 1976）．生態系や気候の差異の影響は，同様に，海洋堆積物でのデトリタス分解でもあり，種々の一次反応速度でさまざまな成分が分解される．

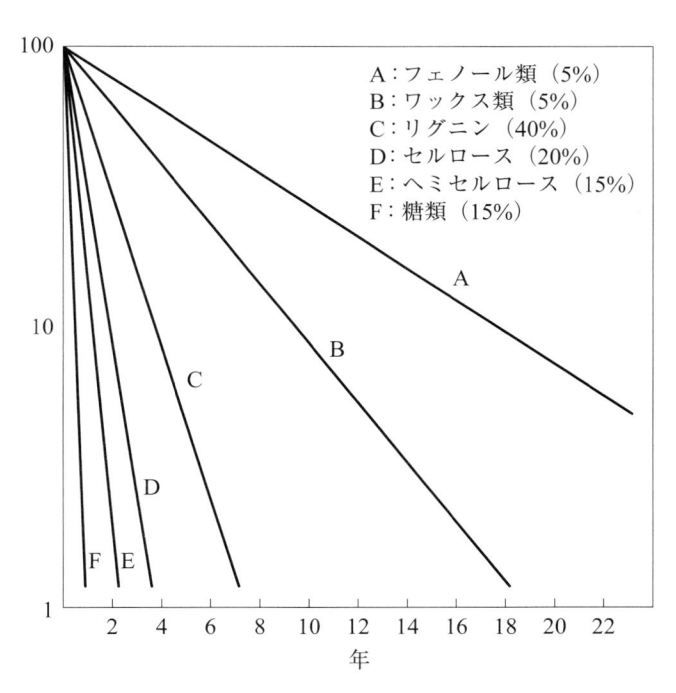

図3.2 リター成分の分解速度をモデル化した模式図（かっこ内の数値は，リター中での量的な重要さの概算値を示す）．Stout et al. (1976) に基づく．

3.4

腐植物質と炭化水素

　腐植物質は，実験手法上では3つの画分から成っている：腐植酸，フルボ酸，ヒューミン（フミン）．これらは，細胞外の分解産物であり，生物反応と地球化学的反応の組み合わせで作られる．したがって，バイオマス中の構造多糖類や貯蔵多糖類，タンパク質，ポリヌクレオチドとは大きく異なる．腐植酸とフルボ酸は，普通は，土壌や堆積物をアルカリ抽出して回収される．その抽出液のpHを1に調整して得られる沈殿物が腐植酸であり，フルボ酸は可溶性のままである．ヒューミンは，希塩基中で不溶性の画分として定義されている．その他の点では，これらの画分にははっきりした差異はなく，おもな違いは分子量と，結合している官能基である．腐植物質のコアは芳香環で出来ていて，それらはリグニン残渣やフェノール類，そして微生物が合成するキノン類に由来する．リグニン残渣は化学反応によってランダムに重合して，腐植物質を作っている． ^{14}C でラベルした基質（微生物性炭水化物，セルロース，グルコース，麦わら）を土壌に加えた実験では放射性ラベルの炭素の一部が速やかに腐植画分に現れることが示されている（Martin et al., 1974）．このことは，微生物性のアミノ酸が取り込まれることを示しているように思われる．いくつかの腐植物質成分は速やかに生成するが，一般的には，土壌中での回転時間は非常に長い（〜1,000年）．腐植酸の回転時間は，農業生態系での耕作（たとえば，耕起）によってある程度加速する．

　一般に，腐植物質は寒冷気候の地域で嫌気条件下にある場合に蓄積する傾向がある．湛水状態にある土壌や湿地，堆積物での酸素欠乏の環境は，ワックスやリグニンを含む植物および微生物残渣の無機化速度を低下させる（また，低pH化や泥炭形成の一因になり，非常に多くの場合，植物組織の本来の構造を保存する）．また，泥炭での低pH値等の因子は，動物組織の保存も可能にしている．

　地質学的な時間をかけて，また非生物学的な過程を通して，泥炭は化石燃料である褐炭や最終的には無煙炭に変化する．このような変化で，炭素含量は約55%から94%に増加する．この貯留している炭素は，風化や地殻変動活動による露出，自然火災による燃焼，人間活動による採掘と燃焼が起こるまでは，多くが生物圏から隔離されている．人間活動は，大気 CO_2 の大きな排出源となっている．露出した石炭の微生物分解は，その堆積物が不溶性であるために制限されるが，石炭中に取り込まれた黄鉄鉱や無機硫黄化合物は硫黄酸化細菌によってすみやかに酸化され，河川や地下水の酸性化という重大な環境問題を引き起こしている．

　石油や天然ガスのような化石燃料は，さまざまな微生物によって容易に分解される．石油貯留層での嫌気的無機化は制限されるが，産油地域でよく見られる炭化水素の漏出は好気条件であるため，その分解は極めて速い．すなわち，炭化水素の無機化は，陸上と海洋での流出原油の消失を示している．

　原油は，炭素数6〜30の直鎖パラフィン（アルカン），イソパラフィン（たとえば，フィタンやプリスティン），シクロアルカン，芳香族炭化水素，ステランなどさまざまな化合物を含んでいる．また，アスファルテンなどの複雑な高分子も含んでいる．これらのすべての化合物は，さまざまな割合で，金属ポルフィリンのような非炭化水素と共存している．多くの細菌，たとえば，*Pseudomonas*, *Flavobacterium*, *Alcaligenes*, *Nocardia*, *Micrococcus*, *Brevibacterium* などと，アーキ

アや酵母は好気的にも嫌気的にも炭化水素を利用する；好熱性アーキアの一部は，石油貯留層中で石油成分を分解できる（Stetter et al., 1993；Timmis, 2010）．海洋では，とくに，*Proteobacteria* のメンバーである *Alcanivorax* のアルカン分解能が高い（Yakimov et al., 1998；Liu & Shao, 2005）．硝酸塩や硫酸塩の還元菌も炭化水素を利用する（たとえば，Elsgaard et al., 1994；Häner et al., 1995；Rueter et al., 1994）．一般に，直鎖の炭化水素は分枝鎖のものよりも容易に分解され，分枝鎖炭化水素は環状炭化水素よりも容易に分解される．複雑な構造の芳香族化合物（たとえば，多環芳香族炭化水素）の分解はもっとも遅い．

　石油が環境中に絶えず入っても蓄積しない事実は，ターンオーバーが起こっている明確な証拠である．炭化水素の漏出が広範囲に及んでいると考えると，炭化水素酸化細菌も広く分布していることは当然といえる．その結果，流出油の大半が自然界の微生物によって最終的には無機化される．場合によっては，石油や天然ガスの成分が非常に速く分解される（Hazen et al., 2010；Valentine et al., 2010；Kessler et al., 2011）．このことは，動物や植物の個体群に対する短期的な被害や悪影響を軽減するものではないが，微生物群集が，多くの撹乱に対応することで，生態学的な恒常性に寄与していることを示している．流出油の現場では，分解促進の目的で，化学分散剤や特定の炭化水素分解細菌が利用される．分散剤は炭化水素と水相との混合を促進する効果を有するが，無機化への影響ははっきりしない．同様に，"細菌導入"の効果も証明されていない．無機栄養素，とくにＮとＰの利用可能性が，微生物の利用可能性よりも，炭化水素の無機化にはもっと重要な制限因子になると思われる．

元素循環の比較

4

　さまざまな生態系で進行する生物地球化学的プロセスは，炭素循環，窒素循環のように元素名を頭につけて言い表すことが多い．これはある意味では抽象的な言い方である．それというのも，それぞれの元素循環は互いに離れることのないほど緊密なつながりがあるからである．たとえば，窒素化合物と硫黄化合物の酸化と還元は，炭素化合物の還元と酸化の反応にそれぞれリンクしている．また，これらの循環は動的定常状態にあると思われやすいが，実際は必ずしもそうとはかぎらない．たとえば，有機態炭素や還元型硫黄化合物は，さまざまな形態のCaやFeの鉱物と結合し地中に移ることで地上からは見えなくなるが，地質作用で再び生物圏へ戻ってくるのである．

　生命活動に起因する元素の循環反応のいくつかは，単独の元素だけで進行する元素循環として表すことができる．たとえば，FeやMnのような金属類は，還元型の有機態あるいは無機態の基質が酸化されるときの電子受容体として，また呼吸では電子供与体として，還元と酸化の絶え間ない循環反応を進める機能を担っている．リンの循環は，リン原子自体の酸化数の変化は受けないという点で独特である―ほとんどすべての反応はリン酸の形態で進行し，ときにはこれが有機化合物に取り込まれることもある．

　元素循環の個々の反応については，第1章ですでに述べた．現在の生物圏でもっとも大規模に進行する反応は，真核性の光合成生物が行う酸素発生型光合成である．酸素を発生するタイプの光合成は，O_2と有機化合物の化学ポテンシャルを作り出す（図1.5）．有機化合物の無機化も，とくにその後の一次生産における制限要因となりやすい無機態の窒素やリンなどの無機栄養塩を再生することになるので，重要なプロセスといえる．無機化のプロセスは元素循環も動かし，さらに電子受容体は往々にして使える量が制限要因となっていることが多いため，反応の複雑さを増加させることになる．とくに酸素の場合は，すみやかに消費され尽くしてしまうため，その後はNO_3^-，酸化型のMn，Fe，S，さらにCO_2がその後の有機物の酸化に利用される．その結果，生成された還元型の最終産物は，次にO_2へのアクセスを可能とするある種の伝達機構によって，最終的には再酸化される．

　ここでは，炭素，窒素，そして硫黄循環を取り上げる．これらの元素の循環は，もっとも重要であるとともに，もっとも複雑であり，しかもいくつかの共通する特徴を備えている．これらの元素はすべての生物の必須元素であり，周囲の環境からこれらを細胞に取り入れるには，同化的還元反応を伴う．これらの3つの元素はエネルギー代謝に関わる酸化還元プロセスにおいて重要な役割を演じており，その循環の概要を図4.1～4.3に示す．

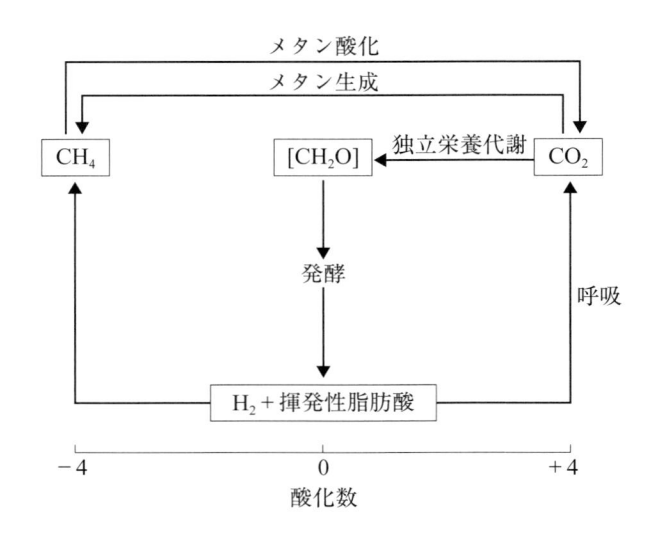

```
                    メタン酸化
            メタン生成
                                独立栄養代謝
    CH₄        [CH₂O]  ←─────────  CO₂
     ↑            ↓                  ↑
     │           発酵                呼吸
     │            ↓                  │
     └──── H₂ + 揮発性脂肪酸 ────────┘

    -4            0                 +4
                 酸化数
```

図 4.1 炭素循環．炭素循環の出発点は，有機物の光独立栄養的な生成である．呼吸による有機物の酸化は，常に炭水化物やアミノ酸の発酵的な分解で始まる．一方、嫌気的な生息場所では完全な無機化はこれとは異なるタイプの代謝系を有する生物によって行なわれる．従属栄養性の好気的微生物の中には，発酵と呼吸の両方のプロセスを使いわけることが可能なものがいる．もともと自然界に存在する有機物には，中間の酸化状態の C を分子内にもつ場合がある．

炭素循環

炭素循環（図 4.1）は，規模の大きさにおいて他の元素の循環を凌駕する存在である．有機態炭素の無機化は，その分解が進行する場合に，大きな変化，とくに酸化作用をもつ化合物の消費をもたらす．O_2 は大気中に高い割合で存在することや，好気呼吸に伴い高いエネルギー生成があることから，有機態炭素の酸化剤としてもっとも重要かつ強力な酸化剤として位置付けられている．水を介した拡散の場合にしばしば見られるような，O_2 へのアクセスが制限される場所では，最初に酸素が，しかも通常はきわめて素早く消費されてしまう．もしそのような場所に，酸素以外の電子受容体が存在する場合は，NO_3^-，Mn^{4+}，Fe^{3+}，そして最後に SO_4^{2-} の順番で電子受容体として利用される．

もしこれらのすべての酸化剤が消費し尽くされるか，あるいは何らかの理由で利用できなくなってしまうと，デトリタスの炭素画分は CO_2 と CH_4 の混合物に変換される．粒子状デトリタスの C 画分がひとたび加水分解されると，電子受容体が存在しない場合は，可溶性の加水分解産物の大部分はすみやかに CO_2 あるいは CO_2 と CH_4 に分解されてしまう．メタンはその後酸素によって酸化されるか，あるいは嫌気的な環境において硫酸塩還元細菌のような（1.3節）水素を利用する細菌と共存する条件下でのメタン生成菌による逆反応によって酸化される．メタン酸化は NO_3^-，SO_4^{2-}，あるいは酸化状態の Fe や Mn などの電子受容体に直接共役しないが，熱力学的な考えによればこれらのプロセスは進むことが可能である．

窒素循環

無機化によって CO_2 が生成される炭素化合物の場合と異なり，有機態 N の無機化プ

ロセスではより多彩な代謝中間体を見ることができる．有機態 N の無機化反応で最初に出現する化合物は，N のもっとも還元された状態の NH_4^+ である．有機物に取り込まれた窒素原子は，同じ酸化数 −3 のままの状態で存在し続ける．これは常に中間的な還元状態で反応が進行する有機態炭素の場合とまったく異なる．NH_4^+ はアミノ酸やアミノ糖が好気的または嫌気的な条件下で加水分解される際に主として発生する．NH_4^+ は大部分の光独立栄養性生物や細菌によって使われることが可能な化合物なので，この無機化は新しいバイオマス生産を開始させることに繋がる無機栄養塩の再生産を意味する．

しかしながら，好気的環境では，NH_4^+ は図4.2に示すような中間体を経て酸化されるケースもある．このプロセスは生合成に利用出来る NH_4^+ の量を減らすことにもなる．通常，NH_4^+ 酸化の中間体は細胞外に蓄積することはない．たとえば，N_2O が反応副産物としてわずかな濃度で検出されることはしばしば見られるものの，ヒドロキシルアミンの細胞外プールが存在することはない．亜硝酸イオン（NO_2^-）は NH_4^+ 酸化の最初の反応の代謝産物としても出現する（この場合は，NO_2^- は細胞外に生成される，というのは，アンモニアの NO_2^- への酸化と，次のステップである NO_2^- の NO_3^- への酸化は，それぞれ異なるグループの細菌によって行なわれるからである）．また，NO_2^- は脱窒の中間体としても生成される（以下を参照）．NH_4^+ の NO_3^- への酸化（酸化数は +5）は，無機栄養性の硝化細菌に対してはわずかのエネルギーしか供給できないため，菌体収量はよくない．硝化作用は異化反応である．そのため，窒素の細胞成分への正味の取り込みはないといえる．

異化的な窒素変換反応のいくつかは酸素のない条件で進む．脱窒は，NO_2^- を酸化して NO_3^- を生成するプロセスである硝化作用の逆反応ともいえる嫌気的な還元反応である．この脱窒の過程で，異化的硝酸還元酵素によって NO_3^- はまず NO_2^- に還元され，この時に電子供与体として還元型の C あるいは S が使われる（NO_2^- は最終産物である N_2 までさらに還元されるか，場合によっては N_2O 生成の見られることもある）．脱窒は発エルゴンのプロセスであり，ATP 合成を介してエネルギーが保存される（この場合 ATP を利用して，好気的又は嫌気的な環境において，生合成に必要な NH_4^+ 生成のために NO_3^- を還元し，この反応は同化的な硝酸還元とは異なるものである）．

嫌気的な環境では NH_4^+ は亜硝酸を酸化剤として酸化され，最終産物として窒素ガスを生成する．このユニークな，しかしながら生物地球化学の視点からは極めて重要なプロセスは *Planctomycetes* のグループの細菌によって行なわれる．このグループの細菌はいくつかの特異な性質をもち合わせているが，その中でもアナモキソゾームと呼ばれるオルガネラをもっており，この菌による代謝の過程で発生する極めて反応性の高い中間体であるヒドラジンをこの中に隔離している．その他の嫌気性菌，たとえば多くの発酵性細菌は，NO_3^- を NH_4^+ へ還元的に異化させることができる．これらの多様な酸化と還元反応の結果（図4.2），有機態窒素化合物の分解を出発点として生成されたアンモニアはさまざまな化合物へとその姿を変えることになる．O_2 と電子供与体が利用可能であるかどうかによって，たとえ窒素の総量はほとんど変動しなくても，NH_4^+，N_2，NO_3^- 等の反応産物の比は変化する．

窒素固定は窒素循環のなかでも重要な部分を占める反応である（1.3節）．生物体に固定されるかあるいは化合した形の窒素は，脱窒やアナモックスの行なうプロセスによって

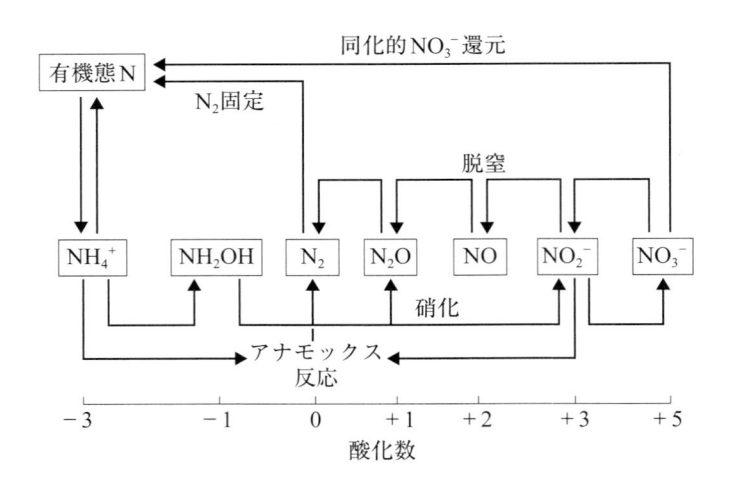

図 4.2 窒素循環．中間的な酸化レベルの化合物のなかで，N_2，N_2O，NO_2^- が環境中に検出される（NH_2OH は細胞内にのみ存在する）．

N_2として大気に放出されることで失われるが，この過程はN_2が生物圏から大気圏へ戻る唯一のメカニズムといえる．窒素が再び生物圏に戻り，一次生産者にとって利用可能となるもっとも重要なプロセスはN_2固定反応である．しかし，わずかではあるが大気圏での放電による窒素酸化物も窒素が生物圏に入るメカニズムとして存在する．

N循環におけるそれぞれの分子の拡散移動度は，生物のこれらの物質の利用性をある程度まで説明することが可能である．NH_4^+は有機性あるいは無機性の粒子にイオン交換反応によって結合する．結合していることで移動性が減少し，土壌からの溶脱を最小限にしている．また，水飽和土壌や水圏の堆積物中で酸化的な界面への拡散を遅らせている．一方，陰イオンであるNO_3^-はイオン交換反応によって土壌に留まることはないために簡単に溶脱され，それゆえ，生合成のための窒素源としては使えなくなる．N_2は，当然のことではあるが，作り出されたその場所からすぐに失われてしまう．窒素ガスは真核生物の一次生産者にとっては直接利用することはできないが，すべての窒素ロスは究極的には生態系の窒素の収支に影響を与え，生合成を制限することになる．

硫黄循環

NとCの循環と同様に，Sも複数の酸化状態をとり，8つの酸化レベルがある（図4.3）．有機態Sはもっとも還元された酸化状態（-2）であり，この点で有機態Nやアンモニウムイオンと同じである．有機態S化合物のなかでもっとも重要なものは，アミノ酸のシステインとメチオニンである．有機態N化合物の無機化反応と同様に，有機態Sの無機化反応もまずHS^-（硫化水素イオン）が生成される．このHS^-は自発的な化学反応によってO_2で酸化されるか，あるいは絶対または通性化学合成無機栄養性の細菌によって，O_2，NO_3^-，Mn_4^+，Fe^{3+}などの電子受容体を用いて行なう異化的プロセスによって酸化される．硫酸イオンはこれら自発的反応あるいは細菌による反応の両方のプロセスの最終産物であるが，ときには単体硫黄（S^0）やチオ硫酸イオン（$S_2O_3^{2-}$）といった

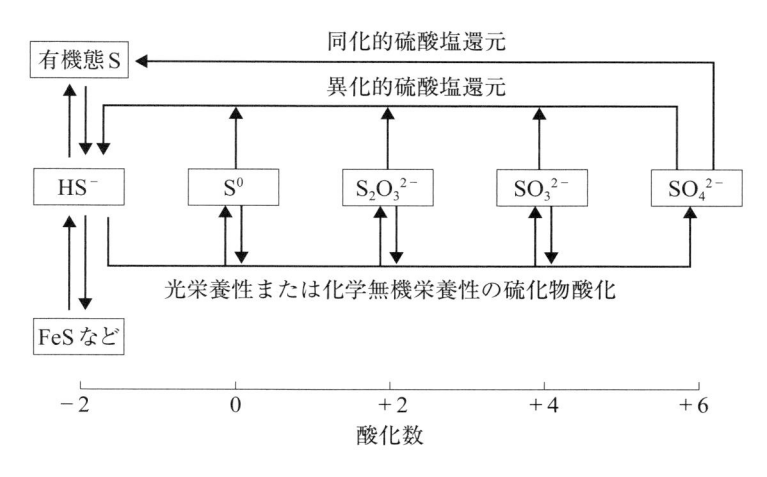

図 4.3 硫黄循環．ここに示したプロセスの他に，ある種の細菌はチオ硫酸イオンをいわゆる発酵的な反応によって亜硫酸イオンと硫酸イオンへ代謝することができる．

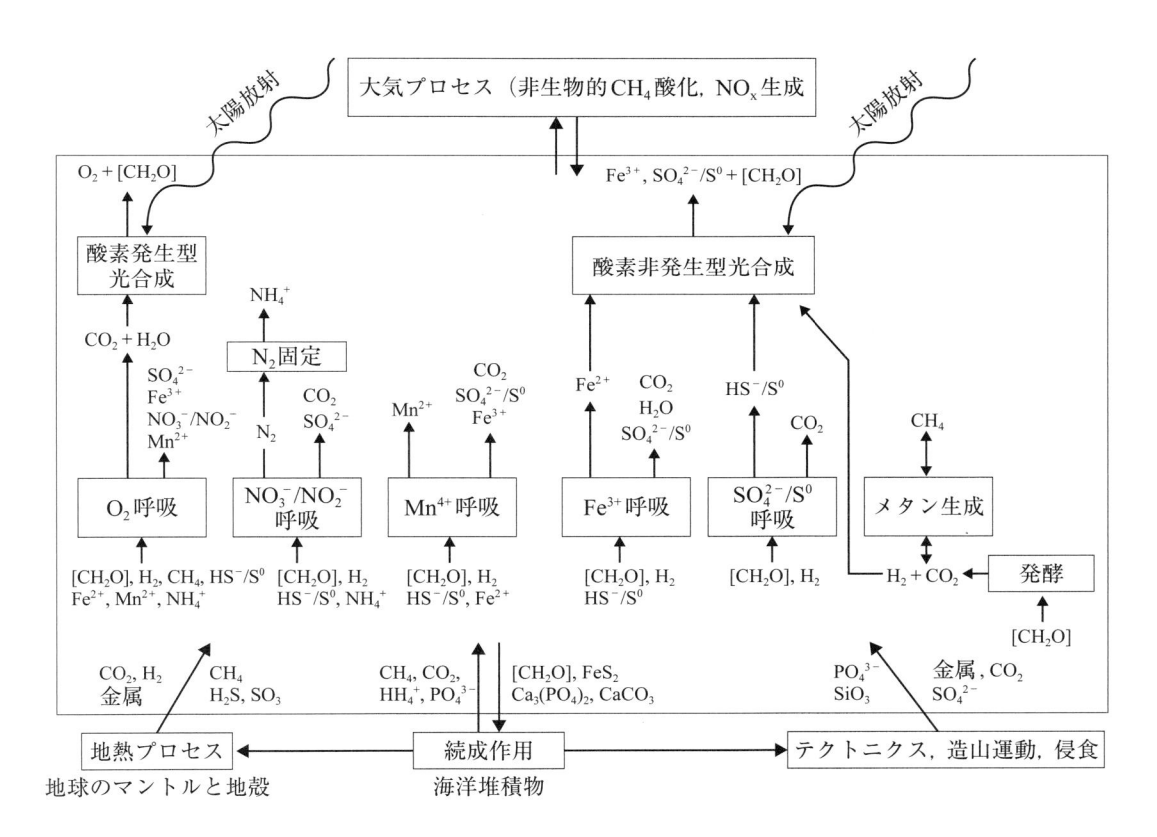

図 4.4 生物が行なう主要な代謝プロセス．反応の基質となる物質と最終産物は大きなボックスで示している．ボックスの外側には，非生物的プロセスではあるが生物圏の物質循環に影響を与えるものを示した（Falkowski et al., 2008に基づく）．

中間体が蓄積することもある．SO_4^{2-}は海洋に膨大な量が存在し，さらに嫌気的環境では有機態 C の嫌気的呼吸によってHS^-とCO_2を最終産物として作り出す（1.3節を参照）という重要性を考えると，硫酸イオンはもっとも注目すべき物質であるといえる．化学合成無機栄養的な酸化の他にも，この硫化物は光合成硫黄細菌によって光合成のプロセス（1.4節を参照）でS^0と（または）SO_4^{2-}に酸化され，これは光が届く海洋の堆積物や成層湖における物質循環に影響を与えると考えられている．

非生物的プロセス

非生物的プロセスは物質循環において重要な役割を果たしている．前にも示したとおり，生物反応によって進行する元素循環は完全な閉鎖系というわけではない．主要な元素は分解されないような有機物質，炭酸塩，不溶性リン酸，還元型金属硫化物などが埋没することで生物圏から姿を消す．これらの物質は地質学的なプロセス，たとえば熱水鉱床，火山の噴気ガス，造山活動その後の侵食といった地熱現象によってのみ再び元素循環に乗ることができる．図 4.4 は，微生物の基本的プロセスと地球上の生物が生きてゆくために必要とする基本的な化合物を獲得するメカニズムを要約している．これらについては，より詳しく第11章で取り上げる．

水圏

5

　湖沼・海洋の細菌の役割は長い間過小評価され，浮遊生物間の食物連鎖と炭素の流れのなかで細菌が果たす役割は無視されてきた（たとえば，Steele, 1976）．その理由は浮遊性の細菌の定量が，栄養寒天培地を使ったコロニー計数に基づいた（たとえば，Zobell, 1946）ものであったためである．直接計数も行われ，高い計数値をもたらしたが，コロニー計数と直接計数との差は，死んだか，代謝的に不活性なものによると考えられた．しかし，現在では，水の中で生きている細菌細胞のうち1％ほどしか寒天平板でコロニー形成能がないこと，それに代謝的に活性のある細菌細胞の数は，以前に考えられていたよりもはるかに多いことが分かっている．

　水の中の細菌の役割については，1960年代以降のいくつかの異なったアプローチから推測されてきた．1つは，光合成を行っている植物プランクトンが有機物を周囲の水に分泌しており，全一次生産物の大きな割合を溶存光合成産物として供給していることである（たとえば，Fogg, 1983）．放射性同位体でラベルしたグルコースとアミノ酸の取り込み・変換の測定から，細菌のみに帰せられる大きな従属栄養活動があることが示された（Hobbie et al., 1972；Wright & Hobbie, 1965）．また，大きな生物を取り除いた海水による酸素の取り込みは，微生物の活発な代謝活動があることを示していた（Pomeroy, 1974）．蛍光顕微鏡と細胞内のDNAに結合する蛍光色素とを用いる手法は，細菌の分布の密度を求めるための信頼性の高い全菌数の計数を可能にした．さらに，^{14}Cでラベルした基質を用いたオートラジオグラフィーによって浮遊性細菌の大部分が代謝的に活性であることが分かった（Hobbie et al., 1977；Meyer-Reil, 1978）．この後，放射性同位体でラベルした基質を用いた，現場での細菌の増殖速度を求める方法が開発された．増殖中の細菌のDNAに取り込まれる^{3}Hでラベルしたチミジンとタンパク質に取り込まれる^{14}Cでラベルしたロイシンの使用である（Fuhrman & Azam, 1982；Chin-Leo & Kirchman, 1988）．分裂に要する時間は増殖速度に関係なく一定ということに基づいて，分裂中の細胞の割合（FDC, frequency of dividing cell）を計数することで分裂速度を求めるというアプローチもあった（Hagström et al., 1979）．

　別のアプローチでは，濾過で大きな生物を取り除いた自然の水試料のなかの細菌による，O_2の取り込み測定が行われてきた（Robinson, 2008）．細菌によるO_2取り込みの相対的な割合は大きな変動があるが，全水中呼吸のおよそ50％が細菌によると推定される．還元色素を添加して培養する細胞化学的な方法によって代謝的に活性な細菌細胞の割合を求めることも可能である．

　単細胞のシアノバクテリアは，とくに貧栄養な外洋域で一次生産者として重要な役割を果たしていることも見いだされてきた（たと

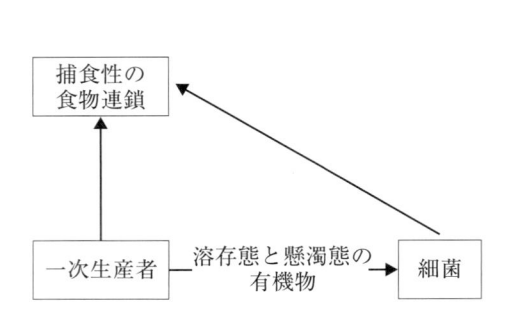

図 5.1 微生物ループを単純に説明した図.

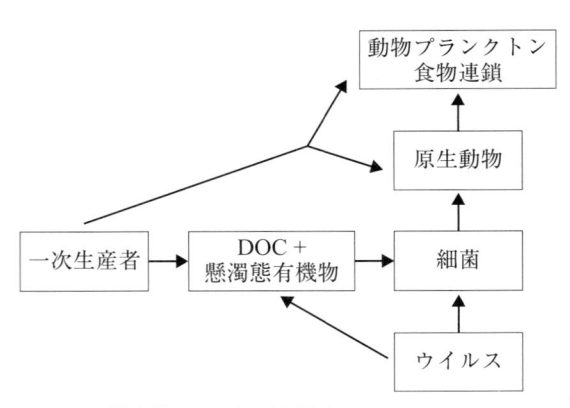

図 5.2 微生物ループの説明図.

えば, Iturriaga & Mitchell, 1986；Chisholm et al., 1992). 細菌は数時間あるいは数日という世代時間をもっていると考えられる. そこには細菌として生産されたものが次にどうなるかを理解するという課題がある. 動物プランクトンは一般的に, 細菌と同じサイズの粒子を餌として利用できない. しかし, 原生動物（とくに小型従属栄養鞭毛虫では）は細菌を摂食するものとして重要である (Fenchel, 1982b；Andersen & Fenchel, 1985). そして, 後に, ウイルスも細菌を死滅させる原因として小さくはないことが明らかにされている (Bratbak et al., 1992, 1994；Proctor & Fuhrman, 1990). 最近では, 多くの従属栄養性の浮遊性細菌が, 溶存有機物と同時に光を ATP 生成のエネルギー源として利用していることが発見された. この酸素非発生型好気性従属栄養と呼ばれる栄養様式は, バクテリオクロロフィル a に依存しているか, プロテオロドプシンをもつものもあり, これらは, 光駆動によるエネルギー保存を行うことができる. 系統的に離れた細菌が広くこの能力をもつことが示されてきた（1.3節を参照).

水圏のエネルギーと物質の流れに関する新しい概念は微生物ループ（Azam et al., 1983) と呼ばれる. 一次生産の産物の大きな割合—ときに50% を超えるほど—が捕食による食物連鎖ではなく, 細菌に消費される. そして, その細菌も原生動物や動物プランクトンの餌となる（図 5.1, 5.2).

微生物ループは水環境に独特のものというわけではなく, 多くの異なる生態系にみられる. 例として, 陸域生態系では植物で生産されたかなりの部分, とくにリグニン質の組織は細菌や菌類によって分解されたあと, 草食性の動物に利用されて, 食物連鎖に入る, ということが挙げられる.

微生物ループと浮遊性細菌の役割は過去40年ほどの間に発見されてきたと考えられる. 興味深いことに, すでに Krogh (1934) と Keys et al. (1935) は海水中の溶存有機物を定量し, 他の証拠も加えて, この有機物は細菌によってのみ効果的に利用され, さらにここで生産された細菌が原生動物に消費されると考えていた. この時代には彼らの主張は海洋の炭素の流れの理解にほとんどインパクトを与えなかったのである. 海水中の微生物生態学の知見の優れたレビューとして, Kirchman (2008) を挙げておく.

5.1

浮遊性原核生物群集の組成

光合成生物

　大型の珪藻や渦鞭毛藻が水圏でもっとも重要な一次生産者であると長い間考えられてきた．最近になって，さまざまな小型の真核光合成生物も，とくに貧栄養環境では重要であることが見いだされてきた．貧栄養の水域ではシアノバクテリアの糸状の群体が光合成プランクトンとして高頻度に出現することも早くから観察されている．*Trichodesmium* は時々，外洋で広範なブルームを形成する（Carpenter, 1982；Carpernter & Romans, 1991）．*Trichodesmium* のブルームや他の近縁種は分子状窒素を固定するという点で興味深い．これらは，ときに N-制限で P-豊富な水で大規模のブルームを形成する．汽水域では *Trichodesmium* と同様の糸状シアノバクテリア，*Aphanizomenon* と *Nodularia* が優占する．バルチック海ではこれらは，夏期には人工衛星写真でも確認できるほどの大規模なブルームを形成する．これらのシアノバクテリアはガス胞をもっており，表層近くに集積する．また，これらのシアノバクテリアの N_2 を固定する能力によって他の植物プランクトンより有利である（Watsby et al., 1997；Degerholm et al., 2008；Koskinen et al., 2011）．

　単細胞性の *Synechococcus* のグループは海洋と湖沼の有光層に普遍的に存在する．1 μm ほどの卵形の細胞であるが，緑色を励起光とする蛍光顕微鏡を使うと，フィコエリスリンによる明るいオレンジ色の蛍光が見られるので容易に同定できる．これらが分布する密度は 1 mL あたりおよそ 10^5 細胞である．これはすなわち，表層水の原核プランクトン生物量のおよそ 10％ に相当する．これらは，細胞が小さいために希薄な栄養を効率よく取り込むことができることから，貧栄養の水域でとくに重要であり，ときには，一次生産の 30〜70％ にも達すると見積もられている（Iturriaga & Mitchell, 1986；Kuylenstierna & Karison, 1994；Never, 1992）．

　近年，海洋プランクトンの中に prochlorophytes が発見されてきた．prochlorophytes は酸素発生型光合成を行うシアノバクテリアの中で特徴的な色素をもつグループである．フィコビリンを欠き，特異的なクロロフィルであるジビニルクロロフィル *a*, *b* をもっている．*Prochlorococcus* は小型の細胞であり，多くの従属栄養性の細菌と同程度の大きさである．光合成色素を少量しかもたないため，クロロフィルの自家蛍光で観察するのは難しいか不可能である．DNA を染色する蛍光色素で染めると従属栄養細菌と区別できない．しかし，フローサイトメトリーで定量することはできる．貧栄養の外洋に出現するが，そこでは主要な光合成生産者の役割を果たしていると考えられる．*Prochlorococcus* は有光層の中でも深い層の，*Synechococcus* の極大層の下位におもに存在している．*Prochlorococcus* は小さなサイズと細胞中の高い濃度の光合成色素によって，青色光を高い効率で吸収する能力をもっており，薄暗い光の中で高い競争力をもつ（Morel et al., 1993；Campbell & Nolla, 1994；Kuylenstierna & Karison, 1994；Li, 1995; Veldhuis & Kaay, 1994）．Falkowski & Raven (2007) は海洋微生物による酸素発生型光合成についての総説である．

　従属栄養細菌のあるグループはエネルギー保存のために光を利用することができる．これは2種類の型に分けられる．1つめ，酸素非発生型好気性光従属栄養菌と呼ばれるグループはバクテリオクロロフィル *a* をもっている（これは，紅色硫黄細菌および紅色非

硫黄細菌と同じ）．これらは，光合成を行わないが，サイクリック光リン酸化（1.3節を参照）によってATPを生産する．海洋プランクトンの中で量的に占める割合が大きいことが発見され（Koblížek et al., 2001），続いて海洋と淡水環境で普遍的に存在することが示された（Kolizek et al., 2007；Masin et al., 2008；Salka et al., 2008；Waidner & Kirchmane, 2008）．有機物をエネルギー生成に消費するのではなく，すべて同化に用いることができるので有利である．このような細菌は，*Alphaproteobacteria* に代表的なもの（*Roseobacter, Erythrobacter*）が含まれる．さらに，*Gammaproteobacteria* の中での割合も大きく，好気性光従属栄養細菌は有光層の浮遊性細菌の10%以上を占める可能性がある．

　もう1つは，さまざまな系統的には関係しないアーキアおよびバクテリアからなる，バクテリオロドプシンまたはプロテオロドプシンをもつグループである．これらのタンパク質は光が当たるとプロトンポンプとして働き，そのプロトンが戻る流れはATP生成と共役している．Béjà & Suzuki (2008) を参照せよ．

従属栄養と化学合成無機栄養

　浮遊性の細菌の大部分は，好気的な呼吸による有機物分解で生活する従属栄養菌であると考えられてきた．しかし，これらを純粋培養として単離するのが難しいことから，個々の種についての多様性や生態学的な役割を描くのは長い間困難であった．海洋性の浮遊性細菌の単離が難しい理由は完全には明らかになってはいない．たとえば，アンモニア酸化菌，メタン酸化菌，一酸化炭素酸化菌のような細菌は栄養寒天平板培地上で増殖したとしても，よい増殖が得られない．これは，これらのグループのように特別な基質を利用するもの以外の多くの従属栄養細菌でも当てはまる．栄養寒天平板培地で増殖できない理由は，多くのバクテリオプランクトンが貧栄養性であり，基質濃度が低濃度でなければならないためであるとされてきた．もう1つ，多くの単離培地の高い栄養濃度によって早い増殖が誘導される一方，このことが，ウイルスによる溶菌を起こすという可能性も考えられてきた．多くの細菌が栄養寒天平板培地でコロニーを作らないことから，個々の細胞を単離し，純粋なその子孫を得るのが困難なのである．（これは，真核生物と対照的である．真核の微生物は十分に大きく，個々の細胞を顕微鏡観察しながらキャピラリーを使って吸い上げることができる．）これによって「培養できない細菌」という用語が登場したが，「まだ培養されていない」と言う方が適切である．というのも，「培養できない株」の一部は希釈法を使って培養できるようになっている（Giovannoni & Stingl, 2007）．

　この数十年の間に，環境DNAが広く収集され，rRNA遺伝子の塩基配列が読まれたが，これによって，浮遊性細菌の多様性や系統上の組成についての理解が進んだ（たとえば，Giovannoni et al., 1990；Britshigi & Giovannoni, 1991）．たとえば，懸濁粒子中の細菌群集は，水中で自由生活している細菌の群集とは異なることが明らかにされている（DeLong et al., 1993）．rRNA遺伝子の塩基配列を読むことで，水中の微生物が同定され，それらの時空間的な分布についても分かる．その結果は，たとえば，優占しているのが，*Alphaproteobacteria*，*Gammaproteobacteria*，放線菌に属するもの，それに，*Bacteroidetes*，フラボバクテリアであることを示している．*Alphaproteobacteria* ではSAR11クレード（分岐群）のメンバーが優占している．たとえば，*Pelagibacter ubique* は，外洋表層で広く出現する．*Crenarchaeota* は，100 mよりも深い深度で優占し，極海域で多い．これは，極海域

で出現する Crenarchaeota の近縁のものが好熱性や高度好熱性であるので，注目すべきことである．SAR11に属するほとんどのものと，他の主要なものはさまざまな有機物の分解者と機能的に位置づけられると考えられるが，この点，Crenarchaeota はアンモニア酸化菌として重要な役割を果たしているようである．分子生態学的手法を使った研究が，空間的に広い領域にわたって浮遊性細菌の群集組成に注目すべき類似性があることを明らかにしてきた一方，特徴的な群集組成が，狭い領域で，また，植物プランクトンのブルームなど季節的変化に伴って見られることも示してきた．これらのことは，Fuhrman & Hagström (2008) でレビューされている．

メタゲノムによるアプローチは，分析で得られた遺伝子や遺伝子の断片の大きな割合が不明なものであるとはいえ，海洋細菌の多様性を機能的な面で理解するうえで大きな進歩をもたらしている．不明な遺伝子・遺伝子断片が多いということがあっても，メタゲノムのデータは，プロテオロドプシンの重要性と細菌の光利用性，アーキアのアンモニアモノオキシゲナーゼと硝化，ジメチルスルフィド変換の多様な経路を明らかにしてきた．メタゲノムデータは，また，窒素固定，炭水化物代謝，硫黄の変換，C1化合物利用性，海洋ウイルスなどについて新たな洞察を提供してきた（Moran, 2008 を参照）．全群集のメタゲノム解析は，「単一細胞の」アプローチと相補的である．分子系統から機能の詳細な推定は「単一細胞の」アプローチによって可能となるのである．単一細胞のゲノムは，「まだ培養されていない」分類群の問題を部分的に解決することができる．

5.2

有機物：組成，起源，循環

水圏の有機物の中で，非生物粒子の炭素として，および，溶存態有機炭素として存在している量がもっとも大きい．海洋の水は 10^{18} g の有機物を含んでいるが，溶存態有機炭素，懸濁態有機炭素，生物の炭素の比率は，およそ 100：10：2 である．海洋全体の溶存態有機物の炭素の量は大気中の CO_2 の量にほぼ等しい．地球上では，これより大きな有機物の存在形態は，堆積岩中の有機物であるケロゲンのみである．

有機物の溶存態（DOC）と懸濁態（POC）とは，0.1 または 0.2 μm の孔径のフィルターを通過したものかどうかで分けられる．この区別は，正確とは言えない．というのも，非常に小さい粒子はフィルターに吸着されることがあるし，反対に，粒子が凝集した塊が壊れて断片がフィルターを通過することもある．溶存画分に含まれる小さい粒子でサイズが 1 nm より大きなもの（分子量が 10,000 より大きい）は，コロイドと考えられ，全炭素の 10〜40％ を占めている．

環境中の有機物の化学的な性状はあまりよく調べられていない．腐植物質は，淡水では有機物の40〜80％，海水では 5〜25％ を占める．炭水化物が結合した物質やアミノ酸が結合した物質（ペプチドとタンパク質）は，有機物のそれぞれ 10，1％ を占める．単糖（主としてグルコース）と個々のアミノ酸をまとめて，炭素濃度で 10〜50 nM の濃度で存在しているが，これは，有機物全量の約1千分の1に相当する（図 5.3）．

溶存態有機物のもっとも重要な供給源は，光合成を行う藻類からの漏れである．藻類は光合成産物の 5〜40％ を漏出によって失って

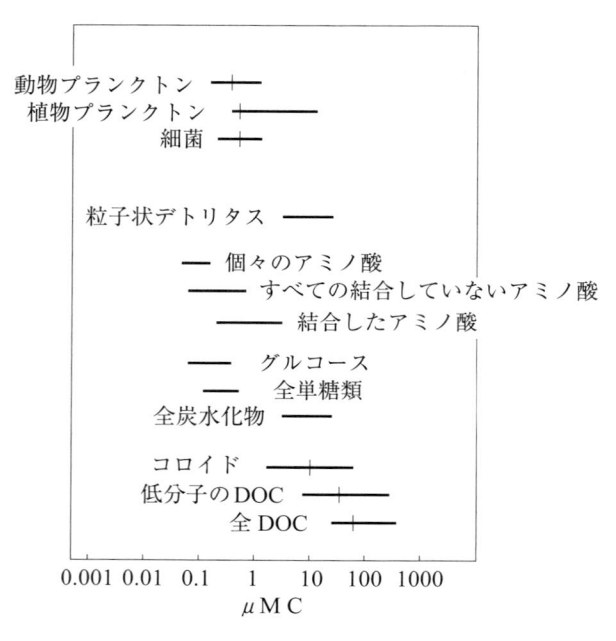

図 5.3 1Lあたりの C（炭素）の μ mol の値で表した溶存態と懸濁態有機物のさまざまな構成成分の濃度範囲．垂直のバーは外洋海水でみられる典型的な値を示す．DOC は，溶存態有機炭素を示す．

いると考えられる．他の供給源としては，ウイルスによる溶藻，珪藻などによる粘液の分泌，動物プランクトンによって形成される糞粒，水生植物や大型藻類の葉・葉状体の粘液やそれら組織の分解，陸域からの流出水が，おもなものとして挙げられる（Williams, 1981, 1990を参照）．

一般に，ターンオーバー時間を画分ごとに見ると，1時間未満から6千年の幅がある．長いターンオーバー時間は有機物に含まれる ^{14}C の濃度から推定可能である．長いターンオーバー時間は，いったん化石となった有機物が水の中に再び加入したことを示している場合がある．

自然の細菌の集合が有機物を無機化するときには，無機化速度は時間が経つにつれて遅くなることが以前から知られている．これは，容易に分解される成分が先に無機化されるためである．一般に，ターンオーバー時間が1時間未満ものを非常に分解されやすい有機物，数日間のものを分解されやすい有機物，年単位のものを分解されにくい有機物と言うように区別している．淡水と海水での研究では，4～7日の培養後に無機化の速度が大幅に遅くなることが示されている．この速く無機化される有機物，分解されやすい有機物は，全DOC のおよそ10%を占める．しかし，この有機物は時間的な変動が大きく，分解されやすい画分は藻類ブルームの期間には高く，冬期にはもっとも低くなる（Middelboe & Søndergaard, 1993, 1995）．

ポリマーだけが利用可能なときには，細菌はタンパク質や多糖を分解する菌体外酵素を生産しなければならない．菌体外酵素の活性の測定は，加水分解を受けると蛍光を発するか発色する適切な"モデル基質"を添加することで容易に定量できる．ほとんどの酵素活性は，粒子状画分（細菌の細胞）に存在して

いる．活性のある部分は無細胞の濾液からも検出される．しかしこれは，溶菌した細菌に由来すると考えられる．ある程度は細菌が水中に加水分解酵素を分泌する可能性もあるが，周辺に存在する細菌にも利益をもたらすことから，適応的な性質とは言えない．菌体外酵素活性は明らかな季節性がある．湖沼では加水分解酵素活性は藻類のブルームのあと，モノマーや他の比較的分解しやすい有機物がなくなったときに上昇する．加水分解酵素活性の上昇は，懸濁態デトリタスに付着した細菌数の増加と関連している（Middelboe & Søndergaard, 1995 ; Middelboe et al., 1995）．

水の中の従属栄養細菌の増殖効率には幅があり，およそ10〜60%の値が記録されている．最高値は好気性従属栄養の理論的限界に相当する（Del Giorgio & Cole, 1998）．低い値は，窒素やリン等の栄養制限によるものと考えられる．

溶存態有機物の分解過程すべてが生物によるものであるというわけではない．もっとも難分解のもの，たとえば，腐植物質は，主として光分解を受けているようである（Granéli et al., 1996 ; Mopper et al., 1991）．他では分解を受けないような化合物でも短い波長の光に当たることで低分子のオリゴマーやモノマーが生成する．これらは，菌体外酵素によって加水分解され，細菌の増殖に利用可能になる（Moran & Hodson, 1994 ; Lindell et al., 1995）．反対に，簡単に分解されうるタンパク質が分解されにくくなることも示されている．これは，錯体の形成や他のさまざまな有機物との反応による．金属のキレート化も同様の効果をもつかもしれない（Keil & Kirchman, 1994）．

一般に，ポリマーが，そしてとくに，非常に大きなポリマーがモノマーや小さい分子に比べてゆっくりと分解されると判断するのは正しい．この理由には2つある．菌体外加水分解酵素の生産にはエネルギーが必要であるうえに，ポリマーの加水分解それ自体が律速な過程なのである．さらに，拡散係数は分子サイズの上昇とともに小さくなる．つまり，大きい分子の細胞表面への拡散による輸送は小さい分子よりもゆっくりなのである．

しかしながら，大きなコロイド粒子は比較的速く分解される（Amon & Benner, 1994）．あるサイズ（1〜2 μm 未満）の粒子に対して，細菌が近づきやすくなる．非常に小さい粒子は完全に拡散（ブラウン運動）に支配されており，拡散速度は粒子サイズが大きくなるほど低下する．しかし，粒子のサイズが十分大きくなると，乱流の影響が大きくなる．また，他の粒子と衝突する確率が大きくなる．コロイド粒子はより大きな凝集体を形成する可能性がある．ここに繁殖する細菌にとっては，拡散による制限は低下する（Karl et al., 1988）．

5.3
懸濁粒子の生成および浮遊と堆積のつながり

水の中の有機物のうち約10%が非生物的な懸濁物である．懸濁物質と溶存物質との区別は既に述べたとおり厳密なものではない．さらに，伝統的な分析手法は懸濁物質を過小評価する傾向がある．これは，凝集体のある部分は，透明であったり，また，サンプリング中に簡単にくずれてしまうものもあるためである．

懸濁粒子の無機化条件は，溶存態有機物とは異なっている．粒子はまた，密度とサイズに従った速度で沈降することも重要である．水中の上部有光層の，しばしば乱流のある層で，生物的および物理的なプロセスによって粒子は生成される．粒子が沈降するにつれて，

有機物含量は，一部は無機化によって減少する．残りは，底生生物圏の食物連鎖の土台となる．すなわち，下向きの粒子の流れは，光が当たる（生産的な）表層と深海の堆積物とを連結するメカニズムである．コロイドと懸濁粒子から粒子の形成，すなわち溶存コロイドから気泡を凝集体形成の核とした粒子の形成は，Riley (1963) によって最初に記述された．彼はまた，有機物の凝集体が海洋の生物過程に重要であることを強調した．粒子の形成，下向きの流れの大きさ，それに沈降中の部分的な無機化は，最近では大気の CO_2 の隔離メカニズムとして，一層注目されている（第10章を参照）．

セディメントトラップを使って，水の中の乱流（混合）帯よりも下の沈降粒子の移動を定量することが可能である．懸濁態有機物のフラックスは外洋では，微生物による無機化を反映して深度とともに減少する．最初の粒子フラックスのうち75～80％は，100～2,000 m を通過する間に失われてしまうこと，さらに，3,100 m の深度では最初の有機物のうち9％しか残っていないことが分かっている（Karl et al., 1988；Turley & Mackie, 1994）．有光層から離れていく有機粒子状物質（"新生産"）の量は，言い換えると，外洋水の一次生産物のわずかな割合を占めているだけということになる．生産的な沿岸や河口域および湖沼では，生産物のより大きな割合が，懸濁物のかたちで有光層から沈降によって失われている．デンマークの内海のKattegat では，この値は約20％と見積もられている（Olesen & Lundsgaard, 1995）．呼吸とマリンスノーの炭素ターンオーバーを指標とした生物活性も懸濁状態に保持された個々の粒子について測定されている（Ploug et al., 1999）．比較的浅い水域では，懸濁物の大きな割合はおそらく，堆積物の上または堆積物中で分解されるべくして，底に到達する．しかしながら，すべてのタイプの粒子が等しく底に到達するわけではなさそうである．コペポーダの糞粒や珪藻細胞の大きな塊は比較的速く沈降するが，壊れ易いコロイドの凝集体はおそらくより長い期間懸濁しており，高い無機化速度のもとになっている．

粒子状物質の起源にはいくつかある．細菌と植物プランクトンの生長や分裂は溶存物質から粒子状物質を生産することを意味しており，生産された細胞やそれらが死滅して残ったものは集塊を構成する．小さな集塊粒子からより大きな粒子を生産する生物もある（糞粒と原生動物の排出物）．個々の粒子はいくぶん粘着性がある．これは，多くの生物が粘液を分泌することや，非生物粒子が溶存しているコロイドや粘質物の塊を吸着するためである．粒子同士が衝突すると，ある確率で互いにくっつき合う．このようにして，塊は成長していく傾向がある．コロイド粒子も塊をつくり，コロイド以外の形態の粒子を含むときも含まないときも，粘り気のある薄片を作る可能性がある（Kepkay, 1994；Kepkay & Johnson, 1988, 1988；Wells & Goldberg, 1993）．粘り気のある物が集まってできた集塊は"透明細胞外高分子粒子"（TEP：transparent exopolymer particles）と呼ばれる．珪藻が春期ブルーム後期に高い密度になると，大きな集塊を形成し，沈むことがある．これらの集塊は生きた珪藻を含み，適応的な意義について議論が行われてきた．懸濁した集塊は，水の中で，白い塊に見え，マリンスノーと呼ばれている．ほとんどの研究で，沈降する粒子のなかでもっとも大きな割合を占めるのは，不定形で顕微鏡では同定できないものからできた粒子であり，コペポーダの糞粒や珪藻の集塊はこれに比べると量的な役割は小さいことを示している．

集塊形成のメカニズムは，凝集理論で記述される．2つの粒子がくっつく確率は粒子の

衝突の確率と衝突のあと付着する確率とに依存している．後者の確率は粒子の粘着性（stickiness）と呼ばれる性質に関係している．1 μm よりも小さいサイズの粒子同士の衝突は，完全にブラウン運動に依存している．それよりも大きな粒子の衝突では，他のメカニズムの方が重要である．剪断乱流がもっとも重要な粒子衝突のメカニズムであるが，表層水に風があたることで発生し，急速な凝集とそれに続く沈降が起きる．沈降速度は粒子径の二乗に比例して大きくなるが，粒子間で異なる沈降速度も粒子が衝突するメカニズムになる．すなわち，大きな沈降粒子が，小さな粒子を雪だるま式にくっつけながら沈降していく．

集塊の成長速度は集塊のサイズとともに加速する傾向がある．しかしながら，集塊がある大きさを超えると，剪断力で断片化しやすくなる．この結果，乱流の存在と粘着力とで決まる定常状態のサイズに到達することになる．

コロイドは，気液境界で濃縮される傾向がある．気液境界として静かな水面も，気泡の表面も当てはまる．破裂する気泡の表面に集まっていたコロイドは，さらなる凝集の核を形成する．この原理は，水族館等で海水から溶存有機物を取り除くのに用いられている．細菌は，粘液を分泌することが多いが，十分に高い密度で存在していると，溶存コロイドと一緒に塊を形成することがある．海洋環境での凝集理論と粒子状物質形成についての説明は Kiørboe (2008) に書かれている．

マリンスノー粒子は，非生物だけでできているわけではない．マリンスノーは細菌，さまざまな原生動物それに藻類を含む微生物群集の棲み場所となっている．細菌が懸濁粒子上で成長し分裂しているのは間違いないが，最初に住み着くメカニズムは，今までに述べた凝集過程なのである．自然環境中の細菌は水に沈めた顕微鏡用スライドグラスのような付着基質に，数分間のうちに付着する．この最初の付着はファンデルワールス力がもとになっており，細菌によって付着傾向に差があるのは，細胞表面の疎水性による違いであると考えられている．この型の付着は可逆的であるが，付着後に粘液物質を付着基質表面に分泌し，みずからを固着させる細菌もある（Marshall, 1986；Rosenberg & Kjelleberg, 1986）．海洋の懸濁粒子への細菌の定着やそこでの微生物活性についての詳細は以下の文献にある（Grossart et al., 2003；Kiørboe et al., 2003；Plough & Grossart, 1999）．

細菌の分布密度は，周りの水に比べると集塊で100倍から1,000倍高く，10^8 から 10^9 細胞/ml である．多くの研究が，わずか 10〜15% の水環境中の細菌しか，常に粒子に付着している細菌はいないことを見いだしている．しかし，このことをもって，付着細菌が重要ではないと結論してはならない．まず，これらの数値が過小評価であるかもしれない．これらの数値は，顕微鏡観察に基づいており，水を濾過した試料を蛍光顕微鏡で観察する．この濾過操作で，集塊のタイプによっては，分解することがあり，付着していた細菌のなかに，付着ではないものとして出現する可能性がある．集塊に付着した細菌は，付着せずに懸濁している細菌よりも，高い代謝活性をもっていると考えられる．粒子と集塊は，懸濁物質や吸着したコロイドが無機化される場である．希薄な溶液中の大きな分子は，拡散性が低いことが制限となって低い効率でしか利用されないが，この制限は，凝集した物質にコロイドが吸着すると当てはまらなくなる．これと関連して，大気と接する海洋表面の薄い層で高分子物質や細菌の濃度が高くなるという現象がある（Dahlbäck et al., 1981, 1982）．

細菌が高分子物質を利用するとき，凝集が

重要であるということは，実験で容易に示すことができる．海水を激しく曝気すると，微生物呼吸の著しい増大が起きる．この効果は，高分子物質が気泡の表面に吸着され，凝集塊形成の核がつくられることによって起きる．細菌も凝集塊に吸着され，凝集塊は続いて分解を受ける（Kepkay & Johnson, 1989）．

いくらか類似した生息環境が，寒冷地の海氷によって作られる．海氷が海水に接している部分は多孔質であり，海水を含んだ細い水路が束になっているような状態である．これらの海水の細い水路は，珪藻等の一次生産者が生活していることが早くから見いだされていたが，やはりここも，従属栄養活動の場を形成しており，おもに細菌が，さらには捕食性の原生動物の活動場所となっている（Søgaard et al., 2010 を参照）．

5.4

細菌と窒素・リンの循環

われわれはここまで，水の中の有機炭素の無機化に絞って考えてきた．細菌は，もちろん窒素およびリンの無機化も行う．しかしながら，細菌は無機態窒素と無機態リンを利用するので，その程度が大きくなると，有機炭素の無機化から窒素・リンの無機化が切り離されることになる．このような切り離しは，有機基質の C/N 比と C/P 比が細菌細胞のこれらの比をある程度越えたときに起こる．なお，これは増殖収率にも依存する（3.3 節）．この効果は，陸上生息環境で顕著であるが，それは，藻類の細胞に比べて維管束植物の方が，C/N 比と C/P 比がずっと大きいためである．水試料に対して，無機態窒素・リンの取り込みが無機化を上回る状態を再現するのは容易である．それには，大量の容易に分解される炭水化物を添加すればよい．細菌は利用可能な窒素・リンを急速に消費し，これらが枯渇すると代謝が低下し，増殖が停止する．この状態は無機窒素・リンを添加することで再増殖させることができる．1960年代には，このような観察は，炭素と窒素・リンとの連動の問題として注目された．そして，湖の細菌が，リン酸の取り込みについて，藻類よりも大きな役割をもっていることが示された（Rigler, 1956）．

このことは，細菌と藻類が無機栄養をめぐってどの程度競争しているのかという問題の提起につながった．しかしながら，この設問に対する答えは，「小さな細菌は大きな藻類細胞よりも効率的に栄養を取り込むかもしれない，しかし，同時に細菌の活性が藻類による一次生産によって制限される」というものであるが，あまり明瞭な答えではない．"正味の取り込み vs 正味の無機化問題" は Kirchmann (1994) にレビューされている．更なる研究によって，細菌は湖沼と海洋では無機リン酸取り込み全体の 50% を超えるのが典型的であることが示されている．海洋では，細菌は，海水中 NH_4^+ の取り込みの10〜75% を担っている可能性がある．これらの数字はそれ自体が，無機窒素・リンの同時放出についての情報を与えるものではない．浮遊生物の異なるサイズ分画ごとの栄養の再生についての研究も行われてきた．これらの研究から，完全にはっきりとした結果が得られているということはない．窒素と炭素との間の切り離しが，細菌にとって有機態の窒素源（アミノ酸）と炭水化物とのどちらが相対的に重要な基質であるかに依存して起きることがある．しかしながら，細菌を食する者（原生動物）は，おそらくほとんどの窒素・リンの無機化を担っており，細菌は無機態窒素のほとんど正味の消費者である（Caron & Goldman, 1990 を参照）．最近のデータは，

特定の貧栄養の水環境では，リン酸が利用可能かどうかが制限要因であり，この無機栄養を添加することで，細菌の活性が促進されることを示している（Pinhassi et al., 2006；Medina-Sáchez et al., 2010；Kritzberg et al., 2010）．

窒素と炭素との間の別の型の切り離しは，沈降している懸濁物で観察されてきた（Olesen & Lundsgasard, 1995）．沈降懸濁物のC/N比はそれが古いほど高くなることが示されている．このことは，窒素含量が高いほど速く無機化され，粒子が有光層を超えて沈降する前にこの過程が起きていることを意味している．その結果として，窒素の外部からの供給とCO_2からの有機炭素の新たな生産との間に単純な化学量論が成立しない．窒素は少なくとも部分的には光合成生産のために再利用される．一方で，有機炭素は光が届かない層に運ばれる．

5.5

細菌細胞の運命

水中の生きた細菌の数は2×10^5から5×10^6細胞/mLの間である．富栄養な水ほど数はいくぶん大きくなるが，細菌の世代時間が数時間から数日であるということを考えると，この数は生物間のある種の相互作用で決まるということは明らかである．細菌の死滅のもっとも重要な原因は原生動物による摂食である．とくに，小型の従属栄養鞭毛虫と（懸濁粒子上の）アメーバが重要であり，ついで繊毛虫が重要である（Fenchel, 1982a, b）．後生動物は細菌のような小さな粒子を効果的に集めることができない．しかし，浮遊性のホヤのなかまのような濾過食者も，懸濁した餌粒子を濾過して集めるための粘液性のネットを使って細菌を獲得することができる．繊毛虫の増殖を支える最低限の細菌の濃度は，自然の水環境で観察される細菌細胞の分布とよく一致している．比較的富栄養の水環境では，細菌と細菌を捕食する原生動物との間には，捕食者-被捕食者のサイクルがみられる（図5.4）．これらの小型原生動物は大型の原生動物や動物プランクトンの餌となる．

最近，ウイルスが細菌の死滅に大きな役割を果たしていることが発見されている．ウイルス粒子は，海水中でおおよそ10^9個/mLほどの濃度で出現する．ウイルスが与える影響は原生動物による摂食の影響といくつかの点で異なっている．ウイルスによる細菌細胞の溶菌によって溶存有機物が周辺に放出される．そしてこれは他の細菌が基質として使うことができる．ウイルスには宿主特異性があるということも原生動物による摂食とは対照的な点である．ウイルス粒子がどれほど増えるかは，ウイルスの宿主となる特定の細菌の分布密度に大きく依存している．このため，

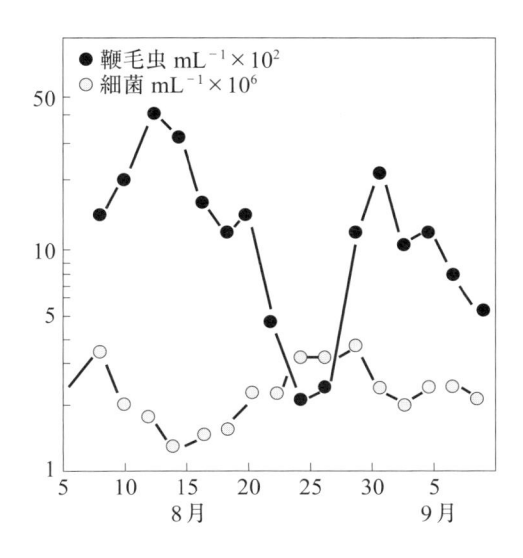

図 5.4　沿岸海洋環境の従属栄養性鞭毛虫とそれに捕食される細菌の捕食-被捕食のサイクル（Fenchel, 1982bのデータより）．

限られた水塊中で高い濃度に増殖する特定の細菌の種は，ウイルスの攻撃にもっとも弱い．このことは，「勝者を殺せ」という概念で表される．つまり，もっとも豊富な細菌の種がもっとも攻撃を受け易いのである．これによって，優占する細菌の種の遷移が異なる型のウイルスの作用によって起き，結局，これがなければ可能でないほどの高い細菌の種の多様性が維持されているのかもしれない．ウイルスは，いろいろな型の従属栄養細菌だけではなく，光合成を行うシアノバクテリア，真核藻類も攻撃する（Suttle & Chan, 1994）．海水中のウイルスの役割は，Breitbart et al. (2008) が総説で述べている．

5.6

化学走性

顕微鏡を使った初期の研究から，浮遊性細菌は運動性をもたないことが示唆された．しかしながら，この理由は，運動性のある細菌が顕微鏡のスライドグラスやカバーグラスの表面に急速に付着する傾向があるためで，海水中で泳いでいる細菌はほとんど観察されていなかった．のちに，実際は多くのあるいはほとんどの細菌が水中で運動性があり，いろいろな有機化合物のような誘因物質の濃度勾配に反応していることが示されるようになった（Blackburn et al., 1998；Fenchel, 2001；Grossart et al., 2001）．基質となる可能性がある物質が水中で非常に低い濃度で存在しているときには，取り込み速度は拡散律速であり（2.1節），基質濃度に直線的に比例する．したがって，細菌が，分解過程の原生動物細胞や周囲に溶存有機物を分泌する浮遊性藻類（つまり，連続的な基質源である）のような点源有機物に向かって近づくことができれば，

細菌は有機物を獲得できる．Blackburn & Fenchel (1999) はこの2つの場合について，遊泳する細菌の直接的な観察（遊泳速度，とんぼ返りの頻度など，2.2節を参照），溶存有機物の拡散係数および細菌の現実的な分布密度に基づいたモデル化を行った（図5.5）．それによると，ある藻類または原生動物が分解を受けると仮定した場合，細菌はその近傍に数分のうちに集まり，およそ8分後には，細菌が有機物を消費してしまい，拡散によって分解中の細胞周辺の濃度勾配がなくなることにより，細菌は再び散らばる．このモデルは，乱流の影響も考慮しているが，現実的な条件ではその影響は小さい．ここで問題にし

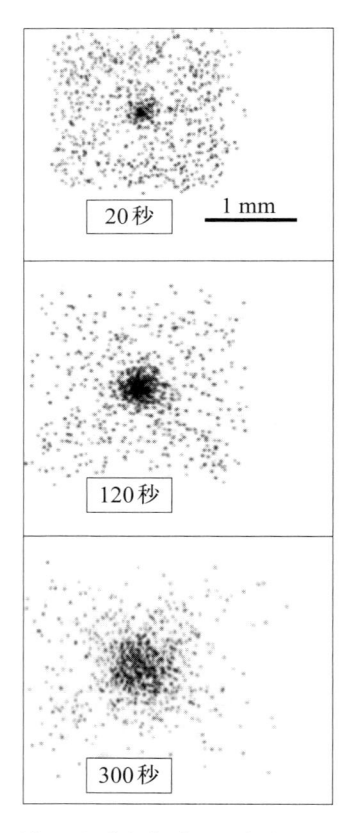

図5.5 分解した藻類細胞から放出された1 pmolの低分子の溶存有機物パッチ周辺に集合する細菌のシミュレーション．Blackburn & Fenchel, 1999に書かれたモデルに基づく．

ている距離では，乱流は異なる方向への直線的な剪断流に変り，1 mm 未満のパッチは変形しながらも，基本的には何分間もその構造を維持すると考えられる．

小さな真核細胞は，10^3 細胞/mL 程度の密度で出現する．これらの生物はおよそ24時間の世代時間であり，ウイルスの感染または動物プランクトンによる捕食による細胞破壊は1日，1 mL 当たり約千回発生する．細菌に運動性がないとしても，このようなつかの間に現れる点源有機物を細菌は利用するであろうが，走化性運動をすることによって，走化性でない運動と比較して，水中の無機化速度が2倍になると見積もられている．大きな空間スケールでは乱流による混合がある一方，十分に小さいスケールでは水中の懸濁態および溶存態物質やエネルギーの移動に影響するような空間的な構造が水には存在している．

多くの細菌は固体表面にであうと一時的にまたは永久に付着する傾向をもつ．この性質は，懸濁粒子上に細菌が定着するもととなっている．天然の海水中に懸濁された2 mm 径のゲル状の寒天球に細菌が（そして次第に原生動物が）コロニーを形成する例が図 5.6 に示されている．水の中の乱流の存在は定着を加速する．ゲル状寒天球に誘因物質を添加したときも同様に加速されるので，走化性運動は懸濁粒子へ定着させる役割をもっている．

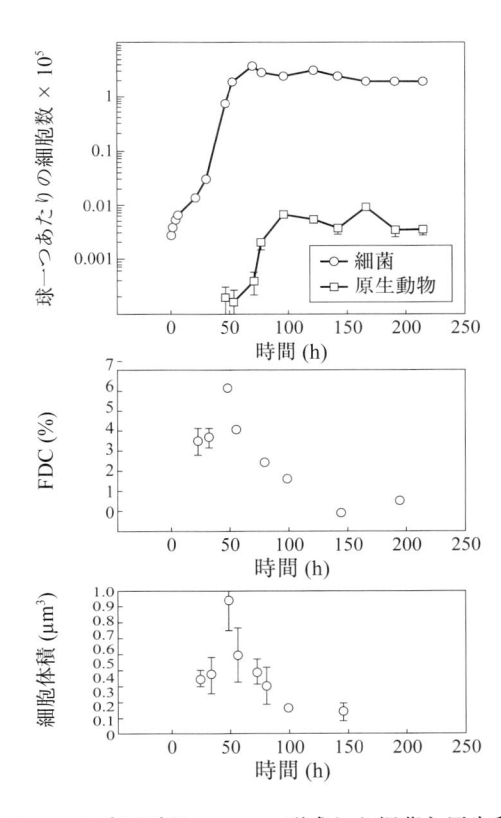

図 5.6 海水に浸した直径2 mm の寒天球にコロニー形成した細菌と原生動物．分裂中の細菌細胞の割合（FDC）とそれらの平均細胞体積も示した．これは，少なくとも初期の細菌の増殖速度は付着によって刺激されたものである．原生動物による捕食と球からの離脱とが細菌のコロニー形成と増殖にバランスするときに，定常濃度になる．この状態ではおよそ 4 μl の大きさの球の表面の細菌の濃度は周囲の水の中の濃度の約200倍である（Fenchel, 未発表データ）．

バクテリアが懸濁粒子に定着する際の速度論は Kiørboe (2008) に詳細に記述されている．

原子間力顕微鏡での観察によって，複数の種の浮遊細菌が集塊を形成することが示されている．このことは，機能的な相互共生の存在を示唆している．しかしながら，そのような細菌の共同体のメカニズムはまだ明らかにされていない (Malfatti & Azam, 2009)．

5.7

成層した水圏

海洋の水は典型的には，程度の差はあるがよく混合されており，基本的には溶存ガスの観点でほぼ大気と平衡状態にある．このことは多くの湖にも当てはまる．しかしながら，十分な深さがある水では少なくとも一時的に暖かい季節に成層している．表水層は，深い水から隔離されることによって暖められ，結果的に形成される温度躍層は風のエネルギーで混合されにくい．秋になると，水の深さ方向にほとんど同じ水温になり，風による乱流で水が深さ方向全体に混合される．多くの海洋沿岸域と湖にも例があるが，深層に表層よりも高い塩分濃度の水があり，その間の塩分躍層によって，よく混合された表水層と流れの少ない深水層とが隔てられている．塩分濃度は少しの違いでも，水の密度は大きく違う．したがって，塩分躍層に基づいた鉛直的な成層は，温度躍層のみによる成層と比べて安定である．温帯域の湖は，秋から冬にかけての時期に1年に一度水が混合するという意味の1回循環湖であることが多い．温帯域の湖の中には春と秋とに水の混合があり，夏と冬とに成層する2回循環湖もある．冬の間の成層は，表層の水温が低く深層が高い逆の水温勾配によって起きる．熱帯域の湖は程度に差はあるが，永久成層しているか，不規則な時期に混合が起きることが多い．部分循環湖の深層水はそれより浅い層の水よりも高い濃度の塩類を含んでおり，このような湖は常に成層している．

密度躍層は，溶存酸素の下向きのフラックスや無機栄養塩類の上向きのフラックスのような，溶存成分の鉛直的な移動に対して障壁として働くが，粒子の沈降には影響しない．しかしながら，密度躍層の上および下の乱流による混合（渦拡散）によって，密度躍層をまたいだ鉛直的な移動が起きる．そのために，鉛直的な混合速度は，分子拡散の速度と比べると数桁高いオーダーである．

特別なケースは，外洋のいくつかの場所で見られる酸素極小層（OML）である．水深 100 m と 2,000 m との間で，O_2 の濃度が減少し，ときには無酸素になることがある．この現象は，太平洋の東部，インド洋，アラビア海でとくに発生する．OML は，表層と中層深度で沈降中のデトライタス粒子によって O_2 が消費されることで発生し，これより深い低水温の層では高めの O_2 濃度になっている．OML では脱窒や硫酸還元のような嫌気性の微生物プロセスが進行している可能性がある (Canfield et al., 2010)．

成層構造をもつ生産性の高い水域では，深水層は嫌気的になることがある．これは，有光層から沈降する粒状有機物の好気的な分解が，渦拡散によって表水層から密度躍層を超えて供給される酸素よりも，多くの酸素を要求するためである．水の深度方向に発達した生物学的に成層した系には，その結果として，堆積物や微生物マットの垂直的な構造の特性と共通のものがある（第7章を参照）．酸素がなくなると嫌気呼吸によって酸素以外の電子受容体が，深さ方向に酸化還元電位に従った順番で用いられる（1.5節と図1.5を参照）．同様に，嫌気的代謝で生じるさまざまな還元

された物質は，硝酸や酸素が存在する浅い方向に移動すると，そこで再び酸化される．微生物マットや堆積物と比較したときのおもな違いは，微生物マットや堆積物の典型的な空間スケールはmmかcm単位であり，一方で，水ではm（メートル）単位になるということである．微生物マットの特徴として，独立栄養と従属栄養プロセスとが空間的にも時間的にも密接に関連しているという点があるが，水環境では一般的ではない．この理由は，深層に見られる嫌気的なプロセスが，密度躍層内かその直下に通常見られる化学独立栄養や光合成独立栄養の生物が生息する層から，何mも隔てられているためである．

嫌気的な深層水は，成層期の富栄養湖で普通に発生するし，部分循環湖では常にみられる．塩分躍層が存在し，入り口の海底にシルと呼ばれる堰状の構造があるフィヨルドでもみられる．また，深い位置に永久的な塩分躍層がある海洋の内湾にも嫌気的な深水層がみられる場合がある．このような嫌気的な内湾の例として，黒海，カリブ海のカリアコトレンチ，バルト海のゴトランド海盆がある．

デンマークユトランドの東海岸にあるマリアガー・フィヨルドの深い海盆は，常に嫌気的な深層水をもつ，成層した水の鉛直構造の，よい例である（Fenchel et al., 1995；図 5.7）．この汽水のフィヨルドは，入り口に浅いシルがある．中央海盆の底から 15 m 高さまでは比較的高い塩分を含んでおり，数年間隔で発生する荒天のときにだけ交換が起きる．水は 16 m 以深では通常嫌気的である．O_2，HS^-，NH_4^+，CH_4，NO_3^-，NO_2^- の鉛直濃度勾配を図5.7 に示す．無機化過程，濃度勾配の傾き，および NH_4^+ 生産のもととなる沈降粒子の C/N 比の直接的な測定から，おもな微生物プロセス（図 5.8）の収支見積もりが可能である．硝化は，深さ13 m 付近で起きるが，これは，硫化物酸化極大層のおよそ 1 m 上方である．濃度勾配から，生産された硝酸のおよそ半分は，上方に移動し，有光層で一次生産者に消費され，残り半分は下方に移動し，脱窒に用いられる．そうであるなら脱窒は嫌気的な無機化の約 20 ％ に相当する．硫化物酸化は，たぶんこのシステムでは完全に化学合成無機栄養代謝による．それは光が，表層

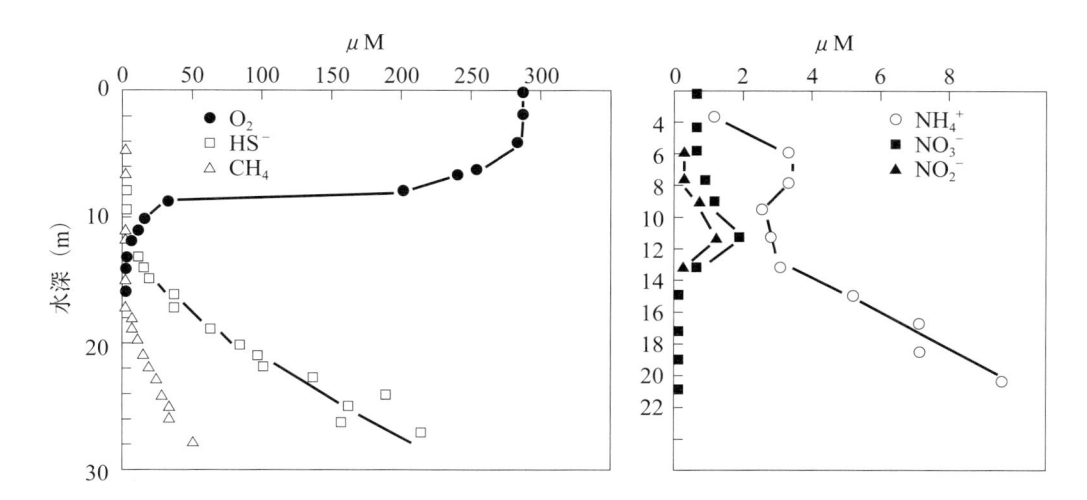

図 5.7 成層したマリアガーフィヨルドでの，酸素，硫化物，アンモニア，亜硝酸塩および硝酸塩の濃度プロファイル（Fenchel et al., 1995より）．

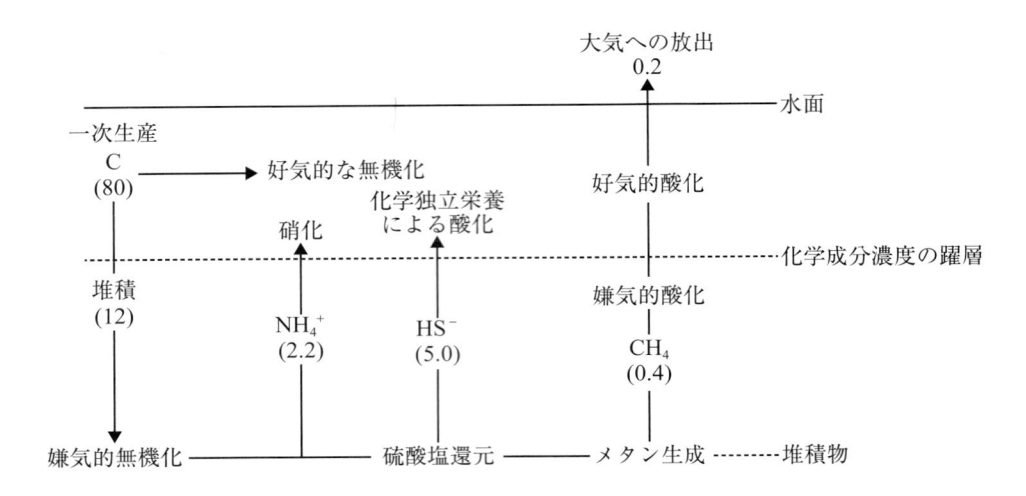

図 5.8 デンマークのマリアガーフィヨルドにおける C, N および S の循環.
括弧内の数字は，mmol (C,N,S) m^{-2} day^{-1} (Fenchel et al., 1995 のデータより).

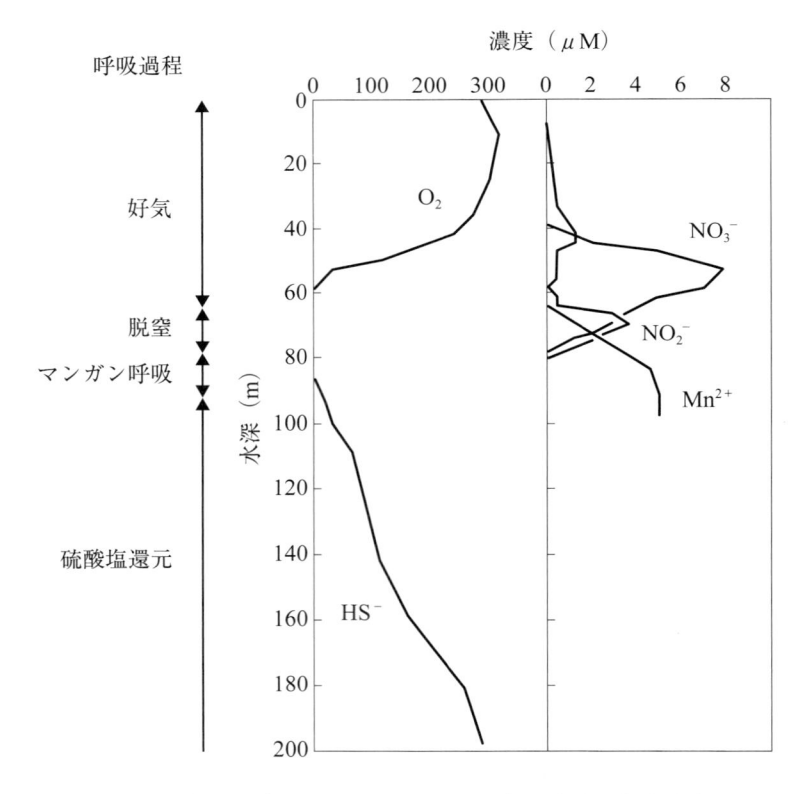

図 5.9 黒海における主要な呼吸プロセスのタイプと化学成分の鉛直分布を示した図.
およそ深さ60から90 m では，HS$^-$ も O$_2$ もないために両者が同深度に存在することがない (Canfield & Thamdrup, 2009 をもとに作図).

水の濁りとクロロフィルを通過して到達するので，不十分であるためである．深水層の渦拡散係数は，フラックス／濃度勾配として見積もりが可能であるが，これは，0.013 cm^2 s^{-1}であり，分子拡散のおよそ650倍の大きい．このことは，嫌気層中の還元物質の平均滞留時間，つまり，濃度／フラックスの深さ方向の積分値である1〜2年の値と一致する．

マリアガー・フィヨルドのいろいろな成分の鉛直分布は，他の同様に成層した系，黒海やバルチック海の湾（Dyrssen, 1986；Rheinheimer et al., 1989；Skei, 1983；Sorokin, 1972）での記録と類似している．

しかしながら，硫酸塩還元による硫化物生成が強くないときには，酸素と硫化物とが存在しない深度帯が発達する可能性があり，そこでは脱窒とマンガン呼吸が優占し，硫化物は主としてマンガンによって酸化される．黒海の水環境はその例である（図5.9）．特定のプロセスが進行する深度帯を隔てる境界は明確というわけではない．微好気帯で脱窒が起きる場合と硫酸塩還元や脱窒，マンガン呼吸が同じ場所で起きることもある．これときわめてよく似たことが堆積物中に見られる．岸から離れた海域の堆積物では硫化物と酸素の鉛直的な重なりは通常見られないが，金属呼吸と脱窒によって電子が上方に輸送される深度帯が存在する．このような嫌気的ではあるが，化学的に還元度が高くはない，O$_2$とHS$^-$とを隔てる深度帯は亜酸化帯としばしば呼ばれるが，最近，この用語が正確ではなく，よく定義されていないとして，この用語を使わないよう推奨されている（Canfield & Thamdrup, 2009）．

光が嫌気的な層にまで透過するシステムでは，硫化物酸化は昼間，大部分が光合成によって起きる．これについてはとくに硫酸塩の豊富な部分循環湖で研究されてきた．このようなシステムでは，主として光合成硫黄細菌からなる，典型的には0.1〜1 mの厚みの「光合成細菌の層」が，好気 – 嫌気境界の直下で見られる．細菌群集は鉛直的に区分され，上部には紅色硫黄細菌のさまざまな型のものが優占する層があり，深い部分には緑色硫黄細菌が出現する．シアノバクテリアはしばしば，好気 – 嫌気境界より上位の深度帯でクロロフィルaを含む光合成生活者として優占する．これらのシステムは，浮遊細菌からなるが，シアノバクテリアマットに類似したものと考えることができる．

これらすべてのシステムにおいて，化学的躍層によって，光合成または化学合成無機栄養の細菌を餌とする捕食性の真核生物が高い密度で存在できる．これらの消費者は通常はいろいろな種類の原生動物であるが，ワムシやコペポーダのような動物プランクトンも含まれる．

土壌における生物地球化学循環

6

　地球上の陸域表面積は海洋表面積の40%に相当する．しかし，土壌での生物活性がもっとも高いゾーン（表面から約1 mまでの深さ）の体積は，海洋でもっとも生物活性が高いゾーン（表面から約4,000 mまでの深さ）の0.01%以下である．それでも，土壌は，生物地球化学循環の主要な"エンジン"であり（Schlesinger, 1997），たとえ海洋地下圏がもつ細菌バイオマスの方が大きくても，地球がもつ細菌多様性の宝庫の1つである（Whitman et al., 1998；Curtis et al., 2002）．さらに，面積当たりで換算すれば，陸域の生物地球化学的プロセスの速度は，多くの場合，水域での同じプロセスの速度を大きく上回る．たとえば，土壌呼吸速度は，ほとんどの場合で，海洋堆積物や水域での単位面積当たりの呼吸速度よりも高い（Raich & Potter, 1995；Schlesinger, 1997）．その違いは，土壌有機炭素含量が高いことと，海洋よりも陸域の面積当たりの一次生産速度が高いことが原因である．もちろん，ある種の生物地球化学的変換，たとえば，異化的硫酸塩還元は，水域でもっと一様に速く起きており，酸素が欠乏し硫酸塩が多いという海洋堆積物がもつ特徴の結果である．

　本章では，生物地球化学的循環の速度や様式が，陸域と水域との間で相違する原因となる土壌の基礎的特性を探る．ここでは，生物地球化学的経路とそれらを動かしている生物の機能タイプが，陸域と水域で大きく変わらないことを述べる．その違いは，むしろ，特定の経路の相対的な重要性や，ある場合には，関わる系統グループの違いにある．たとえば，陸域の硫黄循環では，維管束植物の硫黄同化と微生物の有機硫黄化合物の無機化が主要なプロセスである（Tate, 2000）．対照的に，海洋の硫黄循環では，異化的硫酸塩還元と硫化物酸化が主要となる（第1章と第2章を参照）．しかし，ある系での基本的な硫黄変換は，多かれ少なかれ，別な系でも起きている．本章では土壌での例として，すでに述べた経路は扱わないので，前章（たとえば，第1〜3章）を参照されたい．また，本章は，土壌の微生物学や生態学，そして生物地球化学を包括的に扱うことも目的とはしない．それらについてはより適切な成書がある（Schlesinger, 1997；Tate, 2000；Coleman et al., 2004）．同様に，土壌の生成や組成，物理的，化学的性質の詳細についても他の文献（たとえば，Buol et al., 2003；Sposito, 2008）を参照されたい．

　ここでは，土壌系を2つの前提を立てて扱う．1つは，粒子と水がさまざまに混ざり合う，ある仮想の状態（エンドメンバー）として土壌を捉えて，体積含水率によって定義されるものと考える．土壌含水率は，通常は50%を越えない（cm^3水 cm^{-3}土壌）．また，時間とともに大きく変動し，最小で10%以下になることもある．土壌が水飽和になることはほとんどなく，大気の組成と似たような

気相を含んでいる．対照的に，水域の堆積物（砂状性のものは除く）は，通常，体積当たり50〜90%の水を含み，水分含量の変動は小さく，ほとんどの場合，水飽和の状態である．堆積物中の溶存気体の組成は，空気の組成とは大きく違い，時折起こる準安定状態の気相（たとえば，気泡）はメタン，CO_2，窒素の混合物である．水域は，粒子と水が混ざり合うもう1つのエンドメンバーであり，体積含水率は99%以上であり，堆積物と局所的に再懸濁する場合以外には，変動することはほとんどない．水域の溶存気体は近似できるが，大気と平衡状態にはなく，安定した気相は本来存在しない．

本章では，いくつかの理由で，土壌を特徴づける性質として土壌水分含量を強調する．地域および地球スケールでみても，蒸発散速度として測定される水分状況は，微生物がおもに働くリター分解速度とよく相関している．その分解の基質を供給している一次生産も，降水量と正の相関がある（Schlesinger, 1997；Del Grosso et al., 2008）．さらに，細菌の分布と活性は水（液体の水）が利用できる度合いに依存している（Potts, 1994；Billi & Potts, 2002）．ここで，物理化学的な水の利用性を考えなければ（後述），細菌は，薄膜状の水であっても，水中に存在しているときにのみ活性を示す（Brown, 1990）．この水分要求性は水域や堆積物で満たされるのは明らかであるが，土壌では微生物の活性を制約する場合がある．土壌粒子間での水の分布状態が，次のような微生物活性を制御する一連の相互に依存する因子（たとえば，図 6.1）やプロセスを決めているので，そのような制約が生じる：

1. 細菌がミクロな生息部位間を移動する能力．
2. 溶質の輸送メカニズム（通常は拡散，場合によっては降水や土壌冠水による物質の流れ）．
3. 気体の輸送メカニズム（通常は拡散，場合によっては移流）．

土壌水分含量はそれ自体で，土壌生物相の組成と活性を決める強い選択圧である．ここ

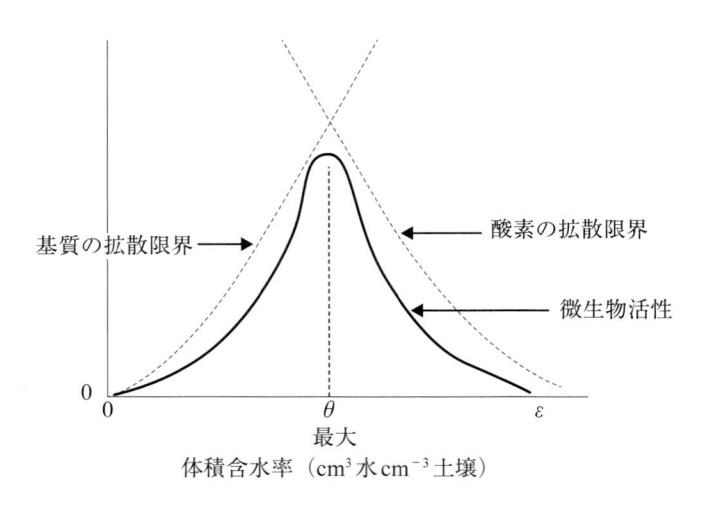

図 6.1 土壌水分含量と，微生物活性，酸素拡散，基質拡散の一般的な関係（Skopp et al., 1990 に基づく）．

で言う土壌生物相とは，ミクロとマクロな生物相と地下部の植物組織を含めたものである．たとえば，真菌類の従属栄養的な活性は堆積物よりも土壌でより重要である（Tate, 2000）．それは，真菌類の増殖や活性が水を含む環境だけに限定されないからだ．土壌には，真菌類が細菌よりも有利になるニッチがある．対照的に，堆積物や水域は，増殖速度が本質的に速く，多様な栄養物を異化し同化する細菌に有利なニッチと言える．

　一般に，土壌水分含量は多数の生物的および非生物的相互作用の性質と強さを決める基本変量であり，土壌中での微生物群集の活性やプロセスの進行を左右する．たとえば，植物種の分布は水分状況によって変化し（たとえば Knapp et al., 2002），植物群落組成の変化は脊椎動物や無脊椎動物の組成と分布に影響を与えている．ほとんどの植物は，特定の微生物グループ（たとえば，菌根菌，共生窒素固定菌）と関係をもつか宿主となり，土壌の化学的および物理的な性質に影響を与えているので，植物群落組成の変化は微生物群集の組成や構造にも影響を与えている．

　水分含量の時間変化もまた土壌の栄養状態だけでなく土壌生物相の組成と活性に影響を及ぼしている（Coleman et al., 2004）．たとえば，比較的安定した水分状況にあるマクロな生物相は，変化に富む水分状況の生物相とは異なり，結果的に微生物群集にも異なった影響を与えている．栄養物の状態も水分状況に敏感である．たとえば，栄養物の溶脱は，熱帯雨林のラテライト土壌や，激しい降雨が起こる地域の雨季での土壌ではよく知られている（Buol et al., 2003）．降水状況と関係する栄養物溶脱の程度は，植物群集の組成を部分的に決めて，生物地球化学的循環のパターンを左右する．

　2つめの前提は，微生物による土壌の生物地球化学的循環の構造が，一次生産者の陸域環境に対する進化的な応答によって，かなりの程度まで，決まっていることである．その応答には水の利用性に対するものが含まれている．ほとんどすべての生態系における微生物プロセスは，一次生産との相互作用に依存するのは明らかであり，この点で，土壌は，藻類マットや水域，堆積物との違いはない．しかし，一次生産の内容は生態系間で大きく異なるので，その違いは微生物の生物地球化学的循環の構造に影響する．

　たとえば，陸生植物のC/N比は，藻類での比よりもかなり高い（それぞれ，> 20と < 10；たとえば，Redfield et al., 1963；Tate, 2000；第3章）．その結果として，陸生植物の分解では，窒素が微生物の生合成をかなりの程度まで制限する．真菌類のC/N比は細菌のC/N比よりも高く（それぞれ，6と4，Tate, 2000 を参照），利用可能な窒素あたりのバイオマス生産量は真菌類の方が大きくなるので，高いC/N比をもつ植物組織は，従属栄養性の真菌類の方が好む．細菌のなかには，窒素化合物が利用できないとき，空中窒素を固定する菌がいるが（Tate, 2000；第1章），窒素固定はエネルギー的に高価であり，細菌分類群のなかに広くみられる活性ではないので，細菌の窒素固定が細菌と真菌類間の競争に大きく影響を与えることはない．とはいえ，植物のC/N比は，ニトロゲナーゼ遺伝子をもつ非共生的な細菌分類群を選択的に増殖させることで，細菌群集の組成に影響を与えることがある．

　陸域環境に対する，植物の重要な応答として，根の生成と動態も挙げられる（それによって，有機物の分布や栄養物をめぐる競争に影響を与える），蒸散（これは土壌の水分状況に影響する），分解には複雑な加水分解酵素が必要である構造多糖（たとえば，セルロースとヘミセルロース）の大量生産，普通は，微生物が利用するには物理的な分解が必

要である．難分解性のリグニン，タンニン，その他の芳香族化合物やワックスの生産；易分解性有機物の根での蓄積（rhizodeposition）．これらが，陸生植物の優位性を決め，微生物による生物地球化学の性格や動態に影響を与えている．

6.1
生物地球化学循環の基本変量としての土壌水分

物理化学的原理

微生物学者たちは，土壌の水分状態を言及するときに，重量含水率や体積含水率（たとえば，Tate, 2000）をよく用いている．とくに，これらの尺度は気体の拡散や移流のような変量と直接関係するので（たとえば，Castro et al., 1995；Moldrup et al., 2000），有用な洞察を与える．確かに，好気的および嫌気的な生物地球化学的変換や土壌動物相の分布の時間変化は，少なくとも，その一部は体積含水率と関係している（Austin et al., 2004）．とはいえ，これらの尺度は，土壌水分の状態に対する微生物の生理的応答を明らかにしないし，土壌システム間を比較する際にも確かな尺度にはならない．

土壌科学者，農学者，そして植物生理生態学者は，土壌水分状態を物理化学的な尺度を使って，より明確に記載してきた（たとえば，Griffin, 1981；Brown, 1990；Nobel, 1999）．たとえば，植物の土壌水の利用性を，水分含量だけでなく"サクション"で予測してきた．この土壌吸水性は土壌水のエネルギー状態と関係しており，テンオシメーターで測定される．

同様に，食品微生物学者や微生物生理学者，生態学者らも物理化学的な表現の有用性を認識してきており（Brown, 1990），水溶液中での微生物活性を測るとき，水分"活性"を使ってきた．水分活性はエネルギーに関係した変量である．

体積含水率の代わりに，またはそれに加えて，水を物理化学的に記載する理由は単純である（Griffin, 1981；Brown, 1990；これらの文献では，より詳細な論議がなされている）．細胞膜を横切る水の移動は，すべての生物でもっとも重要である．水の移動の方向性は，膜をはさんだ，それぞれの側の重量含水率や体積含水率からは予測できない（たとえば，外から土壌微生物内へ，土壌微生物内から土壌マトリックスへ）．しかし，水のフラックスの方向性は，膜の両側の溶液中の水の相対量から予測でき，その水の相対量は以下のように定義される．

相対量の尺度は，溶液中の水のモル分率から導くことができる．

$$N_w = n_w/(n_w + n_i) \quad (6.1)$$

ここで，n_w は 1 kg の溶媒が含む水のモル数（約55.51 mol kg^{-1}），n_i は 1 kg の溶媒が含む溶質のモル数である．（注：この定義での濃度は，体積モル濃度でなく重量モル濃度である；1 mol（1 m）の水溶液は，1 kg の水に 1 mol の理想溶質を含む）．標準的な溶液は熱力学的には理想状態ではないので，水分活性の定義には補正が必要であり，補正のための数値は微生物学の文献に，一般的に下記のように記載されている．

$$a_w = \gamma N_w \quad (6.2)$$

ここで，γ はある溶質固有の活量係数である．水分活性はさまざまな条件でいろいろな微生物が耐性を示したり，増殖する能力を定義するのに有用である．しかし，a_w は必ずしも水の流れの方向を予測しないし，土壌のような複雑なシステムでは適当な尺度ではな

い．

水の量に関する2つめの尺度は，水ポテンシャルの概念で表される．この場合の存在量は，水や溶質の濃度の尺度ではない．水ポテンシャルは，溶質の組成や，温度，圧力，重力ポテンシャルの特定条件下での水溶液の部分モル自由エネルギーとして定義される．

$$\mu_w = (\partial G/\partial n_w)_{n_i, T, P, h} \quad (6.3)$$

この式で，GはGibbs自由エネルギー，n_iは溶質濃度，Pは圧力，そしてhは高さ（微生物学では通常省略される）である．この式から，水の化学ポテンシャルを導くことができる．

$$\mu_w = \mu^0_w + RT \ln a_w + V_w P \quad (6.4)$$

この式で，μ^0_wは標準状態での水の化学ポテンシャルである；R, T（ケルビン）とPは，それぞれ気体定数，温度，圧力を示し，V_wは水の部分モル体積（25℃で約1.8×10^{-5} m³ mol⁻¹）である．整理すると，次式が得られる．

$$(\mu_w - \mu^0_w)/V_w = RT \ln a_w/V_w + P \quad (6.5)$$

この式の左辺はモル体積あたりの化学ポテンシャルの差を表し，水ポテンシャルと呼ばれる．

$$\Psi = RT \ln a_w/V_w + P \quad (6.6)$$

上式が溶液中の水ポテンシャルを示し，圧力の項（1気圧からの差）と溶質に依存した項からなる．土壌に適用する際は，全水ポテンシャルは，通常，3つの項に分けられる．

$$\Psi = \Psi_s + \Psi_p + \Psi_m \quad (6.7)$$

この式で，Ψ_s，Ψ_p，Ψ_mは，それぞれ溶質，圧力，土壌マトリックスに起因するポテンシャルである．どんな溶液の全水ポテンシャルも0未満であり，バールかパスカル（N m⁻²）の単位が使われる．水分活性等の尺度とは異なり，水ポテンシャルはさまざまな水系間で比較することが可能で，たとえば，細胞内外の水の流れの方向を予測するために使える完全な表現である．後者に関しては，水はポテンシャルの高い方から低い方へ常に動く．

マトリックポテンシャルΨ_mは，土壌ではとくに重要なので，さらにここで説明を加える．このポテンシャルは，多孔質マトリックスの表面での水の相互作用の結果として生じるもので，純水に浸した毛管内部での水の挙動に類似した説明がなされてきた．毛管中の水上昇の高さhに関わる力は，毛管内部のマトリックポテンシャルと関係する（$=h\rho g$，ここで，ρは水の密度 [kg m⁻³]，gは重力加速度 [m sec⁻²]）；毛管中の水上昇の高さは，毛管の半径rに反比例する．ここで，土壌を多孔質マトリックスと考えて，マトリックポテンシャルが孔隙サイズ（孔隙半径）と孔隙内の水の分布（水分含量の関数）に関係すると仮定する．全孔隙が水で満たされたとき（すなわち，水飽和状態），マトリックポテンシャルはゼロである．不飽和状態では，粗い孔隙から水がなくなり細かい孔隙で水が保持されるため，マトリックポテンシャルは小さくなる．さらに脱水すると，より細かい孔隙でさえ水の保持が制限され，ポテンシャルがさらに小さくなる．

マトリックポテンシャルは孔隙サイズと，土壌の組成（たとえば，砂，シルト，粘土）によって決まる孔隙径分布に依存するので，ある体積含水率での複数の土壌を比較した場合，水ポテンシャルは大きく異なる（図6.2）．したがって，水分含量を指標とするだけでは

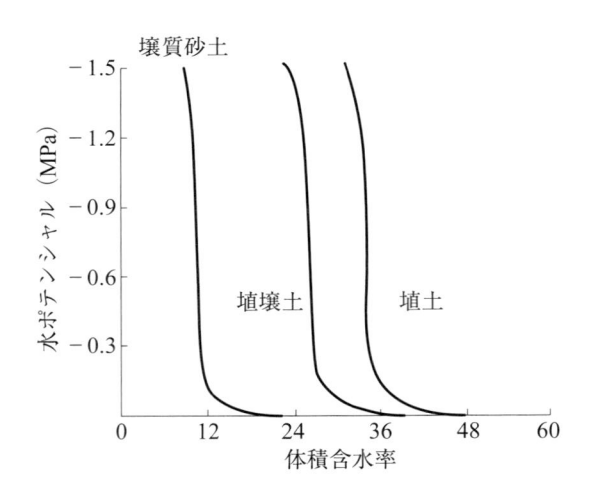

図 6.2 3つの土壌タイプ間での水分含量（cm³水 cm⁻³土壌）と水ポテンシャルの関係の違い（Schlesinger, 1997 をもとに作図）.

不完全な比較しかできず，目的によっては，限定的な価値しかもたない．ある土壌の水ポテンシャルは，湿潤履歴に応じて変化する．これまでに述べたように，マトリックポテンシャルは，土壌を乾燥させた際の粗孔隙から細孔隙にかけての連続的な脱水から測定される（しかし，土壌を湿潤させたとき，粗孔隙に水がまず満たされ，引き続き細孔隙との平衡化が起こる）．これが結果としてヒステリシスを生じさせる（ある土壌水分含量で，脱水過程の水ポテンシャルは，吸水過程の水ポテンシャルよりも低くなる）．この水ポテンシャルのヒステリシスは，水分含量が時間変化するとき，微生物プロセスにヒステリシス応答をもたらしている．低水分含量のときには粘土コロイドの収縮や膨潤が起こり，また，それは粘土のタイプによっても大きく異なるので，土壌水ポテンシャルの変動やそれに対する微生物の応答はさらに複雑になる．

水ポテンシャルと土壌孔隙径分布の関係はきわめて重要である．水分含量やマトリックポテンシャルが小さくなるにつれて，孔隙間の連続性が無くなって溶質の拡散がしだいに制約され，基質の利用性は制限される．しかし，水ポテンシャルが小さくなると，溶質とは対照的にガスの拡散がよくなる（Skopp, 1985；Skopp et al., 1990；Moldrup et al., 2000）．したがって，孔隙が空気で満たされる（または，水で満たされる）割合の変動は，土壌 – 大気間のガス交換速度だけでなく，土壌の好気的および嫌気的プロセス（たとえば，メタン酸化や脱窒）に大きな影響をおよぼす（以下参照）．土壌微生物の移動（糸状菌の菌糸伸張は除く）や，生息場所としての土壌の適性度は，水で満たされた孔隙の直径に依存する（Rutherford & Juma, 1992）．約 −0.5 MPa 以下の水ポテンシャルでは，溶質の拡散や細胞の移動，細菌細胞を浸す水薄膜の厚さが物理的に制約されて，細菌の活性は阻害される．土壌動物も水ポテンシャルや水で満たされた孔隙スペース量の違いによって大きな影響を受ける（Coleman et al., 2004）（たとえば，細菌食性の線虫は，小型節足動物類に比べて，低い水ポテンシャルに対する耐性が小さい）．したがって，ガス輸送のようなプロセスにおよぼす土壌水分含量の影響を表す

変数として，水で満たされた孔隙スペース量が推奨されている（たとえば，Linn & Doran, 1984；Castro et al., 1995；Davidson & Schimel, 1995；Franzluebbers, 1999）．水で満たされた孔隙スペースは含水比（GC = g 水 g^{-1} 乾土），乾燥密度（BD = g 乾土 cm^{-3} 土壌），と全粒子密度（PD，通常は，2.65 g 乾重量 cm^{-3} 固相）から，次式で計算される：

$$\%WFPS = 100\% \times GC \times BD/(1 - BD/PD) \tag{6.8}$$

あるいは，WFPS は体積含水率（g 水 / cm^3 土壌）と全孔隙スペース量（cm^{-3} 孔隙スペース cm^{-3} 土壌）の比から計算できる．

6.2

水ストレスの生理学

水ポテンシャルは基質利用性や生息可能な孔隙スペースに影響を与えているだけでなく，土壌中の微生物の生理にも大きな影響を及ぼしている（Brown, 1990；Schimel et al., 2007）．なぜなら，細胞膜を介して，水は自由に，自動的にポテンシャルの高い方から低い方へ移動するからである．一方，ほとんどの溶質は細胞膜を通らない．その結果，細菌などの微生物細胞内の水ポテンシャル（Ψ^i）は，細胞外のポテンシャル（Ψ^e）とすみやかに平衡化する．細菌は，$\Psi^i_s < \Psi^e$ となるように維持して，膨圧をプラスに保ち細胞壁を伸張して増殖する．これによって，細胞内に向かう水の流れが生じ，細胞内外のポテンシャルの差で決まる程度で，細胞壁の袋構造の圧力を正常に保っている．これは，細胞内の溶質を比較的高い濃度まで集積することによって起こり，その濃度は Ψ^e に左右される．

しかし，Ψ^e の減少は水分や膨圧の低下をともない，Ψ^e の減少に対する細胞の応答力は制限される．ある種の基質〈互換性溶質や浸透圧調節物質（Brown, 1990 と Roberts, 2005 を参照）〉にかぎっては，酵素活性や代謝経路に悪影響を及ぼすことなく蓄積する．溶質が新たに生合成される場合には，溶質の集積はエネルギー的には高価となる．さらに，マトリックポテンシャルが低いとき（土壌が乾燥しているとき），細胞が乾燥しないように，細胞内の溶質濃度を高める必要が生じ，そのとき，土壌水のイオン強度が比較的低い土壌の局所では，溶質を供給しきれないので，細胞自身が溶質を生合成することが必要となる．さもないと，細胞は膨圧を維持できなくなり，増殖能を失う．対照的に，Ψ^e の増加は細胞壁へのストレスとなる．なぜならば，水の流入が原因で細胞質成分が希釈されるからである．その程度は，Ψ^e の増加の大きさと速度に依存する．細胞壁の伸縮性を超えるくらいの速くて大きな増加が起こる場合には，細胞は溶解する．より緩やかな変化は，溶質の排出によって単純に調節できる．土壌ではマトリックポテンシャルや溶質ポテンシャルが時間単位や，日単位，季節単位で変化しており，また，土壌組成の変化によって空間的にもポテンシャルの変化は大きいので，土壌微生物は，そのような変化に適応して生存しなければならない（Weber & King, 2009）．

微生物の水ストレスへの応答や耐性を考えると，増殖に対する最適および最小の水ポテンシャル（Ψ^s）から，微生物は大まかに5つのグループに分けられる（Griffin, 1981）．そのなかの3つは，土壌との関連性がもっとも高い：

グループ1．
　最適値は－0.1 MPa；最小値は約－2 MPa．真菌類の一部や，微量ガスの変動に関わる

分類群のグラム陰性細菌（たとえば，*Proteobacteria*）が含まれる（以下参照）．

グループ2．
最適値は約 -1 MPa；最小値は約 -5 MPa. 多くの藻菌類や，放線菌，一部のグラム陰性細菌，多くのグラム陽性細菌（たとえば，*Firmicutes*）が含まれる．

グループ3．
最適値は約 -1 MPa；最小値は $-10 \sim -15$ MPa．さまざまな子嚢菌類と担子菌類や，放線菌，グラム陽性細菌，少数のグラム陰性細菌が含まれる．

上記の分類は完全なものではなく，機能的な分類（たとえば，窒素固定菌，セルロース分解菌等）を考慮していないが，土壌微生物群集や生物地球化学的循環のパターンを決める因子として，水ポテンシャルの役割を理解する基礎となる．

土壌微生物の系統学的な群集構成や，その構成が土壌タイプ，土地利用や植生の被覆によってどのように変化するかは，かなり分かってきたが，水ポテンシャルは測定されてこなかった．その結果，水ポテンシャルの変化が，特定の系統グループや機能グループの分布に及ぼす影響は分かっていない．興味深い例として，水ストレスが大きく異なっている，植生のある火山噴出堆積物と植生のない堆積物で，大気レベルのCO酸化活性を比較すると，CO消費は水ポテンシャルに敏感であったが，CO酸化菌群集の組成は他の因子による影響が大きかった（Weber & King, 2009）．

土壌水分含量，水ポテンシャル，生物地球化学間の相互作用

陸域の窒素循環に関わる多様なプロセスは，土壌水環境，生物地球化学的な変換，そして陸域の生態系構造との間で相互作用があることを示している．アンモニア酸化と脱窒という2つのプロセスでは，前者の反応が後者の基質を供給している（Bateman & Baggs, 2005；第1章を参照）．しかし，酸素の拡散が高まってアンモニア酸化に好ましい水分状況は，脱窒を阻害し（図6.3），NO_3^- を供給する関係は複雑になる．この関係は，NH_4^+ や NO_3^- の拡散移動は土壌の水薄膜や孔隙中の水分布に依存し，水ポテンシャルも細胞の生

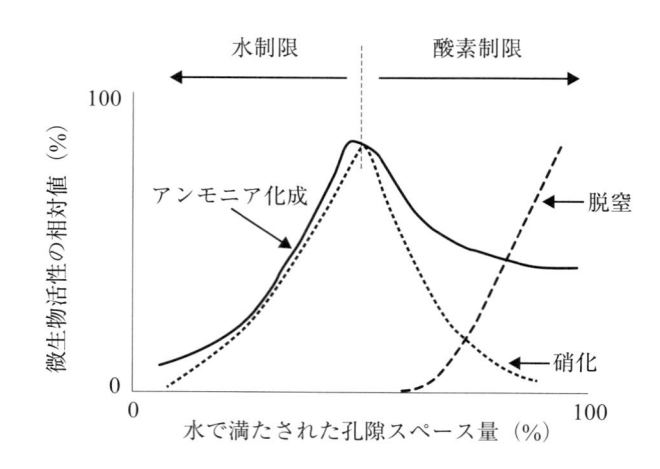

図 6.3 水で満たされた孔隙スペース量とアンモニア化成，硝化，脱窒の相対速度との関係（Linn & Doran, 1984に基づく）．

理に影響を及ぼすので，さらに複雑になる．酸素に対して相反する応答を示すため，アンモニア酸化と脱窒は，これまで観察されてきたように（たとえば，Tiedje, 1988；Williams et al., 1992；Khalil, 2004），空間的に，また時間的にも大きな差異が生まれる．

しかし，土壌の水分状況は，アンモニア酸化も脱窒も完全には制御しない（図 6.4）．それぞれの活性と水含量との間の相関に影響を与えるいくつもの因子がある（Williams et

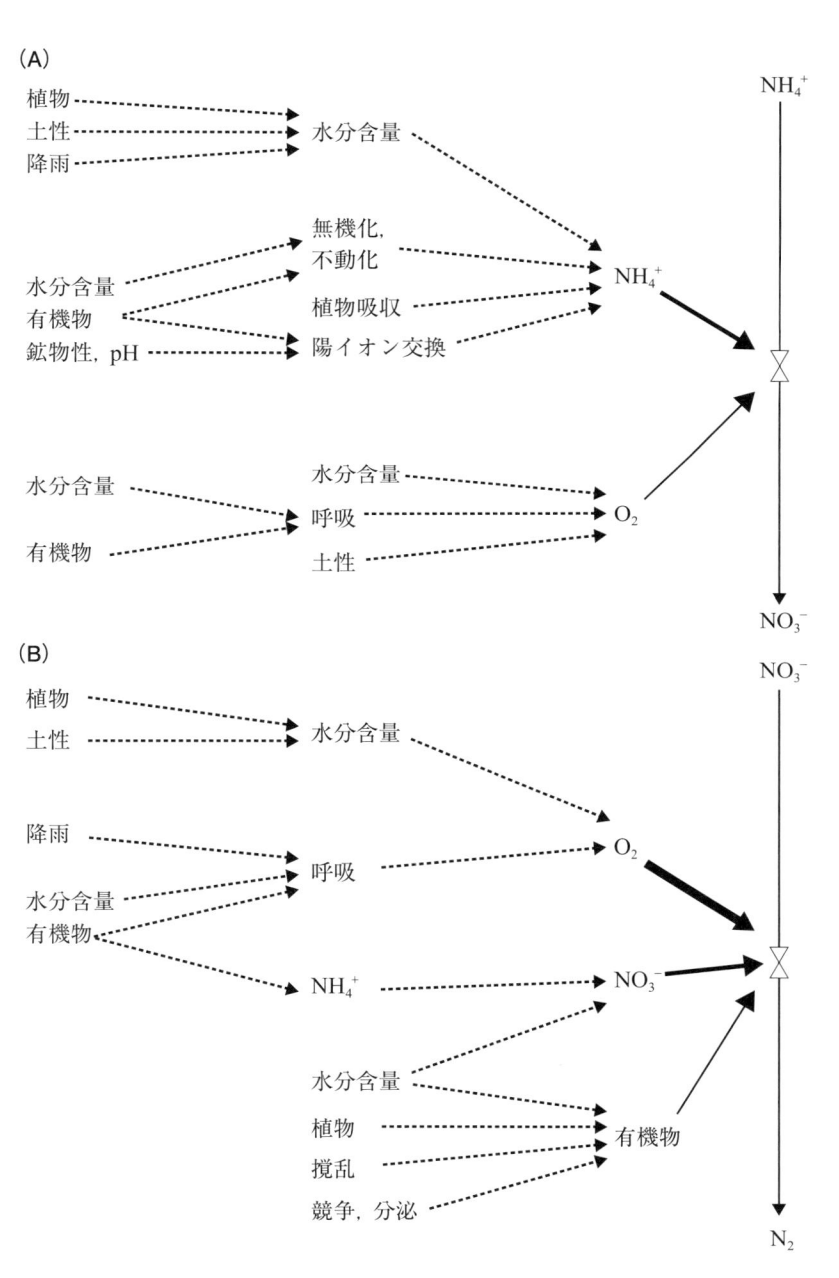

図 6.4 硝化（A）と脱窒（B）の制御に関する概念モデル図．直接的な因子（破線）は細胞レベルで作用する．矢印の太さは相対的な重要度を示す．

脱窒の微視的帯状分布

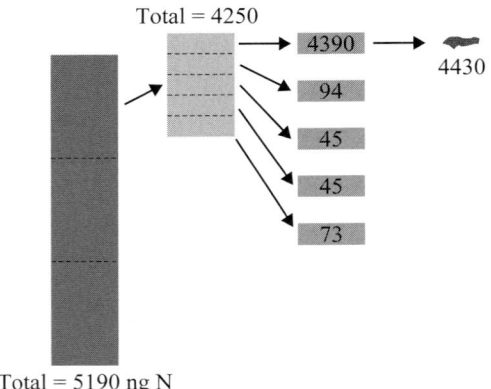

Total = 4250

4390 → 4430

94

45

45

73

Total = 5190 ng N

図 6.5 土壌コア画分の脱窒活性．画分全体または各画分の脱窒活性（ng N 画分$^{-1}$ 日$^{-1}$）．土壌コアをまず3分画した．最上部の活性がもっとも高かった．最上部の画分を，さらに分画した．80 mg の団粒の活性が全体の活性の85%に相当した（Parkin, 1990に基づく）．

土壌団粒内での酸素分布

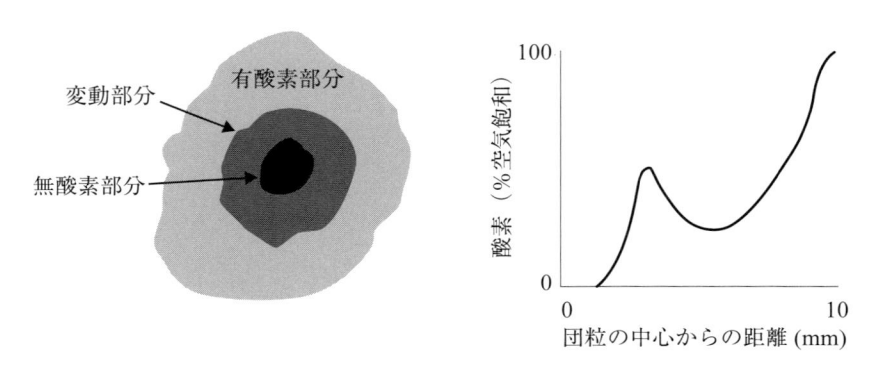

変動部分
有酸素部分
無酸素部分

酸素（%空気飽和）

団粒の中心からの距離 (mm)

図 6.6 mm スケールでの団粒内酸素分布の概念モデル．団粒の外層での好気呼吸によって団粒内の酸素が枯渇し，内層が嫌気条件になる（Sexstone et al., 1985より）．

al., 1992；Smith et al., 1998)．たとえば，土性や団粒サイズは，物理的な不均一性や微視的な帯状分布（マイクロゾーニング）の形成に関わっている．Parkin (1990) は，土壌カラムの脱窒活性の85%を担う土壌の量は，全体の0.1%以下であることを示した（図 6.5)．脱窒活性の変わりやすさの一因は，mm スケールで有酸素と無酸素の条件が隣り合わせで共存し（図 6.6)，アンモニア酸化と脱窒の両方が進行するからである（Sexstone et al., 1985；Smith, 1990；Khalil, 2004)．cm から m のスケールや土壌タイプ間で，土性や団粒分布が変化すると，堆積物でみられるようなアンモニア酸化や脱窒の成層化が妨げられる（たとえば，Revsbech & Sørensen, 1990；Blackburn & Blackburn, 1992；Lorensen et al., 1998；Meyer et al., 2008)．

NH_4^+ の利用性は，アンモニア酸化の時間

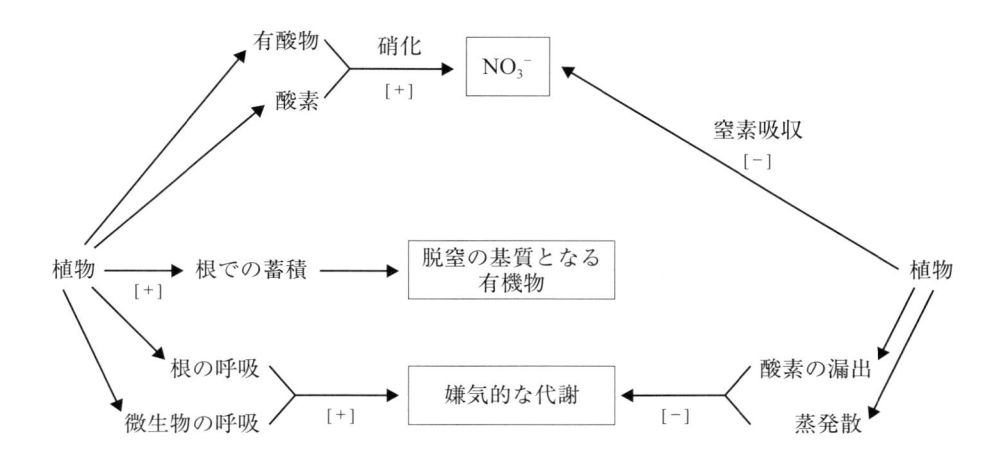

図 6.7　陸上植物と脱窒との間の相互作用に関する概念モデル（Christensen et al., 1990に基づく）．

的，空間的なパターンに影響を与える．有機態窒素の無機化によってNH_4^+の利用性が上がるが，植物，アンモニア酸化細菌，高 C/N 比（> 20）の基質で増殖する細菌の間で，窒素の利用をめぐって競争が起こり，硝化速度は減少する（第3章も参照）．NH_4^+をめぐる競争で，アンモニア酸化菌は植物よりも勝るが，植物根は地下部の不均一性を促進し，アンモニア酸化菌と脱窒菌の分布と動態の両方に影響を及ぼす（たとえば，Christensen et al., 1990；Phillippot et al., 2008；図 6.7）．

土壌での植物根 – 微生物間の相互作用，とくに，窒素固定微生物と農作物との共生関係はよく知られている（Rabatin & Stinner, 1991；Tate, 2000；Bonfante & Anca, 2009；Markmann & Parniske, 2009）．しかし，植物種間での相互作用，遷移期間中での変化，特定の生態系内での微生物の窒素の変換の動態については，まだ分かっていない（Phillippot et al., 2009）．これらの相互作用は，大気CO_2濃度や，気温，窒素富栄養化の上昇との関連でとくに重要であり，植物種の組成に変化はなくても，その相対量に変化を生じると考えられる．

脱窒菌の生理学的性質は脱窒活性の空間分布に影響を及ぼす．ほとんどの脱窒菌は，そもそもは好気性従属栄養菌である．脱窒菌は土壌全体に定着でき，酸素がなくなっても硝酸塩があれば，嫌気呼吸に切り替える．脱窒菌の生理的に多様な能力とその系統的な多様性は，疑いなく，脱窒活性の普遍性を示唆している．対照的に，アンモニア酸化性の*Proteobacteria*やアーキアの特化した代謝や系統は限定されている．

土壌中で，*Proteobacteria*に分類されるアンモニア酸化細菌（AOB；たとえば，Bédard & Knowles, 1989；Webster et al., 2005；Fierer et al., 2009；Madigan et al., 2011）のことはよく知られているが，アンモニア酸化アーキア（AOA）も土壌中では多数存在し，広く分布していることが指摘されてきた．AOA は，最近になって提唱された分類群である*Thaumarchaeota*（Spang et al., 2010）に属し，生理学的にも生態学的にもその特徴は部分的にしかわかっていない（Leininger et al., 2006；Prosser & Nicol, 2008；Erguder et al., 2009；Wessén et al., 2010；Zhang et al., 2010；Tourna et al.,

2011；Verhamme et al., 2011）．さまざまな土壌系での研究結果から，土壌での AOA によるアンモニア酸化は AOB よりも上回ることが示唆されているが，農地土壌ではそうならない場合も報告されている（Jia & Conrad, 2009）．

アンモニア酸化と脱窒は複雑に制御されるため，活性と水分含量の関係は，採取地点間や，ある採取地点内でも季節ごとに変化する（Groffman & Tiedje, 1989；Williams et al., 1992；Stark & Firestone, 1995；Avrahami & Bohannon, 2007；Davidson et al., 1993；Gleeson et al., 2010）．しかし，これらの反応の副産物である NO_x (= NO + NO_2) と一酸化二窒素（N_2O）に対しては一定のはっきりした関係がわかってきた．NO_x は大気中のヒドロキシラジカルや成層圏のオゾン，そして酸性降下物に影響を及ぼす物質であり，土壌で生産され，また消費される（Williams et al., 1992；Conrad, 1996）．一方，N_2O は強力な温室効果ガスであり，成層圏のオゾンに作用する．これも土壌で生成，消費されるが，生成が消費を上回る傾向にある（Bowden et al., 1991；Zak & Grigal, 1991；Mosier et al., 1996, 1997；Dobbie & Smith, 2003；Petersen et al., 2008）．これらのガスの動態は，おもにアンモニア酸化菌と脱窒菌が係わり，アンモニア酸化菌は酸素が十分にある条件で NO_x を生成し，脱窒菌は還元条件で，N_2O または窒素ガスを生成する；両グループは，低酸素（酸素制限）条件で N_2O を生成する（Davidson & Schimel, 1995）．こうして，N_2O/NO_x の比は土壌の酸素状況と，これを決めている土壌水分含量を間接的に反映する．その結果として，土壌水分含量の増大にともなって，N_2O/NO_x 比は < 1 から > 6 まで増加することが，Davidson & Schimel (1995) によって報告されている（図 6.8，図 6.9）．

NO_x と N_2O の消費もまた土壌の水分状況に左右される．しかし，その関係は，N_2O/NO_x 比の場合よりも複雑である．これは，NO の消費が酸素のあるなしにかかわらず起こることによる．一方，N_2O 消費は主として無酸素条件で起こる（Williams et al., 1992

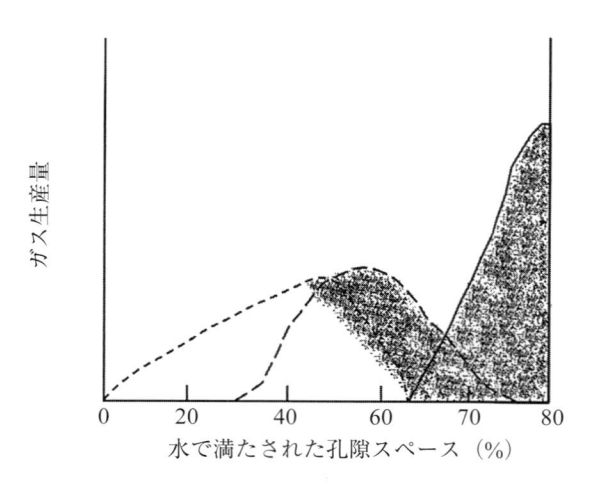

図 6.8 水で満たされた孔隙スペース量と NO，N_2O，N_2 生成の関係．短い破線で囲んだ領域は NO 生成が主要となる．長い破線の領域は N_2O の生成が主要となる．実線の部分は N_2 生成が主要となる．活発な脱窒とアンモニア酸化が起こる領域は影で示した（Davidson, 1991 に基づく）．

を参照；Conrad, 1996)．酸性土壌で限定的に見られる非生物的なプロセスである化学脱窒でもNOが消費される；さらに，乾燥した土壌の湿潤化の過程でパルス状に発生するNOも非生物的に生成すると説明されている（Davidson, 1992)．このNOのパルス状の生成は，乾燥過程で粘土鉱物を被う水薄膜中で起こる一連の化学変化に起因することが考えられている（図6.10)．

重量含水率が約20％以下（水で満たされた孔隙スペース量が約60％以下）になると，すなわち，水ポテンシャルが－0.5 MPaを大きく下回ると，さらに複雑な因子が関係してくる．たとえば，土壌が乾燥するにつれて，NH_4^+の拡散移動が制限されるため，アンモニア酸化速度は低下する（最終的には，水ス

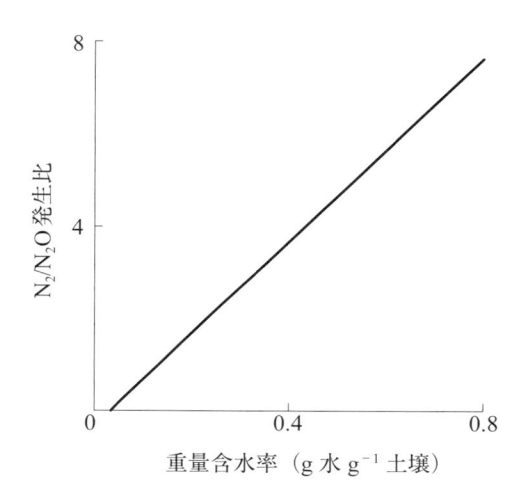

図 6.9 熱帯から温帯に渡るさまざまな土壌でのN_2/N_2O発生比と土壌水分含量の関係．水分含量の増加にともなって，N_2の生成が主要となることに注目せよ（Davidson & Schimel, 1995に基づく)．

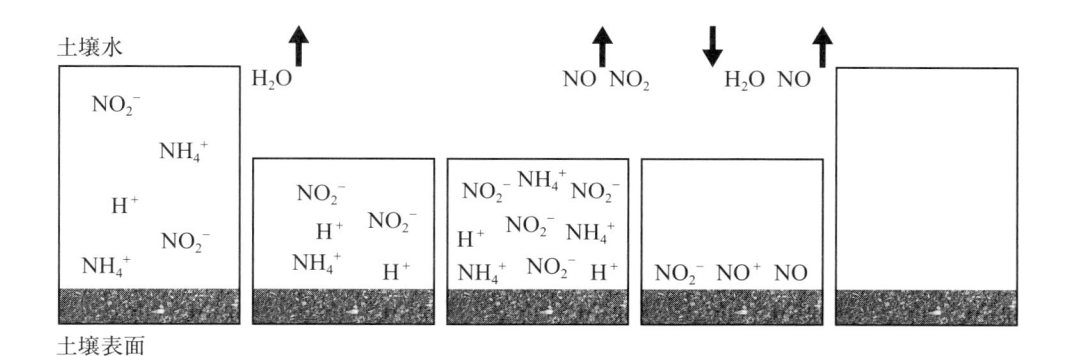

図 6.10 湿潤－乾燥サイクル処理した土壌での，硝化と化学脱窒によるNO生成の概念モデル（Davidson, 1991に基づく)．

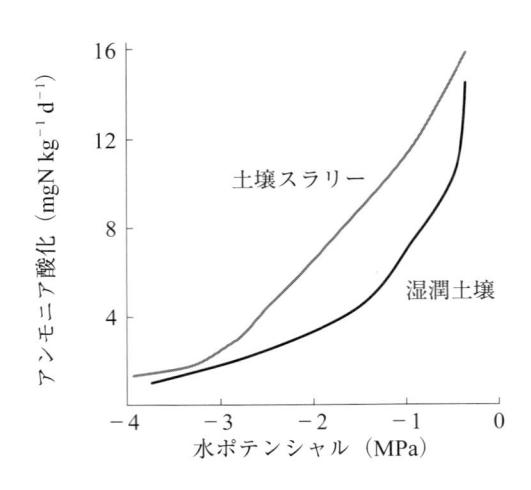

図 6.11 土壌スラリー（淡線）と湿潤土壌（黒線）にアンモニアを加えた場合の硝化（アンモニア酸化）と水ポテンシャルの関係．硫酸カリウムを水ポテンシャルの調整に用いた．土壌スラリーと比較して，湿潤土壌での阻害が大きいことは基質の拡散制限を示唆している（Firestone & Stark, 1995 に基づく）．

トレスによる生理的な制約が原因で活性が低下する）（Stark & Firestone, 1995；図 6.11）．同様な含水率と活性の関係は，大気中のメタン酸化と CO 酸化でも報告されている（Schnell & King, 1996；Weber & King, 2009；第 10 章も参照）．Davidson et al. (1990) と Weber & King (2009) の研究結果では，アンモニア酸化と CO 酸化の両方は，かなりの乾燥に耐えることができ，厳しい水ストレス条件から湿潤条件に変わるときすみやかに回復している．厳しい水ストレスに耐性を示す可能性があるのは，ミクロスケールでは水薄膜が不均一に分布し，ある部分の細菌を水薄膜中に残すからである．また，乾燥過程で生理的に不活性な状態になることでも耐性が生まれる．ストレスからの回復能力は，短期または長期の乾燥状態になるシステムではとくに重要である．なぜなら，緩慢なアンモニア酸化の回復の場合，NH_4^+ をめぐって従属栄養性細菌や植物との競争が激しくなるからである．

アンモニア酸化と対照的に，脱窒は水ストレスの影響を直接受けないであろう．なぜなら，水ポテンシャルが係わる以前に，通気が阻害的に働くからである．しかし，もし水分状況がストレス状態になって脱窒菌の多様性を下げるならば，これは水ストレスの間接的な影響である．そのような現象の程度は実験的に明らかにされていない（Stres et al., 2008）．

水ストレスが，湿地や水飽和の生態系でのアンモニア酸化や脱窒に影響を及ぼすことはないであろう．しかし，堆積物では，酸素の利用性が常にアンモニア酸化の決定的な因子であり，土壌表層ではミリメートルからセンチメートルの層位で，また根が発達した水性植物では酸素が漏出する根圏でのみ活性が検出される（たとえば，Reddy et al., 1989；Nikolausz et al., 2008）．脱窒もまた空間の違いで大きく制約されるが，硝酸塩の利用性による制限がもっとも大きい．その結果，一般には，脱窒は，アンモニア酸化層の直下の嫌

気的な土壌層で検出される（たとえば，Sørensen & Revsbech, 1990；Phillippot et al., 2008；Veraart et al., 2010）．

　土壌水分状況や生物地球化学のダイナミクスはまだよく分かっていないが，水分ストレスの生理学や土壌水分含量に応じた基質輸送の動態の観点は，多くの観察を整理し，仮説を展開するのに適切な枠組みを提供している．たとえば，長期の乾燥や干ばつにさらされた土壌有機炭素の無機化の場合，細菌よりも真菌の役割が大きいのは，水ストレスへの違いから説明できるようだ．気候変動に応じて，そのような微生物のシフトが地域スケールで起こることが予測される．群集構造のシフト（たとえば，真菌と細菌間）は元素循環の構造に重要な影響を及ぼす．何故なら，真菌と細菌の機能はあまり重ならないからである．たとえば，細菌は，従属栄養代謝や窒素固定，アンモニア酸化のように代謝的には多様であるが，真菌はリグノセルロースを加水分解する能力に優れ，有機物の貯蔵でも大きな役割を果たしている（Rillig, 2004；Lutzow et al., 2006）．しかし，干ばつに対応した群集構造のシフトでは，真菌の無機化活性が高いままでは維持されない．事実，実験的な乾燥で生じる水分ストレスは，再湿潤化の際，貯蔵炭素の部分的な不動化のみが起きて，有機炭素の無機化速度が低下する（Yuste et al., 2011）．

　水分状況の短期的な変動，たとえば，周期的な降雨の過程で起こる乾湿サイクルへの細菌の応答のパターンは，水分ストレスへの適応として説明されてきた（Firestone & Stark, 1995；Pulleman & Tietema, 1999；Fierer & Schimel, 2002；Borken et al., 2003；Fierer & Schimel, 2003a, b；Steenwerth et al., 2005）．水分含量の変化があまり起こらない土壌の呼吸速度は，頻繁に水分量変化が起こる土壌に比べて，水分量変化に敏感である．しかし，そうでないプロセスもある．また，表層土壌に比べて，表層下の土壌の方が，連続的な乾湿の変化に敏感になるようだ．この乾湿変化の影響として，呼吸活性や微生物バイオマスの増大が起こる（Xiang et al., 2008）．その増大のメカニズムは分かっていないが，これまでの観察では，気候状況の変化が土壌の表層と表層下の炭素貯蔵量を変える場合もあることが考えられる（Fierer et al., 2003a）．

　土壌水分含量は，いくつかの生物地球化学モデルの変数として組み込まれている（たとえば，CENTURY, http://www.nrel.colostate.edu/projects/century/ を参照）．そのモデルでは，土壌タイプや生態系間での植物−土壌系の栄養サイクルをうまくシミュレーションしている（McGuire & Treseder, 2010）．しかし，これらのモデルでは水分ストレスを明確には説明できていない．むしろ，モデルは，気温と水分含量の間の相互作用を理解するのに使われてきたし，この2つの変数が同時に変化することによって重なってしまう効果を区別するのに使われてきた．たとえば，地中海性気候下の土壌で，ある一定の閾値（体積含水率で10%）以下でも以上でも，呼吸速度は水分含量と温度でそれぞれ制御されている（Almagro et al., 2009；Yuste et al., 2011）．対照的に，針葉樹林の土壌呼吸速度は，水分含量と温度で制御されることが示されており，指数関数の積となる式で表現される（Qi & Xu, 2001）．もし，気候変動との関係で，呼吸の大きさやメカニズムを予測するならば，これらの変量に対する土壌の応答の変動性は解明されなければならない．

　呼吸やその他のプロセスと同じように，微生物の多様性（系統タイプの豊富さと均等度）や群集構造も水分状況や土壌水分状態の変化に影響される（たとえば，Griffiths et al., 2003；Steenwerth et al., 2005；Gleeson et al., 2008, 2010）．しかし，多様性の決定要因としての水ポテンシャルの意義はまだはっき

りしていない．Fierer & Jackson (2006) がさまざまなタイプの土壌を調べた結果では，水の利用性の度合いと微生物多様性の Shannon 指数との間には相関がない．これは，微生物多様性よりも，微生物プロセス（たとえば，呼吸や硝化）の方が水分状況に敏感であるとした研究結果とも一致する（Griffiths et al., 2003；Steenwerth et al., 2005）．その一方で，比較的高い水ポテンシャル（＞−0.5 MPa，すなわち，細菌群集を活発にするポテンシャル）では，水分含量が下がるにつれて細菌の多様性が増大する結果もある．これは，孔隙の連続性が小さくなって，個体群が効果的に隔離され，それまでは競争的に排除する関係にあった分類群の共存が可能になったことによるようだ（Dechesne et al., 2010；Wang & Or, 2010）．これらの結果から，水ポテンシャルは，湿潤地域にある土壌では多様性の決定因子になるが，もともと乾燥した土壌では他の因子がより重要となるようだ．

水分状況への土壌動物や植物の応答も，土壌微生物多様性に影響を与える因子の1つである．土壌動物の細菌食者や真菌食者（たとえば，原生動物，線虫，クマムシ類，小型節足動物，環形動物）は水の要求性や水分ストレスへの感受性の点で異なり（Coleman et al., 2004），その食作用を通して，微生物群集を変化させる．たとえば，Furlong et al. (2002) は，赤ミミズ（*Lumbricus rubellus*）が排泄する糞土は，周囲の土壌に比べると，細菌種の多様性が変化していることを示した．Postma-Blaauw et al. (2006) は，ミミズと窒素の無機化との間には種特異的な相互作用があることを，また Nechitaylo et al. (2010) は，細菌の多様性との関係でもミミズの種特異的な影響があることを示した（ミミズと細菌間の相互作用に関する詳細に概説した Drake, 2007の総説も参照）．さらに，Aira & Dominguez (2011) は，ミミズの糞土やコンポスト土壌が周囲の土壌に間接的な影響を与えることを報告している．

植物が微生物多様性に及ぼす影響は，植物の種によって異なり直接的である（Hawkes et al., 2007）．さらに，間接的な影響が，土壌水分含量や水ポテンシャルを介して起こり，これは植物からの蒸発散の結果である．しかし，多くの植物では，蒸発散は水ポテンシャルが約−1.5 MPa のときに起こる「しおれ点」で止まるので，その間接的な影響の程度は限定される（Nobel, 1999）．蒸発散は光量にも依存するので，根圏でも水ポテンシャルの一時的な変動が起こる．したがって，植物単独では，大きな水分ストレスを導くのに十分な水ポテンシャルの低下を起こせない．こうして，植物が土壌微生物の多様性に及ぼす影響は，植物−根圏−微生物間のさまざまな相互作用，たとえば，菌根菌や細菌との共生，流入する有機物の性状や時期で決まる有機物の利用性，を介して表れるであろう．

微生物と高等生物との間で起こる相互作用の変化が微生物の多様性に影響を与えるのは確かであるが，その多様性と生物地球化学的循環との関係はよく分かっていない（たとえば，Nannipieri et al., 2003）．とは言っても，ある土壌（または，その他のシステム）の微生物系統タイプの組成は，代謝やプロセスの多様性と概ね相関している．しかし，どの程度の微生物多様性が機能の重複性をもたらすのか，多様性は生物地球化学的循環の速度と直接関係するのかどうか，システムを安定にする多様性の役割は何か，などはまだよく分かっていない．個々の機能遺伝子で見られる塩基配列の多様性の多くは，タンパク質の働きや生体レベルでのニッチ分化に与える影響は小さい（すなわち，塩基配列の変化はおもに中立的である）と推測されている．この推測は，特定のプロセスでは機能的に重複する個体群が多いことと矛盾しない．しかし，

16S rRNA 遺伝子の塩基配列がほぼ同一な細菌株間でも機能遺伝子の変異が大きいことからすれば，系統タイプ内での機能の重複性を一般的に推測することは難しい．

6.3

植物性有機物に対する応答

先に述べたように，土壌中での微生物による生物地球化学的循環の1つひとつは，水系の場合とは異なっている．と言っても，その基本構造までは違ってはいない．土壌と水系での違いの一因は，流入する植物有機物の性状の違いである．土壌への有機物の供給源は，外部（地上から）と内部（地中から）があり，葉やさまざまな木質組織のようなリターの状態や，根圏から供給される有機物 "rhizodeposits" や根の状態で流入する点で，他のシステム（湿地や静水域の生態系）と比べると，土壌は大きく異なる（たとえば，Coleman et al., 2004）．さらに，溶存態として土壌マトリックスに入る有機物もあり，それらは地上から降雨や浸出液として入る．大きな湖や海洋では，沈降性の有機物は，おもに微細粒子，たとえば，植物デトリタス（おそらく，糞塊に包まれた状態）に由来するが，大型植物が生育する小さな湖や河川では，粗大粒子状の有機物が重要である（Schlesinger, 1997）．

微生物が有機物を分解する活性は，流入する有機物の大きさである程度決まる．粒子状有機物量あたりでのポリマーの加水分解速度は，細菌や真菌が定着して，細胞外酵素を含む加水分解酵素が作用する有機物表面積の大きさに部分的に依存するからだ（Tate, 2000；Schimel & Weintraub, 2003；第3章）．したがって，微細粒子での加水分解速度は，同量の粗大粒子に比べて高くなる．こうして，流入有機物のサイズ分布の違いは，微生物活性に大きな影響を与える．と言うのも，増殖や代謝によって表現される微生物の活性は，細胞表面での加水分解産物の利用性に依存し，炭素と窒素が制限因子となっている（Schimel & Weintraub, 2003）．

しかし，粒子サイズが活性に及ぼす影響は，単純に，サイズや表面積だけでは決まらない．たとえば，ポリマー加水分解産物の拡散性，細胞外酵素を生産するコスト，細胞外酵素の拡散性や反応速度も粒子サイズと活性の関係に影響する（Vetter et al., 1998；Allison, 2005）．細胞外酵素の活性が，基質や窒素の利用性と関係する "経済ルール"（Allison & Vitousek, 2005）に対応する実験的な証拠が示されている．しかし，対照的に，Lucas et al. (2007) の結果では，基質が引き起こす群集変化は，必ずしも細胞外酵素の変化を引き起こしていない．このような相違する結果は，細胞外酵素活性の複雑性を示すものであり，予測モデルを作成するに当たっての課題となっている．

粒子状有機物のサイズ分布は，原生生物や後生動物の餌の獲得方式（たとえば，能動的な採餌か受動的な獲得か）や摂取と消化のメカニズムの違いによって，グループが選択される．原生生物や後生動物の採餌活動では，微生物との直接的な相互作用が働く．たとえば，さまざまな昆虫における食菌や後腸での微生物による有機物処理（Coleman et al., 2004）がある．また，間接的な相互作用として，土壌動物によるリターの分解や微生物バイオマスの再配分や，微生物の多糖類や糖タンパク質類による凝集態有機物の形成（Tate, 2000；Coleman et al., 2004）もある．このような相互作用のほとんどが生物地球化学的な循環の速度を高め，元素循環のパターンに影響を及ぼすこともある．たとえば，ミ

ミズによる生物撹乱は通気や有機炭素の無機化に重要であり，脱窒全体の速度を決める一因となっている（Coleman et al., 2004；Drake, 2007）．

流入する有機物の生化学的な組成は，前述のサイズ分布と同じくらいに重要であり，微生物活性や生態系間の元素循環の違いを決めている（Goldfarb et al., 2011）．陸生植物体の大部分は，ヘミセルロースやペクチン，リグニンが挿入した複雑な微結晶性セルロースから出来ている．これらの成分はほとんど窒素を含まない．対照的に，ほとんどの植物プランクトンやある種の水生植物（たとえば，大型藻類）では，その細胞壁は多糖類の単純な混合物である．そのうえ，植物プランクトンのバイオマスは窒素に富み，C/N 比は低い．

水生の微細藻類と陸生の大型植物との間での有機物組成の大きな違いは，さらに事態を複雑にしている．複雑な組成の陸生有機物の分解には，多様な加水分解酵素が必要であり，その加水分解を担う多種多様な細菌と真菌が係わる必要がある．この見方は，真菌が炭素源だけを選択的に利用するという観察とも一致する（Hanson et al., 2008）．それでも，ポリマーの多様性とポリマー分解菌の多様性やその他の因子との関係は不確かであり，分子生態学的分析を取り入れた重点的な研究が必要である（Lucas et al., 2007；Sinsabaugh, 2010）．

分子生態学的分析が，ポリマーの加水分解に新たな研究の切り口を与えている．たとえば，多くの土壌系での，真菌のセロビオヒドロラーゼ（cbh；訳注，1,4-β-D-グルコシド結合を切断するセルラーゼ）遺伝子の多様性の解明がある（Edwards et al., 2008）．メタゲノミクスや関連するオーミクスによる分析は，新規なラッカーゼや，グルコシルヒドロラーゼ，リグノセルロース分解性やキチン分解性の酵素の存在を明らかにしてきた（Li et al., 2009；Kellner et al., 2010；Schneider et al., 2010；Ye et al., 2010）．これらの加水分解酵素の分子生態学的分析（たとえば，Luis et al., 2004；Schulze et al., 2005；Edwards et al., 2008；Hassett et al., 2009；Li et al., 2009；Schneider et al., 2010）によって，基質の構造と分解菌の多様性との関係解明の可能性が出てきた．また，土壌では細菌と真菌の両方が重要であるが，水系では細菌が優占するので，この手法によって水系よりも土壌でより多様な加水分解を担う微生物が存在することが検証できるだろう．

陸生有機物の C/N 比（> 60）は水系の有機物（< 20）よりも高く，窒素循環に大きな影響を与えている．窒素の無機化，同化，そして有機物分解の間の密接な関係が，実験的に，また理論的に示されてきた（Tate, 2000）．一般に，C/N 比 > 30 では，無機化が抑えられ同化が進むが，この2つの反応のバランスは微生物バイオマスの窒素含量に依存する（図6.12）．同化は単位代謝基質あたりの生合成に必要な最小窒素含量を決める．非共生的な窒素固定は，高い C/N 比のときに窒素制限を軽減する．非共生的窒素固定は，窒素固定全体のわずかな部分しか占めないが，C/N 比が非共生的窒素固定菌を選択することで，土壌微生物の多様性をある程度までは決めている（たとえば，Tate, 2000）．

分解速度への影響は別として，無機化と同化のバランスはアンモニア酸化と脱窒での窒素の利用性に影響するのは明らかである．植物体の生化学的な組成が，このような損失か土壌外への輸送につながる微生物反応を制御するので，結果的に窒素のフローに重要となる．対照的に，植物プランクトンや水系デトリタスの比較的低い C/N 比は，無機化を介して，硝化と脱窒を促進する．これが水系全体を安定化させる特性と見ることができる；たとえば，堆積物からのアンモニアフラック

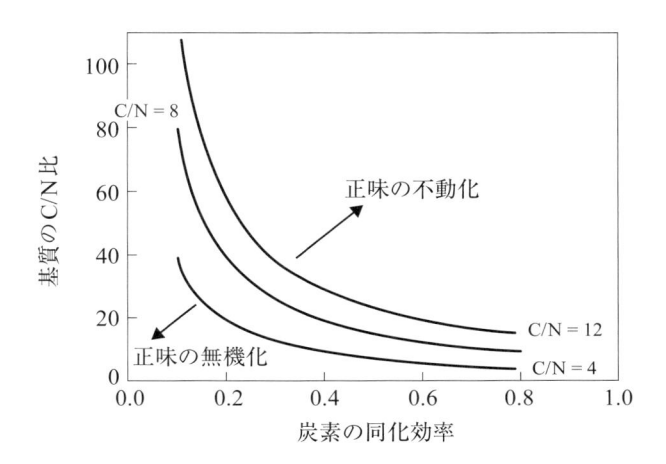

図 6.12　C/N 比が4，8，12に相当するバイオマスをもつ微生物における炭素の同化効率と基質 C/N 比との関係．各曲線の左側は，無機化が不動化を上回る窒素過剰となる基質の C/N 比領域で，右側は，不動化が上回る基質の C/N 比領域となる．

ス（底生 – 漂泳カップリング）は，多くの場合，浅海域や淡水系での窒素量と生産性に決定的な影響を及ぼしている．

もちろん，陸生有機物の分解過程で起こる窒素の同化によって，窒素が微生物バイオマス中に保持されるとは言えない．摂食や細胞死を通して起こる微生物バイオマスのターンオーバーによって，最終的には，流入有機物の無機化で生じる窒素は無機態プールに移動する．これらの移動のタイミングと複雑さが水系と陸域では異なっている．

陸生と水生の大型植物の組成の比較で，もう1つの大きな違いは陸生植物でのリグニンの存在である．リグニンは，さまざまなオキシフェニルプロパン構造を単位とし，それらがランダムに重合した高分子芳香族化合物であり，水生被子植物を含む維管束植物の構成成分である（Crawford, 1981）．リグニンは植物細胞壁の骨組みを作り，防御物質としても働いている．石炭鉱床は大量のリグニン残渣を含み，リグニンは石炭の重要な前駆体と考えられている．リグニンは，石炭紀前に存在していたようで，リグニン様化合物（おそ

らく，リグニン前駆体）がある藻類でみつかっている（Delwiche et al., 1989）．リグニンや類縁化合物は微生物分解に抵抗性があり，藻類が真菌の寄生に抵抗する物質として生み出したと推察されている．それは，デボン紀の微化石でみつかっている（Stewart & Rothwell, 1993）．しかし，さまざまな構造上の役割がリグニンの分子進化の根拠であろう．

維管束植物バイオマスの主要な成分となった一方で，リグニンは少なくとも石炭紀以来，陸域の炭素循環に大きな影響を与えてきた．リグニンの出現は元素循環のパターンに重要な変化をもたらしたと考えられる．リグニンの重要性は，難分解性としっかりと植物細胞壁に編み込まれている点である．リグニンの難分解性は，芳香族化合物を含む点だけでなく，セルロースのように構造には規則性がないために，特異的な加水分解酵素の進化をもたらさなかったことによる．

陸域の元素循環でのリグニンの重要性は多くの実験結果から示されている．Wessman et al. (1988) がウィスコンシンの森林で行った研究では，窒素の無機化速度が葉のリグニン

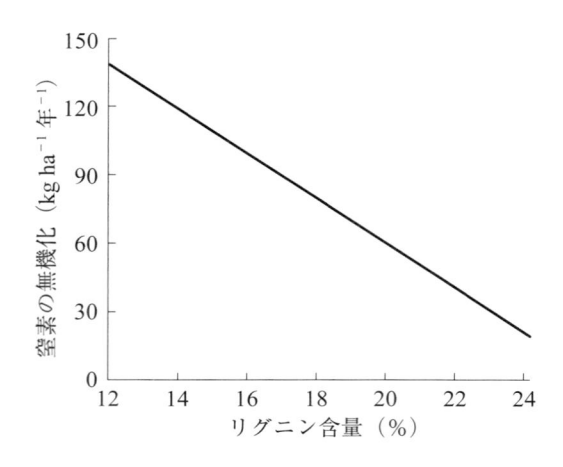

図 6.13 ウィスコンシンの林冠での葉のリグニン含量と有機態窒素の無機化速度との関係 (Wessman et al., 1988に基づく).

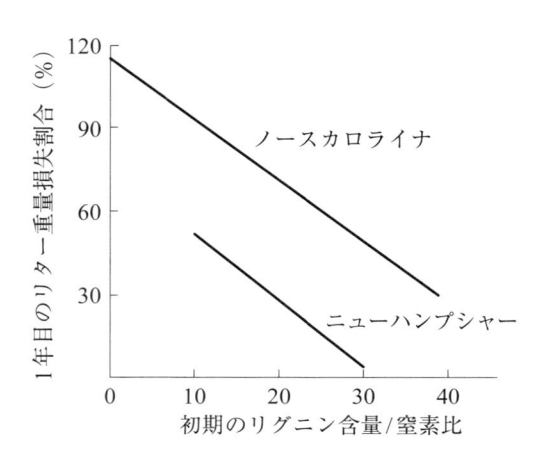

図 6.14 ノースカロライナとニューハンプシャーでの新鮮なリターフォールのリグニン／窒素比と初期重量損失（分解）の関係（Melillo et al., 1982をもとに作成）.

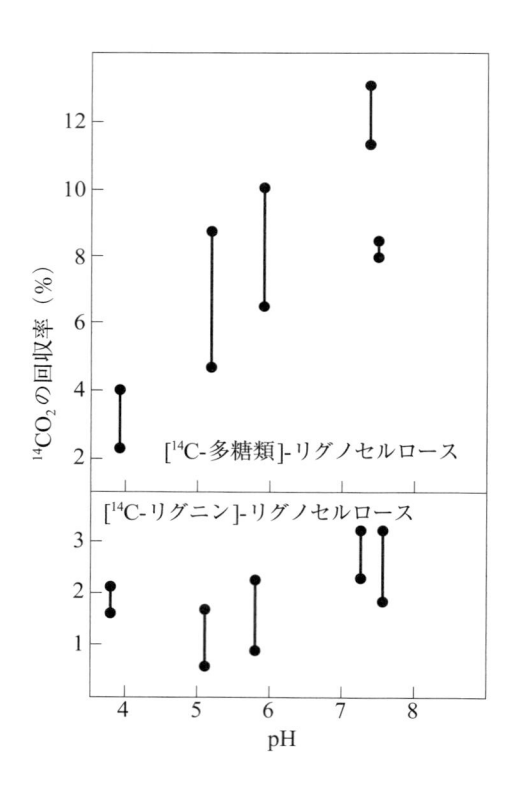

図 6.15 pHと^{14}Cでラベルしたリグノセルロース分解の関係．すべてのpHで，リグニン部分よりは多糖類部分の分解が速いことに注目せよ（Benner et al., 1985より）.

含量と負の高い相関を示し（図6.13），Melillo et al. (1982)の研究でも，リター重量の損出がリターのリグニンと窒素の初期含量比と負の高い相関を示した（図6.14）。実際には，C/N比よりも，リグニン含量の方が，窒素の無機化や分解速度の予測因子に適するようだ。こうして，リグニンは，陸域の微生物が適応してきた進化の鍵を握る重要な（"キーストーン"）分子である。しかし，湿地で生育するリグニン含量が低いイネ科植物の分解を見る場合には，葉組織のN/P比の方がより適切な指標となっている（Güsewell & Verhoeven, 2006）。

Wei et al. (2009)をはじめ多くの研究者たちが，リグニンの分解はセルロース類やヘミセルロース類の分解に比べると非常に遅いことを報告してきた（図6.15）。土壌でのリグニン分解は，細菌が係わることもあるが，真菌と放線菌の役割が大きい（Bugg et al., 2011）。大量のリグニンが土壌動物の消化管を通るが，消化管内で多くのリグニンが分解されているかどうかははっきりしない。しかし，Geib et al. (2008)は，甲虫とシロアリの消化管でリグニンの解重合や脱メチル化が起こることを報告した。このことは，木質食性昆虫がリグニンのターンオーバーを促進する可能性を示唆する。観察された活性は消化管内での共生的な真菌による可能性があり，興味深い（Geib et al., 2008）。

リグニン分解では，ペルオキシダーゼ（リグニナーゼやマンガンペルオキシダーゼ）のようなさまざまな非特異的な酵素や，いくらか特異性のある混合機能オキシゲナーゼやフェノールオキシダーゼ（たとえば，ラッカーゼ），そして，過酸化物を生産するオキシダーゼが必要であり，これらの酵素活性に特定の基質領域は関係しない（Kirk & Farrell, 1987；Luis et al., 2004；Kellner et al., 2010；Sinsabaugh, 2010；Ye et al., 2010）。真菌，とくに"白色腐朽菌"と呼ばれる担子菌類（たとえば，Tuomela et al., 2002）は既知の分解酵素のほとんどを生産する。これらの酵素の作用によって，低分子の芳香族サブユニット（オリゴリグノール）が少量放出され，リグニン分子の部分的な脱芳香族化と，それに続く脂肪族成分の無機化が起こる。実際には，細胞外または細胞表面結合性で，酸素要求性の酵素がリグニンを壊すことにより，リグニン分子中の炭素が遊離し，それらが基質となって，真菌と細菌の群集が増殖する（たとえば，Folman et al., 2008）。

6.4
撹乱と変化に対する土壌の生物地球化学的応答

水分含量や陸生植物ポリマーの組成は，土壌の生物地球化学循環の構造化にきわめて重要な役割を演じている。その他に，温度，pH，栄養状況のような因子も重要である。地質学的性状と土壌形成の化学性；植物や小型および大型動物の活性；土地利用や自然および人工的な撹乱。これらの因子は生態系間での元素変換の速度やパターンの相違を決めている。一例として，針葉樹林地の土壌での低pHはアンモニア酸化速度を低下させ，アンモニア酸化菌のアンモニア添加への応答を制限する（Bowden et al., 1991）。しかし，Stark & Hart (1997)によれば，硝化速度は実際よりも低く見積もられているようだ。対照的に，アルカリ条件の土壌ではアンモニア酸化が促進される。メカニズムは不明だが，土壌pHが，微生物多様性（Shannon指数）や系統タイプの豊富さのより広い空間での分布パターンを一番よく説明する（Fierer & Jackson, 2006）。意外にも，温度や，有機物含量，C/N比，シルトと粘土の含量，有機炭

素の無機化速度のような因子の重要度は低く，多様性の要因としても重要ではない．しかし，これらの因子は，たとえば，土壌の鉱物性や母材の組成は有機物の性状や動態そして運命に影響する（たとえば，Wagai et al., 2008）．

土壌の生物地球化学に影響する多数の因子があるが，人間活動の強さと広がりは，地域レベルから地球レベルでの元素循環のパターンや微生物活性に影響するもっとも重要な因子の1つである．人間活動のスケールが大きいがゆえに，人為影響には大きな関心が集まってきた．現在，陸域表面の10％以上は農地であり，さらに10％は耕作放棄地である．将来の人口増加からすれば，あと何年かのうちに，農地の割合はもっと増えるであろう．土壌は地球でもっとも大きな有機炭素貯留庫の1つであり，温室効果ガスの発生源および吸収源でもあるので，人間活動が土壌に及ぼす影響への関心が高まっている（Schlesinger, 1997；Tate, 2000；Lal, 2008；Houghton, 2007）．

炭素などの土壌貯蔵量の変化と土壌－大気間のガス交換速度の変化は，温室効果ガスの放射強制力に変化をもたらして，地球規模での気候変動の傾向を加速または減速させる．たとえば，温帯林や農地生態系の土壌は，炭素隔離の管理および非管理プログラムの炭素吸収源として提案されてきた（Jastrow et al., 2006；King, 2011を参照）．土壌の炭素吸収源の規模は全球レベルで約100 Pg C であり，10年スケールで大気CO_2濃度の上昇を制限し，おそらく，気候変動のペースを弱めるだろう（たとえば，Houghton, 2007；Lal, 2008）．対照的に，自然植生から農地への転換にともなって，大気メタンの消費が阻害されることが分かっている．これに加えて，農地土壌からのNO_xやN_2Oの発生増加もあり，これらの出来事は気候変動を加速する（第10章を参照）．

土壌生物地球化学や微生物活性への人為的影響はさまざまな様相をもち複雑であるため，ここでは重要な考察を概説するにとどめる．土壌の人為攪乱は，直接的には土地利用変化で起こる．たとえば，手つかずの土地（森林，草地）を農地生態系に変えることである．間接的な人為影響は，気候変動（たとえば，温暖化，降雨量変化），大気CO_2濃度上昇による植物生産や植物群落組成への影響，窒素，硫黄および酸性の降下物の増加などさまざまである．さらに，人間活動は，マクロな生物，たとえば，外来種（植物と動物）の分布をすみやかに変化させる．これによって，土壌生態系はさまざまな影響を受ける．たとえば，植物が微生物に影響を及ぼすことで，その影響の還元として，植物の生育や侵入が促進または阻害されるフィードバック効果がある（たとえば，Callaway et al., 2004）．しかし，人間活動が微生物の分布にも同等な影響を与えるかどうか，あるいは，人の手が加わっているにもかかわらず，多くの細菌種が広く分布している事実からすれば，外来種の概念が微生物にも当てはまるかどうかははっきりしない．

生態系の攪乱や変化に対する微生物群集と微生物活性の応答はさまざまな観点から広く研究されてきた（Pendall et al., 2004, 2008；Bardgett et al., 2008）．とくに，地温上昇に対する土壌呼吸の応答性は，相当な注目を集めてきた．なぜなら，気候の温暖化が呼吸速度を高めて，さらにCO_2発生の増加をもたらす正のフィードバックが働くからである（たとえば，Schlesinger & Andrews, 2000；Qi & Xu, 2001；Davidson & Janssens, 2006；Davidson et al., 2006a, b；Cook & Orchard, 2008；Almagro et al., 2009）．とくに，北方の土壌や泥炭地，永久凍土層は問題となっている．なぜなら，それらは相当量の有機物を含み，高緯度地域では夏季の地温上昇

が速くて大きいためである．

　しかし，地温上昇の研究では食い違う結果も得られている（Thornley & Cannell, 2001；Davidson & Janssens, 2006）．約5℃の地温上昇で呼吸速度が有意に高まる結果もあれば，わずかな増加しかない結果もある．この違いは，研究で用いた土壌の水分状況，含まれる有機物の性状，土性の違いを反映している．その他の要因として，植物群落の組成や実験設計の違いがあり，とくに，温暖化の実験を自然状態の現場で実施したのか，または人工的な実験施設内で行ったかどうかの違いが影響する．また，土壌を人工的な加温下におく時間の長さも重要である．なぜなら，地温上昇に対する順化が起こり，温度変化に対する土壌の見かけの温度感受性が下がるからである（Luo et al., 2001）．おそらく，微生物の群集組成は土壌活性の温度応答に影響するが，その関係はよく分かっていない．地中海性気候下の土壌で，長期間にわたって人工的に渇水させると，優勢な微生物群集は細菌から真菌に変わり，温度への応答も変化する（Yuste et al., 2011）．これは一般的な現象かもしれない．土壌呼吸の温度応答は，最終的には，呼吸に係る細菌と真菌のバイオマスの比で決まるようだ．

　土壌呼吸には"プライミング（点火効果）"という現象があり，これも温度変化への応答に影響する（Blagodatskaya & Kuzyakov, 2008；Carrillo et al., 2010）．このプライミングは，低分子有機物（たとえば，根からの滲出物）や速やかに利用できる有機物の添加によって，より難分解性である土壌有機物の微生物分解が促進する現象である．この現象の効果は少々議論になっているが，根圏や，大気CO_2濃度上昇が一次生産を高めるシステムでは，微生物活性に影響を与えているようだ．

　いろいろな結果が出されているが，Q_{10}値（土壌呼吸速度の温度依存性を表す指数で，地温が10℃上昇したときの土壌呼吸の変化率）は約1.5かそれ以上である（Davidson et al., 2006a）．この値からすれば，呼吸の温度依存的な調節は，酵素の動力学的性質や基質の輸送プロセス（たとえば，拡散）が関わると考えられる（Davidson et al., 2006a）．この基質の輸送が土壌水分含量に依存する場合があることは言うまでもない．地温上昇によって呼吸速度が高くなることで，呼吸が係る元素循環や生物地球化学的プロセスが加速する．しかし，微生物プロセス（たとえば，生合成，細胞外酵素の生産と活性，窒素固定，アンモニア酸化）のほとんどが，呼吸と同じように加速するかどうかは，はっきり分かっていないし，それらのプロセス間で温度感受性に違いがあるかどうかも分かっていない．たとえば，土壌の大気メタン消費活性での温度効果は，拡散速度定数の変化で調節されており，$T^{\sim 1.5}$の関数となる（Tはケルビン単位）．したがって，メタン酸化は呼吸よりも温度感受性が低い．プロセス間での温度感受性の違いはより広範な影響を与える．たとえば，気候変動に応答して微生物の群集組成に予期しない変化が起きたり，また，特定の元素循環の律速段階にも変化が起こるようだ．

　温度は，確かに，多くのプロセスに影響する"主要因子"であるが，地球温暖化（すなわち，地球の気候変動）から予測される温度変化は，微生物活性に影響する他の因子の変化と一緒に起こる．たとえば，今後の温暖化では，特定の地域の気候状況に依存して，湿潤化または乾燥化を伴うだろう．1つの因子の変化に着目して影響を調べる研究は多かったが，複数の因子が同時に変化する場合を調べた研究は多くない．水分含量と加温の両方を調べた研究では，予想どおり，両方が相互に作用して呼吸速度を決めており，それぞれが主要因になるのは限られた範囲であった

(Qi & Xu, 2001；Gaumont-Guay et al., 2006；Yuste et al., 2007). Kardol et al. (2010) の多変量解析の結果は興味深く，土壌中の細胞外酵素活性の変化を理解するもっとも重要な因子は，温度でなく水分含量であった．真菌への影響と細菌への影響とは異なり，それが生物地球化学循環の構造に関わることは明らかである．と言っても，温度と水ポテンシャル（または，他の因子）の変化が組み合わさって，多くの特定のプロセスにどのような影響を及ぼすかはまだよく分かっていない．

現在の状況と比べて，温度や降水の状況がどれだけ大きく変化するかによって，特定の微生物プロセスが影響を受けるだけでなく（たとえば，Schuler & Conrad, 1991；Gallardo & Schlesinger, 1994；Whalen & Reeburgh, 1996；Winkler et al., 1996），元素循環の経路が変化し，微生物活性を制御する大型および小型動物の個体群が変化することでも，生態系全体の状態が変わる（Lavelle, 1997）．たとえば，土壌が乾燥してミミズの量が減ると，土壌の通気性が悪くなり，リター由来の新鮮有機物の利用性も低下して，最終的には栄養塩類のリサイクルのパターンが変化する．

土壌への窒素の過剰供給に対する応答にも注目が必要である．窒素流入量は徐々に増えており，地球規模で問題になっている（Matthews, 1994；Galloway et al., 1995）．地域スケールでは，土壌水分状態に依存して，窒素流入の影響がいくつか観察されている：

1. リターの質的変化（C/N 比の低下）をともなう一次生産の増加と植物種組成の変化；
2. 硝化と脱窒を介した窒素酸化物の大気への放出量の増加；
3. 高い C/N 比の土壌有機物の分解促進
4. 微生物群集組成の変化

しかし，窒素の過剰供給は，大気メタンの消費や分解のようなプロセス（たとえば，それぞれ，Bradford et al., 2001；Zak et al., 2008）を直接阻害する．また，硝酸塩流入の場合のように，土壌 pH が下がることによって，他のプロセスも間接的な影響を受ける．さらに，窒素の過剰供給によって，微生物バイオマスが小さくなる．これは，生態系レベルで大きな変化を引き起こす応答である（Söderström et al., 1983）．酸性雨を介した硫黄の過剰供給も，同様に有害な影響を与えている（たとえば，Bradford et al., 2001）．これは，pH 低下に対する直接的な応答だけでなく，栄養塩類の溶脱や有毒金属（たとえば，アルミニウム）の増加を介して起こる．

植物群落や動物群集の遷移に対する土壌微生物相や生物地球化学循環の応答は，十分には研究されていない．けれども，窒素固定菌や共生菌が植物宿主の量に部分的に依存するのは確かである．微生物と高等生物との関係は至る所にみられ，また特異性が高いので，高等生物の遷移は微生物の活性全体を変えないが，微生物多様性の変化を促進する．逆に，ある場所での微生物多様性は，個々の植物種の競争力を決めることによって，遷移する植物種や遷移の速度を制御する．

遷移を含めて，植物－動物－微生物間の相互作用は，多くの環境因子の変動に影響される．温度，水分含量，富栄養化は重要な因子の一部である．大気 CO_2 濃度の上昇はさまざまな直接的及び間接的な影響をおよぼす（Drigo et al., 2008）．温度と CO_2 濃度の双方の上昇は，植物の水利用性と窒素利用性の効率を上げる．それによって，光合成産物の分布が変わり，植物の生産性も上がることがある（Drake, 1992；Melillo et al., 1990；Polley et al., 1993）．これらのすべては，生態系の変動や生物地球化学循環に予期しない結果を

広範にもたらす．たとえば，植物根に共生する微生物群集構造の変化や，細胞外酵素の活性変化（Fransson et al., 2001；Chung et al., 2007），アーバスキュラー菌根菌を介した根圏細菌群集の変化（Drigo et al., 2010）などである．昆虫の草食活動がリターの性質や分解性を変えることが示されている（たとえば，Chapman et al., 2003）．CO_2濃度の上昇の結果として，昆虫の草食活動や微生物分解に対する植物の感受性が変化することも報告されている（Melillo et al., 1990；Randlett et al., 1996）．このような変化は，土壌への有機物供給に直接的な影響を及ぼすので，元素循環の速度にも影響する．しかし，昆虫の草食活動の変化から重要な間接的影響も生じる．たとえば，Gehring & Whitham (1991) は，昆虫がピニョン松（*Pinus edulis*）を摂食することで，菌根菌に供給される光合成産物の量が減り，外生菌根菌の定着が阻害されることを示した．外生菌根菌は，土壌中の栄養物の動態や有機物の無機化，食物網に重要な役割をもっているので，外生菌根菌の量の増減は生物地球化学循環に大きな影響を及ぼす．

最後に，土地利用変化やその他の人間活動（たとえば，汚染）について述べる．これらも生物地球化学循環に対する大きな撹乱因子である．たとえば，農業はいろいろな影響を及ぼしているが，とくに，土壌有機物を枯渇させ，大気メタンの消費を阻害し，窒素酸化物の発生を増大させ，微生物群集を変化させた（Harrison et al., 1993；Kruse & Iversen, 1995；Li et al., 1996；King, 1997a；Petersen et al., 2008；Strickland et al., 2010）．同様に，森林伐採は深刻な影響をもたらしている（たとえば，Niemelä & Sundman, 1977；Steudler et al., 1996）．農業や森林伐採だけでなく，ほとんどの人間活動が，元素の可動化と再配分をもたらした．この可動化と再配分のいくつかの過程（たとえば，微量ガスの発生，炭素貯留）では微生物が係わる．最終的に，陸地から海洋への物質の移動量が増え，沿岸域の低酸素水塊，すなわち"デッドゾーン"が出現するように，目に見えないレベルでも，またより明らかなレベルでも環境変化が進んでいる．

水圏の堆積物

7

　地球上すべての海洋，湖沼それに河川の底質の面積と体積とは，土壌のそれらを超える．堆積物は陸域の岩石の風化に由来する無機粒子と，無機物の表面をおおっていたり，由来や堆積物の深さに依存してさまざまな組成の集塊を形成したりする有機物とからなる．堆積物の無機粒子の粒径は水流と乱流に依存して変化する．岩がむき出しの海岸に沿ったところや水流の速い小川では，堆積物は礫からなっている．いくぶん静かな水では62から500 μmの粒径の砂が堆積する．砂と礫は大きな間隙サイズの堆積物を形成し，そこを通じた間隙移流水の輸送が起きる．岸から離れたより深い静かな水中では，シルト（32～62 μm）や粘土（32 μm未満）に区分される，より細かい堆積物粒子が集積する．外洋の堆積物では生物起源の粒子も重要である．これらは，有孔虫類と円石藻類の石灰質の骨格や，放散虫と珪藻のケイ酸質の殻に由来している．

　沈降粒状有機物（デトリタス）は，有光層より深い水の底で堆積物中の従属栄養活動を活発にする．堆積物直上の水が無酸素でなければ，底生動物の活動が堆積物表面に沈降したデトリタスを混合する．生物撹乱（バイオターベーション）と呼ばれる摂食や穴を掘る活動で，デトリタスをより深い層に運ぶのである．

　堆積物の上部での細菌の分布が，通常堆積物1 cm^{3}あたり10^{9}よりも大きく，水の中の分布密度よりも何桁も大きいという事実は，堆積物がきわめて活発な従属栄養活動を育んでいることを示している．単細胞の真核藻類やシアノバクテリアの活発な光合成活動も，沿岸海域や多くの湖沼で，浅く，光が当たる堆積物の表面数mmに見られる．無酸素的で還元された堆積物の層が，光の当たる堆積物表面に近ければ，いろいろな型の非酸素発生型光合成が起きている可能性がある．湖や海洋のもっとも浅い深度帯（沿岸帯）では根をもつ植物（海では海草，湖では他のさまざまな維管束植物）からの死んだ組織や浸出液が堆積有機物に大きく寄与している．根をもつ植物は，O$_2$を堆積物の中に，また他のガスを堆積物から外に輸送するパイプとして機能している．沿岸近くの堆積物は，河川からの，また岩礁の海岸線が近いところではさまざまな大型藻類由来の有機物が流入する．

　湖に流入する有機物は，セルロースやリグニンのような高分子を高濃度に含有する維管束植物に由来する，やや粗い粒状物質が多くの場合支配的である．このことは，沿岸域で海草が繁茂するところや，干潟や川があるところにもあてはまる．海洋でも淡水でも，深い水の底にある堆積物には，粘液物質や死んだ藻類細胞，動物プランクトンの糞粒とこれらに伴った微生物からなる有機粒子または集塊の形態で，有機物が加わる．これらの粒子中の有機物は，一部は水中を沈降している間に分解される．その結果として，堆積物表面に最終的に到達する粒子状有機物画分は，水

の深さが深くなるほど減少する（5.3節も参照）．

　堆積物に加わったデトリタス物質の大部分は微生物によって無機化される．主として細菌がこれを担うが，菌類もある程度関与する．しかしながら，植物および大型藻類に由来するずっと粗い粒子の場合には動物の活動が，分解速度の点では大きな役割を果たす．これは，動物が，大型粒子を切り刻んだり噛み砕いたりすることにより，機械的に分解するためである．ほとんどの動物は，植物の構造高分子を直接的に消化することはできないので，デトリタス有機物の中のわずかな部分しか利用しない．利用可能なのは，しばしばデトリタスに伴った微生物部分である．粒子の大きさを小さくし，露出した粒子の表面積を大きくすることで，微生物による分解が速くなりうる．動物の消化管を粒子が通過することおよび消化管内の細菌相も，無機化の速さを速める可能性がある．実際，デトリタス食者のなかには，餌を効果的に利用するために消化管内の細菌に部分的に依存しているものがある（Fenchel, 1970；Plante et al., 1990；Plante & Jumars, 1992；第10章も参照）．

　海水と淡水との間の重要な違いは，海水には硫酸イオンがより高い濃度で溶けていることである（塩分濃度が35‰の海水中で約25 mM）．淡水では変動はあるが，通常はずっと低い濃度である．その結果，硫酸還元は海洋の堆積物では量的により重要であり，嫌気的な無機化プロセスの中で通常優占している．淡水ではメタン生成が類似した役割を担っている．

7.1

鉛直的帯状分布，鉛直輸送，混合

　堆積物中の有機物分解に関係する種々の微生物プロセスは，深さ方向に帯状に区分されるが，これは，成層した水にみられるものと類似している（5.7節と図5.9）．しかし，堆積物では各層の厚みは何mもなく，mmかcmの単位である．この理由は，堆積物中の有機物含量が多く，細菌の分布密度が高いこと，それに，堆積物中の輸送速度は，生物撹乱も寄与するが，おもに分子拡散で決まるためである．「理想的な」堆積物（すなわち，生物撹乱がなく，局所的に有機物の高いところもない）では，いろいろな電子受容体（たとえば，酸素，NO_3^-，Fe(III)，Mn(IV)，それにSO_4^{2-}）は堆積物の深さが増すにつれて順番に枯渇する．いろいろな電子受容体が枯渇していく順番は，大きなエネルギー収率が得られる機能グループに競争のうえで有利に働くことから，さまざまな還元プロセスのエネルギー収率に依存している．このようにして，もっとも強く酸化する電子受容体からもっとも弱く酸化する電子受容体の酸化還元の順位列（1.5節と図1.4）によって，どのプロセスが優占するかという鉛直方向の層状分布を説明できる．電子受容体の需要（有機物濃度とその分解され易さで決まる），濃度，それに拡散輸送によって，個々のプロセスの速度とそのプロセスが占める深さの幅が決まる．もちろん，これはほとんどの堆積物についての大まかな近似にすぎない．なぜなら，現実には有機物の分布は不均質であり，生物撹乱が存在し，堆積物表面の形態と底生動物相との変化が局所的な電子受容体の需要と供給に影響するからである（以下に述べる）．

　いずれにせよ，酸素を含んだ水の下にあるすべての堆積物では，酸素呼吸が堆積物の最表層部で優占しており，最初にO_2が枯渇する．枯渇する深さは幅があり，有機物が豊富な堆積物での1 mm未満から，深い水で炭素の少ない外洋性の堆積物での20 cmほどか，それ以上のこともある．一般的に，堆積物中

の酸化帯の厚みは，貧栄養水域でもっとも厚くなる．また，水深が増すほど厚みも増す．これは，沈降する有機粒子のうちの大きな割合が，底にたどり着くまでに無機化されるからである（Glud et al., 1994；Wenzhöfer & Glud, 2002）．

高い速度で有機物が流入する海洋の堆積物では，無機化のプロセスに硫酸塩還元が優占する．そして，硫化物と酸素との両方が存在する帯域はごく狭い．しかしながら，有機物流入速度が遅いか中程度だと，硫化物を含む層と酸素を含む層とが，「亜酸化」帯によって隔てられる．ここでは，酸素が無く，硫化物も無い．この帯域ではいくつかのプロセスが特徴的に見られる．好気層の直下では N_2 が最終産物となる脱窒が優占する．NO_3^- が枯渇すると，Mn(IV)，Fe(III)，そして SO_4^{2-} を用いる嫌気呼吸がこの順番で優占する．SO_4^{2-} が枯渇するとメタン発生が最終の無機化プロセスとなる．嫌気的な無機化で生じる還元された最終産物（CH_4，HS^-，Fe^{2+}，Mn^{2+}）は上方に拡散し，いろいろな化学合成無機栄養細菌によって再酸化される．CH_4 酸化は硫酸還元と共役している．硫化物は Fe(III)，Mn(IV)，NO_3^-，あるいは酸素呼吸によって酸化される．また，還元された金属は分子状酸素で酸化される（図 7.1）．嫌気呼吸で生産された，還元された最終産物は，いずれは O_2 で酸化されるので，堆積物の酸素取り込みは，すべての無機化プロセスの合計を測っていることになる．唯一の例外は脱窒で生じる N_2 である．N_2 は生物的に NO_3^- に再酸化されないのである．

還元層では有機物が最初に単純な糖類，アミノ酸，脂肪酸の混合物にまで分解される．そしてこれらは，さらに，揮発性の脂肪酸（ほとんどが酢酸で，プロピオン酸，酪酸，等）と H_2 にまで嫌気性菌によって発酵される．これらの産物は嫌気呼吸によって酸化される（たとえば，鉄還元，硫酸塩還元）．このパターンは実験的に記載されてきた．たとえば，発酵産物の濃度は，嫌気的な堆積物中では低いのが普通である．しかし，嫌気的堆積物に，硫酸塩還元を阻害するモリブデン酸塩を混合すると，揮発性有機酸と H_2 の濃度が直ちに上昇する．これは，モリブデン酸塩を添加する前の硫酸塩還元の速度と発酵のプロセスの速度とを反映している（Sørensen et

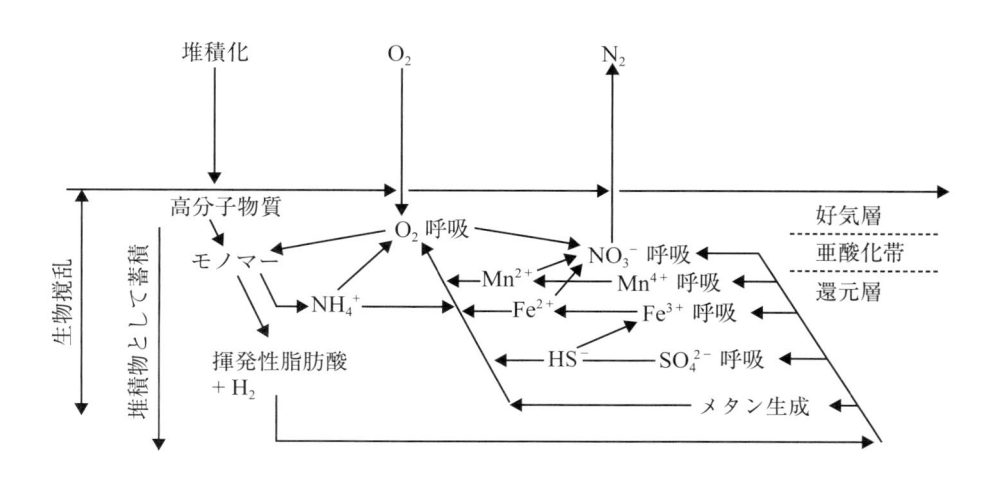

図 7.1 水圏の堆積物にみられるおもなプロセス．

al., 1981).

微生物プロセスの垂直的な遷移はエネルギー収率によって決まる一方，それぞれのプロセスの相対的な量的役割は利用可能ないろいろな電子受容体の量によって決まる．酸素は水に対する溶解度が低い（200 µM あたりの濃度を温度と塩分に依存して変化する）ために，堆積物表面近くで急激に枯渇する．これとは対照的に，海水には25 mM の SO_4^{2-} が溶けており，硫酸塩還元は，比較的浅い海洋堆積物中での最終無機化の中で量的に優占していることが多い（無機化全体の70％を超えることもある）．結果として，このような堆積物の酸素消費の大きな割合が，硫化物の直接的または間接的な再酸化によるが，Fe(III) 呼吸と Mn(IV) 呼吸も，重要な役割を果たしている（Thamdrup et al., 1994；Canfield et al., 1993；図 7.2）．岸から離れたほとんどの堆積物中で，有機物の無機化において，SO_4^{2-} と Mn(IV) の酸化が一般的に重要な役割を果たしていることが見いだされてきた．そこでは，O_2 の大部分は代謝の最終産物の再酸化で消費されている．

堆積物中の鉛直移動メカニズム

分子拡散が，堆積物中の溶存物質の鉛直移動の唯一のメカニズムとされることが多い．これは真であるかほぼ真であることが多く，化学成分の鉛直的な濃度勾配と2.1 節に概要を示した拡散の式とから反応速度を見積もることができる（7.2節および7.4 節も参照）．とはいえ，堆積物中の微生物プロセスに量的な影響を与える可能性がある鉛直移動のメカニズムが分子拡散の他にもある．

多孔質の堆積物では，不規則な砂の表面と浅い場所の波のような水の流れにより，堆積物の内部で移流を発生させ，ある程度の深さまで酸素が運ばれる（Glud, 2008；Hüttel & Webster, 2001）．浅い場所で強い波の影響を受けると，砂の表層では，当然，完全に混合され，かなりの深さまで酸化的になる．

おそらくもっとよく見られる鉛直移動メカニズムは動物の影響によるものである（生物撹乱）．堆積物中に潜り込む性質の動物はある深さまで混合する．また，巣穴に暮らす動物もある．この場合，動物は酸素を得るためにみずからの居住場所の水を堆積物表層の水と交換する．その結果，酸素は巣穴の壁から堆積物の内側に拡散し，もし巣穴がなければ嫌気的な還元された堆積物中で，巣穴の周辺には酸化帯が形成される（Fenchel, 1996；Glud, 2008）．この結果の1つは，堆積物による酸素取り込みの推定値（ある点で計測された堆積物表面から下向きの O_2 濃度勾配に基づいた）が，全酸素取り込みに対してかなりの過小評価である可能性があるということである．なぜなら，酸素を含んだ水に接している堆積物表面の実際の面積は堆積物表面の水

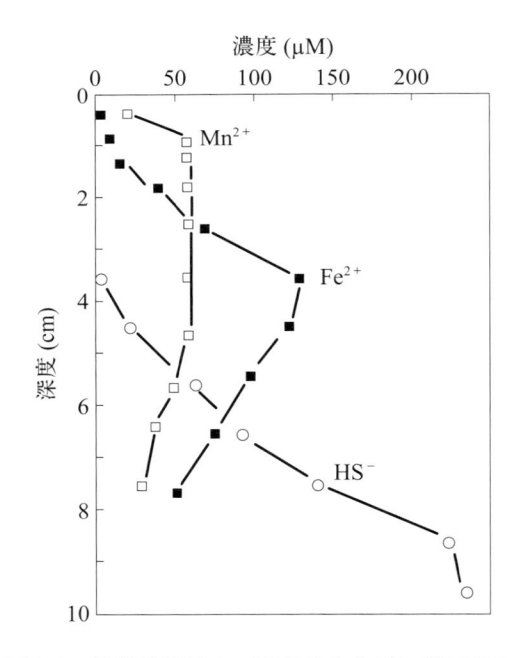

図 7.2 外洋堆積物中の硫化物および，還元された Mn と Fe の深度プロファイル（Canfield et al., 1993より作図）．

平面よりも大きいからである．

　堆積物中に潜り込む動物は堆積物の混合も引き起こす．この混合は，拡散係数と類似の「混合係数」によって記述することができ，着色したまたは蛍光粒子を自然の動物相の堆積物表層に薄く置くことで定量することができる（たとえば，Aller & Yingst, 1985）．このような穴を掘る無脊椎動物の活動は，いろいろな反応速度の分布と大きさにいくつかの影響をもたらす．一般に，大型動物の活動は，有機物の無機化と窒素サイクルとを加速する（Kristensen et al., 1992；Pelegri & Blackburn, 1994, 1995a, 1995b, 1996）．これらは，デトリタスの機械的な破壊や，酸素が堆積物のより深い部位までもたらされることで起こる．

　生物撹乱が堆積物の混合に与える効果についてモデルを用いた考察に基づく研究も行われてきた（Blackburn & Blackburn, 1993）．生物撹乱の強さは，一部は，堆積物に到達する有機物の量に依存するが，それだけでなく，有機デトリタスが供給される速さにも依存する．短い時間間隔での高頻度の供給は，たとえばプランクトン藻類の春のブルームの後に起こるような，1年に一度の有機物の供給と比較すると，動物の活動をより活発にする．生物撹乱の度合いが増すこと，すなわち，デトリタス物質をより効果的に堆積物と混合することは，さまざまなプロセスの大きさに影響する．たとえば，最終無機化プロセスとしての硫酸塩還元を活発にする．

　堆積物は，鉛直方向について不均質なばかりではない．既に議論したが，1つの理由は，動物の巣穴からのO_2拡散の影響である．個々のデトリタス粒子や死んだ動物も不均質な環境をつくる．不均性は，すべての種類の堆積物で，しかもかなりの深さまで，従属栄養細菌の大部分が運動性をもち，溶存有機物に対する化学走性を示すという事実にも反映されている（Fenchel, 2008）．光合成活動と酸素濃度勾配に対する細菌の応答がみられる堆積物中の不均質性については，7.4節で議論する．

堆積物中の細菌の運命

　堆積物中の細菌の死滅については，水中の細菌のそれに比べるとあまり注目されていない．これは，堆積物中の細菌を定量することが難しいということを反映している．そのため，底生性で活発に細菌を捕食・摂食するさまざまな生物がいることは明らかであるにもかかわらず，堆積物中の細菌のターンオーバー速度の正確な見積もりはわずかしかない．多孔質の堆積物中では，細菌食性の繊毛虫や鞭毛虫，アメーバを含む原生動物，および線虫のような動物相（メイオファウナ）が，細菌を食べて生活している．繊毛虫はシルト・粘土で構成された堆積物中に存在しないが，このような堆積物中にもアメーバや鞭毛虫が生活している．メイオファウナとして代表的な他の多くのものとは対照的に，潜行性の線虫も微細な粒子でできた堆積物中に見られる．加えて，堆積物中のウイルスについての最近の研究は，水の中のウイルスが細菌の死滅に果たすのと同じような役割を，堆積物中のウイルスが果たしているかもしれないことを示している．ウイルスが引き起こす死滅は，沿岸堆積物中の細菌現存量に対して2% h^{-1}と20% h^{-1}の間と見積もられている（Glud & Middelboe, 2004）．

燃料電池としての堆積物

　堆積物の鉛直的な層状区分は，還元された化合物の深度毎の蓄積が反映されている．これは，酸化還元ポテンシャルの鉛直プロファイルで説明できる（図7.3；補遺1も参照）．このようなプロファイルを化学的に正確に解釈することは，ある部分明瞭にはできない．それは，すべての酸化還元反応のカップルが，

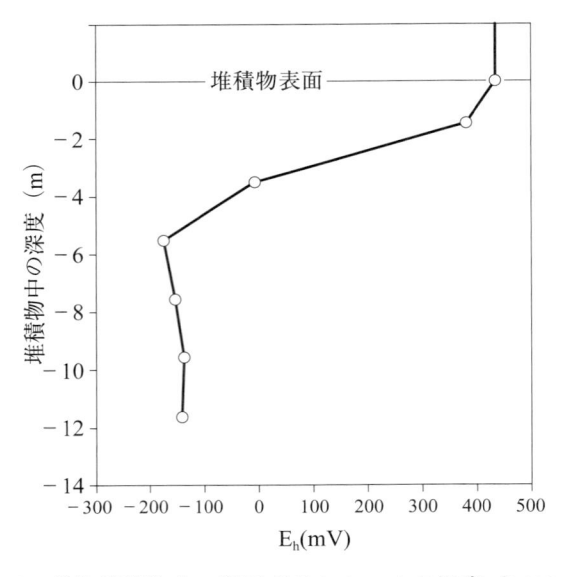

図 7.3 浅海堆積物中の還元ポテンシャルの深度プロファイル
（Fenchel, 1969 のデータより）.

酸化還元電位の測定に用いられる白金電極と平衡になるとはかぎらないためである．経験的には，およそ 200 mV より低い電極電位は嫌気的状態であり，−100 mV 未満の電極電位は，$S^{2-} \leftrightarrows S^0 + 2e^-$ の平衡反応を反映している（Berner, 1963）．

酸化された堆積物表層とより深部の硫化物を含んだ層との間には 600〜700 mV の電位差がある．この電位差によって，グラファイト電極を硫化物層に挿入し，基準電極に接続したときに，弱い電流が流れる（Ryckelynck et al., 2005）．実際に，海底の「電池」は，ある種のモニタリング機器のための，小電力の長期電源として提案されてきた（たとえば，Reimers et al., 2001）．

しかし，最近，このような堆積物の燃料電池はショートしているようである，ということが分かってきた．つまり，硫化物層と酸化している表層とを直接堆積物の中でつなぐような電流があるかもしれないということである（Nielsen et al., 2010）．この可能性は，堆積物の硫化物に富んだ部分と酸化的な部分とを隔てる「亜酸化帯」が形成されている，動物を除去した堆積物コア試料を用いた実験結果から示唆されている．堆積物コア試料表層に接する水の中の酸素濃度を上昇させると，硫化物層はおよそ 2 cm 後退した．この後退が，酸素の分子拡散によって説明できるよりも速い速度で起きたのである．また，好気的な部分の pH の上昇が見られた．これは，O_2 が OH^- に還元されたことを示唆する．この内部電流は，いくつかの細菌が，電子を直接 Fe^{3+} などの無機物の電子受容体に，伝導性の線毛を通じて，または細胞膜に結合したチトクロムを通じて運搬することができるという観察から説明された（Reguera et al., 2005）．細菌は同様に電子を伝導性のパイライト結晶に運んでおり，これによって，堆積物表面に電流を流しているかもしれない．あるいは，細菌は，まだ特定されていないやりかたで自分の線毛を接触させ，堆積物中の伝導網を形成しているということが示唆される．この観

察は非常に興味深く，次なる研究が待たれる．

7.2

堆積物中の元素循環

堆積物中の元素の循環についての理解が前進するには，方法の進歩に依存する部分が大きい．これには，現場硫酸塩還元速度を測定するために放射性同位体を使用すること（たとえばJørgensen & Fenchel, 1974），とくに窒素循環速度の定量の目的での安定同位体の使用（たとえば，Nielsen & Glud, 1996）が含まれる．50 μm あるいはそれより小さい空間解像度で濃度勾配を測定する微小電極も重要である．最初は，電流測定（amperometric）電極（O_2）と電圧測定（potentiometric）電極（S^{2-}）が用いられたが，それ以来，pH，無機窒素化合物，CH_4，それに全 H_2S 濃度を測定可能な，電流測定や電圧測定，あるいは光学センサーやバイオセンサーが導入されてきた（たとえば，Revsbech & Jørgensen, 1986；Nielsen & Glud, 1996；Damsgaard et al., 1995；Kühl, 2005；Revsbech & Glud, 2009）．これらの電極は実験室で用いられるし，湖底や海底を調べるために船から下ろす「着底装置」に取り付けることもできる．

炭素循環

浅い水域の堆積物では，その場での光合成が重要であるが，深い水域では，有光層からの有機炭素の流入が，堆積物の元素循環を駆動する．堆積物中では，流入した有機炭素のほとんどはいろいろな電子受容体（多くは硫酸塩還元か Mn 呼吸で）で無機化され，CO_2 になる．最終的な無機化の一部はメタン生成であるが，生成したメタンのほとんどは，嫌気的に CO_2 に酸化される（1.3 節を参照）か，堆積物の好気帯で酸化される．CH_4 の水への溶解度は低いために，気泡の状態で水中を上昇し，大気に放出される部分もある．これは，とくに沼や湖で起きる．海洋堆積物ではメタンが気泡として捕捉され，さらに，高い圧力と低い温度で固体のガスハイドレートを形成することもある（Algar & Boudreau, 2010；Ginsburg et al., 1999）．海洋のメタンハイドレートは，膨大な量の還元された炭素を含んでおり，エネルギー源としても，また，気候システムを不安定化させる要因としても，理解されてきている（たとえば，Dickens et al., 1995；Shakhova et al., 2010）．

堆積物として蓄積した有機炭素の大部分は，しだいに無機化される．一方，難分解性の画分は，効果的に加水分解するのが不可能なため，しだいにケロゲンに変換される．ケロゲンとは，堆積岩中に存在する有機物の形態である．海底堆積物に加入した有機物のうち，ある部分はいくつかの要因によって，保存される画分となる．この画分の割合は，< 1 % から > 50 % の間で変動する．有機物が加わる速度が速いとき，より大きな割合が保存される．堆積物の上側の水が嫌気的条件であると，動物の活動が無くなるために，積層した堆積物の層状構造が形成され，保存される有機炭素の画分がもっとも高くなる（Canfield, 1994）．沼や湿原では，加わった有機物の大きな割合が保存される．これは，嫌気的条件では無機化されにくいリグニンや他の高分子の濃度が比較的高いことと，酸性条件によって無機化が阻害されることによる．これらの環境では，有機物はしだいにピート（泥炭）に，そして最終的にはリグナイト（褐炭，亜炭）に変換される．

窒素循環

含窒素有機物の分解反応によって生成され

る．窒素を含んだ最終産物は，NH_4^+ である．アンモニアは，粘土鉱物に吸着し，生物が利用できなくなる可能性がある．また，アンモニアは，嫌気層が堆積物表面に近ければ，水中に拡散する可能性がある．それ以外に，アンモニアは，好気帯の下側で硝化される．これは，NO_3^- と NO_2^- のピークとして観察される（成層した水：図5.9と比較）．脱窒は好気帯の直下で起きる．この帯域はアンモニアが NO_3^- で酸化されるアナモックス反応が起きるところでもある（1.3節）．脱窒の一部は，堆積物中の有機物に由来するアンモニアが硝化されて発生した NO_3^- をもとにしている．残った NO_3^- は上方の水に拡散していく．しかし，もし脱窒帯が堆積物表面に近く，かつ，上方の水が比較的高い濃度の NO_3^- を含んでいるのなら，脱窒のための NO_3^- の多くは上方の水に由来している可能性がある．

脱窒のおもな最終産物は N_2 であり，これは大気へ戻る．堆積物はたいてい水中の藻類増殖を支える無機栄養を再生する場所と考えられているが，実際には，生物利用可能なNのある部分は脱窒で失われている可能性がある．海底堆積物には窒素固定細菌が見られるが，岸から離れたところの堆積物では窒素固定は量的には比較的小さな役割しか果たしていない．しかし，浅く，光があたる堆積物の表面や内部では，窒素固定は窒素収支に重要な寄与をしている（Blackburn & Sørensen, 1988；また，Nielsen & Glud, 1996；Revsbech et al., 2006 も参照）．

硫黄循環

硫黄の還元は海洋の堆積物中で量的にもっとも重要なものの1つである．還元で生成する硫化物は，還元された鉄と結合してFeSを生成する．さらに HS^- と反応すると，パイライト（FeS_2）になる．硫化鉄（FeS）の存在で堆積物が黒く見えるのに対して，その下位にある層では，ねずみ色を呈しており，FeSではなく，パイライトを含んでいるということを目で確認することができる．両方の形態とも好気的な条件で細菌によって酸化される．しかし，パイライトの一部は長期間安定に存在する．パイライトは，その還元された状態が硫酸還元によって分解された有機物に由来するという意味で「化石燃料」と考えることができる．

上方に拡散する硫化物は Fe^{3+} または Mn^{4+} で酸化される可能性がある．硫酸還元の速度が非常に速いときには，硫化物は好気帯に達し，そこで O_2 または NO_3^- を用いる無色硫黄細菌によって再び SO_4^{2-} へと酸化される．浅く，光があたる堆積物では，光合成硫黄細菌も硫化物の再酸化に大きな役割を果たす（次節を参照）．

堆積物での金属循環

海洋堆積物では，とくに Mn^{4+} が，それに Fe^{3+} も硫化物や発酵で生成する最終産物の酸化反応における電子受容体として大きな役割をもっている．淡水環境では，酸化されたMnは多分重要ではないが，酸化第二鉄（Fe(III)）は重要である．2つの金属の酸化された形態は水に溶けないので，これらの堆積物中の移動は生物撹乱によって起きる．金属呼吸の結果生成する還元産物，Mn^{2+} と Fe^{2+} は，水溶性であるために上方に拡散し，堆積物表層付近で酸化される．どの程度が自発的な化学反応によるもので，どの程度が細菌によって触媒され，エネルギー保存と連動しているものなのかは明らかになっていない．海洋堆積物では，酸化されたMnは堆積物表面にはっきりとした層を形成するか，または，水流によって運搬され，海底のくぼみに沈積する可能性がある．同様に，淡水湖ではFe(III)のさび色の層が堆積物表面に蓄積する可能性がある．

リン酸

リン酸は，淡水環境では一次生産の制限要因であり，海洋でも制限要因になりうる．したがって，生態学的な観点から大きな興味がもたれる．しかし，生物地球化学の視点からはさほどでもない．というのも，リン酸は酸化還元による変化を受けない．ホスホン酸が重要であるという認識が増してきている（たとえば，Dyhrman et al., 2009）とはいえ，リン酸は通常，無機態か有機態のリン酸として存在している．細胞では，リン酸は，おもにポリヌクレオチドとして存在しており，これは簡単に加水分解される．細胞の死骸破片からはリン酸が抜け易く，粒子状の有機物ではたいていリンが欠乏している．リンが先に失われ易いという現象は堆積物でも引き続き起きている．しかし，これが堆積物から上方の水へリンの急速な動きがあるということにはつながらない．それは，リン酸が，不溶性のリン酸鉄として堆積物の好気層に保持されているからである．結合したリン酸は，たとえば，硫化物との反応など，還元によって放出される．リン酸放出のコントロールは，生物による O_2 取り込みによってリン酸が有光層にリサイクルされる条件がつくられるので，部分的には生物によって行われているということになる．

7.3
堆積物に対する光の影響

浅く比較的静かな水域では光合成活動は，堆積物の表層数 mm で起きる可能性があり，光があたるときには高い正味の生産がある（図 7.4）．堆積物表面近くの酸素分圧は光があたると飽和濃度の数百%に増加する．この場合には酸素の気泡が堆積物表面に現れる．O_2 濃度の（および図 7.4 に示したような HS^-

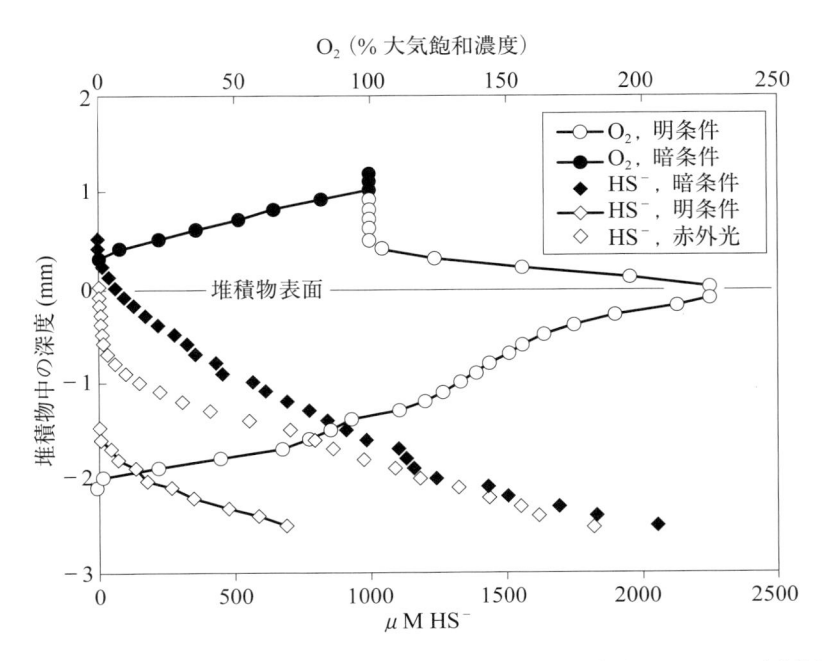

図 7.4 浅い水の堆積物中の暗条件，明条件および赤外光照射時の O_2 および硫化物濃度の深度プロファイル（Fenchel, 未発表データ）．

硫化物濃度の）鉛直的な勾配は，光合成の変化によって数 mm 上下に日周移動する．明るい時の O_2 の鉛直プロファイルでは，生産された酸素のおよそ半分は，水の方に拡散していき，残りは下向きに拡散し，硫黄の再酸化を行う化学合成無機栄養細菌によって消費されることが示されている．O_2 と HS^- の正味の輸送は鉛直勾配の直線部分の傾きから見積もることができる．下に凸の濃度勾配は正味の消費を，上に凸の勾配は正味の生産を示している．例として示した図では（図 7.4），最大の光合成活性は堆積物表面で見られるが，表面から 1～2 mm 下に見られることも多い．砂の多い堆積物での正味の最大酸素発生型光合成が，3～4 mm の深さにまで見られる．これは，石英粒子による光の吸収と散乱による．明条件および暗条件の酸素濃度の鉛直勾配を使って，堆積物表面の酸素収支を計算することが可能である（2.1 節，Glud, 2008）．

呼吸商，すなわち CO_2/O_2 の比（明条件では CO_2 の正味の取り込みと，O_2 の正味の生産であり，暗条件では CO_2 の正味の生産と O_2 の正味の消費である）は，昼と夜の間で異なる．呼吸商は夜には高く，昼には低くなる．光合成生産物として生産され，その後無機化されるものが，おもに炭水化物とアミノ酸からなるとすると，呼吸商は暗条件と明条件とで一致するはずである．現実にはそのようになっていない理由は，夜の間の堆積物表面近くでの無機化は嫌気的であり，生成した硫化物のある部分は FeS の形態で，いわば「酸素負債」として一時的に蓄えられ，その結果，暗期で 1 より大きい呼吸商となるためである．明期では生産された O_2 の一部は，FeS の再酸化に用いられ，その結果として呼吸商が 1 より小さくなる（Fenchel & Glud, 2000）．

図 7.4 に示したような，硫化物帯が表面に近い状況では，酸素非発生型の光合成細菌，とくに紅色硫黄細菌が，クロロフィル a を含んだ酸素発生型光合成の下側に層を形成する．この層は，真核の光合成生物とシアノバクテリアによる緑色の帯の直下に見られる紫色の帯として肉眼で観察できる．紅色硫黄細菌は光合成の電子供与体として硫黄を利用する．紅色硫黄細菌の主要な光合成色素—バクテリオクロロフィル a —は近赤外光（IR）の波長に吸収極大がある．この波長の光はクロロフィルでは吸収されず，可視光に比べると砂の中で減衰が小さい．このように，紅色バクテリオクロロフィル a の吸収スペクトルは，クロロフィルを含む生物の層よりも下側（堆積物表面の下側）で生きる細菌にとって適応的である．図 7.4 に示された例では，酸素非発生型の光合成活性は，赤外光で堆積物が照らされたときに硫化物濃度が下方で上昇する層以深で見られる．赤外光は酸素発生型光合成生物には使われないため酸素の生産は起きない．

浅い場所の砂質の堆積物の垂直方向に断面をつくると，上方の 1 mm ほどの深さではっきりと色のついた帯が見られる．帯は上方から緑色，紅色，それに黒色であり，これらはそれぞれ，酸素発生型の光合成生物，紅色硫黄細菌，黒色の FeS の色である．緑色硫黄細菌は，紅色帯の直下に出現するが，これが肉眼で確認できることはまれである．酸素非発生型光合成の役割は以下でより詳細に述べる．

平面光学プローブ（planar optodes）と呼ばれる装置によって，O_2，CO_2 それに pH の堆積物中の二次元分布を描くことが可能になった（Kühl & Polerecky, 2008）．これによって，堆積物の光が到達する層で，O_2 生産と消費がまさしくパッチ状の分布になっており，局所的に O_2 濃度が高い「ホットスポット」または低い濃度の部分があり，この長さスケールは，反応速度の不均質分布を反

映した 1 mm 未満であることが明らかになった．これは，光合成細胞の蓄積や，好気条件において高い速度で分解される有機物粒子の蓄積によって起きる（Fenchel & Glud, 2000 も参照）．

7.4

微生物マット

　微生物マットは，微生物群集のうちで独特の型であり，堆積物の表面やいろいろな他の固体表面，たとえば水に浸かった岩，配管の内壁等に形成される．微生物マットは，実質的に複雑で比較的厚いバイオフィルムである．ただ，バイオフィルムと微生物マットとの区別は明瞭ではなく，用語の使い方について完全な合意は存在しない．堆積物とは対照的に，微生物マットが作り出す生きたバイオマスと有機物マトリクスが，微生物マット全体を構成している．微生物マットでは，溶存の栄養や代謝産物が，上方に接している水および下方の堆積物と垂直的な分子拡散によってのみ交換する．微生物マットは典型的には，異なるタイプの機能をもつ細菌が垂直的に層状に分布する．微生物マットでは，さまざまな型の糸状原核生物が，もっとも目立った構成員であり，これらがマットの機械的な結合を維持する役割をもっている．微生物マットの機械的な安定性は，細菌が分泌するゲル状のマトリクスである粘液ポリマー（exopolymers：細胞外ポリマー）によって補強される．微生物マットとは対照的に，バイオフィルムは普通細菌の単層でできており，垂直的な層状構造や強い機械的な安定性は見られない．バイオフィルムでは，細菌が典型的には上方にある水からの，または固体有機基質の加水分解で得られる溶存栄養に依存するが，微生物マットでは，相互作用の度合いが高く，互いに依存しているという特徴がある．微生物マットはバイオフィルムとして始まる．すなわち，1種か2, 3種の細菌が単層の細胞で表面にまず住みつく．しかしながら，デトリタス粒子表面，鉱物粒子表面または他の表面に見られるようなほとんどのバイオフィルムは，微生物マットへと発達しない．それは，有機基質が限られるため，あるいは，原生動物や後生動物による摂食や機械的な破壊による．

　微生物マットの発達に必要なものは，十分なエネルギー源の供給があることと，真核生物の活動，つまり強い捕食と機械的な攪乱（生物攪乱）が，多かれ少なかれ，取り除かれたような状態である．堆積物中の撹乱には，堆積物表層の混合，大容量の堆積物の取り込み，潜穴，堆積物内の移流性の水の輸送の発生が含まれる．動物は通常水圏の堆積物の上や中に豊富であるが，このような場合には微生物マットは発達しない．しかし，大型動物は，周期的な乾燥，高塩分条件，上方の水で周期的に発生する嫌気状態や低酸素状態，あるいは極端な温度によって消滅することがある．

　温泉や熱水噴出口周辺の高温条件で発達するマットは，存在する生物と機能の多様性の観点で他のマットとは異なる点がいくつもある．温度がおよそ55℃を超えると，これらの場所のマットには真核生物がまったくいない．そうでなければ，優占する原核生物に加えていくらかの真核生物が住んでいる．たとえばいろいろな光合成あるいは，捕食性の原生生物，およびたいていはメイオファウナ（すなわち，0.1 から数 mm の大きさになるような線虫，ハルパクチコイド（(コペポーダの一群)），ワムシ類，貧毛類）に属するものも含まれている．これらの生きものの中には，マットを形成する原核生物を摂食するものもある．しかしながら，マット形成の必須

の条件は，大型動物がいないことであるようだ．それは，大型の動物はマットに穴を開け，マットを構成する生物を食べ，さらには他のやり方でマットを不安定化する可能性があるからだ．

微生物マットは，いくらか特別な条件がその形成と維持に必要であるにもかかわらず，広く分布している．しかし，ほとんどの場所でマットは，限られた発達しかしない一時的なまたは季節的なものであり，わずか数mmの厚みに発達するのみである．

シアノバクテリアのマット

シアノバクテリアのマットは湾，入り江，干潟のような静かな場所の浅い堆積物表面に発達する．このような場所では，堆積物の直上の水は，嫌気条件になったり，夜間に硫化物が含まれたりすることがある．また，満潮時にのみ堆積物が水に浸る．このような条件は動物の存在を抑制している．これらの場所では，シアノバクテリアのマットが夏期に発達する．シアノバクテリアのマットは，潮間帯の砂干潟で存在することがずっと前から認識されていた．シアノバクテリアのマットは，鉛直的に緑，紫それに黒色の帯状となることから，ドイツではとくに「Farbsteifen-Sandwatte（帯状の色の砂干潟）」と呼ばれている．熱帯域では，珊瑚の死骸や海草群落に発達するシアノバクテリアのマットが知られている．おもに高塩分の湖や礁湖，塩田のような蒸発池などの特別な環境では，1年におよそ1mmの成長速度のシアノバクテリアのマットが永続的な構造になっており，何年にもわたって，分解されにくい有機物と炭酸塩鉱物を蓄積している．マットが数mという厚さにまで発達することもある．ほとんどすべての生物学的な活動はマット表面の数mmで起きているのであるが，この生物活動の見られる層は生物活性の非常に低い，厚い積層構造の堆積物層を含んでいる．積層構造は以前の表層の遺骸であり，ある種の成長の季節性または季節的な堆積のパターンを反映している．このようなマットは，ストロマトライト状マットと呼ばれる．

ストロマトライト状マットには特別な関心が寄せられてきた．それは，いわゆるストロマトライトがストロマトライト状マットの化石であると確信をもって考えられてきたからである．ストロマトライトは先カンブリア紀のほとんどを通じて出現する．しかしながら，もっとも古いとされる35億年前のものについてはその正確な素性が論争中である．いくぶん若いストロマトライトは，ストロマトライト状マットの遺骸であることは疑いなく，なかには同定可能なシアノバクテリアの糸状群体の化石を含んでいることもある．ストロマトライトはこのように，もっとも古い生物群集として代表的なものである．これらの群集はおよそ20億年の間，浅い海洋堆積物の表層で優占していたにちがいない．顕生代のものはいくつか観察されているにもかかわらず，先カンブリア時代の終わりからのストロマトライトは比較的稀にしか見つかっていない．これらの古い時代のストロマトライト状マットの消滅は，約6億年前の動物の出現によって起きたのは確実である．今日，ストロマトライト状マットの完全な発達には，大型動物が生息できないような極限環境を必要とする．大型動物の決定的な役割は，マットを形成する系からの動物の除去操作を実験的に行うことで示されてきた（Fenchel, 1996）．シアノバクテリアのマットのさまざまな面についてのレビューにはCohen & Rosenberg (1989), Stahl & Caumette (1994), Krumbein et al. (2003) がある．先カンブリア時代のストロマトライトはとくにSchopf & Klein (1992)で取り扱われている．

観察されるシアノバクテリアの特徴的な色

の層は，もっとも重要な光合成プロセスの層状分布をほぼ反映している（図 7.5）．最上層は典型的には，黄色か茶色である．この層で優占する光合成生物は珪藻と他の光合成原生生物，それに糸状と単細胞のシアノバクテリアである．その下に位置する表層からおよそ 2 mm ほど下の濃い緑色の層はもっとも高い光合成活性をもち，とくにオシラトリアの仲間の糸状のシアノバクテリア（*Microcoleus*, *Oscillatoria*, *Lyngbya*, *Spirulina*），*Anabaena* が完全に優占していることもある．しかし，*Chroococcales* のメンバー（*Merismopedia*, *Chroococcus*）も見られる．この層は，深いところで 3 から 4 mm ほどであるが，互いにもつれた糸状群体と無機粒子が存在する場合には一緒に結合するような細胞外ポリマーの生産によって緊密に凝集している．そのために，このようなマットは，堆積物から絨毯のように引きはがすことができる．これらのマットの表層は，盛んな光合成で生成される酸素の気泡によって膨らんだ外見をしていることがある．茶色や緑色の層から抽出された色素は，まず，第一にクロロフィル *a*，フィコビリン，カロチノイドを含んでいる．濃い緑色の層の下の紫色の層は，主要な色素としてバクテリオクロロフィル *a* を生産する紅色硫黄細菌（*Thiocapsa*, *Chromatium*, *Thiopedia* など）が優占している．紫の層の下部は，ピンク色を呈することがあり，バクテリオクロロフィル *b* を含む光合

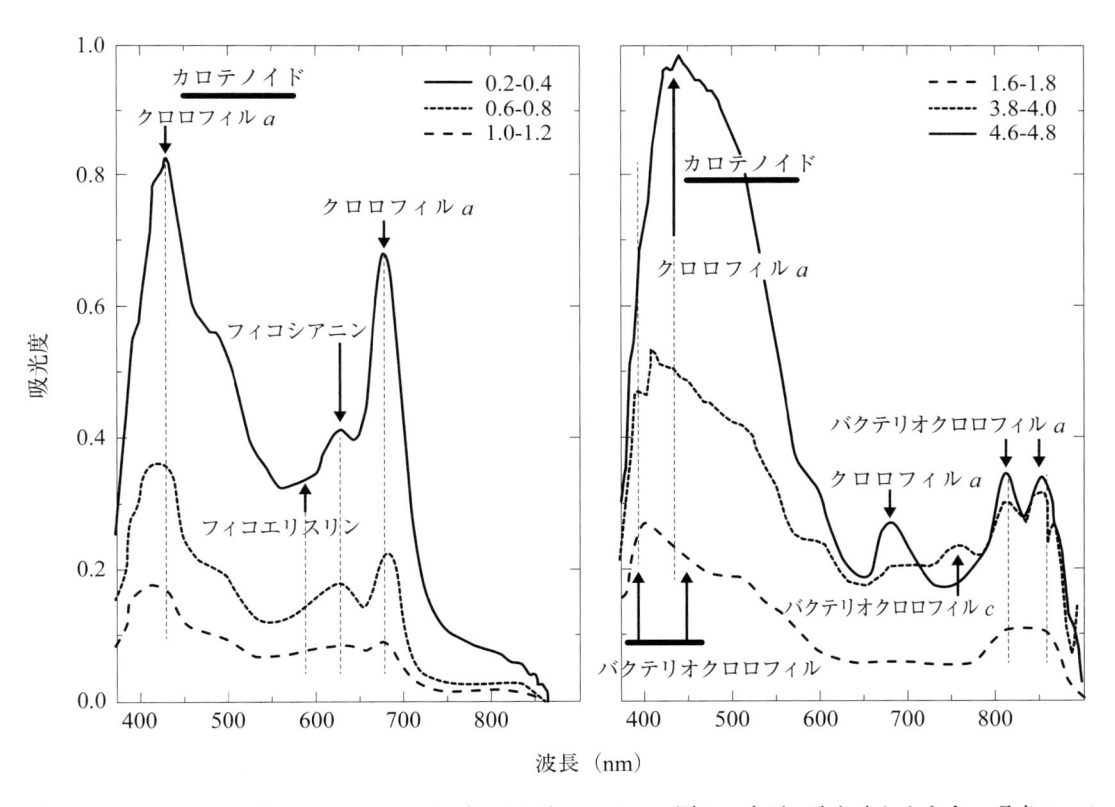

図 7.5 シアノバクテリアのマットをさまざまな深度で 0.2 mm 厚さで水平に取り出したときの吸光スペクトル．ある深度よりも下方ではバクテリオクロロフィル *a* および *b* の吸光ピークがみられる（Kühl & Fenchel, 2000）．

成硫黄細菌（*Thiocapsa pfennigii*）が存在している．紫色の層の直下にはバクテリオクロロフィルcをもつ緑色硫黄細菌が存在している．しかし，これらはいつも顕微鏡で観察されるわけではない（図 7.5）．いつも存在している他の原核生物には，外見からは同定できないさまざまな細菌に加えて，糸状の光合成生物 *Chloroflexus* それに無色硫黄細菌 *Beggiatoa* が含まれる．いろいろな型のシアノバクテリアのマットの光合成色素の構造，組成，分布については，Jørgensen et al. (1983)，Nicholson et al. (1987)，Pierson et al. (1987)，Fenchel & Kühl (2000) それに Kühl & Fehchel (2000) に記述されている．

シアノバクテリアのマットの中で進行する主要なプロセスを図 7.6 に示した（Canfield & DesMarais, 1993 も参照）．シアノバクテリアは酸素発生型光合成の中で優占している．エネルギーフローと元素循環の観点でほとんどすべての活性は，表層 1 cm 未満の厚みの中に限定されている．堆積物の深いところやストロマトライト状マットの深い層で進行する難分解性有機物のゆっくりとした嫌気的な分解は，マットの代謝が主としてシアノバクテリア光合成生産物の活発な代謝で駆動されているので，小さな役割でしかない．明期では，シアノバクテリアのマットでは O_2 の正味の生産があり，還元された炭素が蓄積し，還元された硫黄が酸化される．一方，暗期にはマットは O_2 を消費し，還元された硫黄を蓄積する．しかしながら，ほとんどの S, C, O_2 は，急速に再利用される．これは，比較的閉じた系であることを示している（Jørgensen & Cohen, 1977；Canfield & DesMarais, 1993）．有機物の蓄積は，マットの成長が1年間にわずか1から2mmであるので（Fenchel & Kühl, 2000），大きくはない．窒素の循環もたぶん大部分内部で行われるが，シアノバクテリアとおそらく酸素非発生型の光合成生物による窒素固定が，脱窒による損失を補っている．窒素固定は，また，シアノバクテリアマットの定着初期に重要な役割を果たしているようである．還元された硫黄化合物の酸化は，主として光合成硫黄細菌が明条件で行っている．暗条件では，化学合成無機栄養の硫黄細菌が硫化物を酸化する．マットの活発な光合成層には，pH が上昇することによって，炭酸塩が蓄積する．

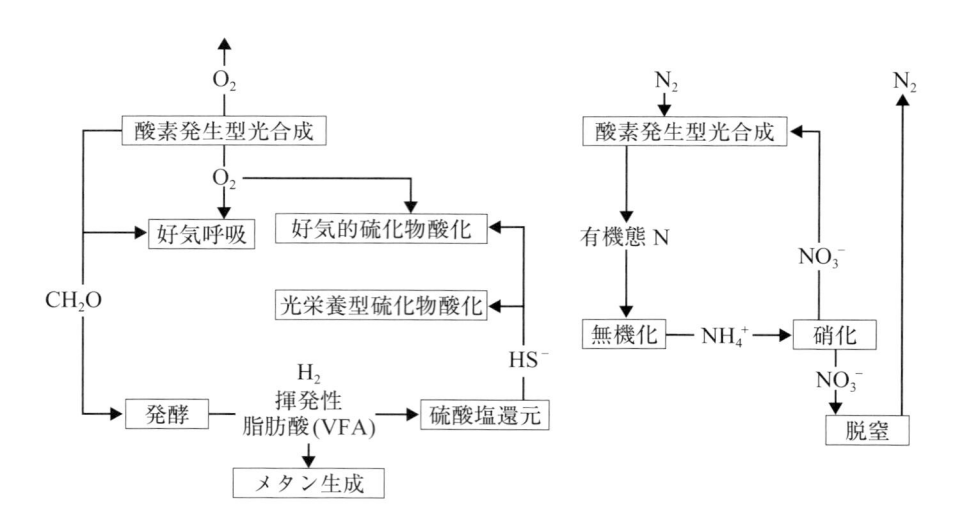

図 7.6 シアノバクテリアマットの炭素と窒素の循環．

イシサンゴ類の黒帯病（black band disease）は特別の型の短寿命のシアノバクテリアのマットによって発生する．これは，感染した珊瑚の上を1日に数 mm の早さで移動し，跡には裸になった石灰質の骨格のみを残す黒い帯として観察される．この帯に優占する構成生物は Beggiatoa とその繊維の上の糸状のシアノバクテリア（Phormidium）である．帯が移動するにつれて，新たに帯に覆われたポリプは，シアノバクテリアと Beggiatoa の下につくられた無酸素で硫化物の存在する環境で死滅する．ポリプを破壊することで，発酵細菌と硫酸還元細菌のための基質と，シアノバクテリアのための無機窒素とが供給される．サンゴへの感染には，最初の局所的な傷と，先に感染したサンゴとの接触とが必要である（Rützler et al., 1983）．

無色硫黄細菌を主体とするマット

化学合成無機栄養の硫化物酸化細菌と硫黄酸化細菌（無色硫黄細菌）は水圏の堆積物中に普遍的に存在している．ある条件では，これらの細菌は肉眼で見える大きさの粘着性の白いパッチ状のものや堆積物表面をより広く覆う白い部分を形成する．これらのマットが白く見えるのは，細胞内に蓄積した硫黄のためである．マットを形成するためには，無色硫黄細菌は酸素（または NO_3^-）と硫化物とが同時に存在していなくてはならない．しかし，この細菌は微好気性で，大気飽和濃度の5%ほどの O_2 分圧を好み，高い硫化物濃度に耐性がない．したがってこの細菌は"濃度勾配に生きる生物"であり，彼らの生息域は狭く，低濃度の HS^- と O_2 とが共存する 0.1 から 1 mm の厚みの帯域である（Nelson, 1989；Nelson et al., 1986a,b）．最近の研究では，無色硫黄酸化細菌の糸状群体は硫黄を酸化するのに酸素の代わりに NO_3^- を用いることができ，しかも実際にかなりの程度用いていることを示してきている．この細菌は，表面と硫化物帯との間を移動し，表面では NO_3^- を吸収し，液胞中に蓄え，硫化物帯では HS^- を獲得する（Sweets et al., 1990；Fossing et al., 2002）．

これらの微生物の化学走性を伴う運動は，微生物が形成するマットの特徴を理解するための重要な性質である．とくにこれらの硫黄酸化細菌はとても低い濃度の pO_2 帯を求めて移動し，O_2 と HS^- とが重なる狭い層に向うのである．糸状の Beggiatoa は O_2 分圧が過剰な層と制限となる層との間を間断なく滑走運動で上下に移動しており，好ましくない酸素濃度に出会うたびに，移動の向きを変える（Møller et al., 1985）．単細胞の細菌では，同様に，酸素分圧が高いところと低いところとを遊泳で行き来することで，種特異的な pO_2 の範囲に留まるようにしている（Thar & Fenchel, 2001, 2005）．O_2 と HS^- とを同時に消費することで，これらの細菌は両方の基質について急な濃度勾配を維持し，供給を増やしている．化学走性を伴う運動に連動した硫化物と酸素の同時消費は，硫黄細菌の望むニッチを作り出す．一例として，無色硫黄細菌の Thiovulum は水流を起こすことさえできる．細菌自身が作り出した移流によって，鉛直的な溶質の輸送を促進するのである（Fenchel & Glud, 1998）．

無色硫黄細菌のマットは，今まで述べたのとはいくぶん異なった状況でも形成される．分解を受けている有機物（海藻組織，動物の死骸）が，堆積物中あるいは堆積物上に存在すると，その表面に一時的なマットが出現する．これは，このような状況で局所的に高い濃度の硫化物が生産されるからである．こうして形成される白いパッチ状のマットは，波の作用を受けない浅い水の堆積物上にしばしば見られる．このようなマットでは，活性のある最初の数日間に特徴的な微生物の遷移

が起きる．すなわち，高い濃度の硫化物の発生に続いて，最初にパッチ状にコロニーを作るのは，たとえば *Macromonas*, *Thiospira* のような単細胞の無色硫黄細菌であり，その後に大型で遊泳能力の大きい *Thiovulum* が現れる．*Thiovulum* は，0.1 mm ほどの厚みの白い特徴的なベールを硫化物に富む堆積物表面に形成する．続いて，これらの単細胞の細菌の大部分は，滑走性でいろいろな直径の糸状群体をつくる *Beggiatoa* に置き換わる．この遷移は，少なくとも部分的には，細菌食性繊毛虫の高密度の個体群が，単細胞硫黄細菌を捕食することで促進される．単細胞よりゆっくりと増殖する糸状の硫黄細菌は原生動物による捕食は受けにくいようである．*Beggiatoa* のマットは，細胞外に大量に高分子化合物をつくらず，粘着性の基質を伴っていないという点で，シアノバクテリアのマットと異なる（Bernard & Fenchel, 1995）．このような小さなマットは，硫化物源が枯渇することで，最終的には消滅する．光が当たると，パッチは最終的には，光合成硫黄細菌と酸素発生型光合成生物とが定着し，繁殖する．しかしながら，*Beggiatoa* はシアノバクテリアのマットの中や，強い光合成活性がある堆積物中にも存在している．これらのシステムでは，*Beggiatoa* は有酸素‐無酸素の境界を日周移動しており，これに伴ってマット表面の色が変わる．

　動物が定着するのが難しい堆積物表面が永久的にまたは頻繁に低酸素（酸素分圧が，大気濃度の 5〜10% を下回る）になる暗所か薄暗いところに，もっと永続的で広範囲にわたる糸状無色硫黄細菌のマットが発達する．このような条件は大量の有機物が蓄積し易い成層した湾内やフィヨルドでは普通に出現する（たとえば，Fenchel & Bernard, 1995；Juniper & Brinkhurst, 1986）．もっとも広範囲にわたるマットは多分，高い生産性で底層が貧酸素化する，チリとペルーの西海岸に沿った大陸棚に見られるものである．これらの分厚いマットはおもに *Thioploca* からなる．この細菌は *Beggiatoa* の近縁であるが，違いは，1つの莢の中に何本もの糸状群体が入っているという点である（Fossing et al., 2002）．

　潮下帯の *Beggiatoa* マットの元素循環の例を図 7.7 と図 7.8 に示した．図示したマットは，デンマークの Helsingør の港の沖の入り江にある小さい湾，6〜7 m の深さに存在している．マットはおよそ 0.8 mm の厚さで，有機物を豊富に含み硫黄に富んだ堆積物の表面を覆っている．*Beggiatoa* の繊維は，マットの生物体積のおよそ 90% を占めており，残りは，シアノバクテリア，他の細菌，線虫，それに原生動物である．光合成硫黄細菌は，この深さでは光が十分に得られないため，見つけることはできない．酸素と硫化物の濃度勾配の分布は，酸素消費のおよそ85 % は硫化物の直接または間接的な酸化であり，酸素取り込みのわずか 15% 程度が他の硫黄循環とは関係しない好気的なプロセスに使われている（図 7.7）．図 7.8 のフラックスの値は，平均の状況の見積もり値であり，シアノバクテリアによる酸素発生型の光合成の役割が大きくはないことを示している．SO_4^{2-} は，堆積物中の約 10 cm の深さで枯渇し，これより深い部位では最終無機化を行うのはメタン生成である．しかし，メタン生成は，有機炭素の全無機化のわずか数%しか担っていない．生成したメタンは主として嫌気的に再酸化される．この小さな湾に蓄積する大型藻類や海草遺骸といった外来の有機態炭素の流入によってこの系は駆動される．したがって，炭素と酸素とは連続的に周囲から供給されるので，これらの元素循環は比較的開かれているが，硫黄は大部分が内部を循環する．元素の流れを示した図（図 7.8）は，平衡状態を仮定しており，分解されにくい有機物と硫化鉄

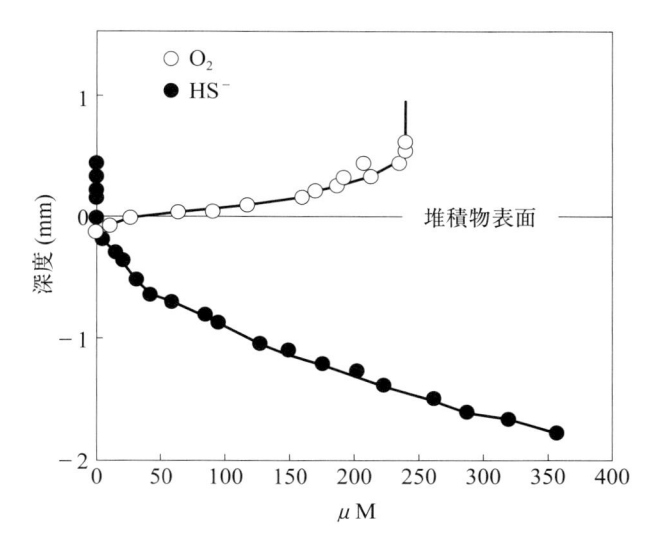

図 7.7 *Beggiatoa* マット内の O_2 と HS^- の急な勾配（Fenchel & Bernard, 1995 のデータより）.

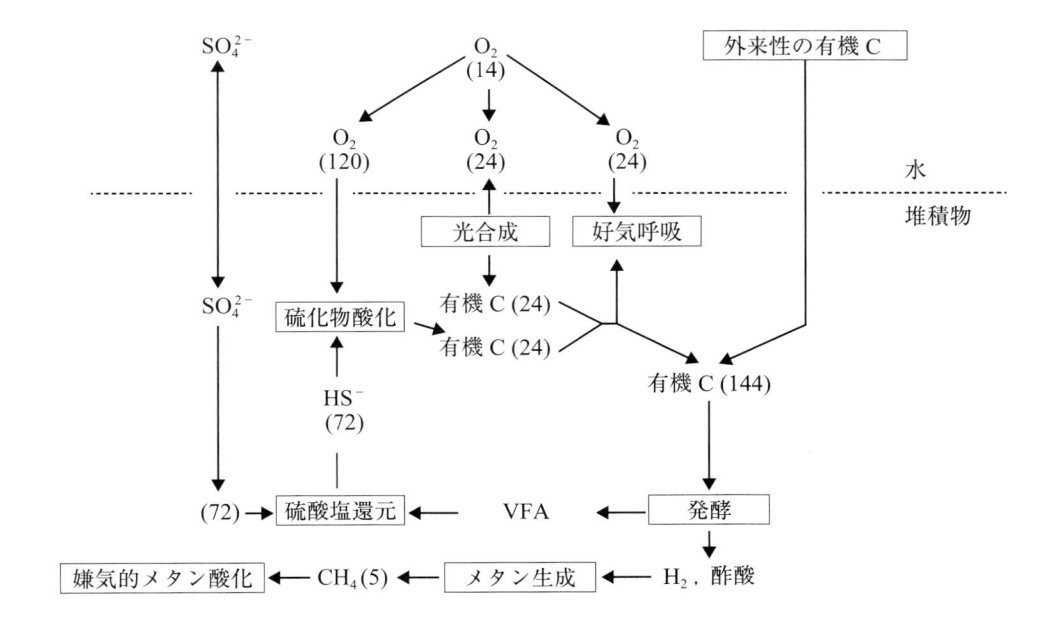

図 7.8 *Beggiatoa* マット中の C, O および S の循環．括弧内の数字は mmol m^{-2} day^{-1} で表した平均フラックス（Fenchel & Bernard, 1995 のデータより）.

が堆積物に蓄積するということを考慮していないという点で，不完全であり単純化したものである．硫化物酸化のある部分は酸素呼吸ではなく脱窒で行われているかもしれない，ということも，ここでは考慮していない．

外来性の有機炭素で成立している化学合成硫黄細菌のマットはもっとも広く分布する型の代表である．しかし，無色硫黄細菌のマットには，地熱プロセスや泉や海底からの湧き出しに由来するH_2Sをもとにしたものもある．深海の熱水噴出口とその周辺の生物群集については第9章で説明する．H_2Sを含んだ水の湧き出しは海洋の洞窟や浅い堆積物にも見られ，これによって無色硫黄細菌のマットが形成されることがある（Dando et al., 1995；Southward et al., 1996）．

他の型の細菌のマット

定性的な視点からはシアノバクテリアのマットとほとんど同じ生物が含まれているが，大量の有機質の破片が蓄積するような穏やかな浅い内湾や潟湖では，紅色硫黄細菌が主要な役割を果たしているマットが，夏期に見られる．このような場所ではH_2Sが大量に発生し，堆積物や有機物破片は高密度の紅色硫黄細菌（とくに *Thiocapsa* と *Chromatium*）のコロニーに覆われる．そのために全体が紅色またはピンク色の絵の具に塗られたかのように見える．このような群集は sulfureta と呼ばれる．より詳しく調べると，無色硫黄細菌，シアノバクテリア，それにさまざまな真核生物も存在することが分かる．このような現象はいろいろな場所で記録されてきた（Caumette, 1986；Fenchel, 1969；van Gemerden, 1989）．

好気的な下水処理プラントにある散水濾床フィルターの基本ユニットや有機物で汚染された水路に見られる粘液性の層は今までに述べた微生物マットに類似している．これらのマットは外来性有機物の正味の無機化を行い続けている．原生動物やメイオファウナによる捕食が，微生物バイオマスの蓄積を妨げている．数 mm の厚みのマット（文献ではバイオフィルムとしばしば呼ばれる）が，固い基質の表面に発達し，これは，有機物と無機栄養とを高い濃度で含んだ水で連続的に洗われている．ある深さ（> 1 mm）では，マットは嫌気的な状態になり，有機物のほとんどの部分が最初は嫌気的に分解を受ける．生じた硫化物は続いてマットの表層で酸化される．光のあたる場所では，マットの表面には微細藻類とシアノバクテリアが生息している（Kühl & Jørgensen, 1992）．

ここで最後に短く述べるマットは鉄酸化細菌によって形成されるものである．鉄酸化細菌は Fe(II) の酸化を触媒し，生成した Fe(III) をオーカー（黄土色の水酸化鉄）として細胞外に蓄積する．弱酸性で鉄分を含み少し還元的で，わずかな有機物を含む湧水では，有柄細菌 *Gallionella* が固相の表面に増殖している．*Galllionella* の鉄酸化は，エネルギー獲得にリンクしている（1.3節を参照）．これらの細菌は最終的には，かつては鉄鉱石として用いられたオーカー鉱床のかなりの部分の形成にあずかったかもしれない．鉄酸化細菌は井戸や配管の水路の目詰まりの問題を起こすこともある．淡水でしかも有機物濃度が高い小川では，糸状の *Sphaerotilus* と *Leptothrix* の厚いマットが見られる．これらの細菌は，Fe(III) や酸化マンガンの外殻が付いた莢を分泌する（Ghiorse, 1986）．

微生物地球化学と極限環境

8

　現在でも極限環境は微生物学および生物地球化学研究の重要な焦点である（Dong, 2008）．新奇なものとかつては見られたが，今では生物圏に普通に見られるものと認識されている．極限環境は初期生命を育み続けてきただけではなく，多種の細菌の個体群の一定部分が定常的にすごす貯蔵場所として，現在機能しているかもしれない．このようにして，極限環境を特徴づける条件は，最初の生命を形作ったと考えられ，さらに，極限に曝された個体群の生き残りに大きな影響を与えることから，細菌の進化に影響を与え続けていると考えられるのである．

　例として，対流圏（地表から10～15 kmの大気圏）には陸域や水圏に由来する多くのバクテリアが存在している．大気内微生物を調べて見つかってきた多くの分類群（たとえば，*Burkholderia*，*Pseudomonas*，*Vibrio*）は極限を好むものとは考えられない（Lighthart, 1997；Amato et al., 2005, 2007；Maron et al., 2005；Pearce et al., 2010）．しかしながら，対流圏の条件として，低温であること，水分の利用が難しいこと，強いUVに曝されること，代謝可能な基質が欠乏していること，などの条件を考えると，対流圏には極限環境とみなすことができる．このように，生命力を維持しつつ大気圏内を運ばれる数多くの細菌は，大気圏の特徴に含まれるさまざまな極限条件に適応してきているに違いない．

　それではどのような条件が極限と考えられるのであろうか．極限環境には，通常，1つか複数の物理的または化学的なパラメータが，多くの細菌や真核微生物の増殖可能域を常に超えているという特徴がある．例として，pHが2以下の酸性環境や，pHが10以上のアルカリ性環境，温度が0℃以下または50～60℃以上の環境，塩分濃度が1 M以上の環境，水ポテンシャルが－1 MPaから－2 MPa以下の環境（第5章を参照）が含まれる．耐性が限られた細菌にとっては，これらの範囲は生存可能な条件を超えている．これら以外にも多くのパラメータが増殖や生残に影響を与える．このような条件には，酸化還元電位，基質が利用できるかどうか，圧力，有毒有機物または無機物の濃度，それにUV照射が例として挙げられるが，それぞれについて，極限条件を定義することが可能である．さらに，極限への反応は通常は1つの変数，たとえば温度で定義されることが多いが，複数のパラメータの相互作用が耐性や増殖至適条件を変えるかもしれない．

　もちろん，極限環境の定義はいくぶん任意なものである．というのも現在通常となっている環境についての概念およびもっとも豊富かつ多様性のある現代の細菌のグループの特徴を反映したものであるからである．地球がゆっくりと冷えてきたことや，酸素を含んだ大気の出現に応じて，地質学的年代で考えると，極限の概念を変えざるを得ないのは明らかである．とはいえ，この章では現代の視点

での極限環境ということに集中し，極限環境のシステムの条件がどのように生物地球化学的なプロセスに影響を与えているのかを，非極限環境条件のそれと比較しながら捉える．さらに，さまざまなシステムで見られる特徴的な条件を超えるいくつかの点にも注意を向け，いくつかの典型的な例にもふれる．

極限環境の分析から，生物地球化学の原則について何を学ぶことができるのであろうか．極限環境で新奇な微生物が初めて見つかることで，新たな生物地球化学プロセスを予測できるのだろうか．このようなシステムは，すべてのシステムで起きているプロセスや動態のモデルとなりうるだろうか．それとも，極限環境は例外でしかないのだろうか．これらの疑問などを次のいくつかの節で取り扱う．

8.1

概観

極限環境は微生物の生物学的理解を大いに豊かにした（Dong, 2008；Madigan et al., 2011）．集積培養と純粋分離によって，分子生物学に用いられるDNAポリメラーゼや，その他種々に応用されるプロテアーゼ，リパーゼ，その他の酵素を作り出すという商業的価値があることが分かった多くの新奇な分類群が得られた（Horikoshi, 1999；Demirjian et al., 2001；Guiral et al., 2006；Tirawongsaroj et al., 2008；Rastogi et al., 2009）．極限環境からの分離株は，多くの生物が，程度の違いがあるにせよ経験するpH，塩分，温度，放射線，その他のストレスに対する生理学的および生化学的な応答を理解するためのモデルにもなった．さらに，極限環境からの分離株のゲノムおよび，培養に由来しない配列データも，ある程度は，生命の起源とその進化に関する理論に情報を加えた

（Lake et al., 2009；Zhaxybayeva et al., 2009）．たとえば，生物の系統樹の中でもっとも根っこのところにあたる系統がもつ好熱性（または超好熱性）という性質は最初の生命の発生と初期の進化が比較的高い温度，たとえば熱水鉱床で起きたという議論を支持してきた（Nisbet & Sleep, 2001；Schwartzman & Lineweaver, 2004；ではあるが，Miller & Lazcano, 1995も参照）．驚くべきことではないが，極限環境の分子生態学的な分析によって，系統樹のいろいろなところに位置づけられる，いくつものまだ培養されていない系統があることも分かってきている（たとえば，Reysenbach et al., 2006；Ley et al., 2006；Huang et al., 2007）．これらの系統は，生理学的に新奇なものが含まれるかもしれず，微生物学者にとっては培養することが取り組むべき課題となっている．

微生物にとっての極限環境は生理学的および系統学的な新規性をかなりもっているとはいえ，この新規性が生物地球化学的な新規性に相当するのかと問うことができる．この問いに答えるには，まず，極限環境ではいくつもの条件が生命と新規性の生成に制約となっており，同様に，極限環境ではない通常の環境での条件がそこにある生命にとって制約になっていることに注意する必要がある．たとえば，熱力学の第一法則にも，分子運動力学理論にも，温度が変数として含まれている．したがって，あらゆる反応のGibbsの自由エネルギーは温度の上昇に伴って増加する．反応速度定数も同様である．温度はまた，イオン化速度定数にも（ルイス酸に対しては，温度が上昇するとpHが上昇する），水分活性にも（温度が上昇するにつれて水ポテンシャルは低下する），拡散速度定数にも（温度が上昇するにつれ，拡散が増加する）影響する．このように，極限環境の中で生命の進化は，すべての生命の形に利用可能なのと同じ，総

合的な自由エネルギーエントロピーの余地の範囲で起きる．言い換えれば，新規性の生成は，熱力学的および分子運動力学的な「機会（チャンス）」の関数である．

　しかしながら，これに加えて，極限環境細菌の進化はある条件で制約を受ける．その制約は通常の細菌に対して大きな影響がない．たとえば，高い温度での小さい分子の安定性と生体高分子の加水分解速度の増大とが生命存在の上限温度を決めている（Cowan, 2004）．およそ150℃という温度が，DNA，RNAそれにタンパク質の加水分解速度から見積もられている（White, 1984）．同様に，脂質膜の安定性と，ATP合成可能な電気化学的勾配を保持する能力が，生命が存在できるpHの上限を決めている（Krulwich, 2006）．このような生息環境の限界は多様性の減少につながっていると考えられる．極限環境，たとえば，熱水噴出口，温泉，赤道域や極域の沙漠の細菌は，門のレベルで多様であるかもしれないが，他の穏やかな環境に比べると，いくぶん種の多様性が低いと考えられる．たとえば，穏やかな環境では普通に見られる放線菌門やプロテオバクテリア門のように多くの種を含む門が，あまり多くの種を含まず，進化的に多様ではない．16S rRNAの系統樹の付け根のところに近いような分類群（たとえば *Aquifex*, *Chloroflexi*, *Thermodesulfobacteria*）に置き換えられる．"極限環境微生物"が属するいくつかの門で，種数が少ないことは，生物学的および物理化学的な複雑さが極限環境では減少することから，生態的地位（ニッチ）が限られることや，自由エネルギー，エントロピーの範囲がずっと限られるという進化的な制約を反映したものかもしれない．

　陸域生態系では，数多くの真核生物が複雑さの形成に重要な役割を担っている．細菌との直接的および間接的な相互作用を通じて，真核生物は生態的地位分化の可能性を大きくしている．このことは言い換えると増加した多様性を支えていることにもなる．しかしながら，真核生物は一般的には，高温や高いイオン強度を含む物理的または化学的な極限には耐性がない（Weber et al., 2007）．たとえば，わずかな数の真核微生物がおよそ60℃以上の高温に耐えるのみであり，後生動物ではおよそ50℃を超える温度に耐えることはめったにない．同様に，比較的わずかな数の後生動物が，約1Mを超える塩濃度や，高いpHまたは低いpHに耐えるのみである．したがって，細菌がほとんどの極限環境で優占するが，いくつかの例外がある．真菌類はバクテリアよりも低い水ポテンシャルに耐えることができ，乾燥した生態系で重要な役割を果たすことができる．また，真核の好塩性微細藻類も高い塩分濃度に耐えることができ（たとえば，*Dunaliella tertiolecta* は4Mを超えるNaCl濃度に耐える），高塩分環境でのバイオマスに，また光合成にも大きな寄与がある（Weber et al., 2007）．とはいえ，条件が厳しくなるにつれて（たとえば，高い温度，低いpH，高い塩分），多様性は低下し，最終的にはアーキアが優占する．アーキアへの遷移は，極限環境に特徴的なエネルギーストレスにアーキアが適応している，あるいは特化していることを反映しているためであろう（Valentine, 2007）．

　系統的な多様性のパターンに関係なく，極限環境の微生物相には，少なからぬ生理学的および生化学的に新奇なものが含まれている．例として，*Chloroflexi* の光合成系および好塩性のアーキアの光合成系（Oosterg et al., 2010），カリウムや他の独特の電解質を数mol/Lレベルの濃度まで蓄積するもの（Roberts, 2005），アーキアおよび *Aquifex*, *Chloroflexi*, *Thermodesulfobacteria* が生産する特徴的な膜脂質（たとえば，van de Vossenberg et al., 1998），極度ではないが好

塩性の *Ectothiorhodospira* による光合成で還元剤として亜ヒ酸が用いられること（Kulp et al., 2008）、高アルカリ性微生物が ATP 合成に逆方向の水素イオン濃度勾配を用いる能力をもつこと（Hicks et al., 2010），が含まれる．生理学的プロセスにも極限環境微生物に特徴的なものがある．この例として，増殖のための一酸化炭素（CO）の CO_2 と H_2 への嫌気的な酸化が，ほぼ好熱菌に限られることが挙げられる（Balk et al., 2009；Kochetkova et al., 2011）．また，CO_2 固定によるバイオマス生産に少なくとも 3 つの特徴的な経路が，やはり，主として極限環境微生物にみられる（たとえば，*Chloroflexi* の 3-ヒドロキシプロピオン酸サイクル，*Crenarchaeota* の 3-ヒドロキシプロピオン酸/4-ヒドロキシブチル酸サイクル，*Crenarchaeota* のジカルボン酸/4-ヒドロキシ酪酸サイクル；Hügler & Sievert, 2011）．極限環境微生物の新奇性は明らかに，自然選択と適応反応の結果の代表的なものである．これらによって，それぞれの分類群が特徴的な極限環境条件で生き残るのを促進している．さらに，これら新奇性は，生態系の生物量とエネルギーの流れる経路について，生物地球化学的な影響をもたらす．

8.2

極限環境の生物地球化学

生理学的に変わったものがいることと多様性が低いということが，極限環境の生物地球化学的なプロセスに与える影響については未解明な部分がある．元素循環の構造は少なくとも幾つかの極限環境では，通常の穏やかな環境に比べ，単純であるように見える．たとえば，メタンや一酸化炭素の好気的な酸化は，通常の陸域や水圏環境で日常的に進行しているが，極限環境ではこれらは普通にはみられない．しかしながら，近年，多様な好熱性，好塩性，好アルカリ性の CO 酸化細菌が，また，いくつかの高度に好酸性のメタン資化（メタノトローフ）性の *Verrucomicrobia* と *Proteobacteria* が同定されている（たとえば，Hoeft et al., 2007；Dunfield et al., 2007）．とはいえ，メタン資化と好気的な CO 酸化は，極限環境微生物のなかで相対的にまれであり，これらのプロセスは乾燥環境や超高温環境ではみられないのが普通である．結果として，これらの環境で生成したメタンと CO は効果的にリサイクルされにくくなり，エネルギーの損失につながる（Conrad et al., 1995；Sokolov & Trotsenko, 1995）．

メタノトローフと同様に，アンモニア酸化性 *Proteobacteria* は極限環境では増殖しないし，機能を発揮することもない．このことは，極限環境の中には窒素循環が不完全なものもあるかもしれないこと，つまり循環の回路が完結せず，アンモニウムから亜硝酸や硝酸が生成しないこと，さらにその環境内で生成した硝酸を使う脱窒が起きないことを意味している．しかしながら，アンモニア酸化を行う *Thaumarchaeota* が最近いくつかの温泉で記載されてきている（Zhang et al., 2008；Costa et al., 2009）．このように，極限環境では *Proteobacteria* の代わりに，アーキアがアンモニア酸化を担っており，完全といえるような窒素循環が成立しているのかもしれない．アーキアによる極限環境のアンモニア酸化がどれほど起きているかはまだよく分かっていない．

Aquifex のメンバーを含む脱窒菌はいくつもの温泉で記載されているが，脱窒すなわち異化的な硝酸塩の還元がその場所で起きていることを実際に示した研究は少なく，これらの環境からどれほどの硝酸塩が N_2 に変換されているかは未解決の問題となっている．と

はいえ，いくつかの証拠によりイエローストーン国立公園とグレートベーズン（米国）の温泉で，硝酸の供給源は明らかではないが脱窒が起きていることが示唆されており，その機能を担うグループの多様性は低いと考えられる（Hartnett et al., 2010；Dodsworth et al., 2011）.

特定の生物地球化学過程があるかどうかが，その環境の生物地球化学的な構造や機能に影響するかもしれないが，極限環境は穏やかな環境と同様にいくつかの単純な原理に従って動いている．第一に，環境全体を視野に入れた代謝のためのエネルギー源が必要である．光合成（酸素発生型と酸素非発生型の）は，多くの高塩環境，多くの陸域高温環境（温泉など），極域の沙漠，氷雪，乾燥地において，炭素の固定と代謝を直接駆動する．乾燥地では，光合成が起きるのはたいてい水の利用可能性が局所的に向上した微環境に限定される（たとえば，岩石内の生存環境）．シアノバクテリアがこれらの環境のすべてで光合成者として優占していると考えられてきた．しかし，いくつかの高塩環境の微生物マットからの証拠では，酸素非発生型の光合成，たとえば，*Chloroflexi* のメンバーが，光合成活性の点ではそうでない場合もあるが，バイオマスの点では優占していることが示されている（Ley et al., 2006）．光合成で固定された炭素の由来の意味は大きい．というのも，主要な有機物の組成（たとえば，セルロース，ヘミセルロース，ペクチンが減少し，ペプチドグリカンが増加する），分子状酸素の生産と分布，生産された有機物の C/N 比（真核生物の光合成よりも低い）に影響するからである．

地熱環境では化学合成独立栄養が，捕足的な役割をもつ（たとえば温泉）か，完全に光合成に取って代わる（たとえば熱水噴出口）．この理由の1つは，クロロフィルが構造的に保たれる上限温度（およそ70〜75℃）による．

地熱環境では，溶存硫化物または硫化鉱物が，カルビン－ベンソン－バッシャム回路（温泉と熱水噴出口で）または還元型クエン酸回路（ほとんど熱水噴出口）による CO_2 固定のエネルギー源として用いられる.

化学合成独立栄養生物は，極限環境での生物地球化学循環について大きな意味をもつ．化学合成独立栄養生物は，光合成真核生物に対する相対的バイオマス組成を変えるということに加えて，硫化物呼吸の電子受容体として分子状酸素を用いることが多い．その呼吸の程度によっては，他の反応に用いることのできる酸素の量を劇的に減少させる．それによって，発酵過程や硫酸塩還元を促進する．実際，硫化物の酸化によって，硫酸塩濃度が低い種類の熱水系での主要な硫酸塩源となっている（Dillon et al., 2007）．加えて，硫化物の酸化は，それが起きている場所を酸性化させ，ときには pH が 2 よりも低くなる．この過程は，低品位の硫化物鉱石から，加温した条件で金属を抽出するための人工的なシステムでも用いられる．しかし，これは，多くの鉱山開発に伴って発生する大規模な汚染の原因にもなっている．

水素，CO，および他の還元された無機物の化学合成独立栄養代謝もさまざまな極限環境に見られる．たとえば，大気中からの水素と CO の取り込みは，植生のない新生火山堆積物中の，呼吸による電子の流れに相当な割合（10〜20%）で寄与している（King, 2003）．このような堆積物では，水ポテンシャルの値が極端な値（－10 MPa よりずっと小さいか，50℃ より高い）をとることがよくある．火山堆積物中の CO 酸化細菌には，高熱環境由来であることが知られている分類群だけでなく，穏やかな環境で見られる分類群も含まれている（たとえば *Ktedonobacteria*: Weber & King, 2010）．いくつもの証拠によって，CO も水素も，維持あるいは生残を促進するエネルギー

補助として用いられている可能性が示されている．水の放射線分解によって生成した水素または玄武岩の風化によって生成した水素も，地下深部では重要である（Lin et al., 2005）．地下深部では，細菌は高い温度と極度に貧栄養（すなわち，炭素欠乏）な条件の中にいる．実際，このような環境では，水素が主要なエネルギー源であるかもしれない．

　極限環境に当てはまる法則をもう1つ付け加えよう．持続的な活性は，系外への移出を補うほどの外来の栄養物の移入に依存しているか，非常に効率の良い栄養物の循環に依存しているかのどちらかである．多くの温泉や熱水噴出口は基本的にはかなりの物質移動を伴う解放系である．つまり，これらの系は，高い効率の閉鎖的な元素循環に依存していないであろう．実際，これらの系の多くは，バイオマスが移出している．したがって，これらの系は閉鎖系で見られる生物地球化学的な機能の一部を欠いているかもしれない．この意味では，これらの系は，遷移の初期の段階の生態系に類似のもの，あるいはそのモデルであると考えられる．初期の生態系遷移の特徴として，単純でときには不完全な栄養循環と相当な量の栄養の損失が起きる可能性があるということが挙げられる．

　しかしながら，他の環境，たとえば高塩環境の微生物マットでは，速く，効率の良い炭素の再利用がより重要であるとおもわれる．これまでの報告の中で，面積あたりの光合成と呼吸（硫酸塩還元も含む）速度がもっとも大きいのは，高塩環境の微生物マットである（Jørgensen & Cohen, 1977）．速い速度の光合成と呼吸は，炭素の固定と無機化が密接に連結していることを意味している．この無機化は高塩環境ではしばしば硫酸塩還元が優占している．速い硫酸塩還元速度は，言い換えると速い硫化物酸化速度を意味する．というのも，硫化物の損失も蓄積も小さいからである．

高塩環境の微生物マットの中での炭素と硫黄の循環の密接な連結では，シアノバクテリアが存在するマット中のある層に酸素耐性の硫酸塩還元菌が存在している．この例のように，光合成生物と硫酸塩還元菌とが，1 mm未満で物理的に近接していることで，炭素循環と硫黄循環の連結が促進されている（Konhauser, 2007）．

8.3
極限環境のモデルとしての高塩環境の微生物マット

　微生物生態学で用いられる方法の進歩が続いていることや，地球外生物学あるいは宇宙生物学の興味が高まっていることで，多くのいろいろな極限環境が研究されてきた．そのときに，これらの環境の少なくとも一部から得られる結果は地球外生物探索に貢献するとされてきた．探索活動によって火星や太陽系の他の天体を汚染させる可能性があることから，人工的な極限環境，すなわち宇宙船組み立てのクリーンルームでの極限環境微生物の研究が進められてきた（たとえば，Moissl-Eichinger, 2011）．たぶん驚くことではないが，人工物の表面でも，相当な数の細菌が存在しており，これらは，紫外線照射や乾燥，栄養の欠乏，極端な温度など，広い範囲の極限条件に耐える，あるいは生きながらえることができる．これは，宇宙船や他の人工物が，着陸することで地球外の環境に汚染をもたらす可能性があることを意味している．

　とはいえ，今日まで調べられた多くの極限環境のなかで，比較的アクセスし易く，試料採集が容易でいろいろな現地実験操作が可能であることから，高塩環境が他に比べると格段によく調べられている（Oren, 2002；Des Marais, 2003；Ludwig et al., 2005；Wieland et al., 2005；Baumgartner et al., 2009；Goh et al., 2009).水深が浅いところでマットを形成するシステムがこれらの理由によりもっとも大きな関心を集めてきた.さらに,現代のストロマトライトは,始生代から続くマット形成システムと類似するものであると考えられてきた.ストロマトライトはおよそ35億年前から6億5千万年前まで地球上に優占した生命体であった.ストロマトライトが化石として出現することと,酸素発生を行う現代のシアノバクテリアに類似した構造がそのなかに見られることを元に,大気中の酸素が形成される地球史上のモデルが提案され,それをもとにさまざまな生物地球化学的循環の歴史が推察されてきた(たとえば,Nisbet & Sleep, 2001；Dupraz & Visscher, 2005；Papineau et al., 2005；Reid et al., 2000；Goh et al., 2009).

　高塩環境のマットの分析から,その中に含まれている微生物個体群や群集の構造や機能,性質についての新たな発見が得られたことに加え,細菌が生理学的なストレスに対して示す幅広い適応についての数々の洞察が得られてきた(Mongodrin et al., 2005；Sorokin & Muyzer, 2010；Bowers & Wiegel, 2011；Brito-Echeverria et al., 2011).たとえば,NaCl濃度が1 Mを超える環境で優占する好塩性のアーキアは,好気的な酸素非発生型の光合成細菌がもつ色素(すなわちプロテオロドプシン)と真核生物の視覚色素の両方に似ている紫色の光合成色素(バクテリオロドプシン)をもっている(Stoeckenius & Bogomolni, 1982；Frigaard et al., 2006).バクテリオロドプシンは細胞の内側と外側との間のナトリウムとカリウムの濃度勾配を高く維持するイオンポンプとして働いている.光エネルギーを使って,細胞内のカリウム濃度を高く,ナトリウム濃度を低く維持することは,アーキアが高塩環境で生き残るための適応の代表的なものである.

　メキシコのゲレロネグロの高塩環境の微生物の群集構造の研究から,ドメイン バクテリアもドメイン アーキアも驚くほど多様性が高いことが明らかになった(Ley et al., 2006).多くの極限環境で,新奇な微生物門を代表するような培養されていない細菌が存在しているが,ゲレロネグロのマットは門のレベルでも種のレベルでも多様性が高いように見える.マットには,よく知られた培養されているものだけでなく,新奇な分類群もメンバーとして含まれている.マット中で既知の物理的または化学的,生物学的な勾配にしたがって,分布している分類群もあれば,未知の勾配に対応しているかのような分布を示すものもある.*Chloroflexi*門に含まれるものが光合成群集バイオマスの中で優占しているように思われる.しかし,活性を特定する分析からは,光合成をおもに行っているのはシアノバクテリアであるという証拠が得られている.シアノバクテリア群集の組成は著しく安定であり,塩分や硫酸塩濃度を変化させる実験的な操作を長期にわたって行ったあとでさえ,比較的一定である(Green et al., 2008).このことは,シアノバクテリアは,極限環境条件で増殖できるよう適応することで,もしも穏やかな条件になったとしても他のグループを打ち負かすほどの十分な空間と資源を占有していることを示しているのであろう.

　バクテリアは高塩分環境の微生物マット中で優占しているが,アーキアも豊富であり,ゲレロネグロ全群集のおよそ9％を占めている(Ley et al., 2006).注目すべきことに,*Euryarchaeota*門のメンバーがゲレロネグロマット中で上方の有酸素の領域に分布し,*Crenarchaeota*門は下方の無酸素領域に分布している(Robertson et al., 2009).*Euryarchaeota*の系統のうちメタン生成を行うものを除いては,マット中のアーキアの機能のほとんどは

分かっていない．しかし，この中には，アンモニア酸化を行うものが含まれているようである．不思議なことに，この活性を担っている可能性があるもの（*Crenarchaeota/Thaumarchaeota*）が，マットの中で下方に分布しており，メタン生成を行っている可能性があるものが上方の層に分布している（Robertson et al., 2009）．これに加えて，少なくともいくつかの高塩環境のアーキア，たとえば *Haloarcula marismortui* は脱窒を行う（Ichiki et al., 2001）．これは，高塩環境の窒素循環が不完全ではなく，閉じているかもしれないということを示している．

　微生物群集の鉛直的に際立った分化や，化学成分の急な濃度勾配，高い代謝速度が高塩環境の特徴である（たとえば，D'Amelio et al., 1989）．ゲレロネグロのマットのメタゲノム解析によって，これらの物理・化学的な勾配の存在と整合的に，マットに含まれる遺伝子が mm スケールで空間的に変化することが明らかになってきた．マット全体でのアミノ酸利用からは，高塩条件が鍵となる淘汰要因であることを示しているということもメタゲノム解析で明らかにされている（Kunin et al., 2008）．高塩環境の微生物マットには多くの特有の性質があるにもかかわらず，生物地球化学的な循環のパターンは，ずっと穏やかな環境のそれと似ているように見える．たとえば，硫酸塩濃度が高い高塩環境では，硫黄化合物の変換が有機物動態の中で重要な役割を果たしている．すなわち，このような環境では，硫酸塩還元の速度は知られている速度の中でもっとも高いレベルのものであり，正味の一次生産の大きな割合を占めている（Jørgensen & Cohen, 1977）．塩湖および極端に濃度の高い塩湖での硫酸塩還元は，高度に多様な群集によって行われている（Brandt et al., 2001；Foti et al., 2007；Kjeldsen et al., 2007）．光合成，および化学合成独立栄養の硫化物酸化微生物は，高塩環境では効率よく硫化物を酸化し，閉鎖系での物質循環の可能性を示唆している．硫酸塩還元微生物と比べると，好塩性の硫化物酸化微生物は，比較的多様な群集が高塩環境のマットに存在することが分かってきた．後者では 2 M と 4 M の NaCl 存在下で集積培養すると異なる分類群が得られる．これらの結果は，少なくとも一部の高塩環境に対して，硫化物酸化微生物が硫酸塩還元微生物よりもよく適応している可能性を示している．

　高塩環境の微生物マットの中での炭素と硫黄の変換に関する生物地球化学が大きな関心を集めてきたが，カルシウムのバイオミネラリゼーション（生物作用による鉱物生成）も重要である．局所的な状況によっては，微生物マットは大量の炭酸塩を沈積させる．これは進化的には重要なイベントであり，ストロマトライトの形成と地球史上ほとんどにわたる微生物の優占とをもたらした．炭酸塩の岩石形成は地球スケールでの炭素とカルシウム両方の分布と循環に大きな影響を与えてきた．目下の関心は，岩石形成作用のメカニズムを解き明かすことである．それによって，大規模な炭酸塩鉱床として保存された化石記録を読み解くことができる．岩石形成メカニズムの理解によって，化石燃料消費で発生する CO_2 を生物作用で隔離することもできるかもしれない．

　高塩環境の微生物マットに比べると研究は少ないが，海底に見つかる塩水だまりは風変わりではあるが，おそらく普通に存在する．塩水だまりは，メキシコ湾を始め，世界中で分布している（たとえば，Brooks et al., 1979；Yakimov et al., 2007）．これらの塩水だまりは，たいてい，岩塩鉱床に接して高塩分になった水がしみ出すことで形成されている．これらは，通常，炭化水素のしみ出しと高い濃度の硫化物を含んだ堆積物を伴ってい

る．塩水だまりは，海水の5倍以上もの塩分濃度による密度の違いによって，安定に存在する．イーストフラワーガーデンのような塩水だまりやフロリダ海底崖にある塩水だまりには，熱水噴出口生物群集を思い出させるような，メタン資化細菌が共生したイガイの仲間の二枚貝を始めとする動物群集が高密度に分布する（Cary et al., 1989；MacDonald et al., 1990）．しかしながら，これらの群集の分布は，塩水だまりの縁辺部分に限られているようである．というのも，高い塩分には耐えられない大型動物もいるためである．

塩水内の微生物の活性が依存するのは，しみ出してくる炭化水素や沈積したデトリタス，それに *Epsilonproteobacteria* による還元された硫黄化合物およびアンモニア酸化を行うアーキアの化学合成独立栄養代謝である（たとえば，LaRock et al., 1979；Martens et al., 1991；Yakimov et al., 2007）．栄養基質は豊富にあるように思われるにもかかわらず，海底の塩水だまりでの微生物活性は，光があたる浅い高塩環境に比べると比較的ゆっくりである．外観上，藻類由来のデトリタスと動物の遺骸が塩水内で保存されているように見える．さらに，塩水だまり内で溶存ATPが安定に存在しているように見えるのは，微生物に対して高塩分が阻害的に働いているからであると説明されてきた（Tuoliva et al., 1987）．海底塩水だまりと表層塩水と活性が違うもう1つの理由は，海底の温度が低いためかもしれない（水深によるがおよそ1～4℃）．

高塩環境のマットとはいろいろな点で異なっているが，南米チリのアタカマ砂漠や同様の環境の岩石孔内微生物群集（endolithic microbial communities）は極度の水分とイオン強度のストレスにさらされており，その結果，高塩環境で観察されるのと類似した応答がみられる．たとえば，アタカマの岩石孔内微生物群集は門のレベルで多様ではあるが，種が多様ではない（Lester et al., 2007；de los Rios et al., 2010）．そして，この群集はシアノバクテリアによる光合成生産に依存している（Wierzchos et al., 2006）．アタカマ砂漠の岩石孔内群集の活性は水の存在量に制約されており，存在する水も岩塩や石膏などの鉱物によって水ポテンシャルは低い（Davila et al., 2008；Wierzchos et al., 2011）．岩石孔内群集の研究は困難であるが，岩石孔内群集は，群集の構成や進化および微生物生態系を維持するのに必要な最小限の生物学的および機能的多様性を理解するのにもっとも単純なモデルとなりうる．

8.4

極限環境としての地下圏

かつては生命が存在しないと考えられた陸域および海域の深部地下環境には，系統的に独特の細菌が存在しており，地球上でもっとも大量に生命が存在する場所であるという主張もある（Whitman et al., 1998；Dong, 2008）．系統的な新奇性は別にして，深部地下の細菌がもっとも注目されるのは，生命を維持するうえでのエネルギー的な限界で生存する能力である．というのも，代謝および生物地球化学的な機能は，表層の細菌のそれに同等のものだからである．いくつかの例では，深部地下の細菌は，その場の炭素源とエネルギー源とを用いて，複雑さの程度の低い生態系で無限に機能しうるように見える（Chivian et al., 2008）．しかしながら，表層由来の有機物の分解が加温することで部分的に促進されることから，深海堆積物に含まれる有機物が代謝で重要な役割を果たすという例もある（Parkes et al., 2007）．陸域の深部地下環境で

は，長期間地表から切り離されていたとしても，非生物的な過程（風化や水の放射線分解）により重要なエネルギー源が供給される例や，栄養分や酸化剤を含む降水由来の水の浸透による表層との接触という例もある．

地下圏（sub-surface）という言葉は，幅広いいろいろな環境を表すのに用いられてきたが，長い年数という時間スケールで実質上表層から隔離された層を記述する用語として使われるとき，いくつもの点で極限と考えられるような環境を表すことになる（Dong, 2008）．地熱勾配（1km深くなるにつれて15℃上昇）によって，地殻のある程度の深さで，好熱性細菌や超好熱性細菌にとって適した温度になる．隔離された地層中での有機物や化学合成独立栄養の基質の利用可能性はたいていとても低く，表層の条件と比べると長期にわたる深刻なエネルギー飢餓状態が発生する．このような状態が新奇な生理を選択するのかそれとも単に多くの個体群を絶滅させるのか，まだ明らかになっていない．しかしながら，長期にわたる生残（50万年）が，DNA修復活動レベルの低下を伴っているときに可能であることが示唆される証拠が最近得られている（Johnson et al., 2007）．

試料採集は明らかに困難な仕事であるにもかかわらず，いくつもの地下環境がさまざまな地球化学的および微生物学的なアプローチによって調べられてきた（Boivin-Jahns et al., 1996；Onstott et al., 1998；Pedersen, 2000；Takai et al., 2002；Fisk, 2003；Head et al., 2003；Inagaki et al., 2003；Hirayama et al., 2005；Kimura et al., 2005；Nunoura et al., 2005；Kobayashi et al., 2008；Sahl et al., 2008；Fardeau et al., 2009；Rastogi et al., 2009；Mason et al., 2010；Das et al., 2011）．撹乱のない試料を採集するのは難しく，本来の低い活性（代謝速度）によって適用可能なアッセイ方法が制限されるが，いくつかの共通した傾向が見いだされる．たとえば，新鮮な玄武岩の風化反応で，または，天然の放射性同位体（たとえば ^{238}U）の壊変による水の放射線分解で発生する水素は，嫌気環境で酢酸生成，鉄還元，硫酸塩還元，あるいはメタン発生を維持する（たとえば，Stevens & McKinley, 1995）．いずれの反応による水素発生も，酸化剤，たとえば硫酸塩，三価の鉄の発生を伴い，これらは呼吸代謝に用いられる（Chivian et al., 2008）．このようにして内部での非生物的な還元剤と酸化剤の発生によって低い代謝レベルを維持することが可能な地下環境もある．複数の深部地下環境で得られた結果は，嫌気的な代謝がメタン生成または硫酸塩還元で占められており，どちらが優占するかは表層環境と同様に硫酸塩の供給に大きく依存していることを示している．

多くの深部地下環境の温度は50℃を超える．培養によらない方法および培養に基づく方法によって，これらの環境には多様な好熱菌や超好熱菌が存在しており，それぞれの場の状態によって細菌の組成は変化するということが示されている．同定された分類群や系統の多くは，*Aquificales*，*Thermotoga*，*Thermus*，*Firmicutes*，アーキアなどの早い時期に枝分かれしたものを代表するものが含まれる．*Proteobacteria* も比較的，とくに温度が低いときに普通である（たとえば，Rosnes et al., 1991；Nilsen et al., 1996；Takai et al., 2002；Inagaki et al., 2003；Hirayama et al., 2005；Kobayashi et al., 2008；Fardeau et al., 2009）．分離されたものには，硫黄循環が重要であることと一致して，硫酸塩還元菌と硫化物酸化菌が含まれる．好熱性のメタン資化細菌，水素生成菌，金属還元菌も同定されている（Dong, 2008）．今までに分離された従属栄養細菌は幅広い種類の基質を代謝し，なかには，いくつかの呼吸経路を使って代謝するものもある．たとえば，"*Candidatus*

Desulforudis audaxviator"は，従属栄養細菌，化学独立栄養細菌，硫酸塩還元菌，窒素固定菌，何種類もの金属を還元する細菌として機能することができる．このような代謝能力の多様性によって，地下の金鉱山生態系でこの種が優占（99.9％を超える）しているのであろう（Chivian et al., 2008）．Thermus scotoductus SA01 株は，硝酸塩，Fe^{3+}，S^0，それにさまざまな重金属を還元し，嫌気的にも好気的にも呼吸することができるという点で同様に注目に値する（Balkwill et al., 2004）．この菌株の代謝の多様性は，炭素源や酸化剤の種類がおおいに変動しうる地下環境の生活に適しており，これを可能にしているのは，多機能の，すなわち幅広く基質にできる還元酵素の存在による．他の分離株，とくに Firmicutes 門のメンバーの中に，セルラーゼ等の菌体外酵素を産生するものがある（Rastogi et al., 2009）．このことは，微生物群集が，ポリマー炭素やバイオマスを比較的効率よく循環させる集合体を形成することができることを示している．

深部地下の微生物群集を調べるのと同様に，地下の微生物の活性を測定するのは難しく，とくに活性が低いものはずっと困難である．モデル研究や地球化学的な証拠や直接的な測定によって，地下環境が単なる眠っているつまり活動していない細菌のたまり場ではないことが示されてきた．たとえば，250 m もの深さから採集された白亜紀頁岩と砂岩で硫酸塩還元速度が測定された例がある（Fredrickson et al., 1997；Krumholz et al., 1997）．地下水の年齢に基づいて，これらの岩石は少なくとも1万年は表層との接触がなかったとみられるとされた．この岩石を粉砕し，スラリー状でインキュベートすると，比較的撹乱のない新たに露出した岩石の面でも難なく活性が測定された．現場から頁岩を取り出して測定すると，頁岩中の硫酸塩還元菌は基質添加に対して直ちに反応した．これは現位置に存在する細胞が活性のある状態でいることを示している．現位置の活性は，部分的には，細胞の周囲の岩石の孔隙サイズによって，さらに，時間を経るにつれて変化する孔隙サイズによって，制限されているように見える（Fredrickson et al., 1997）．孔隙サイズの分布は地下水中の微生物の移動と有機物の流れも制限している．

おそらく1万年よりもずっと長い間表層から隔離されてきた深部地下環境からも生きた微生物が得られてきた（たとえば，Fardeau et al., 2009）．しかしながら，生存能力を維持してきたメカニズムははっきりとしていない．長期間の休眠には限界がある．というのも，胞子や他の代謝していない状態では，自然に起きる化学反応や自然放射線で DNA に損傷が起きるからである．永久凍土試料から得られた微生物細胞の分析結果は，非常に低い代謝レベルで起こる DNA 修復によって，おそらく50万年生存能力を維持しているという可能性が示されている（Johnson et al., 2007）．これらの結果から，かなり長い期間（たとえば2億5千万年）の間，代謝を維持する基質がないところで，生存能力を維持できるのかという設問が提起される．同様の設問が，パンスペルミア説や火星地下に生命体が発見されるかの予想に関しても提起される．DNA 修復と最小限の維持代謝のレベルが要求されるということは，基質と栄養があるしきい値以上の供給として維持されていることが，どのような細胞あるいは細胞個体群でも長期にわたる生存能力には不可欠であることを意味している．この閾値よりも低い供給では，いつか生存能力を失ってしまう．

海底下深部から得られた結果からは，比較的隔離された堆積物でも閾値の基質供給が利用可能であることを示している．たとえば，1600万年前の海底下400 m より深い堆積物の細菌の大部分は，代謝の指標である rRNA

を含む細胞を可視化する方法（CARD-FISH）によって活性が確認されている（Schippers et al., 2005）．これらの堆積物の低い活性は，部分的には，さもなければ難分解性のままの有機物が長期にわたって堆積物に埋もれている間に熱によって利用しやすくなることで維持されているのかもしれない．

陸域と海底の両方で，石油が産出される深部貯留層で得られた結果は，深部生物圏に関しての重要な洞察を長い間もたらしてきた（Dong, 2008）．これらの環境の微生物群集の分析から，さまざまな好熱性のアーキア（たとえば，*Archaeoglobus* と *Thermodesulforhabdus* spp.）とドメイン バクテリア（たとえば，*Petrotoga*, *Thermodesulfovibrio*, *Thermotoga*）の系統が存在することが明らかにされており，また，これらの多くが，炭化水素またはさまざまな有機酸やそれ以外の基質を硫酸塩還元に用いることができ，これはいくつかの油田での"サワーリング"（硫化物濃度の上昇）の原因とされている（たとえば，Rosnes et al., 1991；L'Haridon et al., 1995；Beeder et al., 1996；Nilsen et al., 1996；Lien et al., 1998；Dong, 2008）．さまざまな石油貯留層で見いだされた微生物群集はかなり多様であるが，いくつかの分類群は広く共通にみられる．このことは，これらの分類群が表層環境で普通に分布していたものが，いろいろな貯留層に埋積によって取り込まれたか，そうでなければ，未知の地下の輸送メカニズムがあることを示唆している（Balkwill et al., 2004）．石油貯留層の観察は，地下環境での生命の上限がおよそ 80℃ であることも示唆している（Head et al., 2003）．この上限は表層環境（たとえば，温泉や熱水噴出口）よりも低い．地下環境での低めの上限温度は，栄養供給の制約を反映しているかもしれない．そして栄養供給の制約は，さらに維持代謝の速度も制約している．

8.5

極限環境の好熱菌と超好熱菌

生命は高温の場で出現したかもしれないが，現在の表層生物圏のうち80%は低温環境である．したがって，熱水噴出口や温泉，地熱で温められた土壌やいろいろな人工的な環境のような高温環境は極限的と考えるのが適切である．このような環境の細菌についての研究，とくに至適増殖温度が60℃を超える分類群についての研究が本格的に始められたのは1960年代である（Cowan, 2004）．しかし，75℃の高温で増殖することが記載されたのはそれよりも80年前のことである．*Thermus aquaticus* 由来の分子生物学や産業向けとして商業的に成功した酵素の開発と，1977年の熱水噴出口の発見によって，好熱菌や超好熱菌を調べる努力やこれらが生活している環境の生物学や生態学を理解するための努力が劇的に広まった（Reysenbach & Cady, 2001）．初期の多くの研究では培養することが強調されたが，後の研究では，多様性と高温条件での生物地球化学過程の側面とを調べる目的で行われるメタゲノム解析を含む培養によらないアプローチが行われた（Reysenbach et al., 2002）．これらの研究の結果は，現存の生命とその起源の理解を改める助けとなってきたし，生態学理論の発展にも貢献してきた．

温泉，熱水噴出口それに同様の地熱環境は，広範囲の多様性分析の対象となっている（Reysenbach et al., 2002；Phoenix et al., 2006；Costa et al., 2009）．60℃を超える温度では上昇するにつれて好熱菌の群集組成が変化し，ドメイン バクテリアが優占する．ドメイン バクテリアとドメイン アーキアの混在から，85℃から90℃を超える温度ではほぼ完全にドメイン アーキアが優占する．また，

温度の上昇によって，従属栄養と無機栄養の混在する群集から，無機栄養が優占する群集へとシフトする．これは，炭素循環の構造変化と，それに伴う他の元素循環の変化にもつながる．およそ75℃よりも低い温度で光が当たる環境では，シアノバクテリアや真核微細藻類によって有機物が生産され蓄積しており，そのためにいろいろな従属栄養生物も生活している．これらの生態系のなかには，高温条件ではない場所で発達したもの，たとえば，流水中のバイオフィルムなどと機能的に類似するものがある．しかしながら，光が存在したとしても，75℃を超える温度では光合成は劇的に制限され，微生物群集はエネルギー源として，無機栄養代謝を支える還元された無機化合物（たとえば，H_2, H_2S, Fe^{2+}, CO, NH_4^+）に依存するようになる．このことはとくに，水の流れの条件によって有機物の蓄積が制約をうける，還元された物質が豊富な噴出口や温泉でよく見られる．たとえば，イエローストーン国立公園でのいくつかの温泉の分析から，Aquificales 目が主要となっている微生物群集構造の形成に水素が際立った役割を果たしている（Spear et al., 2005）．

高温環境からの分離株には，ドメイン バクテリアおよびドメイン アーキアの中で独立した系統をつくる属を含んでいる．前者の代表的なものには，さまざまな化学合成従属栄養の好気性菌と嫌気性菌，Thermotoga, Thermodesulfovibrio, Thermus, Chloroflexi, Proteobacteria，それに，早い年代に枝分かれした，まだ培養されていない他の新奇なものが含まれる（たとえば，Reysenbach et al., 2002；Lopez-Garcia et al., 2003；Miroshnichenko & Bonch-Osmolovskaya, 2006；Miller et al., 2009）．化学合成独立栄養には，Aquificales のメンバーやたとえば Caldithrix のような混合栄養の機能をもつ分類群が含まれる（Miroshnichenko, 2003；Miroshinichenko et al., 2010）．80℃を超える温泉で普通に出現する Aquifex (Aquificales) の好気的な性質は，それがもつ脱窒の能力と同様に，いくつもの重要な疑問を提起する．というのも，16S rRNA の分子系統解析から Aquifex はバクテリアの系統の中でもっとも早い年代に分岐しているからである．おそらく，この系統は，酸素発生型光合成よりも先に出現した嫌気的な光合成独立栄養（たとえば紅色硫黄細菌）よりもさらに前に現れたのであろう．呼吸経路は光合成のあと出現したとする主張，とくに好気的な呼吸は酸素発生型光合成の後に出現したという主張がある．同様に，おそらく脱窒も，海洋や大気が十分に酸化的なり，硝酸塩が生産されるようになった後に進化したと主張されている．これらの主張が正しいとなると，Aquifex の代謝の性質は謎である．Aquifex が微好気性であり，現在の酸素濃度では阻害を受けるという事実はこの謎を解く鍵とは言えない．それは，地球初期の大気に水の光分解で発生した非常に低い濃度の酸素が存在していたとする考えがあるとしても，である．この考えが正しいとしても，Aquifex の超好熱性を進化させるのに必要な高温環境で生物学的に意味があるほどの分子状酸素が存在したということは疑わしい．

光分解や化学反応による分子状酸素以外の酸化剤の生成で，Aquifex の生理的な性質と系統的な位置が矛盾していることの説明ができるかもしれない．鉄(II)のUV（紫外線）分解で鉄(III)が容易に生成する．鉄(III)はアンモニウムに対する酸化剤として働くことができ，その結果，硝酸と亜硝酸が生成する．これは推論であるが，このような過程によって十分な濃度の酸化剤が高温環境に供給された可能性があり，それによって，光合成や酸素呼吸で用いられる電子伝達系に先立った（そしておそらくそれのもとになった）呼吸

系の進化を促したのであろう．あるいは，水平遺伝子伝播によって，16S rRNA による系統と合致しない生理的な性質を獲得したということもありうる．たとえば，*Aquifex* のゲノムはアーキアに由来するように思われる遺伝子を比較的大きな割合で含んでいる．さらに，詳細なゲノム比較により，*Epsilonproteobacteria* との間での複数の遺伝子伝播が示唆されている（Boussau et al., 2008）．加えて，水平遺伝子伝播はより一般的に複数の呼吸系の進化に影響したと考えられる．

アーキアの中で，もっとも早い年代に分岐した系統，たとえば *Desulfurococcales* や *Thermoproteales*（*Crenarchaeota*）は，*Archaeoglobus*（*Euryarchaeota*）と同様に，温泉や熱水噴出口に普通に出現する（たとえば，Burggraf et al., 1990；Huber et al., 1997；Rusch et al., 2005；Costa et al., 2009）．もっとも早い年代に分岐した別の系統でまだ培養されていないもの，*Korarchaeota*，アンモニア酸化を行う *Thaumarchaeota*（以前には *Crenarchaeota* に分類されていた）が分子生物学的な手法で温泉から，たびたび記載されてきた（Reigstad et al., 2010；Mirete et al., 2011）．一般的に培養された好熱性あるいは超好熱性アーキアは，系統とだいたい一致した生理学的な性質をもっている．すなわち，これらは主として嫌気的な化学合成従属栄養もしくは化学合成独立栄養であり，電子受容体として単体硫黄をもちいる．これらの代謝の様式は，地球の歴史の初期の高温環境で，卓越していたと現在考えられている条件（たとえば，非生物的に合成された有機物が利用できる可能性や還元された無機化合物がどれほど存在するか）と合致している．極限環境で見られる，メタン生成菌や好塩菌などの他のアーキアも系統的な位置と，これらの起源や，そのときに存在していた生物地球化学的な条件との関係で噛み合わないところはほとんどない．しかしながら，16S rRNA 遺伝子に基づいた系統パターンでは，遺伝子の水平伝播は細菌の進化を直線的にではなく編み目状に起こすために，遺伝子の水平伝播による生理学的性質や機能の分布を予測することは大まかにしかできないのは明らかである．

高温環境での生物地球化学的な変換速度の直接測定例は多様性解析と比べると，限られている．これは，直接測定する方法が高温条件に適用できないという問題を反映している．とはいえ，脱窒，好気または嫌気のアンモニア酸化，水素と CO の酸化，光合成と炭素の固定，硫黄の変換，微量金属やメタロイドの代謝，それに炭酸塩鉱物の形成など，数々の過程の動態や制御を直接見積もる，あるいは推定するためにメタゲノム解析を含む一連の方法が採用されてきた（たとえば，Schrenk et al., 2004；van der Meer, 2005；Dillon et al., 2007；Klatt et al., 2007；Chivian et al., 2008；Steunou et al., 2008；Costa et al., 2009；Jaeschke et al., 2009；Dodsworth et al., 2011；Kochetkova et al., 2011）．観察された，もしくは推定された活性は，培養を使った生理学的性状の研究から想定されるものと一致している（たとえば，Reysenbach et al., 2006；Holden & Adams, 2003；Feinberg & Holden, 2006；Guiral et al., 2006；Balk et al., 2009；Miroschnichenko et al., 2010）．60 〜 75℃近辺で得られた測定結果によると，生物地球化学的循環の枠組みや速度に対する高温の影響には，反応速度論や熱力学的な特性（すなわち ΔG）の変化が含まれるが，生物地球化学的循環の枠組みに対して，還元された無機化合物の濃度，pH，光や水分の条件のような他のパラメータに比べると，温度そのものはあまり重要ではないかもしれない．しかしながら，より高い温度になると，多様性が減少し，特定の機能的なグループが失われるので，生物地球化学的循環の枠組みを決

めるうえでずっと重要であろう．たとえば，酸素発生型の光合成や好気的なメタンやCOの酸化が無くなることは，炭素やエネルギー循環の構造，経路そして効率に影響を与える．多様性の低下は，全体としての遺伝的な可能性を減少させる．すなわち，システムの中に見られるプロセスや機能の重複の減少である．これは，撹乱に対して弱いということにつながるかもしれない．しかし，超好熱群集について撹乱に対する抵抗性や復元力は系統的に調べられてはいないことに注意しなくてはならない．経験的なあるいは理論的な進展の機会が残っているのである．

8.6

補遺的な考察

　極限環境を好む微生物や極限環境の研究は，私たちの生物学や生物圏についての理解をかたちづくり続けている（たとえば，Bowers et al., 2009）．高分子化合物の動態測定からは，タンパク質分子の「柔軟さ」は，好冷菌，中温菌，好熱菌，超好熱菌について，それぞれの至適温度で同様であることを示している（Tehei et al., 2004）．同様の柔軟さで，－10℃未満から120℃を超える温度に対する細菌の適応についての一部分を説明できる．しかしながら，これに加えて，高分子は，熱変化からの復元力という性質ももっている．これは，生態系について用いられる復元力と概念的にそれほど違わない（Tehei et al., 2004）．高分子化合物に耐熱性を持たせることは，細菌がタンパク質のアミノ酸組成を変えることで実現する．特定の温度領域に適応するための2番目の手段である．とくに，あるアミノ酸を極性アミノ酸に置換することで，至適温度が上昇することによって起きるタンパク質の復元力低下に対応する．これによって，活性が維持され，しかも変性が起きにくくなる．

　極限環境を好む微生物の研究では高温が強調されてきたが，永久凍土や，塩水で満たされた氷の中の孔隙中のような，氷温や氷温より低い温度での細菌の活性の測定は（Steven et al., 2006；Stotler et al., 2011），生命の下限になる温度に関する洞察や，火星などに存在する固体の水の中の生命（Bergholz et al., 2009）を探すための考え方を提供してきた．同様に重要なのは，氷柱に閉じ込められた気体を正しく解釈するためには，氷の中の細菌の代謝の程度を理解することが必須であるということである．これについては，過去の大気中の濃度を反映しており，堆積後の変化は無いものと仮定されてきている（Rohde et al., 2008）．気体濃度（とくに，CO_2とメタン）の生物活動による変化があるなら，温室効果気体濃度の変化と気候との関係の私たちの理解を変えうるものである．

　極限環境にわずかに生息する後生動物はさまざまな疑問を提起しつづける．たとえば，食植活動が元素循環の構造にどのように影響するのか？　食植活動の程度と炭素の無機化効率との関係は？　後生動物による食植活動が保存される有機物の組成に，そして，その後の続成作用にどのように影響するのか？　有機物の保存および埋積と深部地下圏の生命との間にどのような関連があるのか？

　当然数の上では限られているとはいえ，後生動物が極限環境にまったくいないわけではない．高濃度の塩分環境にときには，相当な量のバイオマスを消費することができる大型の食植性の個体群が生息していることがある．この場合には，食植活動は疑いなく，栄養循環に貢献する．もし，食植活動がなければ，栄養循環は微生物による加水分解酵素と，それに加えておそらく原生動物にも依存してい

たであろう（たとえば，第3章）．しかしながら，極限環境のほとんどの食植者（たとえばミギワバエのような昆虫や甲殻類）は堆積物を混合せず，地下環境の有機物とその続成作用に対してわずかな影響しかない．

後生動物の食植者は高度に酸性（pH<2），超高温（> 60℃），低温（< 0℃）の環境には基本的に存在しない．後生動物は，海底の高度高塩環境にもいないようである．これらの場合には，有機物の無機化はほとんど微生物過程に依存している．不完全な無機化は，その環境での有機物の蓄積か，どこか他への移出や他所での利用につながる．活性が持続されるためには，移出や埋積で失われるとくに窒素やリンなどの元素が，補償的に移入することが必要である．流体の流れという特徴をもつ環境（たとえば，熱水噴出口や温泉）では，栄養の制限はあまり問題にならない．他の環境，たとえば，南極のドライバレーの土壌，流氷，それに地熱で温められた土壌では，栄養の制限がかなり強く有機物の生産を制約している．少なくともこれらの環境のうちのいくつかでは，窒素固定が窒素の減少を緩和している可能性があるが，極限環境での窒素固定の意義は解明されていない．これは，移入と移出の収支関係が詳細に分かっていないことが大きな理由である．

このように，いくつかの極限環境では微生物の生物学的，生物地球化学的な研究が大きく前進してきているが，多くのことが未解明であるのも明らかである．いま私たちは，極限環境の範囲や多様性が過去に認識されていたよりも大きいことを理解しているので，新しい発見や進歩の機会が拡大したことは，はっきりしているし，さらにしばらくは拡大が続くであろう．

共生システム

9

　本書では De Bary の考えにしたがい，共生を，物理的な接触のある2種類の生物間での特異的な係わり，と定義する．一般に，共生する2種類の生物の大きさには違いがある．（典型的には数個の）共生生物個体は1個の宿主生物個体の内部か表面に生息している．共生生物が宿主生物の内部に生息している場合（宿主生物の細胞の内部に共生する場合と，宿主が多細胞生物なら体腔の内部に共生する場合がある），内部共生生物とよばれる．共生生物が宿主生物の表面に生息する場合，外部共生生物と呼ばれる．共生のこの定義は，この互いの係わり合いのなかにおける機能面での特徴については何の示唆もしていない．互いの係わり合いにどんな特徴があるのかが明らかでないときでも，この定義はやはり有益である．"共生"という言葉は，連携によって双方が環境への適応性を獲得するという意味を含む"相利共生"を必ずしも意味するわけではない．また，共生は寄生（宿主生物が環境適応性を代償に共生生物が利益を得る）や片利共生（少なくとも宿主生物には利益も損害もない中立な連携）をも含んでいる．ある連携に，相利共生の一例と思われることがあったとしても，それは単に自分の一方的な利益のために，宿主生物が共生生物を利用しているケースなのかもしれない．

　相補的なエネルギー代謝型をもつ異なる細菌種間にみられる栄養共生の相互作用は，相利共生の一種である．この関係は，必ずしも直接の接触を伴うとはかぎらないが，相互作用をもつ種どうしが少なくとも物理的な距離が近いところに存在する．その連携は，相互作用に係る特定の細菌種が非常に特異的であるとはかぎらない．水素生産発酵性細菌と水素利用細菌との間にみられる栄養共生性の水素伝搬，および嫌気性メタン酸化細菌と水素利用性硫酸塩還元細菌の間の関係は1.3節，1.5節と2.1節ですでに議論した．同様な連携関係は酸素を発生しない光合成細菌，とくに緑色硫黄細菌と硫酸塩還元細菌との間でも知られている．硫酸塩還元細菌は非酸素発生型光合成細菌に H_2S を供給し，逆に連携相手である光合成細菌から S^0 を受け取る．緑色硫黄細菌と硫黄塩還元細菌によって形成された集合体は *Pelochromatium* と呼ばれている．大型の運動性のある細胞とその表面を被っている緑色硫黄細菌の集合体は *Chlorochromatium* と名付けられている．中心にある大きな細菌の性質は完全には解っていない．このような共生の関係は Overmann & Schubert (2002) の総説に詳しい．このような密接な栄養共生の係わり合いとは別に，程度の差こそあれ，互いの代謝を補い合う特異的な関係が存在するが，両者の間には明確な区別は存在しない．おそらく後者は，"拡散による栄養共生的な相互作用"と呼ぶことができるだろう．その例として，光合成生物から従属栄養生物への有機物の供給と，そのお返しとして，従属栄養生物から光合成生物

や硫化物酸化細菌あるいは硫化物生産菌などへ，無機栄養塩類や還元性の代謝産物の供給がある．これらの相互作用は特定の細菌種に特異的ではないが，ある程度以上の物理的な距離の近さは必要である．細菌どうしのほとんどの相互作用は，ある種の栄養共生や，外部の環境が介在したある種の関係性を含んでいる．細菌の細胞内での関係の好例は，昆虫（コナカイガラムシ）の内部共生細菌である *Betaproteobacteria* の中に生息する *Gammaproteobacteria* に属する共生細菌である（von Dohlen et al., 2001）．

おそらく，すべての多細胞真核生物はさまざまな細菌の宿主となっている．細菌はすべての動物の腸管内や体表面，また植物では根，茎，葉の表面と内部に生息している．ヒトがその好例であるが，ある種の生物では，細菌の数は宿主生物の細胞数を大きく上回る．ある種の単細胞真核生物は，その表面で細菌を養っている．また，多くの原生生物では，細胞内共生細菌が見出される．このように，細胞内細菌と単細胞真核生物との係わり合いは，細胞内細菌と多細胞真核生物との係わり合いより，高い頻度で見出される．また，単細胞真核生物とその内部共生細菌とでは，共進化が歴然とみられる．これは，細菌の共生生物が単細胞の宿主生物のなかで，有糸細胞分裂を通じて世代から世代へ受け継がれることが可能になるからである．一方，有性的に再生する多細胞生物では，このような世代から世代への伝播は，細菌が生殖細胞のなかに生息した場合に限って可能である．昆虫とその内部共生細菌で，こうしたケースが数例観察されてきたが，世代から世代への伝播は，ある種の栄養生殖で増えることのできる生物で起こりやすい．

真核生物の体内，あるいは表面に生息する共生細菌の機能面での役割は非常に多様であり，解明されていないことが多い．係わり合いは非特異的であることも多く，おそらく，宿主には損得はなく中立である．共生生物は，程度の差こそあれ，宿主の生活に若干プラスになることもあれば，逆に病原性となることもある．病原性は日和見感染，つまり，通常は自由生活型の細菌種による感染，あるいは宿主特異的な病原菌を含む場合がある．外来型の細菌による共生もある．たとえば，光を放出するある種の魚類やイカでは，そこに発光細菌（*Photobacterium phosphoreum*, *Vibrio fischeri*）が共生している．

細菌と真核生物の共生関係は，生物圏で広く行きわたっている基本的な要素である．もっとも重要な共生関係は，おそらく，真核生物の進化の初期，つまり原始的な真核生物の系統がミトコンドリアと葉緑体のもととなった細菌との内部共生を確立した時点，に確立されていた．すべてのミトコンドリアの祖先が，酸素で呼吸する *Alphaproteobacteria* の，ただ1回の内部共生に係わる事象に起因することを強く示す，複数のまとまった証拠が存在する．これまでに知られているすべての真核生物はミトコンドリアをもっているか，あるいは嫌気性の原生生物の場合，ミトコンドリアから派生したオルガネラをもっている（Hjort et al., 2010）．これは，現生のすべての真核生物がミトコンドリアをもっていることの証拠である．

元来内部共生は，嫌気性の宿主生物を酸素の毒性から守る役割を果たしていたのかもしれないが，この内部共生は，食作用をもつ生物のエネルギー獲得効率を大きく向上させた．真核生物がさらに進化してゆく過程で，これが多様化の引き金となり，おそらく炭素循環に変化を引き起こした．とくに，ミトコンドリアが細胞内に定着し，構造と機能に変化が生じたことは，ある種の有機物質が代謝される部位を変えていった可能性がある．つまり，ある種の高分子物質は細胞外酵素によって細

胞の外でのみ変換されていたが，消化胞が発達して，細胞外と細胞内の両方で代謝されるようになった．

葉緑体も内部共生によって形成された．葉緑体は細胞内に共生したシアノバクテリアの子孫であることが知られている．しかし，共生したシアノバクテリアの葉緑体への進化が，はたして1回の出来事から始まったのか，それが複数回あったのかは，はっきりしていない（Gantt, 2011）．数種の現生の原生生物では，内部共生するシアノバクテリア（"シアネレ"）が知られている．また，共生シアノバクテリアと細胞小器官との中間的な関係とみられる事例もある．葉緑体共生とミトコンドリア共生のいずれでもみられる顕著な特徴は，遺伝子喪失や宿主ゲノムへの遺伝子伝播によって，葉緑体とミトコンドリアのゲノムが相当小さくなっていることである．葉緑体もミトコンドリアも，その遺伝子は細胞小器官の基本的な機能をコードしつつ，細菌としての明確な性質をもつ遺伝子を維持している（たとえば，16S rRNA遺伝子）．しかし，多くの重要な制御機能は核のゲノムに移動している．

非常に興味深い共生の例はあまりにも多く，ここでは説明しきれない．そこで次節からは，真核生物と細菌との共生で，とくに，生態学的な意義をもつ事例だけに焦点をあてる．草食動物の共生系によるポリマー分解，共生的窒素固定，および元素循環や栄養共生での重要な特徴を紹介する．

9.1

ポリマーの共生的分解

食植動物による植物の利用には2つの基本的摂食戦略があると考えられている．すなわち，1）大量の植物組織を摂食してそれを迅速に処理し，容易に利用できる有機物と栄養素を得る．2）共生的なポリマー分解．これらの戦略はいくつかの基本的な要因に関係している．いくつかの例外はあるが，まず，動物は，量的にも重要な植物の構造を支えるポリマー（セルロース，キシラン，ペクチン，アルギン酸）を加水分解できない．それは，動物がそれに必要な酵素を生産できないからである．2番目に，餌としては，植物組織（とくに維管束植物の構造組織；つまり木材など）の窒素含有量は少ない．3つ目は，多くの植物は毒性のある二次代謝産物を生産する．この性質は植物自身が食植動物から身を守るために進化してきたのである．

これらの要因に対して，さまざまな昆虫をはじめとする食植動物は，膨大な量の植物バイオマスを摂食することで，消化の効率の悪さと窒素含有量の低さを補う．要するに，これらの生物は，植物を構成する大量の消化されない物質から，少量の容易に利用できる基質を抽出するスペシャリストなのである．このような食植動物は，特定の植物代謝産物（たとえば，アルカロイド，クルシフェリンなど）を解毒するメカニズムも進化させてきた．これはまた，食植動物が限られた植物種や類縁種しか利用できないことを意味する．植物のこの戦略は，明らかに重要な生態学的な結果をもたらす．

別の戦略として，さまざまな食植動物では，その機能に特化した消化器官のなかにポリマー分解共生細菌群集を棲みつかせており，それらは発酵細菌群集の場合も多い．食植動物の戦略は，水界や陸圏に生息する多様な無脊椎動物（たとえば，フナクイムシやシロアリなど）や，脊椎動物（たとえば，マナティ，反芻動物）で見られる．共生微生物群集は，おもに次の4つの機能をもっている．1）植物の構造に関わる炭水化物（とくにセルロース）の分解；2）加水分解産物の発酵による，

表 9.1　共生的ポリマー分解の例

哺乳類	ほとんどの食植動物；共生的ポリマー分解は少なくとも12分類群で独立に進化した
鳥類	ダチョウ，レア，ライチョウ類，ツメバケイ
爬虫類	イグアナ，ミドリガメ
魚類	ニザダイ
昆虫類	シロアリ，ゴキブリ
軟体動物	フナクイムシ類
棘皮動物	ウニ類

表 9.2　哺乳類での共生的ポリマー分解

分類群	前胃発酵	後胃発酵
偶蹄目		
反芻動物	+	
ラクダ類	+	
カバ類	+	
霊長目		
コランビンザル	+	+
キツネザル		+
ホエザル		+
異節類		
ナマケモノ	+	
有袋類		
カンガルー	+	+
コアラ		+
ウォンバット		+
奇蹄目		
ウマ，サイ，バク		+
ゾウ目		+
ウサギ目（ウサギ，ノウサギ）		+
齧歯目		+

宿主生物が利用できる基質（たとえば，揮発性脂肪酸や微生物バイオマス）の生産；3）宿主生物が利用するための固定化窒素の供給；4）毒性のある植物の二次代謝産物の分解または変換．消化のために共生生物を体内にもっている食埴動物のうち，もっとも重要で十分解明されている例を表 9.1 と表 9.2 に示す．

炭水化物を分解する細菌との共生は，動物群ごとに別々に進化してきた．このタイプの消化では，消化器系内での食物の滞留時間は比較的長くなければならず，そのために多くの食植動物では，かなり長い消化管をもっていたり，1つ以上の盲腸様の器官や食道が拡張した器官（ルーメンなど）をもっていたりする．比較的ゆっくりと微生物分解や発酵が行われている間，摂食した大量の食物をこれらの器官で保持しておくことができる．

微生物分解に要する時間はだいたい一定なので，共生による消化（とくに"前胃発酵"，以下を参照）はかなり大型の動物で起こる．鳥類では，一般に，共生による高分子物質の

分解がほとんど見られないが，これは，共生には，大容積かつ重い発酵器官が必要になるので空を飛ぶには向かないと説明される．実際，ほとんどの食植鳥類は食物の摂食と消化吸収が速く，そのかわり，消化の効率は低い．

違いは多いとはいえ，すべての共生系には，1つの共通した性質がある：それは共生系が嫌気的（発酵的）な分解を行うことである．これは，分解されている有機物の入れ物であるルーメンや盲腸の中を，酸素のある状態にしておくことができないという理由のためである．そのため，発酵微生物が棲み着くことになり，嫌気的な分解が進行するが，基質の利用効率は悪い．つまり，宿主が消化できない炭水化物を，発酵微生物が揮発性脂肪酸などの代謝最終産物に変換し，代謝産物には，摂食した餌がもっている潜在的化学エネルギーのほとんどが保持されており，それらは基本的には宿主生物の好気的なエネルギー代謝と増殖のために利用される．

このタイプの共生の特徴の1つは，さまざまな機能を分担するため，多くの種が含まれており，それらが複雑に相互作用し合っていることである．さらに，ほとんどの場合，微生物相は細菌だけでなく，多様な原生生物，とくに繊毛虫類，ツボカビ類，鞭毛虫類（たとえば，トリコモナス原虫類，昆虫の体内では，超鞭毛虫類とオキシモナスの類縁生物）が含まれる．食細胞活動によって栄養を得る原生動物は細菌食性であることが多く，ある種のものは植物バイオマスの一次分解者としての役割（セルロース分解活性）と，それに続いて起こる発酵を担う．大半のシロアリでは，後腸内の鞭毛虫類相が主要なセルロース分解者となる．

もっとも研究され，経済的にももっとも重要なシステムはヒツジ，ヤギおよびウシのルーメンである．ルーメンには，微生物生態学的にも生理学的にも有用なモデルとしての役割があるといえるだろう．発酵微生物系やさまざまなタイプの発酵細菌の相互作用，および水素発生菌と水素資化菌の相互作用についての現在の理解は，ルーメン系についての古典的な研究に立脚している（Dougherty, 1965；Hungate, 1966, 1975）．

哺乳類での共生による消化

哺乳類での共生による消化には大きく2つのタイプがある（前胃発酵と後胃発酵である）．前者は，発酵槽（ルーメン）は食道の拡張器官であり，胃の前で起こる．食餌の構成成分（炭水化物，タンパク質）のほとんどが揮発性脂肪酸と微生物バイオマスに変換され，揮発性脂肪酸の消化は発酵槽の後にある真の胃で起こる．揮発性脂肪酸は吸収され，宿主の代謝での主要な炭素源となる（酢酸はおもにエネルギー源として利用され，プロピオン酸は糖新生を経由しておもにバイオマス生産に使われる）．必要なアミノ酸は微生物バイオマスの消化から，また，ビタミンは微生物による合成で供給されることが多い．

後胃発酵では，食物は初めに胃で酸消化され，加水分解産物と溶解性の糖は吸収される．つぎに拡張された大腸か盲腸（または両方）が発酵槽の役割を果たす．そこでは，未消化の植物由来のポリマーは揮発性脂肪酸に変換され，動物に吸収される．後胃発酵は，前胃発酵よりも広くみられる．おそらくそれは，こちらの方が，進化しやすかったためなのかもしれない．すべての動物は微生物群集を後腸に生息させており，ヒトでさえ，細菌の代謝からいくらかは利益を得ていると考えられる．カンガルーとコロビン（反芻胃をもっている霊長類）は前胃発酵だけでなく後胃発酵系をもっている点でユニークである．

ウシとヒツジのルーメン系は，前胃発酵のなかでもっとも研究されており，おそらく他のタイプにも共通する部分が多い．ルーメン

は食道が拡張してできた器官であり，動物の身体の全容積の15%程度である．ルーメンに続いて，より小さな器官である第三胃がある．ここでは分解産物，おもに揮発性脂肪酸など，が吸収される．内容物は第三胃から第四胃に移る．第四胃が真の胃袋であり，酸性下での消化が起きる．その後にある腸管は，ほかの動物でみられるものと同様である．

唾液中の重炭酸塩がもっている緩衝能のため，ルーメンの内容物はほぼ中性の pH になっている：また，強く還元的である（Eh ～-350 mV）．内容物は全体として嫌気性であるが，ルーメン壁を通して酸素がいくらかは拡散し，痕跡量の酸素が検出される場合がある．ルーメンは，ルーメン液と植物組織と微生物に由来する粒状物質との複雑な混合物を含む．細菌と原生動物の密度は，それぞれ，10^{11} mL^{-1} および 10^{6} mL^{-1} に及ぶ．反芻動物は，ときおり粒状物質の一部を吐き戻し，植物繊維を機械的にさらに柔らかくする．セルロースとヘミセルロースなどの炭水化物は効率的に加水分解され，さらに発酵されて，おもに酢酸，プロピオン酸，そして酪酸＋CO_2 や CH_4 が生産される（図 9.1）．脂質は加水分解され，その結果として生じるグリセロールは発酵される．脂肪酸は水素添加されて，おもにステアリン酸とパルミチン酸になる．タンパク質は脱アミノ化され，さらに発酵のプロセスで分解される．一方，リグニンは分解されない．セルロースの分解効率を見積もる場合などに，リグニンは未分解のコントロールとして利用されることがある．

これらの過程は，細菌と原生動物によるさまざまな生理活性が協調的に働いた結果である．100種類以上の細菌がルーメンから分離されているが，それらのすべてが必ずしもルーメンという生息場所に特異的というわけではない．セルロース分解はルーメンの細菌相では比較的小さな部分を占めるにすぎない．セルロースが食物の30～40%を占めるという事実にもかかわらず，セルロース分解菌は全細菌数の5～15%である．その理由として考えられるのは，セルロース分解菌がセルラーゼを分泌するため，セルロースの分解で生じる糖の一部が他の細菌に利用されてしまうからである．セルロース分解菌は他の細菌との栄養共生に依存している可能性も考えられる．重要なセルロース分解菌としては，

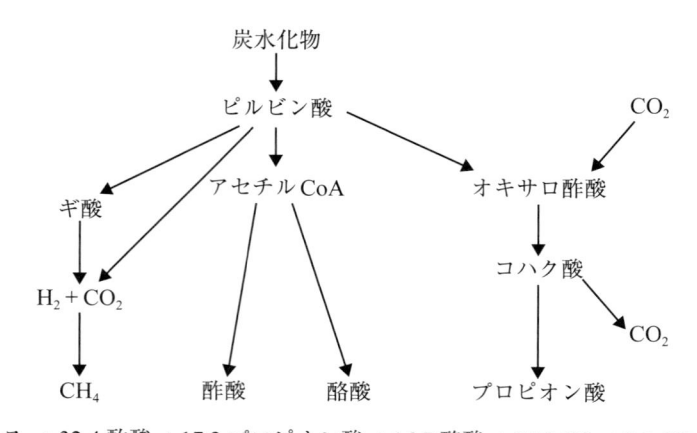

100 グルコース → 32.4 酢酸 ＋17.2 プロピオン酸 ＋16.7 酪酸 ＋15.9 CO_2 ＋8.7 CH_4 ＋9.1 細胞炭素

図 9.1　ルーメンでのおもな炭水化物発酵経路とその過程全体のおおまかな化学量論式．

Ruminococcus, Bacteroides および *Butyrovibrio* があるが，それらの細菌はタンパク質の脱アミノ化と発酵も担っている．*Selenomonas* と *Streptococcus bovis* は分解が容易な炭水化物（可溶性糖類やデンプン）を発酵する．*Anaerovibrio lipolytica* はグリセロールを発酵する．プロピオン酸に至る発酵の代謝経路をもつ多くのルーメン細菌（*Bacteroides succinogenes, B. amylophila*）は，コハク酸を脱カルボキシル化し，プロピオン酸に変換するのではなく，コハク酸を最終代謝物として生産する傾向がある．"*Veillonella gazogeneous*" では，コハク酸は脱カルボキシル化されてプロピオン酸を生じる．

多くの微生物には機能的な重複が認められる．多種多様なセルロース分解微生物（原生動物やツボカビさえもがそれに含まれる）の存在がその代表例であろう．これは，セルロース分解微生物群のニッチが多様化した証拠である．さまざまなセルロース分解細菌が，それぞれに異なる付着メカニズムをもち，分解対象となる植物片の別々の部位に付着する傾向が見いだされている（Bhat et al., 1990）；その基質が利用できるかどうかに応じて，基質に対する親和性や増殖収率の違いによって異なった適応性が発揮される．

Methanobacterium ruminantium によるルーメンでの H_2 と CO_2 を基質とするメタン生成によって，水素は除去される．このプロセスでルーメン内は低い H_2 分圧に保たれ，相対的に酸化的な最終産物を生産する発酵が行われる．メタンの生成量は発酵で利用される炭素の約10%に達し，げっぷとして放出されるが，反芻動物にとっては必要な炭素のロスである．このように，メタン生産は宿主である反芻動物に取り込まれる炭素の流れを減少すると同時に，大気への顕著なメタン負荷である．メタン生成速度を減少させるいくつかの試みはあるが，大きな成功は得られていない．

ルーメン内の代謝経路は多数の中間代謝物を含むが，それらはさまざまな微生物によってルーメン内に放出され，また，別の種によって利用される．とくに，H_2 は非常に速いターンオーバーによって低い分圧に保たれている（表9.3）．乳酸やエタノールなどの中間代謝物は，通常，それら自体が大きな役割をもっていることはなく，酢酸，酪酸あるいはプロピオン酸に発酵される．しかし，もし，典型的な反芻動物用の粗飼料から高デンプン含有量の食物（たとえば，穀物類）に急に変更された場合，高いレベルで乳酸が生産され（たとえば *Streptococcus bovis* によって），そのために pH が急激に低下し，それがルーメン細菌によるその後の代謝を阻害する．その結果，ついには致死的なアシドーシス（酸

表9.3 ルーメン内の発酵でみられる中間代謝産物とその代謝回転率（Hungate, 1975に基づく）

中間代謝物	濃度 (nmol mL^{-1})	ターンオーバー (min^{-1})	代謝産物	代謝産物の占める 割合 (%)
乳酸	12	0.03	プロピオン酸 + 酢酸	7 1
エタノール	trace	0.003	酢酸	?
コハク酸	4	10	プロピオン酸	33
H_2	1	710	メタン	100
ギ酸	12	10	H_2	18

性血症）が引き起こされることがある．これは，易分解性炭水化物が大量に利用できるようになったため，増殖の速い乳酸菌が他の細菌との競合で優位に立ち，その結果，得られる発酵産物の内容が変化したためである．デンプンに富む食餌への変化がもっと緩慢であれば，このような有害な影響は引き起こされない．微生物群集は通常，基質制限下にあるため，発酵代謝のなかでよりエネルギー効率のよい経路を選び，その結果，少量しかない乳酸は迅速に消費されてしまう．

ルーメンの発酵をまとめた代謝経路図と，全体のおおよその化学量論式を図9.1に示す．発酵細菌の群集についての前述の議論（第1章と 図1.4）とを比較すると，嫌気分解は不完全であることが示されている．SO_4^{2-} や NO_3^- などのほかの電子受容体が存在しない場合，炭水化物の完全嫌気分解によって CO_2 と CH_4 が化学量論的に生産されるはずである．明らかに，これによって，宿主が必要とする炭素化合物とエネルギーが奪われるはずである．メタン生成と比較して，反芻動物の発酵による揮発性脂肪酸の生産は，ルーメン内の物質の滞留時間によって制御される．滞留時間（ルーメン液で約15時間，粒状物質ではより長く）が十分長いため，水素資化性メタン生成菌の増殖が可能となる．この滞留時間は，酢酸資化性のメタン生成菌とプロピオン酸発酵細菌群の増殖には短すぎるため，これらを維持できない．それに対して，淡水環境の堆積物の発酵系では，滞留時間は十分に長く，酢酸からのメタン生産が可能である．この点でルーメンと淡水環境の堆積物の発酵系とは明らかに異なる．

ルーメンはしばしばケモスタットのような連続培養と比較されるが，これは正確ではない．つまり，ケモスタットでは，その中に含まれるすべての内容物が同じターンオーバー時間となるからである．ケモスタットでは，定常状態での微生物密度が低くなるため，高い希釈率は低い基質変換率を意味する．逆に，低い希釈率は基質が効率的に変換されることを意味するが，変換速度は遅い．反芻動物は効率的な基質の変換—基質がすべて $CH_4 + CO_2$ に至る必要はないが—を最適化しなければならない．これは，ルーメン内の構成成分それぞれに対応した滞留時間に依存している．

ルーメンはいくつかの小部屋に区割りされており，内容物は筋肉の動きによって小部屋の間を動いていく．このプロセスでは，内容物は粗濾しされている．それによって，大きな粒子はより長く保持され，液体画分はより短い滞留時間をもつようになる．ルーメン内では，微生物群集は液体よりも長い時間保持される．微生物は粒状物質やルーメン壁にかなりの密度で付着しており，これは，定常状態での微生物密度をより大きくするためである．ルーメンの代謝を完全に理解するためには，このように，ルーメン内の流体力学を考慮することが必要である．

ルーメン微生物は窒素源としてアンモニアを好んで使用する（Blackburn, 1965）．アンモニアの一部は，アミノ酸と尿素の脱アミノ反応に由来する．尿素は唾液とともに供給され，ある種のルーメン細菌によって NH_4^+ と CO_2 に分解される．反芻動物の窒素源はルーメン微生物そのものであり，第四胃と十二指腸で消化される．哺乳類は尿素のかたちで余分な窒素を放出する．反芻動物では，体内で作られた尿素の50%は唾液として分泌される．このように，窒素はルーメン微生物に供給されることでリサイクルされる．窒素が欠乏した飼料を与えられた動物が窒素を保存するメカニズムもこれと似ている．N_2 を固定する能力をもつ細菌もルーメン内に存在する．しかし，ルーメンの窒素収支において，窒素固定は重要であるとは考えられていない．

生まれたばかりの反芻動物はルーメンに微

生物をもっていない．新生動物は植物飼料を摂食し始めた時点から，ルーメン微生物を獲得する．つまり，成熟した動物に蓄えられていたルーメン微生物が混じった唾液のついた餌を摂食することで獲得する．実験的に微生物をもたない反芻動物が飼育されているが，こうした動物は通常の飼料では生存できない．

通常の動物では，細菌だけでなく真核微生物もセルロース分解者としての役割を担い，また，タンパク質源にもなっている．原生動物がいない場合，正常な細菌群集をもつ反芻動物では，細菌密度が増加する．それが動物に対して，不利益となる影響にはならない．いくつかの研究報告によると，成長が促進される場合もある．

反芻動物は比較的新しい時代，中新世に出現した．その出現は，同時期に出現した草本に対応した進化であると一般には考えられている．これらの出来事は陸上生態系に重大な影響を与えた．ルーメンの微生物学については，Dourgherty, 1965；Hungate, 1975；Hobson, 1997；Kamra, 2005 の総説がある．

後胃発酵は，前胃発酵よりも原始的で，効率も劣ると考えられることが多い．後腸での発酵を行う哺乳動物には，奇蹄類，ウサギ目，齧歯類，マナティ類，ゾウ，有袋類の一部がある．これらの動物の粗飼料の消化効率は反芻動物より低い．一方，こうした動物は大容量の発酵器官を必要としない．微生物による合成に頼ることなく，食物に含まれるタンパク質やビタミンなどの食物の構成要素を直接利用することができる．しかも，セルロースやヘミセルロースを比較的効率的に利用することもできる．大腸や盲腸での炭水化物分解と代謝の微生物学と，ルーメンでのそれはかなり似通っている．哺乳類での後胃発酵については，Janis, 1976 と Murray et al., 1977 に詳しい．

他の動物での共生的発酵

食植動物とデトリタス食者の腸管内には高密度で細菌が存在する．これらの細菌はおそらく，宿主動物の，とくに構造多糖類の利用において，何らかの役割を果たしている．海洋の多くの底生無脊椎動物でこれが当てはまるが，定量的な関係性は明確でない．

ある無脊椎動物と，ポリマー分解細菌との間で，うまく共進化した共生関係が知られている．二枚貝であるフナクイムシ（*Teredo*）はセルロース分解菌を共生させているので木質を食べることができる（Waterbury et al., 1983）．多くのウニはよく発達した腸内細菌群集を体内にもっている．ブンブク目オカメブンブク属のウニでは，消化管は高密度の細菌とツボカビや複数種の原生動物を含む盲腸をもっている．オカメブンブク属は海洋生物であるため，嫌気的な消化管中の，塊状集合体の中では硫酸塩還元が起こっている．しかし，その塊状集合体の表面に硫黄酸化細菌が付着しているため，消化管内で硫黄循環が完結している．この系のいくつかの点がまだ明確でないが，ウニの消化管では，ウニの食物であるデトリタスの消化において，微生物群集がある役割を果たしているようである（Thorsen, 1999；Thorsen et al., 2003）．新たに発見されたホネクイハナムシ（*Osedax*）はクダヒゲ動物門に類縁の虫である．海底のクジラの骨にこの生物は根のようなものを張り巡らせ，骨の有機物を利用する．この資源の利用は共生細菌次第で決まる（Verma et al., 2010）．

多くの節足動物も腸内細菌を体内にもっており，昆虫でよく研究されている．これらの細菌は植物由来の物質を消化し，植物の樹液や動物の血液など，特別な食餌に頼って生きている宿主にとって必須の物質を合成する（Dillon & Dillon, 2004）．昆虫のなかでは，木質を食べるシロアリやゴキブリの後腸は，

古くからよく研究されてきた対象である．

これらの動物では（シロアリの1グループを除き），嫌気性の鞭毛虫類の集団によるセルロースの加水分解と発酵が初めに起こる．細菌，なかでもスピロヘータが目立っているが，シロアリ後腸で高密度に存在し，うたがいなく重要な役割を担っている．鞭毛虫類は体内に多数の内部共生細菌をもっており，その中にはメタン生成細菌もいる．非共生型のメタン生成細菌と酢酸菌も H_2 分圧を低く維持する役割を担っている．ある種のシロアリでは微生物による窒素固定も意義をもっているようだ．昆虫では，尿酸が窒素を排出するためのおもな物質であるが，細菌によって再利用されている（Breznak, 1984；Potrikos & Breznak, 1981）．

哺乳類以外の脊椎動物では，より多くの事例がいずれ見つかるだろうとは考えられているものの，微生物発酵による植物起源の高分子物質分解は，哺乳類でみられるようには広くは認められていない．さまざまなライチョウ，ダチョウ，およびアメリカダチョウは一対の盲腸の中で後胃発酵を行うことが知られている鳥類である．一方，葉を食べるツメバケイは前胃発酵することが報告されている．これらの鳥類は飛べないか，ほとんど飛ばない．後胃発酵はイグアナや海藻食性のミドリガメで報告されてきた．食植の魚類は一般的には微生物共生には依存しないが，クロハギでは共生の証拠がある（Fenchel et al., 1979；Fischelson et al., 1985；Gasaway, 1976；Iverson, 1980）．

9.2

共生による窒素固定

窒素固定の基本的な性格については1.4節で議論した．大気中の窒素の固定能は，非共生型の細菌に広くみられる．このような窒素固定細菌（たとえば，*Azotobacter*）は土壌中に広く分布するが，陸上での生物学的窒素固定の大部分は，植物と特定の細菌との共生関係によると見積もられてきた．窒素固定は，嫌気的および微好気的条件で，大量のエネルギーを消費しながら起こる反応である．嫌気的および微好気的条件は植物によってつくられる．そのため，共生的窒素固定はどんな環境にも広く分布している．地球上の生物学的窒素固定の約半分がマメ科植物の栽培によると見積もられている．

共生による窒素固定は，分類学的に限られた種類の植物と微生物とが行う．もっとも重要なタイプの共生的窒素固定では，自由生活型の特別な土壌細菌（根粒菌）が宿主植物に感染する．植物は，感染した根粒菌を細胞内共生体として保持し，これに窒素固定に適した条件を与える．同時に，宿主は細菌のアンモニア同化を阻害し，その結果，共生体である根粒菌は NH_4^+ を排出せざるをえなくなり，排出された NH_4^+ が宿主植物によって同化される．こうした植物種と細菌種との連携は，程度の違いこそあれ，種特異的である．共生窒素固定の例を表9.4にあげる．共生窒素固定の総説には，Postgate, 1998；Sprent & Sprent, 1990；Franche et al., 2009，およびFiore et al., 2010がある．

以下に議論する共生的窒素固定の古典的な例に加えて，植物と窒素固定細菌との係わり合いの程度がそれよりも低い栄養共生（あるいは共存）の例がいくつか知られている．さまざまな自由生活型の窒素固定細菌が根の表面に集積されていたり，あるいは根圏で高い密度で出現したりする場合があり，そこで細菌は，固定窒素を供給する見返りとして，植物から根の浸出液を有機物源として得ていることは明らかである．一例として，ある種の

表 9.4　共生的窒素固定の例

宿主	N₂固定共生体	共生体を含む器官
マメ科植物	*Rhizobium*	根粒
さまざまな木本類	*Frankia*	根粒
ソテツ	*Nostoc*	サンゴ状根
アゾラ（シダ）	*Anabaena*	葉の小孔
グンネラ	*Nostoc*	葉柄基部の腺
珪藻とその他の海洋性プランクトン	*Richelia*	細胞内
ミル（緑藻）	*Azotobacter*	葉状体の表面
一部の地衣類	*Nostoc, Calothrix*	菌糸で作られた構造の内部

　熱帯性の草本植物の根のまわりでの共存が観察される *Azospirillum lipoferum* は，植物に窒素を供給していることが知られている．また，海草や海浜湿地に生息する草本の根圏でも高い窒素固定能が知られており，大型藻類の表面からもニトロゲナーゼ活性が検出されている．

　共生的窒素固定は，非常に重要な実用的な側面をもっている．マメ科植物が土壌の肥沃度を向上させることは古代から知られており，この現象は，こうした古い時代ですでに大きな関心を集めていた．Beijerinckは1888年，マメ科の根粒には細菌が含まれており，それが大気中の窒素を固定することを初めて示した．

マメ科植物での共生的窒素固定

　もっともよく知られた，しかももっとも重要なタイプの共生的窒素固定は，マメ科植物（約1,700種ある）で知られている．それらは根粒を形成し，そこに窒素を固定する根粒菌（*Rhizobium* および *Bradyrhizobium*）を含む．また，茎に根粒状の瘤を形成し，同様に窒素を固定する茎粒菌を含む例も，少数ながら知られている．根粒内に生息する微生物の多くは Alphaproteobacteria である．これらの共生生物は，植物体内に侵入し瘤を生長させる *Agrobacterium* に類縁である．この類縁関係は，根粒菌とマメ科植物との関係の進化がどのようにはじまったかを説明する手がかりかもしれない．他方，少数ではあるが，Betaproteobacteria が熱帯のマメ科植物での共生生物であるという知見もあり，*Agrobacterium* との関係だけを根拠にすることはできない．非マメ科植物では，*Parasponia* 属で根粒菌が根粒を形成することが知られている．ここでの根粒には，*Bradyrhizobium* あるいは *Rhizobium* 共生菌が含まれる．

　土壌中で根粒菌は自由生活型として生息している．マメ科植物が何年にもわたって生えていない土壌ではかなり少ないが，マメ科植物の根圏（根の周りの土壌）にかぎって，自由生活型の根粒菌は多数見出されるが，それは根からの浸出液による影響であると考えられている．微好気性条件では，根粒菌の窒素固定活性はさまざまなレベルで誘導される．土壌中で根粒菌がどのくらい窒素固定しているかはあまり分っていないが，窒素固定能は，微生物が環境に適応するための性質であろうとみられている．

　根粒菌は発芽中のマメ科植物の周辺で増殖する．感染と，それに続いて起こる根粒の形成には，根粒菌が根毛に付着することが必要であるが，これが起こるか否かはマメ科植物

の種類と共生する根粒菌の種類によって決まる．あるグループに属する（交差接種グループと呼ばれる）根粒菌は，ある決まった数種類のマメ科植物にだけ感染し，また，別種類のマメ科植物では別種の根粒菌によって根粒が形成される．根粒菌による根毛への付着は，宿主植物が生産する特異的なレクチンと，根粒菌が生産するそれに特異的なオリゴ糖から作られる細胞のコーティングの性質に依存している（Young & Johnston, 1989）．根粒菌が根毛に付着したあとに，根毛が感染糸を作り，これを通って根粒菌が根に入り込む．根粒菌は根の細胞に侵入し，根粒菌はバクテロイドと呼ばれる細胞に変わる．根の細胞に侵入した根粒菌はいったん膨潤し，さまざまに変形して，分裂能を失う．この過程によって，根から根粒の形成が誘導される．形成された根粒は感染した細胞が棲み着く場所となる．周囲の土壌の総窒素濃度が高い場合，酸性条件，あるいはリン酸の供給量が低い場合には，根粒の形成が阻害される．

　根粒菌とマメ科植物との共生関係で見られるきわだった特徴の代表は，レグヘモグロビンであろう．レグヘモグロビンは，ヘモグロビンと同じ基本構造をもち，ヘム部分の合成は共生生物である根粒菌の遺伝子が担い，タンパク質部分の合成は植物宿主の遺伝子が担っている．成熟した根粒の切片を作成すると，その内部がピンク色になっているのが観察されるが，これはレグヘモグロビンの色によるものである．レグヘモグロビンはO_2に高い親和性をもつため，根粒内部の酸素分圧を低い状態に維持するのにはたらき，これによって酸素に感受性の高いニトロゲナーゼを酸素から保護している．同時に，共生する根粒菌に十分な酸素を供給し，好気的な代謝活性を高く維持している．窒素固定のために必要とされる大量のATPを生産するためには，この仕組みが欠かせないのである．

　マメ科植物の光合成産物のかなりの部分（13〜28％）が根粒に供給される（Minchin & Thorpe, 1987）．このうち，炭水化物は，根粒菌での窒素固定のためのエネルギー源や，根粒菌の周りの根の細胞による窒素同化に必要な炭素骨格に利用される．植物はアンモニアをグルタミン，その他のアミノ酸，あるいは尿素誘導体として同化する．

　根粒菌 - マメ科植物共生が及ぼす影響は，植物とその共生生物に対してだけに留まらず，それをはるかに超える範囲にまで波及する．マメ科植物は，根圏に共生する根粒菌の活性を促進するだけでなく，土壌微生物群集全体の組成と群集構造に影響する．バクテロイドが増殖する能力を欠いているにもかかわらず，根粒菌の増殖がみられるのは，バクテロイドに変換されていない根粒菌が根粒と感染糸の内部に常に少数は存在しているためである．これが，根圏では局所的に根粒菌が高密度に維持されていることに貢献している．根粒が老化して崩壊すると，バクテロイドに変換されていない根粒菌も根粒から離れることが示唆されている．この他にも根粒菌と細菌群集に影響するメカニズムがある可能性も考えられる．たとえば，マメ科植物の根粒は，時折，大量のH_2やCOを根圏に放出する．H_2はニトロゲナーゼ活性に，一方，COはレグヘモグロビンとバクテロイドを取り囲む生物膜のターンオーバーに由来する．ある種の根粒菌とその他の多種多様な細菌が，H_2とCOのどちらか，あるいは両方を利用して，それらの代謝能を維持するだけでなく，また増殖することもできる．マメ科植物の根圏では水素酸化細菌が増加することを示す研究例もいくつかある．さらに，マメ科植物の根粒とバイオマスのターンオーバーによって，窒素の利用性が向上されることがあり，それによって，有機物の分解パターンと微生物群集の動態が影響を受ける．

放線菌による共生的窒素固定

窒素固定根粒は100種を超える，互いにはあまり類縁性のない木本被子植物で見いだされる．そこで窒素固定を担う *Frankia* は，細菌ではあるが糸状の増殖をする放線菌である．根粒菌とは違って，*Frankia* は大気の酸素分圧下で窒素を固定することができる．それは，その細胞が区画化されていることと，窒素固定が酸素への暴露からは保護されている小胞内で起こるためである．

放線菌の根粒は数 cm の厚みにまで大きくなることがあり，それが糸状の共生生物で満たされた宿主細胞を含む．この根粒はレグヘモグロビンを含まない．根粒菌の感染と同じく，放線菌の感染は根毛を通して起こる．*Frankia* の繊維は感染の後に増殖し，最終的には宿主細胞に侵入する．

放線菌根粒がみられる木本の例としては，ハンノキ（*Alnus*），ヤチヤナギ（*Myrica*），グミ（*Hippophae*），および熱帯性木本であるモクマオウ（*Casuarina*）がよく知られている．これらの多くは，荒れ地や痩せた土壌に最初に群落を形成する植物，いわゆるパイオニア植物である．

窒素固定シアノバクテリアとの共生

光合成真核生物も従属栄養真核生物も，シアノバクテリアを共生生物として保持できる．光合成真核生物とシアノバクテリアとの共生での機能面での特徴は，ほぼ例外なく，共生的な窒素固定である．シアノバクテリアが共生している場合，高い窒素固定活性をもつヘテロシストと呼ばれる細胞の割合が多い．従属栄養真核生物とシアノバクテリアとの共生では，窒素固定が両者の係りに重要な場合もあれば，そうでない場合もある．シアノバクテリアが窒素固定能をもっていない例もある．共生系において，シアノバクテリアの炭酸固定と窒素固定での貢献の程度がはっきりしていない例もある．本書では，窒素固定の重要性がはっきり解っている例だけを取り扱うことにする．シアノバクテリアを含むそれ以外のタイプの共生は，その後で議論する．

Cyanobacteria の *Nostoc* 属が，ある種の蘚類（*Sphagnum* spp.）の非光合成細胞の内部，あるいは表面に棲みついていることが知られている．*Nostoc* は，また，ある種の苔類とも共生していることが知られている．詳細には研究されていないが，その係わり合いの意義は窒素固定にあるのではないかと考えられている．この例よりは若干深く研究されているのは，暖かい地域の淡水に生息するシダ植物の *Azolla* についてであるが，これには経済的な重要性もある．*Azolla* はある地域では緑肥として使用されており，湛水した稲作水田で，稲の生育が *Azolla* の生育を上回るまでは増えて，その後，*Azolla* が枯れると分解され，固定された窒素が放出される．

ソテツもシアノバクテリアの共生生物（*Anabena*，*Nostoc*）をもつことがある．この共生は，水平方向に拡がった「サンゴ状の根」の枝分かれ部分にある空洞で見つけることができる．被子植物であるグンネラ *Gunnera* は幹の葉の基底部に分泌液を出す腺をもっており，そこに共生生物として *Nostoc punctiforme* を見つけることができる．

海洋性の浮遊性珪藻類や，それ以外の植物プランクトンのある種では，細胞内シアノバクテリアが存在する．こうした共生関係が低栄養な海水で普遍的に見出されることがある．窒素固定が起きている例もいくつか示されている．

従属栄養真核生物とシアノバクテリアとの共生が窒素固定を示す例があるが，ここでは，光合成での炭酸固定もまた重要である．地衣類は糸状菌（子嚢菌類 あるいは担子菌類）の宿主と光合成を行う共生生物との共生コンソーシアムである．ほとんどの場合，光合成

を行う共生生物は真核生物であるが，シアノバクテリアを含む地衣類も見出されることがある．熱帯の水界では，海綿類の多くがシアノバクテリアを共生生物として含んでいる．宿主生物にとって，第一の利点は炭酸固定であると考えられている．とはいえ，いくつかの例では，窒素固定も見出されている（Wilkinson & Fay, 1979）．

9.3

共生者としての独立栄養細菌

　多くの生態系では，独立栄養細菌と単細胞性あるいは多細胞性の真核生物間の共生的なつながりは，無機的成分の循環に対して与える影響は限定的なものと一般に考えられている．しかし，生態系によっては複雑な生物群集形成のうえでの基盤を構築している場合もあり，熱水噴出孔の生物群集はその良い例である．これらは進化の観点からも興味深いものであり，本書の中ですでに述べた栄養共生の原理を理解するうえでも重要なものである．

シアノバクテリアとの共生体

　内部共生体の中でも酸素発生を行うさまざまな種類の共生体が，いろいろな原生動物や動物で見つかっている．これらの多くの共生体は，おもに単細胞性の緑藻，珪藻，紅藻，クリプト藻などの真核藻類で占められるが，これ以外のグループが共生体となる例も見つかっている．内部共生体が単細胞性のシアノバクテリアの場合は，とくにシアネレ（cyanella）という名前で呼ばれる．共生的窒素固定の項で述べたように，浮遊性藻類のあるものにはこのシアネレが見つかるものがある．さらに，アメーバの *Paulinella*，熱帯性海綿類，ユムシ類などと同様に，水生菌（類）にも細胞内共生を行なうシアノバクテリアが含まれることがある．さらに，熱帯性のホヤの仲間にも，ある種のプロクロロファイト（prochlorophytes）をその被膜に共生させているものが報告されているが，共生のうえでどのような機能を果たしているのかはよく分かっていない．

硫化物とメタン酸化微生物

　熱水噴出孔に生息するチューブワームの仲間であるハオリムシは，共生する化学合成細菌（この場合はとくに硫化水素を酸化する細菌，Cavanaugh, 1983）によって有機物の供給を受けることが最初に知られた無脊椎動物の例である．それまでにも，硫化水素酸化細菌といろいろな海洋性無脊椎動物や繊毛虫類との共生関係が知られてはいたが，硫黄細菌が有機物を供給するというはたらきまでは理解されてはいなかった．ハオリムシの発見から数十年を経て，硫化水素酸化細菌との共生は海洋性の底生動物にとってありふれた現象であり，なにも熱水噴出孔だけに限られるものではないことが判明した．メタン酸化細菌との共生もよく知られており，とくに冷水湧出孔周辺でよく観察されている．深海性のイガイ二枚貝，*Bathymodiolus*，はメタン酸化細菌と共に硫化水素酸化細菌も棲まわせている．深海底に堆積した柔らかな底泥に生息することが多い *Pogonopherans* は，消化管の存在しない底生生物のなかまで，熱水噴出孔のチューブワームと近縁である．長いこと，この生物の栄養の取り方は謎につつまれ，多くの議論がなされてきた．最近になって，彼らは共生的な硫化水素酸化細菌に，またときにはメタン酸化細菌に，その栄養源を依存していることが分かった．このような動物に共生する細菌は，トロフォソーム（trophosome）と呼ばれる特別な器官に生息しており，宿主体内に備わる循環系を介して硫化水素に加え

て酸素の供給も受けている．浅い海に生息する無脊椎動物にも，化学合成細菌を共生生物としてもつものが数多く見つかっている．宿主生物としては，2つのタイプの繊毛虫に加えて，二枚貝（とくに，lucinid thyasirid clams），軟体動物，甲殻類，多毛類，線虫類，貧毛類（oligochaete worms）が挙げることができる．これらの動物のあるものは消化管が無く，有機物の生産は完全に共生細菌に依存しており，たとえば二枚貝の *Solenomya* やある種の oligochaetes などがこれに該当する．一方，これ以外の動物では共生細菌から得た有機物を，簡便な食材の獲得に結びつけているものもある．これらの共生生物についてのさまざまな話題が以下の総説などにまとめられている（Bright Lallier, 2010；Bright & Giere, 2005；Dubilier et al., 2008；Petersen & Dubilier, 2009；Stewart et al., 2005；Van Dover, 2000）．

内部共生性の硫化水素酸化細菌はその大部分が *Gammaproteobacteria* に属するが，内部共生性のメタン酸化細菌は *Alphaproteobacteria* に属する．化学合成性の内部共生細菌は，それらの宿主に消化されたり，宿主が内部共生細菌の分泌する有機物を取り込むことで，その栄養源として使われている．二枚貝の中には，特殊な膨らんだエラの中に内共生細菌を棲まわせているものもある．ある種の線虫では，体表が硫黄酸化細菌で被われており，それを削り落として食べてしまうことで有機物として取り込んでいる．宿主が共生菌を獲得するには，浮遊性の細菌を直接取り込む水平的なものと，受精卵を介する垂直伝播的なものがある．

化学合成性の共生微生物には必ず必要とされる栄養要求性がある2つある：その1つは酸素を利用するということ，もう1つは硫化水素あるいはメタンを利用できるということである．大型の無脊椎動物では，循環系ではたらくヘモグロビンは酸素の他に硫化水素にも結合し，これらを運ぶことができる．二枚貝は入水管を通し底泥表面から酸素を取り込む．二枚貝の *Thyasira* は広げた脚で掻きこむようにして周囲の底泥を掘り起こす．より小型の無脊椎動物や繊毛虫の *Kentrophoros* は酸素–硫化水素の両方が存在する界面を生息地としており，最適な濃度の場所を見つけるために，化学走性運動で鉛直方向に移動する（Fenchel & Finlay, 1989；Ott & Novak, 1989）．有柄性で，群体をつくる側毛性の繊毛虫である *Zoothamnium niveum* の体表面は，いずれは捕食される運命にある硫黄酸化細菌によってびっしり覆われている．この繊毛虫は，温暖な気候のマングローブや海草の堆積によって形成された湿地で，しかも，そこにできた亀裂の間から硫化水素が噴出してくるような場所に貼り付くように生息しているのが見つかっている（Ott et al., 1998）．

共生的な生物による硫化水素酸化が，自然界において果たす役割は量的には定かではない．動物が動き回ったり移流を作り出す能力ゆえに，宿主である動物に共生する硫化水素酸化細菌は浮遊性の硫黄酸化細菌に比べるとずっと有利であると云える．なぜなら浮遊性の細菌の場合は反応速度が酸素と硫化水素の分子拡散に依存して取り込まれる速度が制限されているためである．Dando et al. (2004) は，二枚貝の *Thyasira* による硫化水素酸化速度を測定し，周辺の硫酸還元反応速度と比較した．その結果，両者はよく連動しており，二枚貝の行う硫化水素の酸化は周辺の底泥で発生する硫化水素の生成速度に制限されていた．

少しばかり違ったタイプの相互作用はミズゴケに共生するメタン酸化細菌で知られている—彼らが生息場所とするピートモスでは，見かけ上の平衡状態が観察される．しかし，どのような機能上の意味があるのかはまだ明

らかにはなっていない（Kip et al., 2010）．

嫌気性原生動物の水素スカベンジャー

　鞭毛藻，アメーバ，繊毛虫に属する原生動物には偏性嫌気性のものが含まれる．彼らは，嫌気的な下水処理施設で普通に見ることができるが，その他にも硫化水素に富んだ底泥や，成層湖などの水界環境で嫌気的な部位にも生息する．すべてというわけではないが，多くの原生動物はクロストリジウム的なエネルギー代謝を行うこともでき，発酵を進めることで H_2，CO_2 ＋ 酢酸を代謝産物として生成する．この代謝反応はヒドロゲノゾームと呼ばれる，ミトコンドリアから変化したオルガネラで行なわれる．このタイプの代謝は H_2 分圧の高い場合に阻害される（1.3と1.5節を参照）．これらの嫌気的原生動物は内部共生的，外部共生的，あるいはこの両方のタイプの共生生物を携えていることがほとんどである．内部共生生物は，ほとんどすべての場合においてメタン生成菌であることが知られており，原生動物はメタンを代謝の最終産物として細胞外へ放出する．2つのケースで明らかとなっているのは，外部共生菌が硫酸塩還元を行い，しかも水素ガスを逃すというものである．細胞表層のメタン生成菌を人為的に剥がし取ってしまうことで非共生的な状態にした繊毛虫では，生育速度は遅く，成長量も少なく，H_2 発生量も低かったことが明らかとなっている．原生動物とメタン生成細菌との相互作用は明らかに水素の輸送を介した相補的共生関係の例と云える（Fenchel & Finlay, 1995, 2010）．

微生物地球化学循環と大気

10

　地球の特性は大気にもっともよく表れている．現在知られているどの惑星とも異なり，地球の大気は総体としてみると化学的非平衡の状態にあるいくつかの気体の混合物である（Prinn & Fegley, 1987）．熱力学的に理解しやすい次の反応を例にしてみよう：

$$N_2 + 2.5\,O_2 + H_2O \rightarrow 2\,HNO_3 \quad (10.1)$$

　もし，現在の大気の組成のままでこの反応が平衡状態に達したとすると，分子状酸素は現在の21％からほぼゼロに，そして分子状窒素は78％からおよそ25.5％にまで減少してしまうであろう．このようなことが実際に起きたら大気圧は低下し，海洋や陸地の表面は硝酸によって酸性化するであろう．明らかに，このような状態ではいずれの状況においても生命を維持することは難しい．もし同様の平衡化反応が，他の還元性大気微量成分でも起きたとすると，メタン，水素，CO，そしてN_2Oの濃度は，現在の非平衡状態下の大気でみられるよりも，はるかに低い濃度にまで減少すると考えられている．

　これとは対照的に，他のすべての既知の惑星の大気組成は，ほぼ平衡状態に達していることの反映と見なせるような数値を示している．地球と他の惑星間のこの明確な違いというのは，一番目に挙げるべきものとして生物圏の影響にあることは疑いようもなく，二番目に重要なものとしては，地質学的な地殻変動上の理由によるものと言えるだろう．大気組成に対する生物圏の影響は非常に重要であるので，大気が化学的に非平衡であることは地球圏外での生命の存在を示すもっとも優れた指標と考えられている（Margulis & Lovelock, 1978）．この考えによると，火星に生命がもしあるとするならば，地下圏にかろうじて生息するまばらに居場所を確保する程度の，か弱い小型のものと想像することができる．逆の言い方をすると，必ずしも大気が化学的非平衡状態であるということに限定されるものではないが，近頃しばしば話題になる太陽系外惑星での生命の可能性を示す指標となりうる．

　あらゆる惑星や衛星にとって，大気の組成は潜在的に変化するものであり，その結果，場合によっては，それは生命の誕生を可能とするものとなる．それはちょうど生命活動によって大気の組成が変化したのと同様である．それゆえ，各気体の起源，今の大気組成に至るまでの変遷，そして地球を覆う大気全体としての特性を知ることは，地球の過去，現在，そして未来を理解するうえで極めて重要なことである．生物圏が大気に与える影響をもし排除できたとしたら，地球の大気組成の変遷はその将来も含めて，他のすべての惑星の大気が受けるいくつかの変数の影響下に置かれることになる．この因子として挙げられるものは，惑星の質量やその成分，軌道距離，そして恒星の特徴である．惑星の質量や組成は

重力場の強さ，火山の性質やその規模を決定づけ，大気中に放出されそのまま永くとどまる性質をもつ揮発性ガスの種類にも影響をおよぼす．軌道距離と恒星の特徴は電磁場エネルギーの波長がどの範囲のものとなるかに影響を与え，その結果，大気の相互作用とエネルギー流入の程度にも影響する．そのため，温度や水分の存在状態，すなわち水が液体あるいは水蒸気のどちらの状態で存在するか，に大きく作用する．

地球の重力場は強力なため，ほとんどすべての揮発性物質を大気の成分として留めておくのに十分であるが，分子状の水素とヘリウムは大気の上層から宇宙空間へ失われてしまう．地球内部のコアが回転することで磁場が形成され，それは太陽風による大気成分の消失を少なくすることに役立っている．さらに，地球の軌道距離，太陽からの光エネルギーが比較的穏やかなフラックスであること，さらに可視光放射スペクトルは，熱量のロスを抑制することに貢献している．地球と，太陽から見て地球より内側にある岩石圏をもつ惑星，そして地球より外側にあるガス状の惑星との違いは，これらの条件に1つずつ当てはめて比較してみると，大気組成に予想以上の違いを引き起こしていることが分かる．

たとえば火星は，地球と比べると半径はおよそ半分，質量は約10分の1であり，重力定数は地球の40%以下である（Prinn & Fegley, 1987）．火星には地殻活動や火山活動はなく，弱い磁場が存在するだけである．これらの因子や他の要因も合わせると，地球の大気圧は約1010 hPaであるのに対して火星の大気圧はたったの6 hPaであり，その大気組成はCO_2，N_2，アルゴンが主要成分を占め，O_2とCOがごく微量にしか含まれていない（Prinn & Fegley, 1987）．この大気は生命が存在しない惑星を思い起こさせるような，基本的には平衡が保たれている状態にある．しかしながら，最近の報告によると火星大気にはごく微量のメタンが存在し，しかもそれが予想外の速いターンオーバーをもっていることが示されたことから，火星には地球の地下深部で見られるようなメタン生成を行う微生物群が生息しているのではないかと推測する研究者もいる（Atreya et al., 2007）．このことを検証するにはさらに多くの研究が必要であるが，このことからも分かるように，生命が存在するかどうかの指標の1つとして大気組成はいかに重要であるかを示すといえる．

10.1

元素の貯留場所としての大気

生物地球化学の視点から見ると惑星の大気は，混合と素早い拡散によって均一化する気体としての性質を有する元素の貯留場所としてのはたらきがある（Mooney et al., 1987）．地球に存在する元素は4つの主要な貯留場所に，化学的な形態を変えながら分布している．それらは大気圏，生物圏，水圏，そして地圏である（図10.1）．氷雪圏あるいは両極冠には，近年注目されるようになった微生物群集の活性が僅かではあるが確認されており，ここも地球の気候に重要な影響を与えることになる5番目の重要な貯留場所とすることもできるが，元素の貯留場所としての重要度は概ね低いといえる．

貯留場所内のそれぞれの元素の分布とそれらの元素の貯留場所間の移行速度は，元素の存在状態，すなわち固体か，溶存態か，気体か，によって決まる．複数の存在状態をもつ元素はそれぞれの貯留場所内で存在することができるが，明らかに特有の存在状態をもつ元素の場合には，その貯留場所をさらに強く特徴づけるものとなる．

元素は生物圏における物質循環の中で，固

2.3×10^7 Tg

95.2% N_2

2.3% 生物以外の有機態-N

2.5% 無機態-N

< 0.002% 生体

3.9×10^9 Tg

99.9% N_2

< 0.1% N_2O

1.9×10^{11} Tg

> 99.9% 無機態 – NH_2

<< 0.1% 有機態

94% 植物

4% 微生物

2% 動物

1.35×10^4 Tg

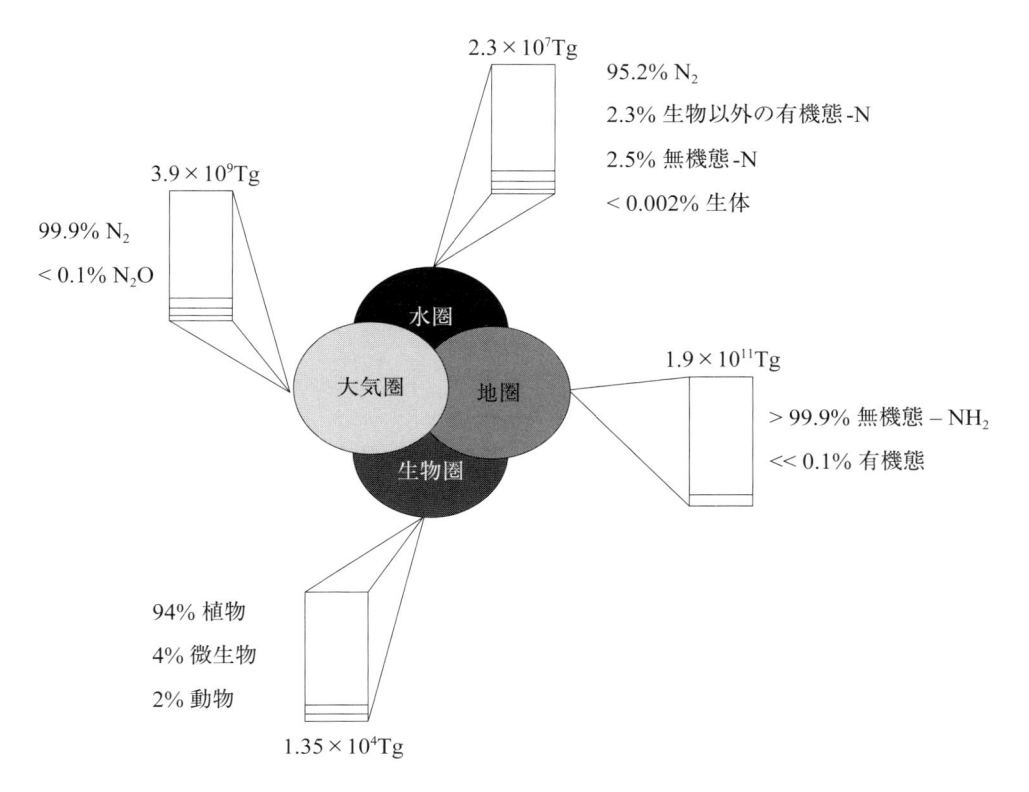

図 10.1 窒素の貯留と，貯留内の窒素の絶対量と相対量．窒素は圧倒的に地圏にあり，そのほとんどは火成岩中の NH_4^+ として存在する（データは Soderlund & Rosswall, 1982 より）．

体，溶存態，気体としてどれほどの重要性をもつかを相対的に評価することでいくつかのカテゴリーに分けることが可能である．とくに，ある気体状元素が生物圏での物質循環にとって，必須のものであるかどうかを知ることは可能である．

リンは例外として，それ以外の有機物を構成する主要元素は1種類あるいは複数の化学的形態の，生合成にそのまま使われるようなものとして大気中に見つけ出すことができる（表10.1）．炭素の流れについて見てみると CO_2，CO，そしてメタンが生物圏に入り，またそこから出てゆく炭素化合物として主要な分子である；また，CO_2，O_2，そして液体および水蒸気の状態の水は，酸素の流れにおいてもっとも優占するものといえる．

窒素と硫黄の変換反応ではガス状物質（窒素では N_2，硫黄に関しては硫化ジメチル）が含まれるが，生物圏でのこれらの元素の主要な反応は不揮発性の物質（窒素では NO_3^- と NH_4^-，硫黄では SO_4^{2-} と二硫化物）を基礎としている．気をつけなければいけないことは，多くの不揮発性化合物は大気を介して移送され，湿性および乾性沈着としていずれは生物圏へ入ってくることである．たとえば，沿岸海域や温帯林に沈着過程でもたらされる窒素は，富栄養化や汚染の原因として重要である（Owens et al., 1992；Hudson et al., 1994；Paerl & Fogel, 1994；Galloway et al., 1995, 2003）．乾性および湿性沈着による硫黄の流入は，陸上生態系への硫黄系栄養素源として重要であり，それが過剰な場合には土

表 10.1　大気の組成の概要といくつかの元素のフラックス（Schlesinger, 1997；Cox, 1995に基づく）；フラックスの単位は10^{12} kg yr^{-1}．0は非常に少ないことを示す

組成			大気へのフラックス		
成分	体積%	全質量 (g)	元素	自然起源	産業起源
全大気		5.136×10^{21}	H (as H$_2$O)	6×10^4	大きい
H$_2$O（水蒸気）	一定でない	0.017×10^{21}	C	200	8
N$_2$	78.08	3.866×10^{21}	N	0.25	0.1
O$_2$	20.95	1.185×10^{21}	O (as O$_2$)	300	0.1
Ar	0.93	6.59×10^{19}	O (as H$_2$O)	5×10^5	大きい
CO$_2$	0.038	2.45×10^{18}	Na	0	0.001
Ne	1.82×10^{-3}	6.48×10^{16}	Mg	0	3×10^{-4}
He	5.24×10^{-4}	3.71×10^{15}	Si	0	0.1
CH$_4$	1.7×10^{-4}	4.8×10^{15}	P	0	0.15
N$_2$O	3×10^{-5}	2.3×10^{15}	S	0.1	0.15
CO	1.2×10^{-5}	5.9×10^{14}	As	2×10^{-5}	5×10^{-5}
NH$_3$	1×10^{-6}	3×10^{13}	Hg	5×10^{-5}	8×10^{-6}
O$_3$	一定でない	3.3×10^{15}	Pb	0	0.004

壌の酸性化をもたらすために，一次生産の低下の原因となる（Bolin et al., 1983；Andreae, 1990；Langner & Rodhe, 1991；Schlesinger, 1997；Cape & Leith, 2002；Duce et al., 2008；Schlesinger, 2009）．

バイオマスに含まれる微量元素（すなわち，アルカリ金属，アルカリ土類金属，遷移金属，半金属など）の生物圏での交換反応には，確かに揮発性の化合物が含まれることはめったにない．例外として挙げられるのがハロゲン化物（塩化物，臭化物，ヨウ化物）であり，これらの揮発性化合物（たとえば，塩化メチル CH$_3$Cl，ブロモホルム CHBr$_3$，ヨウ化メチル CH$_3$I）は生物圏からのこれらの移送に関わる物質として重要である（Wever, 1991；Moore & Tokarczyk, 1992；Anbar et al., 1996；Butler et al., 1999）．

窒素や硫黄と同様に，微量金属，とくに鉄やその他のさまざまな元素は風成ダストとなって大気圏を輸送されると考えられている（Duce & Tindale, 1991；Gillet et al., 1992；Mahowald et al., 2005）．一次生産性の低い海洋では，鉄沈着量の変動が生産性の増加に寄与し，それが大気CO$_2$消費とそれによる海洋底泥への有機物の蓄積を介した負のフィードバックによって，長い目で見た気候変動にも関与しているのではないか，とする説が提唱されている（たとえば，Martin et al., 1990, 1994；Mahowald et al., 2005）．この仮説は海洋の"高硝酸イオン－低クロロフィル"海域に鉄分を散布することでそれを海の肥料とし，一次生産と大気圏から海洋への炭素の流れを促進することをめざす"地質エンジニアリング"の提案の基本となっているものである（Lenton & Vaughan, 2009）．確かにもっともらしい議論ではあるが，このような提案を実行に移すにはあまりに不確かなことが多すぎる（Glibert et al., 2008）．

大部分の大気圏に存在する元素の量は，地圏や水圏に比べると極めてわずかであるが（窒素はこれには当てはまらない主要な元素である），大気圏での輸送は短時間で進行し，

その規模も地球レベルとなる大規模のものである．大気内部での完全混合は極めて短時間に進み，水圏や地圏での混合のための時間の定数がそれぞれ10^3年以上および10^7年以上であるのに対して，大気ではおよそ1年と短い（Holland, 1978；Walker, 1993）．大気圏での素早い混合は，沈着による大気からの元素の移送と相まって，地球全体の生物圏と大気圏の間の元素の流れをつなげる仕組みを形作っているといえる．たとえば，熱帯地方の湿地帯から発生するメタンは地球規模の気温上昇に大きく貢献しているが，発生したメタンの10％もの量が，温帯林土壌でメタン酸化微生物によって酸化されている（King, 1992；Reeburgh et al., 1993）．同様に，土壌や湿地環境から発生するN_2O生成も地球規模の温暖化や成層圏オゾン濃度の変動に多大な影響を与える（Bolin et al., 1983；Li et al., 2005, Ravishankara et al., 2009）．

大気混合の速度が速いことは，地域的な，ときにはローカルな事象までもが，地球規模の現象としてすみやかに現れる場合があることを意味する．たとえば，1991年に起きたピナツボ火山の噴火によって放出された硫黄系ガスとエアロゾルは数ヶ月の間に世界中に拡散し，大気組成，地球の気候，そして南太平洋の一次生産に，測定値として計測出来る程の変化をもたらした（Brassueur & Granier, 1992；Bekki et al., 1994；Dlugokencky et al., 1996；Watson, 1997）．グリーンランドの2500年前の氷床コアで，通常よりも高濃度の銅がみつかった．一見すると狭い範囲で発生した小規模な事象であっても，それが大気を介すことで広い範囲に輸送されることを如実に示している例である（Hong et al., 1996）．これは中部ヨーロッパのある地域で，人間活動に伴う金属加工と鉱山活動によって銅を高濃度に含む粉塵が大気に放出され，その後世界中に降り積ったものであることを示す．

同様の現象は水銀でもみられ，この場合は原因のすべてではないが，水圏や生物圏でみられる水銀濃度の上昇の少なくともその一部分は，大気を介した輸送に関係することが明らかとなっている．単体の水銀（Hg^0）が高い蒸気圧を示し（気化しやすい），そして単体の水銀は微生物の代謝によって有機態でしかも気体の状態で存在するジメチル水銀$(CH_3)_2Hg$に変換される（Madsen, 2008）という特性によって，大規模な水銀汚染の発生の可能性が高くなっているといえる．人為起源による水銀の可動化は，これにさらに微生物のはたらきが加わることで水銀化合物の一部が気化され，大気を介した輸送が生じるために，地球全体に影響を与える（Sunderland & Mason, 2007）．この他の大気を介する汚染の原因となる元素としては，ヒ素，セレン，カドミウム，鉛，ベリリウムがある（たとえば，Duce et al., 1991；Amourooux & Donard, 1996；Amouroux et al., 2001）．

大気圏はまた，他の貯留場所間の物質の流れを取りもつはたらきもしているといえる．大気圏での物質の素早い移動と地球規模での大気成分の混合が可能なことから，かぎられた地域でのガス状あるいは粒子状物質の生成や消失に伴う濃度の変動があったとしても，その勢いが弱められることが期待される（しかし，完全に除去されるわけではない）．これは生物地球化学的な循環が恒常性を維持するうえで，大事なはたらきの1つと考えることができる．しかしながら，大気圏の存在はいろいろな正と負のフィードバック作用を起こし，地域的な地球生物化学の循環反応を促進させることもある（たとえば，Kutzbach et al., 1996；Overpeck et al., 1996）．さらに大気の物理化学的な動態は，その構成成分の組成に極めて敏感に反応するという性質をもつが，生物圏で起こる撹乱現象の潜在的な原因となりうる．

10.2

大気の構造と変遷

大気圏の構造とその構成要素の循環

地球の大気圏は，特徴的な温度，圧力，組成をもついくつかのよく特徴づけられた領域からなる（Marshall & Plumb, 2007；図10.2）．気候と生物圏との関係で一番重要なのは地球の表層に接している領域である対流圏とその外側の成層圏である．対流圏はおよそ12〜15 km の高さにわたっている．対流圏は対流圏界面で成層圏から隔てられており，成層圏はおよそ50 km の高さまでである．北半球と南半球ではっきりとした対流圏の循環があり，2つの領域に分けられる．これらの領域はそれぞれで2，3ヶ月の時間スケールで混合し，対流圏全体としては1年ほどのスケールで混合する．

対流圏は大気物質の大部分を含んでいる（およそ 5×10^{18} g）．それは N_2，O_2，水蒸気とアルゴンが主要なものであり（表10.1），他の多くの有機および無機の気体が ppb レベルから ppm レベルの濃度で存在する（たとえば，CO_2，H_2，CH_4，CO，硫化ジメチル（DMS），N_2O，NO，ホルムアルデヒド（HCHO），メタノール）．いろいろな生物的および非生物的なプロセスで気体濃度は変化する．これらのプロセスの相対的な重要性は，気体の種類と考慮する時間とで変化する．たとえば，短い時間スケール（数百年以内）では，CO_2濃度の変動は，人間活動の影響を除いて，海洋と陸域の生物による供給（呼吸）と貯蔵（光合成）とに大きく依存して起きる（たとえば，Heimann et al., 1998）．より長い時間スケール（1,000年以上）になると，物理的および化学的なプロセスが重要性を増してくる（たとえば，地球の軌道の変化や，海洋での溶解，風化反応；Broecker & Sanyal, 1998）．

主要な気体の濃度は，何百万年もの間わず

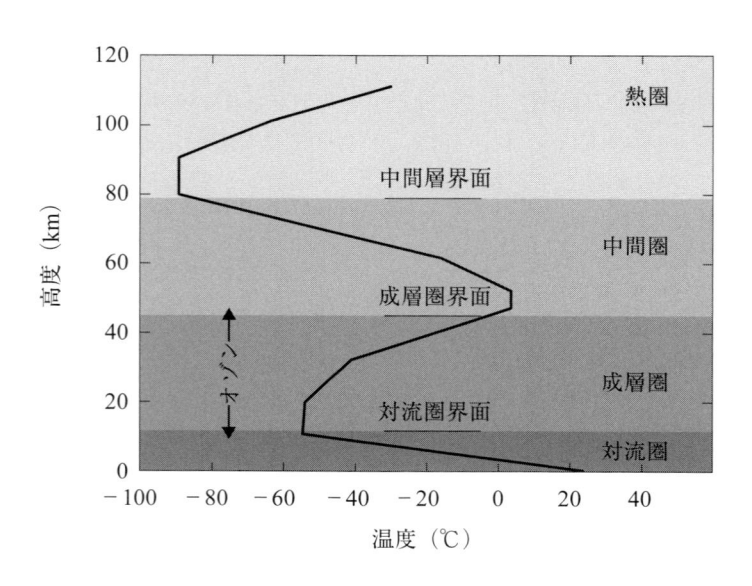

図 10.2 高度に対する温度変化から定義される大気の構造．高度とともに対流圏では温度が低下し，成層圏では上昇する（オゾンの存在のため）．これによって，物理的にも化学的にも異なった2つの層ができる（Holland, 2006に基づく）．

かな変化しかないが，微量気体の濃度はいろいろな時間スケールで，かなり大きく変化している．変化の原因はいろいろであるが，19世紀初頭以降，人間活動がしだいに重要になってきた．微量気体のいくつかは，水蒸気もそうであるが，地球によって発せられる赤外放射を吸収する．それゆえ，微量気体濃度の変化が，ほとんどが対流圏に帰せられる大気の「温室効果」に影響しうる．温室効果（たとえば，放射強制力）の変化は，しばしば微生物活動が関与する正および負のフィードバックも含む気候変動に導く．

対流圏とは対照的に，成層圏には全大気物質のわずかな部分しか含まれない．そのため，地球の放射収支と気候に対する成層圏が果たす役割は，重要でなくはないが，二次的である．成層圏についてはおそらく，オゾンが比較的高い濃度で存在することがもっともよく知られていることであろう．オゾン層は，波長 315 nm より短い UV 放射を強く吸収する (Marshall & Plumb, 2007)．成層圏オゾンの出現は，酸素発生型の光合成に依存しているが，始世代の海洋の浅海や地表での生命の繁栄の決め手となった (Cockell & Raven, 2007)．酸素の光分解によるオゾンの発生は，成層圏の高い高度ほど温度が高くなる原因となっている（たとえば，およそ10 km では−56℃が，50 km では−2℃）．これが，対流圏と成層圏という2つの異なる層に分かれることにもつながっている．オゾンは，対流圏にも見られるが，そこでの濃度は比較的低い（100 ppb 未満）．しかし，対流圏では人間活動による汚染を含む，化学反応からオゾンの多くが発生する．対流圏のオゾンは，温室効果ガスの1つとしてはたらき，また，植物生産や人間や動物の健康に対して重大なマイナスの影響をもたらす (Fishman et al., 1979; Mauzerall & Wang, 2011; Ollinger et al., 2002)．

対流圏と成層圏の両方とも，岩石圏（たとえば，火山噴火），水圏（たとえば，水の蒸発），および生物圏（たとえば，微量ガスの発生と消失）との相互作用で極めて敏感に変化する．岩石圏，水圏，生物圏に少しの変化しかなくても，大気組成には重大な変化につながるのである．たとえば，人間活動で発生した冷媒クロロフルオロカーボン（CFCs）と農業活動で使われる窒素肥料に由来する N_2O とが対流圏で蓄積し，対流圏界面を超えて輸送されることで，成層圏のオゾンが広範囲にわたって消滅した（たとえば，Rowland, 1989; Fisher et al., 1990）．CFCs の使用を大きく減少させることで，オゾンの消失は止まったが，完全な回復には何十年もかかりそうである．

いろいろな変数によって，地球の大気の組成と時間とともに起きる組成の変化は決定されている (Kasting & Catlin, 2003; Knoll, 2003; Knauth & Kennedy, 2009)．マントル内のガス発生や火山活動による気体放出を含む地質的な活動は，長い時間スケールの CO_2 濃度変化にとって重要である (Berner, 1990; Broecker & Sanyal, 1998)．現在，火山噴出は，大気中の全 CO_2 量をおよそ1万年で入れ替えるのに十分である (Schlesinger, 1997)．これは，大気中の CO_2 に対する人間の寄与を理解するうえで重要な見方を提供する．というのも，人間活動は100年という時間スケールで CO_2 濃度を2倍にしてしまうかもしれないからである．火山噴出は，ハロゲン（たとえば，HCl として），硫黄（SO_2 として），窒素（N_2 および NH_3 として）のような他の気体の収支にとっても重要である (Cox, 1995)．大気の組成を制御するうえで重要な役割を果たしている大気圏と岩石圏との相互作用をつけ加えよう．これは，とくに，炭酸塩やケイ酸塩と相互作用する CO_2 についてよく当てはまる．ケイ素を含む岩石の風化物は長期の CO_2 の貯蔵場所として機能する（た

とえば，Berner, 1990；Munhoven & François, 1996；Broecker & Sanyal, 1998；Kasting & Catlin, 2003；Reddy & Evans, 2009）．

　初期地球大気のモデルでは，今日存在しているよりもかなり高い濃度の温室効果ガスの存在が必要である（Kasting & Catlin, 2003；Kasting & Howard, 2006；Reddy & Evans, 2009）．これは，太陽定数は地球が形成された頃には，現在よりも30％低いにもかかわらず，液体の水が38億年以前に存在していたからである（Gilliland, 1989）．黒体放射理論に基づくと，低い太陽定数で計算される地球の表面温度は，−20℃未満であり，これでは液体の水からなる海洋が存在するには温度が低すぎる．地質学的な証拠に基づく，このような海洋の存在は，水蒸気とCO_2とメタンが比較的高い濃度で大気中に存在し，今日よりもたくさんの熱を吸収したことを意味している．

　初期地球大気の温室効果ガス濃度は地球化学的および地球物理学的なプロセスで制御されており，それによって気候も制御されていたと考えられる（たとえば，Fischer, 1984；Kasting, 1989, 1992；Kasting & Catlin, 2003；Kasting & Howard, 2006；Reddy & Evans, 2009）ケイ酸カルシウム鉱物の風化によって起こる，炭酸塩の堆積物の形成は，太陽の光度が時間とともに40％増加したにもかかわらず，穏やかな温度の惑星を維持するのにとくに重要なプロセスであったと考えられる．温度に敏感な風化とCO_2の減少によって，初期の大気では高いCO_2濃度から大きかった熱を捕捉する（つまり温室効果）度合いが減少したのであろう（Reddy & Evans, 2009）．ケイ酸カルシウムの風化は，負のフィードバックの例である．温室効果で温度が上昇すると，CO_2除去速度が高くなり，温室効果が低下するので，寒冷に転じるのである．このプロセスは，今の地球でも1千万年を超える時間スケールでの大気CO_2変動の大きな要因となっている（図10.3）．

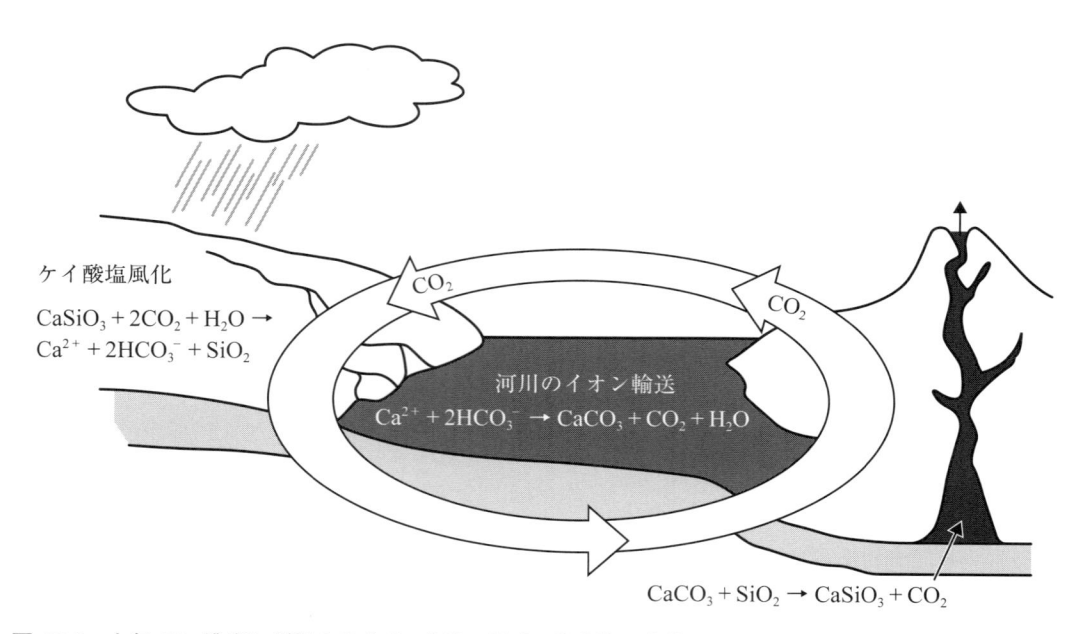

ケイ酸塩風化
$CaSiO_3 + 2CO_2 + H_2O \rightarrow Ca^{2+} + 2HCO_3^- + SiO_2$

河川のイオン輸送
$Ca^{2+} + 2HCO_3^- \rightarrow CaCO_3 + CO_2 + H_2O$

$CaCO_3 + SiO_2 \rightarrow CaSiO_3 + CO_2$

図10.3　大気CO_2濃度に影響を与える，大陸の風化，炭酸塩の堆積，地殻変動の間の相互作用（Schlesinger, 1997に基づく）．

地質年代を通じた大気の形成

生命の進化と繁栄は，1年から1千万年を超える時間スケールでの大気組成を変化させる新たな要因をもたらした（図10.4；Knoll, 2003；Cavalier-Smith et al., 2006；Reddy & Evans, 2009）．気候変動にもつながるこれらの大気組成を変化させる要因は，いろいろな非生物的なコントロールを受けている．いくつかは温度による影響を受け，気候変動に対して正または負のフィードバックをもたらす．気候の恒常性に対する生物の寄与にはいくつかのメカニズムがある．たとえば，地球の陸域表面での反射率（アルベド）は，地球の放射の収支と温度状況とに影響するが，その陸域のアルベドの一部は，表面がどの程度植生に覆われているかによって決まる．また，陸域の生物相はケイ酸塩鉱物の風化を促進するが，これは，CO_2減少へつながるだけでなく，地球上の平均温度を穏やかなもの（20℃未満）に保つのに不可欠である（Schwartzman & Volk, 1989；Retallack, 1997；Kasting & Catlin, 2003；Knauth & Kennedy, 2009）．

地球の生物相は，希ガス（たとえば，Ar, Ne, He）をおもな例外として，ほとんどすべての種類の大気成分に大きな影響を与えている．人間活動の影響（たとえば，Santer et al., 1996；Levy et al., 1997）がある過去200年間にわたる変化を無視すると，微生物が生物圏の歴史を通じて他のどのグループよりもずっと劇的に大気組成に影響を与えてきた．これは，真核生物と比較したときに微生物（とくに，細菌）がもつ代謝の比べものにならないほどの多様性を反映しているということは疑いない．動物や植物も生物地球化学的な循環速度を大きく変化させる可能性はあるが，細菌には備わっている気体の生産と消費

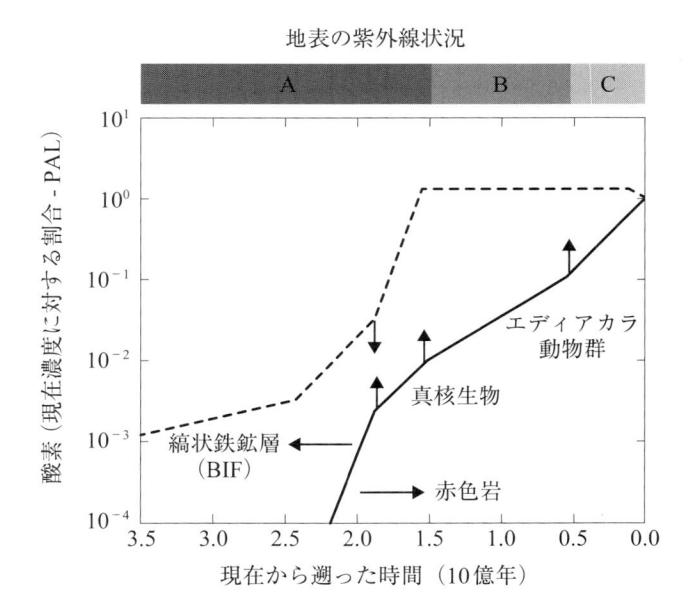

図 10.4 地球表面での大気酸素濃度と紫外線放射の歴史的な変遷．破線は地質学および生物学的制約からの酸素濃度の上限，実線はその下限．当時の地表に到達する紫外線状況 A は，210〜285 nm の波長の放射が地球表面と海洋に透過するという特徴がある．紫外線状況 B は，210〜285 nm の波長が表面を透過しにくくなっている．紫外線状況 C では，230〜290 nm 波長の光が大気を透過しなくなっている（Berkner & Marshall, 1965, Kasting et al., 1992 に基づく）．

の代謝経路の一部しか動物や植物はもっていない（Bachofen, 1991）.

嫌気的な酸素非発生型の光合成がまず出現し，続いて酸素発生型光合成が現れた（およそ27億年かそれより以前，第11章を参照. Knoll, 2003; Buick, 2008; Johnston et al., 2009）のは，生物圏で起きたもっとも重要な遷移である（Kasting et al., 1992; Knoll, 2003）. 光合成生物による酸素の発生は，大気の組成と化学とを根底から変え，これによって，ヒドロキシルラジカルとUVを吸収するオゾンが大気中に生成した. ヒドロキシルラジカルは，初期大気の酸化能力を今日と同様に担っていたようである. 一方，オゾンによるUV吸収は，生物圏の更なる繁栄（とくに，陸域）を促した.

最初は大気が，続いて海洋で酸素濃度が上昇した. これにより，さまざまな還元物質

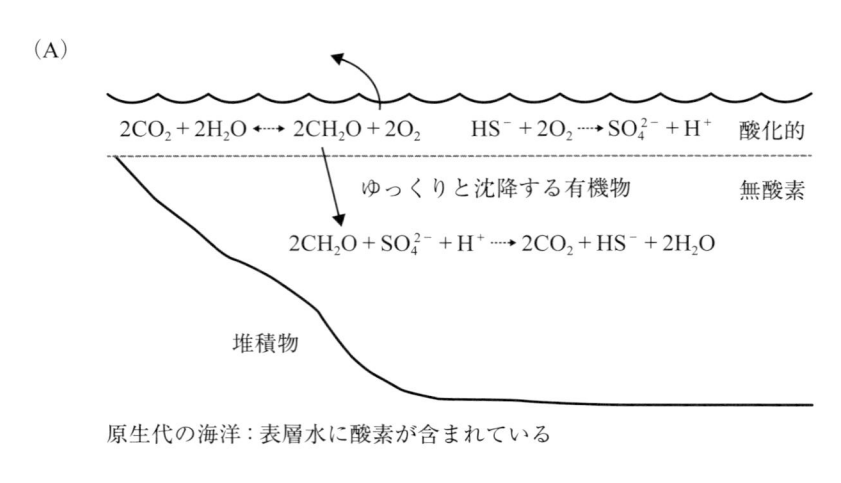

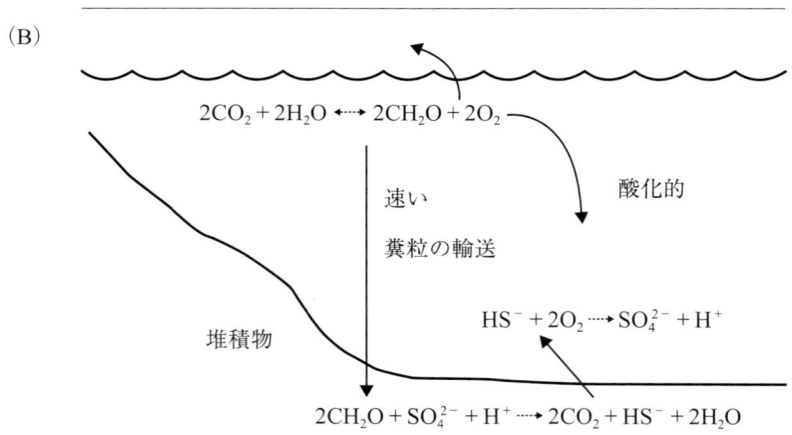

(A)

$2CO_2 + 2H_2O \longleftrightarrow 2CH_2O + 2O_2$　　　$HS^- + 2O_2 \longrightarrow SO_4^{2-} + H^+$　　酸化的

ゆっくりと沈降する有機物　　無酸素

$2CH_2O + SO_4^{2-} + H^+ \longrightarrow 2CO_2 + HS^- + 2H_2O$

堆積物

原生代の海洋：表層水に酸素が含まれている

(B)

$2CO_2 + 2H_2O \longleftrightarrow 2CH_2O + 2O_2$

速い
糞粒の輸送　　　　　　　酸化的

$HS^- + 2O_2 \longrightarrow SO_4^{2-} + H^+$

堆積物

$2CH_2O + SO_4^{2-} + H^+ \longrightarrow 2CO_2 + HS^- + 2H_2O$

顕生代の海洋：表層水から酸素が放出される

図 10.5　原生代から顕生代への遷移中，酸素濃度の上昇に伴って起きたと考えられる生物地球化学的循環の再形成. 原生代の海洋（A）では，ゆっくりと沈降する有機物が多くは嫌気的な水の中で硫酸還元を駆動している. 酸素濃度の上昇により食植性の動物プランクトンが進化したことで（B），糞粒が速い速度で海底に運ばれるために，水の酸素濃度が高まる一方，嫌気的な代謝が堆積物に移ることになる（Logan et al., 1995に基づく）.

（たとえば，Fe(II) と硫化物；Fennel et al., 2005）の完全な酸化回路が確立することで，たくさんの生物地球化学循環が再形成された．1つの例であるが，始生代後期の"ヘマタイト鉱床"に見られる一時的な，しかし莫大な酸化鉄鉱床からも，これは明らかである（Beukes & Klein, 1992；Kasting et al., 1992；Reddy & Evans, 2009；第11章も参照）．初期原生代の海洋堆積物に保存された有機物の性質にも別の証拠が存在している．有機物濃度と"ヘマタイト鉱床"の変化は，有機物酸化の場所が，嫌気的な海底から酸化的な水中へとシフトしたためと理解されてきた（Logan et al., 1995；図10.5）．

大気の酸素濃度上昇は，好気的なメタン酸化や，アンモニウムの硝酸塩への酸化，硝酸塩の N_2 と N_2O への還元，それに嫌気的で硫化物のある条件では水に溶けない微量金属に依存したプロセス等の，進化に必要な条件をつくりだした（Chapman & Schopf, 1983；Hayes, 1983；Friedrich, 1985；Saito et al., 2003；Arnold et al., 2004；Fennel et al., 2005；Raymond & Segre, 2006；Anbar et al., 2007；Glass et al., 2009）．これらの細菌によるプロセスは，それぞれまちがいなく大気の組成に影響を与え，温室効果ガスによる熱捕捉の程度にも影響を与えた（表10.1）．異論もあるが，大気中のメタン濃度が，好気的なメタン酸化で劇的に減少したという説が，古原生代の全球凍結（スノーボールアース）を説明するために提案されている（Kirschvink et al., 2000；Kopp et al., 2005；Kasting & Howard, 2006）．

地球からの赤外放射をまったく吸収しないか少ししか吸収しない気体の濃度にも細菌の活性が影響を与えている．たとえば，脱窒は，生物的および非生物的な窒素固定によって欠乏してしまう N_2 濃度を保っている（Canfield et al., 2010）．COの濃度は，大気化学では重要な役割を果たしているが（Crutzen & Gidel, 1983），一部は細菌によって決められており，細菌の中にはCOを唯一の炭素源かつエネルギー源として用いる（一酸化炭素資化菌：carboxydotrophs）もの（Conrad, 1988；Conrad, 1996），それにCOをエネルギー源としてのみ用いると思われるもの（一酸化炭素利用菌：carboxydovores）もある（King & Weber, 2007）．さまざまな細菌が水素濃度に対しても重要な役割を果たしている．土壌の細菌とそれらが生産する菌体外酵素が大気に放出された分子状水素のうちおよそ90%を除去している（Conrad, 1996；Smith-Downey et al., 2008）．これは，水素の人間活動による生産と成層圏での消失との影響がもたらす未来の収支予測になっている（Tromp et al., 2003）．さらに，土壌細菌はNOや他の反応性の窒素酸化物（NO_x）を生産し，また消費する（Conrad, 1996；Davidson et al., 2004；Bargsten et al., 2010）．これらのガスは対流圏と成層圏の両方の大気化学に重要な役割を果たす（Crutzen, 1979）．

細菌の進化で起きたいずれの出来事でも，地球化学的プロセスと協調した微生物によるプロセスは，気候において鍵になる気体の濃度にかぎらず，大気組成一般に大きな影響を与えてきた．地球史上大気組成の変化は劇的であったが（たとえば，酸素は0.001%未満から，20.9%ほどになった），この変化はゆっくりとしたものであって，いくつかの例外を除いて，千年から百万年あるいはそれ以上の時間スケールで起きている．これに対して，微生物が生産および消費する微量ガスの人間活動による撹乱は，少しの濃度変化であるが，それにかかった時間は地質学的な時間スケールでは実質一瞬といえる速さで起きた（たとえば，Bousquet et al., 2006；Wolff & Spahani, 2007）．これらの変化がもたらす結果はまだ完全には分からないが，気温と水分

状況の大きな変化が数十年のうちに起きるかもしれないという証拠がしだいに確かなものになってきている．

　微量気体を代謝する細菌のプロセスと経路は進化的に古いということも明らかである．しかしながら，初期大気に最適化された性状をもつ多くの分類群（つまり，酸素に耐性がないメタン生成菌）は，大気組成の劇的な変化にもかかわらず生きながらえている．加えて，進化的に古い分類群の中には（たとえば，硫化物生成菌），より新しい大気環境へ適応した性状をもつこともある（すなわち酸素耐性）．

10.3
微量気体成分の生物地球化学と気候変動との関連

　短い時間スケール（数年から数千年）では，大気の化学的な不平衡と同様にその特徴的な組成は大部分が細菌と単細胞および維管束植物によって決められている．大気圏，生物圏，それに地球化学および地球物理学的なプロセスの相互作用は，より長い時間スケールで大気の組成変化に関与している．大気の組成は一定ではないが，顕生代の間，つまり5億6,300万年前から現在に至る年代の間の，比較的狭い範囲の変化である．大気の組成に対する生物的な作用の一つの結果は，顕生代の温度状況が単細胞と多細胞の体制の生命に適した状態が保たれてきたことである．大気組成に対する作用と，恒常性維持のメカニズムによる気候のコントロールとは，生物圏の「新しく出現した特性」であると考えられる．

　しかしながら，原生代の間（25億年前から5億6,300年前まで），生物的なプロセスと非生物的なプロセスの両方によって，酸素濃度と同様に多くの微量気体濃度の大きな変化が起きていた（たとえば，Holland, 2006；Johnston et al., 2009；Reddy & Evans, 2009）．全地球の気候はこれらの変化が起きている間，必ずしも安定しているわけではなかった（Kasting & Howard, 2006）．酸素発生型光合成が酸素を大量に含んだ大気を作り出したことで，「大量酸化イベント」がおよそ24億年前に起きた．これによって，急速に大気中メタンが減少したのかもしれない．メタンは温室効果ガスとして作用してきたので，これは全球凍結につながった．地質学的な証拠から，全球凍結がもう一度，新原生代にも起きていたことが示唆されている（Bao et al., 2008；MacDonald et al., 2010）．生命はこれらのイベントがあっても存続し，とくに大気酸素濃度の上昇は，新たに発生したのではなく，熱の捕捉に影響する大気成分やその元になる成分を含むプロセスが生物地球化学的な動態と密接に関連していることを反映した「副産物」かもしれないことを示唆している．

　細菌による気体の代謝反応は気候変動を起こすことに関係するだけではなく，生物圏内で起きる気候撹乱（たとえば，化石燃料の燃焼）および生物圏外部の要因による気候撹乱（たとえば，地球軌道変数の振動，Berger et al., 1992；Dansgaard et al., 1993；Lambeck et al., 2002）に対しても応答する．これらの応答が，気候変動を増幅したり，悪化させたりする場合もある．例として，間氷期に熱帯域の湿地が拡大することで起きた大気中のメタン濃度の増加が挙げられる．これは，地球軌道のミランコビッチサイクルと関係して起きていた温暖化傾向を，メタン濃度増加が一層強めたためであると考えられる（Chappelaz et al., 1990；Blunier et al., 1995；Flückiger et al., 2004）．

酸素と二酸化炭素
　現代の大気で酸素とCO_2の濃度変化は，

光合成とさまざまな呼吸プロセスとの間のバランスにより短い時間スケールでリンクしている．光合成と呼吸の速度は，両方とも地球全体でおよそ 210 Gt C yr^{-1} で，よく釣り合っており（Schlesinger, 1997），大気酸素濃度は取り込み速度に比べて大きいので，酸素は定常状態にある．長期間埋積する有機炭素は，1 Gt C yr^{-1} 未満であるが，炭素にも酸素にもわずかな短期的な影響しか与えない．しかしながら，大気の CO_2 は存在量が比較的小さい（およそ 6×10^{16} mol）ために，光合成と呼吸のバランスのずれなど，生物圏内のいろいろな活性の変化につれて変動しやすい．たとえば，16万年前から42万年前の間での CO_2 濃度は，約180 ppm と 280 ppm の間で変動してきた（近年の人間活動に伴う変化を除いて）．これは，氷期と間氷期の変動の反映でもある（Chappellaz et al., 1990；Petit et al., 1999）．

人間による炭素の利用の絶対量は，生物圏全体での炭素循環速度の中では小さいけれども，化石燃料の使用や土壌炭素の移動によって大気中 CO_2 濃度が顕著に増加した．工業化以前には 280 ppm ほどであったのが，近年の値は 380 ppm に増加してきた（Hofmann et al., 2006；Houghton, 2007）．これから数十年のうちに，さらに 500 ppm かそれ以上に増加する可能性がある．生物地球化学の視点から，CO_2 濃度上昇に関連した重要な問題点は次のとおりである．

1. 土壌の呼吸に対する温暖化の影響，とくに北半球の北部の泥炭地および温帯の森林は，微生物による酸化を受けやすい大量の有機物を貯蔵している（Davidson & Janssens, 2006；Bardgett et al., 2008；Melillo et al., 2011）．
2. 降水量が多く，CO_2 の豊富な環境で植物の生産が上昇することによって，土壌呼吸の上昇が始まる（Pendall et al., 2004）．
3. 炭素貯蔵を不安定化させるような，微生物群集構造の変化や微生物と植物や土壌動物との相互作用の変化（Pendall et al., 2004；Singh et al., 2010）．

自然の生物学的なプロセスと人間活動によるプロセスとに加えて，大気中の CO_2 濃度は，炭酸塩の埋積（図10.3）と炭酸塩の溶解とのバランスによって長期的に決まる．溶解は，陸起源の炭酸塩鉱物の風化によって，そして堆積物が地殻に沈み込んだとき，堆積物が熱せられることによって起きる（たとえば，Berner, 1990；Kasting et al., 1992）．生物学的なプロセスと同様に非生物学的プロセスも温度依存性があり，温度上昇とともに反応速度が速くなる傾向がある．温度と降水量の上昇は，鉱物の風化を増大させ，さらに，温度変化に対して負のフィードバックとなる反応によって，炭酸塩の貯留を増大させる．しかしながら，このシステムは人間活動によるかく乱を受けやすいし，このシステムが働く速さは，現代の大気 CO_2 濃度の増加速度ほど速くない．

大気酸素の動態も地球化学プロセスに依存している．とくに，非生物的（すなわち地質学的）な由来の無機還元物質を利用できるかどうかに影響を受ける．初期原生代に，大陸の出現と岩石圏の風化に続いて起きた酸素の正味の蓄積（Knauth & Kennedy, 2009）およびその後の石炭紀およびペルム紀の湿地に埋積した有機物は，酸素発生型の光合成と好気呼吸との不均衡の結果である．ようするに，どのようなメカニズムであれ，有機物の隔離は酸素の余剰をもたらす（Berner, 1989；Worsley & Nance, 1989；Berner & Canfield, 1989；Des Marais et al., 1992；Kasting et al., 1992）．しかしながら，大気酸素の顕著な増

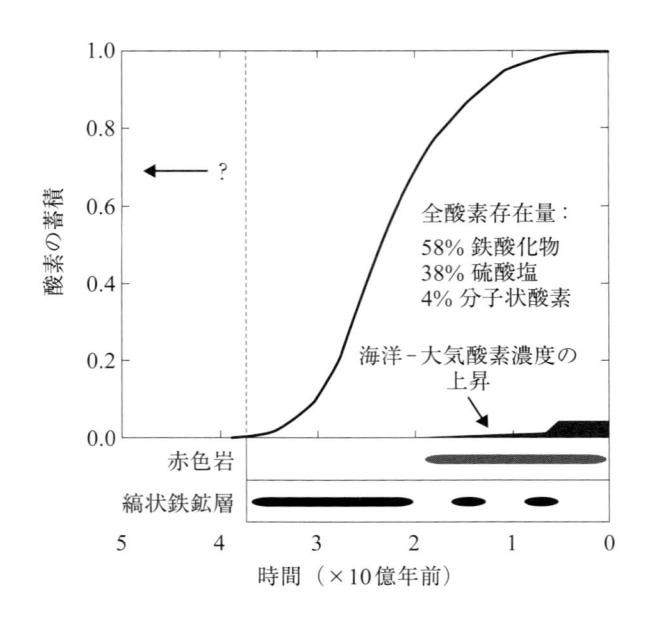

図 10.6 時間とともに起きた酸素の蓄積（全生産対する割合として）および，いろいろな形態で存在する酸素の分布（Schlesinger, 1997 に基づく）．

加は，二価の鉄と硫化水素が海洋でほぼ消滅するまで起きなかった．実際，地質年代にわたって生産された酸素の約96%は酸化鉄鉱床（縞状鉄鉱床：赤色岩層）の中と海洋の硫酸塩の中に存在している（図10.6）．この知見は，大気酸素の歴史に働いた非生物的なプロセスを明快に示している（第11章も参照）．

大気酸素の濃度は原生代の間に劇的に変化し，顕生代にはそれほどではないが変化してきた．しかし，過去1億年以上の間には，生物圏や気候が劇的に変化したにもかかわらず，酸素濃度は比較的安定が続いてきた．このことは，酸素 - 有機物 -CO_2 のシステムがそれ自体比較的安定であることを示唆している．有機物の代謝が，主要なすべての元素の循環と密接に関連しており，機能的に重複した多くの構成要素を含む非常に多様な生物のはたらきによって駆動されているために，このシステムが安定なのである．

メタン

対流圏と成層圏の化学の中で，メタンはいくつかの重要な役割を果たしている（たとえば，Crutzen & Gidel, 1983；Fung et al., 1991；Finlayson-Pitts et al., 1992）．加えて，CO_2 よりもはるかに効果的な温室効果ガスなので，少しの濃度の変化でも，地球の放射収支に，不釣り合いなほど大きな効果をもたらす．生物圏でのメタンの生産と消費との間のバランスと成層圏での化学的な分解に基づいて，大気中のメタン濃度とメタンのターンオーバー時間として，およそ7～10年という値が決まる（たとえば，Fung et al., 1991；Finlayson-Pitts et al., 1992；Reeburgh et al., 1993）．生物圏での生産と消費とのバランスは，人間による撹乱に左右されるさまざまなプロセスの複雑な組み合わせから決まっている．対流圏でのメタンの化学的な分解は，OHラジカルがどれほど存在するかできまる．そのOHラジカルは，人間による撹乱に敏感ないくつも

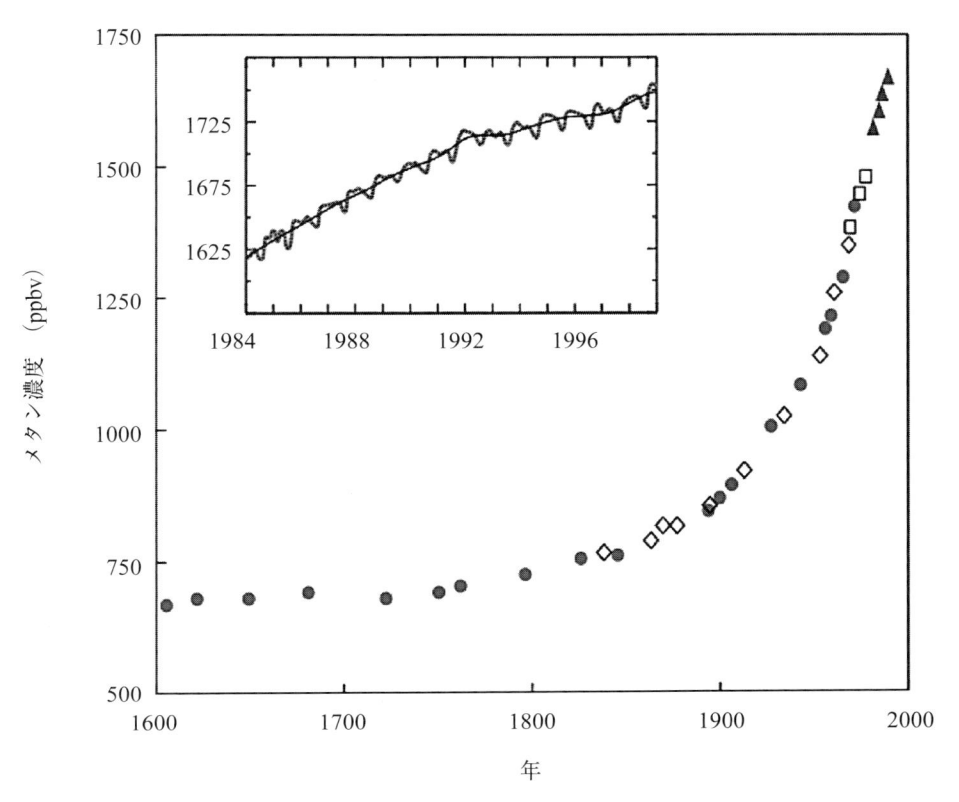

図 10.7 氷床コアから推定された，産業革命前後からの大気メタン濃度の変化（Wuebbles & Hayhoe, 2002に基づく）．

の還元された気体（たとえば，CO，テルペン，NO_x：Crutzen & Gidel, 1983；Finlayson-Pitts et al., 1992）が関与する反応でコントロールされる．その結果として，大気中のメタン濃度は容易に変わりうるのである．

熱水噴出口や炭化水素のしみ出しのような地球化学的なメタン源は，現在の大気メタン収支にはわずかな寄与しかないが，始生代ではそうではなく，熱水噴出と火山噴出とがおもな寄与であったと考えらえる（たとえば，35億年より前）．メタンハイドレートも，現在は主要ではない大気メタン源であるが，白亜紀の大規模なメタンハイドレート不安定化によって，地球の平均気温の上昇と一致するメタン濃度の増加が急速かつ劇的に起きたことを示すいくつかの証拠がある（Max et al., 1999；Beerling et al., 2002；Jahren, 2002）．同様の不安定化が浅い極域の堆積物で発生するという可能性は，地球の気候変動についての重大な関心事の代表的なものである．というのも，ハイドレートの不安定化は，温暖化の正のフィードバックであり，制御不能なメタン放出になりかねないからである（Shakhova et al., 2010）．

過去10万年の間，大気のメタン濃度の変動は最終氷期極大の間のおよそ 0.35 ppm から，間氷期のおよそ 0.8 ppm の間で変動した（Chappellaz et al., 1990, 1993；Wolf & Sphani, 2007；Loulergue, 2008）．現在はおよそ1.8 ppm である大気中メタン濃度は，1900年からほぼ1990年までの間で，1年にほぼ1%ずつ上昇した．この発生源は，たとえば反芻動

第10章　微生物地球化学循環と大気

161

物，水田稲作，廃棄物埋め立て，天然ガス開発等からの漏れのような，人為的撹乱である（図10.7；Dlugokencky et al., 2011）．人間活動によって土壌中のメタン資化細菌のメタン取り込みが減少し，それがメタン増加に作用してきた．大気のメタン濃度の増加速度は，1990年の後のおよそ15年間は劇的に低下したが，また元の速度に戻りつつあるようだ（Dlugokencky et al., 2011）．

地球規模では，生物起源のメタン生成が大気に到達するメタンのほとんどであり，有機物，酸素それに硫酸塩の分布と量は，生物起源のメタン生成を決める鍵である（たとえば，Oremland, 1988；Chapman et al., 1996）．無酸素状態に加え硫酸塩が低濃度であること，それに発酵可能な基質が供給されることが，アーキアに属するものによってのみ行われるプロセスであるメタン生成を促進する典型的な条件である．メタン生成が起き易い条件があるのは淡水湿地，泥炭地や泥炭堆積物，水田，廃棄物の埋め立て処分地，それに動物の消化管である．これらの場所では生産される全メタン量が，分解される有機物の相当な割合にのぼる（10〜50%）．これらの場所にNO_3^-，Fe(III)またはSO_4^{2-}が存在することで，脱窒菌，硝酸塩還元菌，鉄還元菌，硫酸塩還元菌との競争的な相互作用によってメタン生成に必要な基質（ほとんどの場合，水素と酢酸）の利用が制限される．NO_3^-の場合には直接的な阻害作用もある（たとえば，Lovley & Klug, 1986）．結果として，硝酸や鉄が豊富な堆積物や海洋環境ではメタン生成活性は低く，大気メタンへの寄与はわずかしかない．

しかし，メタンの大気へのフラックスは，メタン生成を制限するような要因でコントロールされているだけではない．淡水環境の酸素の分布および海洋堆積物の硫酸塩の分布でメタン酸化の速度が決まる（King, 1990a, b；King et al., 1990；Reeburgh et al., 1993）．これは，メタンが大気に到達する前にメタンを消費するバイオフィルタとして機能している．淡水環境では，成層した湖沼の水や，好気的な堆積物表面，イネを含む水生大型植物の根の影響がある領域で，好気的なメタン酸化が高い速度で起きる（King, 1990a, b；King et al., 1990；Calhoun & King, 1997；Liesack et al., 2000；van Bodegom et al., 2001）．根を張った植物が存在するときには，それが堆積物から大気へのメタン移動の主要な経路となる．植物を通じたメタンの輸送は，能動的および受動的両方のメカニズムがある．

ほとんどの水環境と土壌に存在する好気的なメタン酸化細菌として*Proteobacteria*が優占していると考えられ，*Proteobacteria*の中でも主としてアルファ，ベータ，ガンマ亜門である（たとえば，Calhoun & King, 1998；Henckel et al., 2000；Knief et al., 2003, 2005；King & Nanba, 2008）．これらのバクテリアは，粒状と可溶性のメタンモノオキシゲナーゼをもつという特徴がある．*Proteobacteria*のメタン資化細菌の中で，メタン，メタノールおよびギ酸以外の基質を使うことができるものは，わずかしかない．やや酸性（たとえば，約pH 4）の土壌や泥炭ではメタン，メタノールといくつかの単純な複数の炭素をもつ化合物（たとえば，酢酸；Dedysh et al., 2004）を使う能力をもつ*Proteobacteria*のメタン資化細菌がみられることがある．完全に別の門，*Verrucomicrobia*，に属するずっと新奇なメタン資化細菌が，たとえばpH2のような極限環境から分離されている（Dunfield et al., 2007；Pol et al., 2007）．メタン資化性の*Verrucomicrobia*が他の環境にも存在し，メタン酸化に寄与しているのかどうかについては，まだ十分に調べられていない．

好気的メタン酸化の効率はシステム間で大きく異なる．メタンの輸送として拡散が支配

的なシステムでは，高い効率（50％を超える）でメタン酸化がみられる（たとえば，湖沼の堆積物表面）．他方，能動的なガス輸送が支配的なシステム（たとえば，植物を通じた輸送，あるいは気泡による輸送）では，低い効率（50％未満）になる．好気的なメタン酸化は，メタンのしみ出し域に生息する軟体動物とメタン酸化細菌との共生関係では，一次生産に相当する基盤的代謝である（Kochevar et al., 1992）．このような場所での軟体動物のバイオマスは大きいのであるが，全体的なメタン酸化の効率について確かなことは分かっていない．海水は意味のあるメタン吸収作用があるとはほとんど考えられていないけれども，メキシコ湾でのマコンド油田の爆発事故に伴って放出された大量のガスが，水中のメタン酸化微生物によって急速かつ効果的に消費されたように見える．このメタン酸化微生物は天然ガスしみ出しによって局所的に分布密度が高くなっていた可能性がある（Kessler et al., 2011）．

メタン酸化は酸素がない条件でも起きる．一番顕著なのは，比較的低い濃度の硫酸塩（1mM 未満）が存在し，ハイドレートや貯留ガス等に由来するメタンの供給がある領域をもつような海洋堆積物中である（Boetius et al., 2000）．このようなシステムでは，メタン酸化は，典型的なメタン生成菌に近縁のアーキアとプロテオバクテリアの硫酸塩還元菌との共生，すなわち共同体によって行われる（詳細は，第13章を参照；Boetius et al., 2000）．

同様に注目すべき2つめの嫌気的なメタン酸化の形態が淡水堆積物で観察されてきた（Raghoebarsing et al., 2006；Ettwig et al., 2010）．このメタン酸化反応は，メタン資化性の Proteobacteria である Methylomirabilis oxyfera によって行われる．この細菌は，脱窒で生成する酸化窒素（NO）に依存している（Ettwig et al., 2010）．*M. oxyfera* は NO の不均化によって，N_2 と O_2 を生成し，その分子状酸素を従来型のメタン資化反応に用いるのである．このように，このプロセスは一見嫌気的だが，じつは好気的である（隠れ好気性）．堆積物やその他の環境でどの程度このプロセスが起きているのかはまだ不明である．脱窒と硝酸塩の分布に制約されているように思われる．さらに，O_2 を生成する NO の不均化反応は，他にも"隠れ好気性"プロセスが存在するのではないかという問いを提起する．

窒素の生物地球化学と気候変動との関連

大気中の他のほとんどの気体と同様に，N_2 は熱力学的非平衡状態で存在している（Schlesinger, 1997）．現在を含めた顕世代を通じて安定した定常状態に見える N_2 濃度（Berner, 2006）は，N_2 の供給（すなわち，脱窒と火山放出）と消費（すなわち，微生物による窒素固定（第1章を参照），近代のハーバー・ボッシュ法による人工的な窒素固定，内燃機関での燃焼，大気中の非生物的な光化学的酸化と雷による酸化）のバランスで維持されてきた．一般的に，生物による窒素固定（およそ 250 Tg N yr^{-1}）は非生物的なプロセス（20 Tg N yr^{-1} 未満）よりもずっと大きい．生物圏の歴史を通じて微生物が窒素固定を主として行ってきたが，今や人工的な固定が他の N_2 消費を上回っている．このことは，事実上窒素循環の大きな部分に人間がかかわっているということを意味している（Galloway et al., 2003；Galloway et al., 2008；Schlesinger, 2009；Canfield et al., 2010）．

微生物による窒素固定は，すでに多くのことが知られているさまざまな生物的および非生物的な要因で変化する（第1章；Konhauser, 2007）．しかし，気候変動に対す

る窒素固定の応答について分かっている確かなことはずっと少ない．メタンの生産や消費と同じく，窒素固定も温度上昇とともに増加するかもしれない．しかしながら窒素固定の変化は，温度とのリンクがはっきりしていない他の変数の変化によって生じるということもありうる．たとえば，リンが陸域環境での窒素固定応答の制限となるかもしれない（Wang et al., 2007）．さらに，共生の窒素固定が陸域環境での窒素固定の大きな部分を占める（Tate, 2000；Schlesinger, 1997；Rogers et al., 2009）ので，全窒素固定速度は，温度変化そのものに対してというよりも，植物群落組成（窒素固定共生の宿主）の変化や宿主－共生者の相互作用の変化に応答するとみられる．窒素固定共生者は宿主の光合成産物に依存しているので，二酸化炭素分圧（pCO_2）や温度上昇による光合成の増大は，窒素固定速度を上昇させうる．このような効果は，pCO_2を上昇させた雰囲気下，現地で成長した湿地植物で報告されている（Drake, 1992）．しかしながら，陸域環境の長期の実験（7年）ではpCO_2の上昇は，おそらくモリブデンが制限栄養素となる結果，窒素固定の低下につながるという結果になった（Hungate et al., 2004）．これらの結果が他の環境システムにも当てはまるのかどうかは未解決である．植物生産の増加は，とにかく大気中の炭素を減少させることになるので，光合成の増大とリンクした窒素固定は地球の温度変化に対して負のフィードバックとして作用する可能性がある．

大気中のアンモニアは，陸域環境からの揮発に由来しており，地球全体での揮発速度は50 Tg N yr^{-1}と見積もられている（Schlesinger, 2009；Langford et al., 1992）．陸域の正味の一次生産がおよそ60×10^3 Tg C yr^{-1}と見積もられているので，窒素が高いC/N比で利用されるとしても，生物生産の需要に対して，このアンモニアの損失は小さい．アンモニアは温室効果ガスとしての意義は小さいが，大気由来でアルカリ性を示す唯一の成分なので，降水のpHを決める重要な要因である（Langford et al., 1992；Schlesinger, 2009）．現在のアンモニア揮発速度には，アンモニアの流れへの寄与が大きい施肥や動物の肥育といった人間活動による撹乱がかなり含まれている（Galloway et al., 2003；Matthews, 1994）．動物の肥育に由来する揮発ではアンモニアが尿に由来しているため，バクテリアが生産するウレアーゼがとくに重要であり，発生源は局所的な点源となっている（Varel et al., 2007）．これに対して施肥に関連したアンモニアの揮発はもっと直接的で，ある程度非生物的な作用である．

アンモニアの揮発はいくつかの理由で気候変動に伴って変化すると考えられる．

1. 温度上昇で水中のアンモニアの溶解度が低下する
2. 乾燥した気候の地域では，ガス交換が促進されるが，他方，湿潤地域は交換が小さくなるかもしれない．
3. 温度上昇によって微生物による有機物の分解が促進され，アンモニア生成が大きくなる可能性がある．

微生物によるアンモニア酸化と，植物が土壌や水，大気から取り込むことによる固定化がアンモニウム塩の消失先（sink）になっている．気候変動はこれらの変数のいずれにも影響を与える可能性がある．しかし，揮発と酸化または取り込みのバランスに対する全体的な影響は，よく分かっていない．CO_2濃度と温度の上昇によって陸域環境で一次生産速度の増大が起きると，C/N比が高い有機物の土壌への加入が増加するために土壌中で固定化されるアンモニウム量が増加し，アンモ

ニアの揮発は減少する可能性がある．しかし，地球規模での人為的なアンモニウム塩および硝酸塩による富栄養化がおさまっているという兆候はなく，反対に，農業をより集約的かつ生産的にするために使用される窒素肥料の需要増大とともに，富栄養化が続いている（Galloway et al., 2003；Matthews, 1994；Galloway et al., 2008；Schlesinger, 2009）．陸域で植物生産が増大すると富栄養化は改善するかもしれない．というのも，多くの環境での生産は窒素制限だからである（Vitousek & Howarth, 1991；Hudson et al., 1994）．しかしながら，たとえばリンの存在など他の要因も利用される窒素量を決めている（Schlesinger, 1997）．また，アンモニアが植物から大気に直接放出されるという可能性もある（Langford et al., 1992）．

アンモニウム塩は重要な2つの温室効果ガスの動態に関係している．N_2O およびメタンである．N_2O は，大気中濃度が 300 ppb であり，$0.3\%\ yr^{-1}$ の速度で増加している（Machida et al., 1995）．N_2O は CO_2 よりも量はずっと少ないが，およそ200倍強く熱放射を吸収する．その結果，わずか 0.3 ppm からのこの速度での増加分が，300 ppm の CO_2 のおよそ 15% 増加に相当する．N_2O は成層圏のオゾンの動態にも重要である．それは，光化学的な N_2O の分解は，オゾンの破壊を伴うからである（たとえば，Crutzen, 1976；Liu et al., 1976）．CFCs（いわゆるフロンガス）が成層圏のオゾンに対するもっとも大きな脅威であるが，CFCs の使用は減少する一方，N_2O の発生につながる人為的な撹乱が増大しているので，N_2O によるオゾン破壊が次第に重要になってくる予測がある（Ravishankara, 2009）．

アンモニウム塩と N_2O との間には，2つの関係する経路がある．1つ目は，アンモニア酸化細菌がアンモニウム塩を NO_2^- に酸化する反応の代謝副産物としての N_2O の発生である（Williams et al., 1992；Davidson & Schimel, 1995；Wrage et al., 2001）．2つ目は，脱窒反応の副産物（中間代謝物）としての N_2O の発生である．どちらのプロセスも，土壌や堆積物および海洋での主要な N_2O の発生源である．これらの場所からの N_2O の大気への放出は，さまざまな因子に依存している．この因子として，酸素の分布，有機物の存在とその窒素含量，湿地植物根とアンモニア酸化および脱窒細菌との相互作用，土壌水分含量とpH，それに硝酸塩濃度が含まれる（Robertoson & Tiedje, 1987；Reddy et al., 1989；Bowden et al., 1991；Williams et al., 1992；Davidson & Schimel, 1995；Matson et al., 1996；Schiller & Hastie, 1996；Dobbie & Smith, 2003；Davidson et al., 2004；Klemedtsson et al., 2005；Grandy et al., 2006；それに第1章と6章を参照）．アンモニウム塩による富栄養化，温度上昇，それに CO_2 分圧上昇は，N_2O の生物圏からの発生増加のとくに重要な原因であり，これによって地球温暖化に対する正のフィードバックをもたらす（van Groenigen et al., 2011）．

アンモニウム塩とメタンとの相互作用の関係も地球温暖化の正のフィードバックをもたらす（King & Schnell, 1994）．アンモニウム塩は土壌による大気のメタン消費を阻害する．しかも，このアンモニウム塩による阻害は，大気濃度のメタンが増加すると，メタン消費阻害がいっそう強く働くような性質を示す．そうすると，大気メタンの増加がさらに増幅されることになる．湿地のメタン生成速度と光合成生産とが密接に関連しているため，アンモニウム塩による富栄養化は，湿地からのメタンの放出を増加させる可能性がある（Whiting & Chanton, 1993；Dacey et al., 1994；Hutchin et al., 1995）．

硫黄

　海洋では，微生物による硫黄変換反応に占める H_2S の生成や消費は，量的には他の硫黄化合物の変換反応を凌駕している．海洋での硫酸塩還元の割合は比較的高いにも関わらず，一方で H_2S の大気へのフラックスは比較的小さいものでしかない（Andreae, 1990）．これは多くの場合，分厚い微生物マットやバイオフィルムの中に生息するプロテオバクテリアに属する好気性細菌や光合成を行う硫黄酸化細菌（第7章を参照）による作用がよく観察されているのであるが，生成された H_2S が素早くしかも徹底的に酸化されてしまうことによる．また，とくに鉄のような金属と硫化水素が反応することも，H_2S の大気への移行を抑えることになる．淡水環境では，異化的硫酸塩還元のための SO_4^{2-} が不足気味であること，そのため相対的にバイオマスへの利用可能な硫黄画分の取り込みが増すことになるため，H_2S の大気への移行は少ない傾向がある．しかしながら，有機態硫黄化合物が無機化反応を受け，その結果生成された硫化物の放出が見られるような湿地帯や土壌では，H_2S の放出は重要なプロセスといえる；さらに付け加えるならば，生合成に必要とする以上に植物が硫黄を吸収した場合は，その余剰の硫黄分を樹冠から H_2S として大気に放出する（Renneberg, 1984；Bates et al., 1992；Hines et al., 1993）．淡水環境や樹冠からのこれらの放出量の総量は，自然発生源からの硫黄の大気への移行量の40%にも及ぶ．

　メタンチオール，硫化ジメチル（DMS），二硫化ジメチルなどの多彩なメチル化された硫黄化合物や，硫化カルボニル（COS），二硫化炭素（CS_2）などの硫黄化合物も，生物圏と大気の間の交換反応にとって重要である（Andreae, 1990；Langner & Rodhe, 1991；Bates & Lamb, 1992；Watts, 2000；Kloster et al., 2006）．これらの硫黄化合物の中でDMSは，海洋だけでなく，ときには淡水環境から大気へ放出される硫黄系ガスとしても，おそらくもっとも重要なものであると考えられている（たとえば，Hines et al., 1993；Kiene, 1996b；Kloster et al., 2006）．産業活動の発展に伴い，硫黄含量の高い化石燃料が使われるようになり，その燃焼に伴って SO_2 の発生量も著しく増加した．これらの硫黄を含む気体は，いずれも（訳注：正しくは"多くは"）温室効果に直接に重要な役割を果たしているとは言い難い．というのは，これらの（訳注：正しくは"COSを除きそれ以外の"）気体状硫黄化合物は対流圏ですべて SO_4^{2-} にまで酸化されてしまい，その結果，酸性雨の原因となる．同様に，あるいはもっと重要なことかもしれないが，硫酸エアロゾルが対流圏雲粒（CCN）の前駆体となることである．すなわち，エアロゾルが増えることは雲形成の程度に影響を与えることになるために，地球のアルベドあるいは反射能に関わる．一般に，対流圏の雲は比較的アルベドが高いために，入射する太陽放射光を反射する．したがって，硫黄系ガスが大気に大量に送り込まれることは，局所的あるいは地球全体に関わる冷却をもたらすのではないかといった説も提案されている（Charlson et al., 1987, 1992）．硫黄系ガスの生成速度がもし温度の変化に直接に相関するのであれば，気体状硫黄化合物，CCN，そしてアルベド間の連携反応は，地球の気温を負のフィードバック作用によってコントロールする生物反応であるといえるのではないだろうか．このような仕組みが存在することを示す証拠は，鉄と一次生産との関連（たとえば，Bates et al., 1987）で見られた相互作用とフィードバックなどいくつか挙がってはいるものの，その重要性については疑問視する向きもあることは確かである（たとえば，Bates et al., 1989；Bates & Quinn, 1997）．たとえそうだとしても，火山活動に

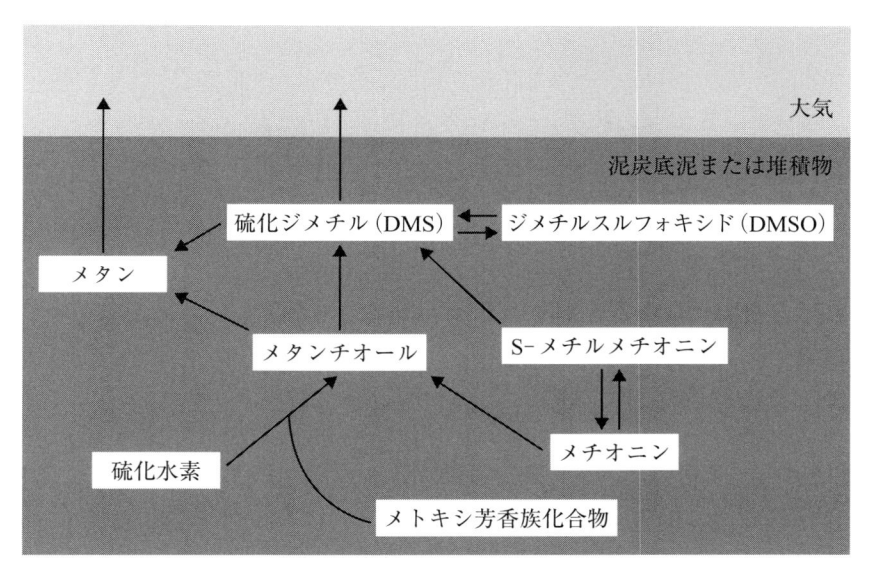

図 10.8 淡水の泥炭底泥における有機態硫黄化合物について考えられる循環経路．ジメチルスルフィド（DMS）に対して，メタンチオールが中心的な役割をはたしていると考えられる（Kiene, 2002に基づく）．

由来するSO_2がCCN形成に影響を与えることはよく知られていて，人為起源のSO_2を意図的に大気圏に導入することでCO_2による温暖化を相殺するという提案の基盤となっていることも確かである（Crutzen, 2006）．

底泥，土壌，そして植物体から直接大気へと放出されるH_2Sを除き，大気に存在する多くの硫黄を含む気体は，もともとは硫黄を含む有機物質が微生物による変換反応を経ることによって発生するものであるといえる（図10.8）．たとえばDMSは，ある種の塩性環境を好む維管束植物や海洋性藻類の浸透圧調節物質であるジメチルスルホニオプロピオナート（DMSP）の加水分解によって生じるものである（Howard et al., 2006）．このDMSPの加水分解は，細菌，植物，そして藻類の酵素反応によって起こり，動物の捕食や植物プランクトンがウイルスの作用によって溶け出すことによって促進される（Dacey & Wakeham, 1986；Wilson et al., 1998）．海洋の水環境を考えた場合，DMSPは *Proteobacteria* に属する数多くの細菌，たとえば *Roseobacter* のような細菌，によって加水分解されることはDMSの発生源を考える場合にはとくに重要なことである（Howard et al., 2006）．DMSPの分解によるDMS生成の程度は大きく変わりうるが，DMSから揮発性硫黄ガスであるメタンチオールを生成する反応でもある脱メチル化は，DMSP生成に関与するリアーゼ反応に優先することもある（図10.9，Howard et al., 2006）．さらに，細菌の酸化反応は大気圏へのDMSの移行を十分に制限させることになる（Wolfe et al., 1999）．

COS，CS_2，あるいはメチル化された含硫黄ガスの前駆物質としてよく知られた有機化合物には，タンパク質由来のメチオニンやシステイン，あるいは植物の二次代謝物質であるイソチオシアネート類やチオシアネート類が含まれる（Kelly & Smith, 1990；Kim & Katayama, 2000）．メタンチオールやDMSは嫌気的な淡水の底泥において，H_2Sとメチ

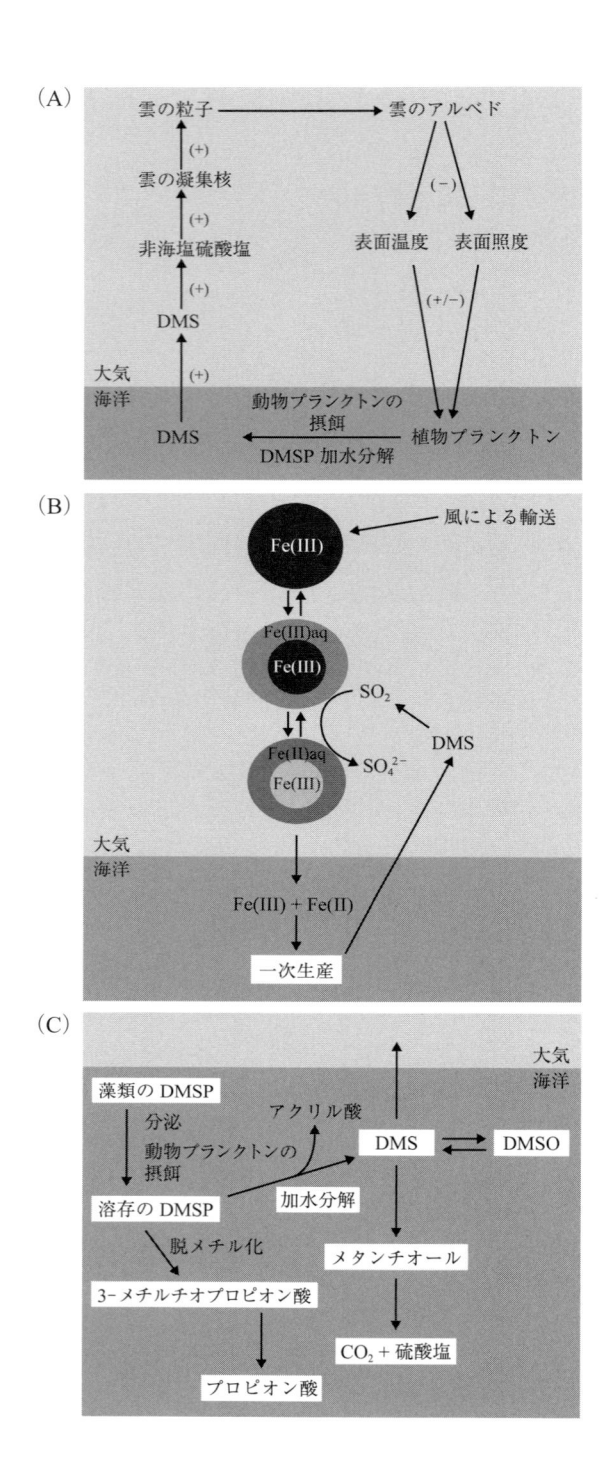

図 10.9 A：硫化ジメチル（DMS）の溶存濃度および海洋システムで大気との交換に影響を与える複雑な相互作用の説明（Kiene et al., 2000 に基づく）．B：海上大気中の，DMS と無機硫黄ガスそれに風で運ばれる鉄の間の相互作用（Zhuang et al., 1992に基づく）．C：DMS と雲の凝結核それに気候変動要因の間の関係（Charlson et al., 1987に基づく）．＋と－の記号は，先行するパラメータが下流側のパラメータに与える影響を示す．

ル基供与体，たとえばリグニンの中に見つかるシリング酸のようなメトキシ化された芳香族酸のようなものからも作られる (Finster et al., 1990). 淡水環境は一般に気体状硫黄化合物の動態にはあまり重要な地位を占めてはいないと考えられているが，単位面積当たりの DMS の放出速度は海洋やミズゴケ (*Sphagnum*) が優先している湿地などとほぼ同様との報告もいくつかある (Kiene, 1996a).

淡水湿地からの DMS 放出速度は，異化的硫酸還元に連動する DMS 生成である硫化物のメチル化反応に依存するように見え (Kiene, 1996a), 芳香属酸を酢酸塩に分解する反応を行う酢酸生成細菌が反応に関与している．他の嫌気的あるいは好気的細菌も土壌，海洋，淡水環境での硫黄系ガスの生成に関与している．さらに，メチロトローフや硫化物酸化を行う種々の好気性菌，そしてメタン生成菌などの嫌気性菌は，気体状硫黄化合物を利用することが可能であり，その結果大気への硫黄の流入をコントロールしていることになる (Kelly & Baker, 1990 ; Lomans et al., 2001).

その他の微量ガス

微生物は数多くの気体状物質の生成や消費に関わっており，その中のいくつかは大気化学と大気の放射の収支に大きな影響を及ぼしている．CO は大気中に <50〜350 ppb の濃度範囲で存在し (Novelli et al., 1998), これはメタン (1.8 ppm) に比べるとずっと低いレベルである．しかし，CO は大気の酸化状態を決定付けるうえで主要な役割を演じることから大事な微量気体といえる (Crutzen & Gidel, 1983 ; Watson et al., 1990). これは CO が対流圏の主要なオキシダントである OH ラジカルと素早く反応することによる．大気メタンにとって OH ラジカルは化学反応による消失源としてもっとも重要なものであるので，CO とメタンの動態において両者は緊密に連携しているといえる．CO の動態変化は，メタンの対流圏での滞留時間に影響を与えるだけでなく，地球温暖化能力 (global warming potential, GWP) に影響を与える．とくに，CO 濃度の上昇は OH ラジカルの濃度低下を引き起こし，メタンの滞留時間と GWP を上昇させる (Daniels & Solomon, 1998). CO の潜在的重要性については，地球全体で見て CO の大気への移行量である年間 36〜108 Tmol yr^{-1} (純一次生産の約 1〜2 % に相当する) の数値は，メタンの移行量 (年間 25〜31 Tmol yr^{-1}) に対して 1.4〜3.5 倍と上回っているという事実からも明らかである．NO が関わる一連の化学反応を通して，CO は対流圏のオゾン濃度を決定づけるうえでも重要である．

大部分の細菌，菌類，そして植物は CO を産生するが，その一方で，土壌細菌の CO 消費は，大気に与える影響としてはもっとも大きいものであるといわれている (Conrad, 1988 ; King, 1999). *Proteobacteria* や *Actinobacteria* に属する多くの細菌は，大気から土壌へと CO を直接，しかも強力に取込み，その量は 10.7〜14.3 Tmol yr^{-1} にもなる．さらに，土壌マトリクス内部で放出されたほぼ同じ量の CO もこれらの微生物によって酸化されている (King & Crosby, 2002 ; King & Weber, 2007). このプロセスは大気の CO 濃度を一定に保つ作用で，生物が行う重要な制御効果といえるが，このプロセスは人為作用による撹乱や気候変動の影響を受けやすいことが明らかになっている (King, 1999). 利用できる CO の濃度が極めて低いという条件下にあることを考慮すると，土壌の CO 消費はとても効率よく行なわれているようにみえる．CO を取り込むことによって，ある種の細菌はこれを生育に利用する．このような性質を有する CO

資化菌にとってのエネルギー源としてのCOの利用は，補助的なものにすぎないと考えられている（King & Weber, 2007）．このことは海洋での細菌によるCO消費にも当てはまるようであり，光化学的に発生し大気に移行するCOの量に影響を与える．大気に存在するCOの消費に関する微生物学および生態学の理解はまだかぎられたものでしかないが（King & Weber, 2007），耕作地土壌がCO消費をうまく進めることはおそらく可能であり，それによって，管理していない土壌で気候変動がCOの取り込みを抑える傾向が回避されることに貢献できるかもしれない（King, 1999）．

　細菌は自然起源〈たとえば，塩化メチルやブロモホルム（CHBr$_3$）〉と，人為起源〈たとえば，ブロモメタン（CH$_3$Br），フロン類（たとえば，ジクロロジフルオロメタン，CCl$_2$F$_2$）〉のハロゲン化メタン類の動態にも影響を及ぼしている．自然起源のハロゲン化メタン類の発生源はおもに海洋であるが，それは多種類の海洋性藻類，植物，そして動物は，多彩なハロゲン化有機物の生合成に欠かせないハロペルオキシダーゼを有していることによる（たとえば，Wever, 1991；Moore & Tokarczyk, 1992）．大気の成分としては決して多くはないが，自然界のハロゲン化メタン類は人為起源の類似化合物と同様に温室効果ガスとしての機能をもっており（Kroeze & Reijinders, 1992），地球全体の臭素とヨウ素の循環と，成層圏オゾンの減少に対する自然のバックグラウンドレベルに影響を及ぼしている．

　数多くの土壌，底泥，海洋性のメチロトローフ，メタノトローフ，そしてメタン生成菌は，自然起源そして人為起源のハロゲン化メタン類を分解することができるが，この作用は大気へのこれらの気体状物質のフラックスをコントロールする潜在的な力となっているのではないかと考えられている（Oremland, 1996；Miller et al., 2001；Trotsenko & Doronina, 2003を参照せよ）．たとえば，メタノトローフやその他の土壌細菌は，農耕地に撒かれたあとの臭化メチルの分解におおいに関わっていると考えられる（Oremland, 1996）．メタン生成細菌は，埋め立て処分場，シロアリの腸やその他の嫌気的な環境で，何種類かのクロロフルオロカーボン類（CFCs）を分解している（Khalil & Rasmussen, 1989；Lovley & Woodward, 1992）．さらにメタノトローフは，CFCsの代替冷媒として使われるヒドロクロロフルオロカーボン類（HCFCs）やヒドロフルオロカーボン類（HFCs）の少なくとも数種類について，部分的な分解が可能である（Oremland, 1996）．これらの化合物の分解はおそらくは重要な意味を含んでいると思われる，というのも，"オゾン層にやさしい"とは言われているものの，多くのHCFCsやHFCsは温室効果ガスとしての作用をもっているからである．

　トリフルオロ酢酸（TFA）がどのような化学的変遷を経たうえでその結末を迎えるのかは，おそらくHCFC類やHFC類に関してよりも重要な事柄であろう．ある種のHFC類が大気中の化学反応で分解されると，TFAを生成する．降雨を介してTFAはやがて土壌や水系に取り込まれる（Tromp et al., 1995；Oremland, 1996）．TFAは比較的低濃度であっても，多くの動植物に対して毒性を示すが，細菌に対しての阻害作用はほとんどないようである．TFAは比較的安定な性質をもっているため，環境中では潜在的に危険となるレベルまで比較的短時間で蓄積してしまう．嫌気的な系でのTFAの解毒反応では，メタン生成菌が行うメタン生成反応に共役した脱フッ素化が進む．一方，好気的な系ではずっと緩慢でしかも不完全な代謝が起き，おそらくトリフルオロメタン（TFM）とCO$_2$

が生成されると予想される．好気的な条件下では，TFM は TFA よりもずっと安定である（King, 1997b）．そのため，土壌中で TFA から変化した TFM は拡散して大気へ移行し，大気ではきわめて強力な，しかも永い期間（滞留時間は300年といわれる）にわたって滞留する温室効果ガスとなる．大気の TFM 濃度は現在低い状態であるが，2000年以降増加しつつある（Montzka et al., 2010）．

10.4
微量気体の動態と気候変動－メタン生成と消費

メタン発生に好都合な条件は，湖沼や湿地堆積物（水田も含まれる），多くの無脊椎動物と食植性脊椎動物の消化管，嫌気的な廃棄物分解，それに埋め立て処分場である．これらをまとめると大気メタンの主要な発生源となっている（表10.2）．他の重要な発生源には，天然ガス生産と輸送の際の漏出（Law & Nisbet, 1996）それにバイオマス燃焼時のメタン発生がある．歴史的には，天然の湿地，反芻動物，シロアリを含む他の食植性動物が，大気メタンの大半の発生源であった（Cicerone & Oremland, 1988）．しかしながら，産業革命以降，人為的な発生源が主となり，ほとんどこれによって大気濃度上昇が起きた．現在は，稲作および飼育された反芻動物，埋め立て，天然ガスそれにバイオマス燃焼の合計が，全発生量の半分以上である（Reeburgh et al., 1993）．

人間活動による発生源が大きいとはいえ，湿地が稲作水田とともに最大のメタン放出源である（Reeburgh et al., 1993；Wuebbles & Hayhoe, 2002）．多くの天然の湿地のなかで，熱帯と40ºN より高緯度の地域がもっとも重要である（Fung et al., 1991）．前者はメタンを一年中発生するのに対して，後者では季節

表10.2 メタンの発生源と消失先．すべての速度の単位は Tg yr^{-1}

発生源・消失先	速度
湿地	115
水田	100
反芻動物	80
シロアリ	20
海洋・湖沼	10
バイオマスの燃焼	55
石炭・天然ガスの生産	75
メタンハイドレート	5
全発生	およそ500
土壌による取り込み	−40
大気での酸化	−450
全酸化	およそ−460
年間の蓄積	およそ40

※ Reeburgh, 1993 他から引用

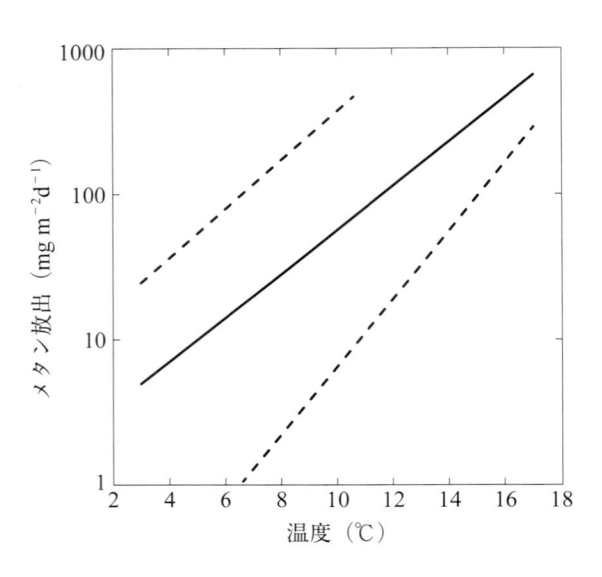

図 10.10 淡水湿地のメタン放出速度と温度との関係（Harriss & Frolking, 1992 およびその他に基づく）．破線は放出の上限と下限を示している．

的な発生源であるが，全湿地面積の大きな割合（20%を超える）を占めている．熱帯と高緯度地域の湿地帯が氷河期周期との関連で変化したために，産業革命以前でも，大気メタン濃度が変わっていたと考えられる（たとえば，Chappellaz et al., 1990；Loulergue et al., 2008）．今の気候モデルから考えると，高緯度地域の湿地の変化は，将来の大気メタン濃度変化に重要な意味をもちうる．というのも，熱帯に比べて，これらのシステムでは，温暖化が大きく進行すると考えられ，植物の成長期が長くなると考えられるからである．しかしながら，高緯度地域の湿地のメタン動態がどの方向にどの程度変化するのかは分かっていない．水文作用，植物生産，有機物循環，それにメタンの発生と消費，これらの複雑な相互作用によってこれが決まるのである．

　稲作の拡大と反芻動物生産の増加も，大気メタンに対して重大な影響があると考えられる．食料需要の増大に対応して稲作は将来大きく増加する可能性があり（Peng et al., 2004），これと平行して大気へのメタン放出も増加すると考えられる．稲の収量を上げる一方で，メタン放出を低く抑えるための研究は優先度は高いが，現状では困難な課題である（たとえば，Sigren et al., 1997；Ma et al., 2010）．植物の性質を操作するということ以外に，稲作からのメタン放出を減少させる効果的な戦略として，酸素および窒素，鉄それにおそらく硫黄の植物への供給を操作することが求められるであろう．しかしながら，メタンの流れを管理するために，N_2O の放出を増加させるような方法を使うことはできない．なぜなら，メタン放出を抑制したとしても，N_2O の放出で完全に相殺されてしまうことになるからである（Malla et al., 2005）．稲作からの抑制よりも，反芻動物からのメタン放出を抑制する方が，成功の見込みがいくぶん高いかもしれない（Leahy et al., 2010）．餌やマグサを調整して動物の生産は維持しつつメタン発生を低下させるというように，反芻胃の中の炭素の流れの経路を操作することができる．他の選択肢として，宿主の反芻動

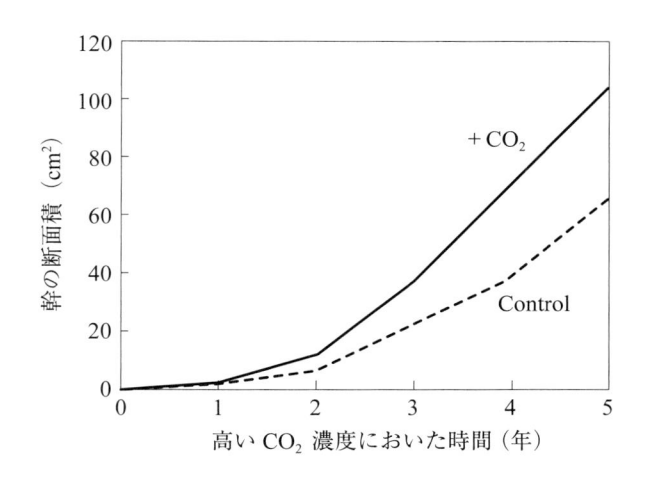

図 10.11 通常の CO_2 濃度よりも高い CO_2 濃度で栽培した植物の正味の一次生産（幹の断面積の増加で表す）の促進（Idso & Kimball, 2001に基づく）．干潟の植物でも同様の傾向が報告されている（Rasse et al., 2005）．

物には影響を与えずにメタン発生を減少させる，メタン生成菌に対する特異的な抗体を使用するというという方法もある．

　水田と天然の湿地からのメタン放出の将来の傾向予測には少なくとも4つの要因に起因する問題がある．1つは，メタン発生は温度に強く応答し，Q_{10}値（温度が10℃変化したときの相対的な反応速度の変化）は通常2を超える（図10.10；Segers, 1998）点である．つまり，気温上昇は，メタン発生を刺激し，気候変動に対して正のフィードバックの効果をもたらすことになりうる．しかしながら，正味の一次生産からの有機物の流入に変化がなければ，この効果はごく一時的なものであろう．

　この点，天然湿地および水田の一次生産はpCO_2の上昇に伴って増加する（図10.11）ということに注意するのが重要である．これは，C3型光合成がもつ生化学的および生理学的特性に起因する．このタイプの光合成はイネやほとんどの湿地植物でみられる（Rasse et al., 2005）．いくつもの研究が，植物生産とメタン放出との強い関連性を示しており（図10.12A, B），温度上昇と大気 CO_2 増加が同時に起きると，現在よりも高いレベルの新たな定常状態でメタン放出が維持される可能性がある（van Groenigen et al., 2011）．当然，窒素や他の栄養供給が CO_2 に対する光合成応答の制限になりうるので，湿地生産の長期傾向について確かなことは分からない（たとえば，Diaz et al., 1993；Rasse et al., 2005；McCarthy et al., 2005）．しかしながら，少なくとも1つの湿地での研究で17年間以上にわたって，高い植物生産が観察されており（Rasse et al., 2010）．高緯度地域の森林での生産が地球全体の炭素収支における"行方不明な炭素"の行き先であろうと提案されている（Houghton, 2007）．

　植物生産性と，メタン放出と窒素とがリンクしているという関係は比較的明瞭であるように思われるが，このリンクの強さ，それに将来の湿地からのメタン放出の程度は，局地的な水文学的状況の変化に大きく依存する．泥炭層の間隙の水分飽和度上昇のタイミング

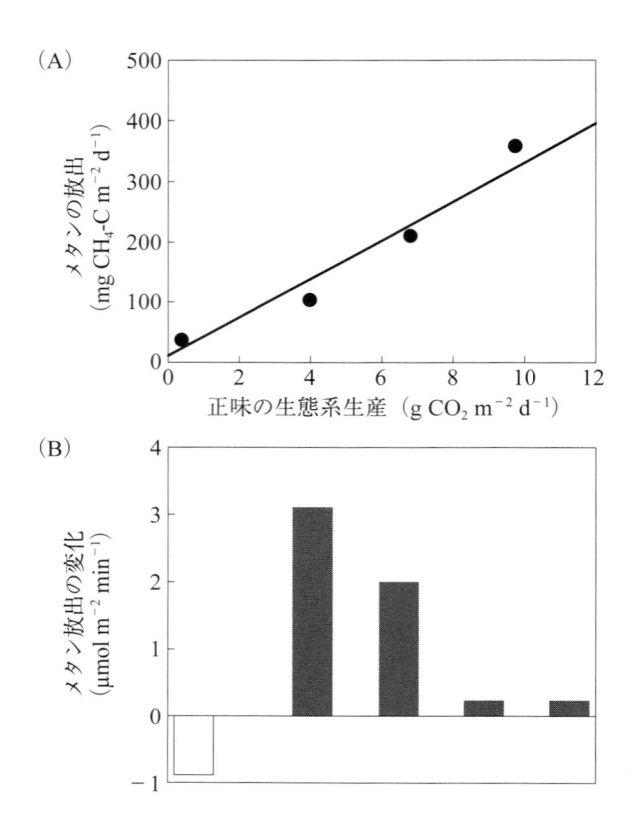

図 10.12　A：さまざまな湿地からのメタン放出と正味の生態系生産（NEP）との関係（Whiting & Chanton, 1993 に基づく）．B：通常の CO_2 濃度と高い CO_2 濃度に設定した5対のスゲ栽培試験区でのメタン放出の違い．黒のカラムは通常の CO_2 濃度での栽培が，高い CO_2 濃度での栽培を上回った試験区を示している（Dacey et al., 1994に基づく）．

とその程度が，微生物プロセス（たとえば，メタン生成とメタン資化）の相対的な活性と空間的分布をコントロールするおもな要因である．これは，無機の電子受容体の供給が水分飽和度によって決まるからである．それがさらに，メタン酸化のみならず嫌気的発酵とメタン生成をコントロールする（たとえば，Moore & Roulet, 1993；Moosavi et al., 1996；Roslev & King, 1996；Waddington et al., 1996）．たとえば，多くの気候モデルでは，寒帯の湿地で降水量が減少すると，水位が低下し，泥炭層に酸素が供給され，好気呼吸が促進されると予測されている．そして，メタン放出は減少する．これらの予測は，多くの研究が記載する，手つかずの泥炭地および排水された泥炭地の両方でメタン放出と水位とは逆の関係があるという結果によって支持されている（図10.13；Funk et al., 1994；Macdonald et al., 1998；Strack, 2004；Turetsky et al., 2008）．

湿地の植物生産性と窒素とメタン放出のリンクは，水文学的状況に加えて，植物種組成によっても変化するかもしれない．将来の気候変動に対して湿地の植物群落がどのように

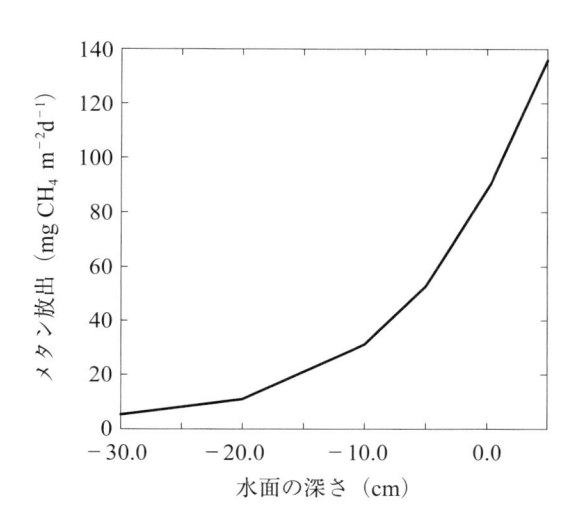

図10.13 高緯度泥炭地域におけるメタン放出と地下水位との関係（Roulet et al., 1992 に基づく）.

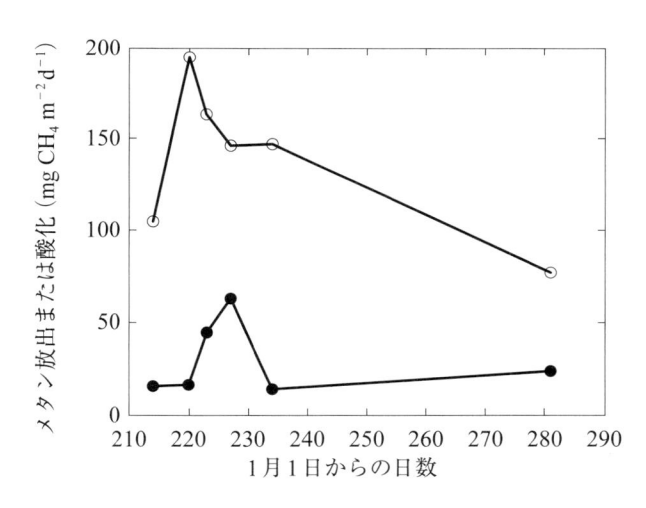

図10.14 メイン州の湿地で測定した，ミクリ属の一種 *Sparganium eurycarpum* の茎と葉からのメタン放出速度（○）と根圏のメタン酸化速度（●），(King, 1996 より).

応答するかについてはわずかしか分かっていないが，いくつかの種の遷移は必ず起きる．植物体を通るメタンガス輸送が通常優占しており（たとえば，Chanton & Dacey, 1991；Joabsson et al., 1999），その輸送の能力は種間で大きく異なるので（Sebacher et al., 1985），他の環境要因とは独立に，植物種の組成の変化によって，湿地からのメタン放出が影響を受ける可能性がある．同様に，メタン生成菌やメタン資化細菌が根や根圏にどの程度伴っているかが異なる植物種が変化することで（たとえば，King, 1994；Denier van der Gon & Neue, 1996；Gilbert & Frenzel, 1995；Wang & Adachi, 2000），非生物的な要因（たとえば降水）の変化にのみ基づいた予測とは反対の，メタン放出パターンが起きる可能性がある．根圏のメタン資化細菌の動態は，この点でとくに重要である．この細菌がメタン放出を25〜90%減衰させうることが，さまざまなフィールド研究や実験室の分析で示されている（図10.14）．

温度の関数としてのメタン生成速度がメタン酸化速度を上回ると，気候温暖化への正のフィードバックとなる．メタン酸化速度は，温度とともに上昇するが，今までのデータからは，メタン生成速度の方が大きく増加することが示されている（すなわち，メタン生成の方が高い Q_{10} をもつという性質がある）．CO_2 濃度が上昇することによってメタン放出が増加することを示すデータ（図10.12B）は，メタン生成の応答が，当然のことながら，メタン酸化と比べるとかなり大きいことを示している．この違いは，酸素欠乏のために起きているのかもしれない（King, 1990a；King et al., 1990；King, 1996）（図10.5）．

土壌のメタン消費の，温度や水分含量，アンモニウム塩，土地利用に対する応答は，将来のメタン酸化の変化傾向を予測するために，いくつもの相互作用する要因を考慮する必要があることを示している．土壌は大気メタンの唯一の生物による消失場所であることが分かっており（たとえば，Dutaur & Verchot, 2007），生物圏のメタンの流れのうちの10%を消費している（表10.2）．この消費速度が変化すると，大気メタン濃度上昇の速度を速める，あるいは遅くするかもしれない（King, 1992；Conrad, 1996；King, 1997a）．土壌のメタン消費を変化させるいくつかの要因のうち，温度が多分一番重要である．これは，温度変化の直接的な影響が，気体拡散係数の変化に明瞭に現れるからである（Whalen & Reeburgh, 1992；Adamsen & King, 1993；Czepiel et al., 1995）．土壌中でのメタン消費は拡散で制限されているので，水分含量と水分活性が消費速度に大きな影響を与える（Schnell & King, 1996）．水分含量の変化は

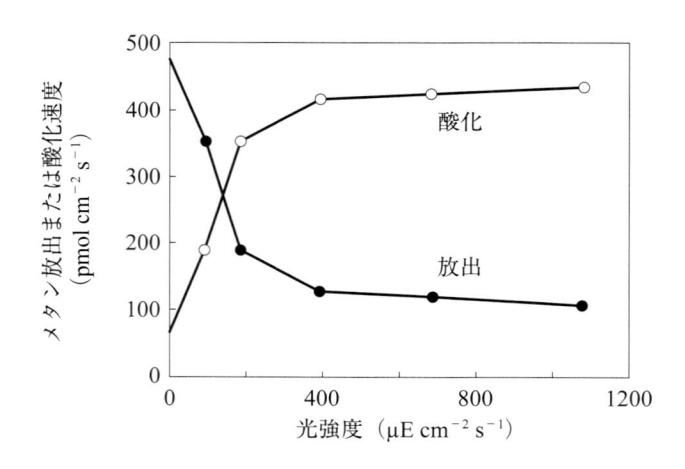

図 10.15　デンマークの湿地の光照射コア試料でみられた光強度に対するメタン酸化とメタン放出（King, 1990より）．

将来のメタン消費速度を増加させることも減少させることもある．どちらになるのかは，そこでの水分条件が最適条件に対してどの程度にあるかに依存している．最適な水分含量かそれよりも低いときには，土壌の乾燥によって活性は低下するが，水分状況が最適を超えているときには乾燥によって活性は上昇する（たとえば，図10.16）．

土壌中のガス輸送の増加はメタン消費を増加させるが，窒素による富栄養化や水分ストレス上昇が続くと，この効果は将来制限されるかもしれない（Steudler et al., 1989；King

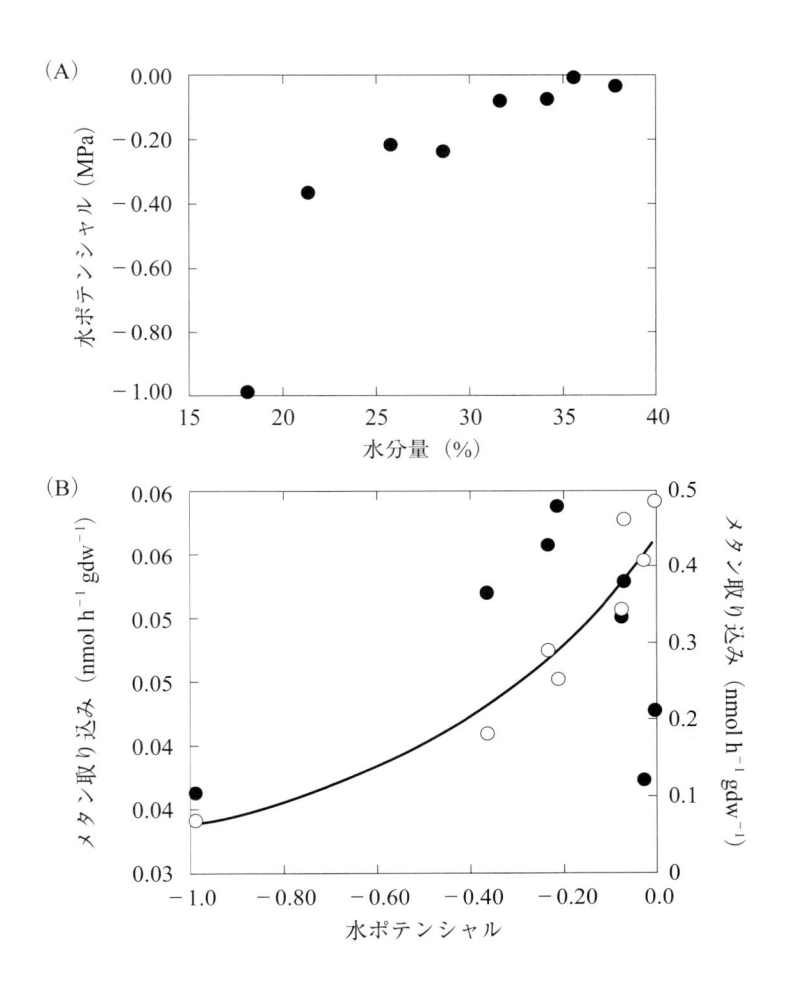

図 10.16　A：温帯森林の土壌についての水ポテンシャルと水分含量との関係．B：気相を大気濃度のメタン（●）または高い濃度のメタン（○）とした土壌を培養したときのメタン消費と水ポテンシャルとの関係．大気濃度のメタンでは土壌の水ポテンシャルが低下するほどメタン消費活性が上昇する領域があるが，高濃度のメタンでは水ポテンシャルの低下に対してメタン消費活性は単調に低下することに注目せよ（Schnell & King, 1996より）．

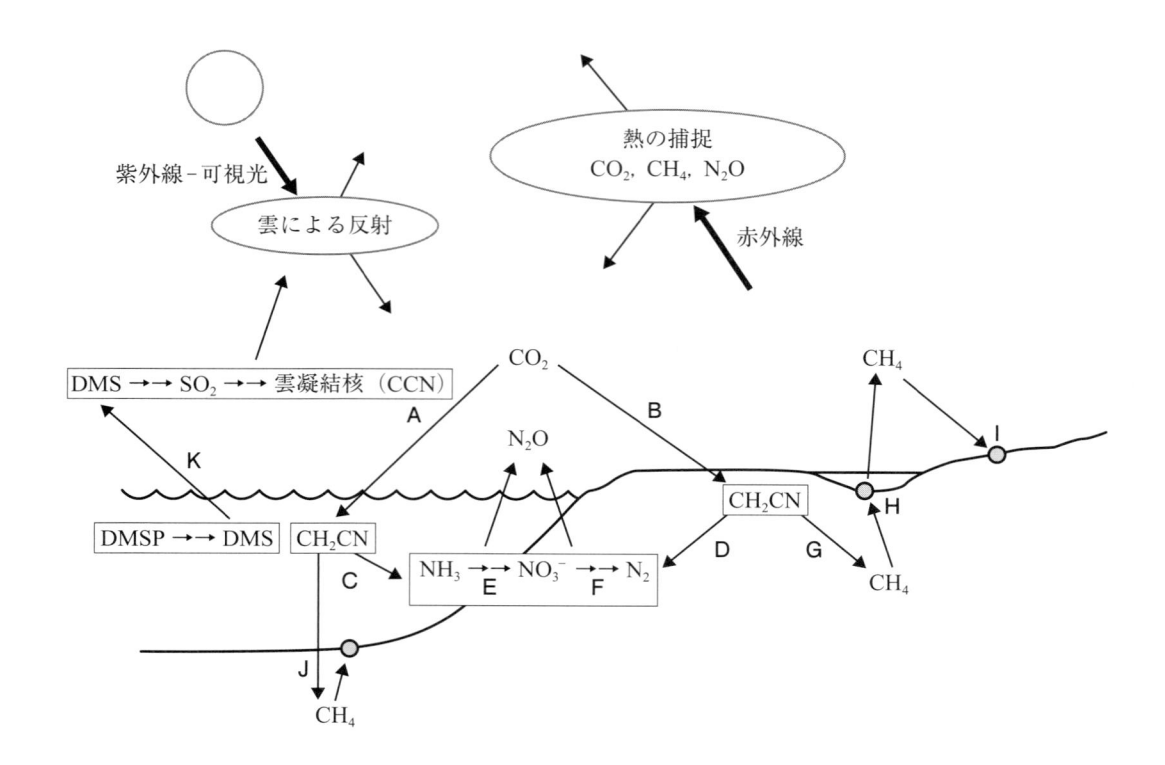

図 10.17 微量ガスの生成と消費および気候との相互作用．矢印のサイズは，紫外線－可視光では太陽放射が雲で反射されることを，また，赤外線の矢印では地球からの放射赤外線が大気で吸収されることを表している．個々のプロセスとして，A. 海洋の一次生産，B. 陸域の一次生産，C. 海洋の窒素の無機化，D. 陸域の窒素の無機化，E. 硝化，F. 脱窒，G. 陸域の発酵とメタン生成，H. 水圏堆積物中のメタン酸化，I. 土壌による大気メタンの消費，J. 海洋の発酵とメタン生成，K. DMS 生成と大気への放出．

& Schnell, 1994；Dobbie & Smith, 1996；Hütsch et al., 1996；Mosier et al., 1996；Steudler et al., 1996；King, 1997a)．アンモニウム塩の効果はとくに重要である．というのも，アンモニウム塩はいくつものメカニズムによってメタン資化細菌を阻害するからである．さらに，アンモニウム塩による阻害は，メタン濃度が上昇すると，強まる（King & Schnell, 1994)．このことは，土壌によるメタン消費の相対的な強さは，大気メタン濃度上昇につれて，低下することを示唆している．

これは，大気メタン蓄積の正のフィードバックをもたらす．けっきょくのところ，多くの土壌について得られたデータは，土壌が大気のメタンを消費する能力が，将来，現在より低下することを示している（King, 1997a)．歴史的にみた土地利用の変化を考えると，土壌によるメタン取り込みの減少は避けられない．土壌によるメタン消費の相対的な強さが過去よりも現在の方が低く，この変化は大気のメタン濃度上昇に貢献してきた可能性を示唆している．

生物地球化学循環の起源と進化

11

　この章では，"進化"という言葉をもともとの意味，時間に伴って何かが変化すること，で用いる．もちろん，ダーウィン的進化は生物圏の発達で非常に重要な役割を担ってきた．しかし，火山や熱水鉱床の噴出というかたちでの地熱活動，大陸，水循環，あるいは浸食などの地球の地質学的変化も，同じく生物圏の発達に影響した．基本的に，生命活動は大気圏と水圏の化学を変えてきたが，同時に，地質学的に活発な地球上でも生命は出現し，維持されてきた．堆積物に含まれている炭素やイオウ，リンなどの必須元素の再生利用は極めて重要である．これらは火山からの噴気中に気体として放出されたり浸食によって水にとけこんだりして利用できるようになる．

　本節では，生物地球化学的循環を次の視点からみていきたい．エネルギーフローシステムの熱力学が示す枠組みでは，太陽からの放射が地球上の特定の化学組成間の反応（地球が惑星として進化するための特定の環境で起こる）を維持し，その結果，物質の不均衡な分布が起こる．地球の地質学的な特徴，とくにマントルの対流と地殻の動きがあることと，非平衡状態は，物質循環が起こるためになくてはならなかった．こうした条件下で，いくつもの事象が特異的に連続した結果として，生命は誕生した．とはいえ，物質の平衡分布から進化が起こる確率は極めて低いと考えられる．太陽からの放射と生物地球化学的循環が共役することによって，生命は永く続いてきた．可能性は低いものの，現実性のある非生物的システムで新規の生物地球化学的な経路の発達が生命の維持に貢献したことも考えられる．

11.1

生物地球化学循環と熱力学

　地球化学的物質循環の起源を考えるときの1つの方法は，初めに現れた循環と現存の循環のエネルギー論を比較することである．生物地球化学的循環をはじめとするエネルギーフローシステムの解析では，非可逆的（非平衡）熱力学を定式化することがもっとも有益である．物質循環を構成する要素分子の変換で起こるさまざまな反応を予測するための根拠は古典的な（平衡）熱力学によって与えられる：$\Delta G < 0$ の反応は進行が可能であり，逆に $\Delta G > 0$ の反応は進行しない（第1章；補遺1）．たとえば，硫酸塩によるメタンの CO_2 への酸化は可能である（$\Delta G° = -16.3$ kJ mol^{-1}）．実際，これは2種類の異なるタイプの細菌による共同作業で進行する生物地球化学的に重要な嫌気プロセスでみられる（1.3節を参照）．それに対して，硫酸塩によるアンモニウムの硝酸塩までの酸化は不可能である（$\Delta G° = +447.7$ kJ mol^{-1}）．

　古典的熱力学から反応の進行の可否を予測できるが，生物地球化学の特徴である元素の

循環について，その起源を知ることはできない．それは，古典的熱力学が平衡状態，あるいはその近傍での可逆的なプロセスで特徴づけられるシステムを対象としているためである．すなわち，平衡状態の必要条件は，あるシステムが等温の単一熱源から離れているか，接触しているかであるが，どちらも地球上の"現実の"システムがもつ特徴ではない．

理論的な議論の積み重ねによって，古典的熱力学の生物学（たとえば，Morowitz, 1960；Wake, 1977；Bermudez & Wagensberg, 1986）および地球化学的（非平衡）（たとえば，Reeburgh, 1983；Aoki, 1989）プロセスへの応用が可能になったが，物理学者，生物学者ともに，熱力学第二法則（補遺1）の生物学システムへの適用には疑問を呈してきた．熱力学第二法則に対する明確な矛盾の一例は，卵が成熟し，個体へ発達した結果，状態の秩序性が増加する，すなわちエントロピーが減少することである．同様に，生物学的な進化は，生物地球科学的な循環の複雑さの増大を伴ってきた．本質的かつ普遍的な熱源である太陽と，普遍的な熱吸収体である宇宙とで成立するエネルギーフローシステムがあり，地球はその中で，中間に存在する（Morowitz, 1968；さらにSchrödinger, 1944を参照）．これを認識することによって，複雑さが減少するという予測と，生物学的な複雑さが増大するという観察との矛盾は解決される．こうしたケースでは，太陽と宇宙の両方のシステムの特性と，中間にある地球を通過するエネルギーフローは一定になる傾向があり，太陽－地球－宇宙システムは動的な定常状態にある．

当たり前のことに見えるが，あるエネルギーフロー系の中間に地球が存在することには意味がある．厳密には，熱力学第二法則は平衡が成り立っているか，それに近い状態にあるシステムだけに当てはまる．さらに，第二法則が意味するのは，宇宙の全エントロピー，S_u，が増大することだけである．$dS_u = dS_i + dS_s$（ここで，dS_i = 地球のエントロピー変化，dS_s = 熱源と熱吸収体との間でのエントロピー変化）なので，$dS_u > 0$ および $dS_s > -dS_i$ である．後者の不等号で表された関係は，熱源と熱吸収体との間でのエントロピー変化が増加する場合，その範囲で地球のエントロピー（生物システムを含む）が減少可能であることを意味する．地球によって遮断された全太陽エネルギーの約0.2%だけが光合成に使用される（Gates, 1980）ので，$dS_s \gg -dS_i$ であることは明白である．

エネルギーフローシステムは非平衡熱力学理論でうまく説明することができる．非平衡熱力学理論はまた，生命や地球化学的物質循環の起源についても基本的な見解を示す．この点について，Morowitz (1968, 1992) による非常にすぐれた総説があるので，本節で手短に紹介する．定常状態にあるエネルギーフローシステムの特徴の1つは，これが物理的な平衡としては存在しえないことである．2つの無限大量の熱をもつ熱溜め（$T_1 > T_2$ とする）の間にある中間体の閉鎖系の中の，ある物質Aの分子の分布を考えよう．このシステムでは，システム内の分子の密度，N_A，は温度勾配の逆数，つまり $N_A = \Delta T^{-1}$ である．平衡の分布と比較して（$N_A[T_1] = N_A[T_2]$），非平衡，定常状態分布は秩序性が増す（エントロピーが減少する）．これはエネルギーフローの結果であり，またエネルギーフローによってだけ維持される．

重要な第二点目は，エネルギーフローシステムでは化学平衡が得られないことである．これは，図11.1 (A) を若干改変することで説明できる．分子種Aを温度依存的な方法で可逆的に異性化して分子種Bを生成したとする．そのとき，エネルギーフローシステムのどのポイントにおいても，AとBの濃度は平衡状態で存在することはできない．この

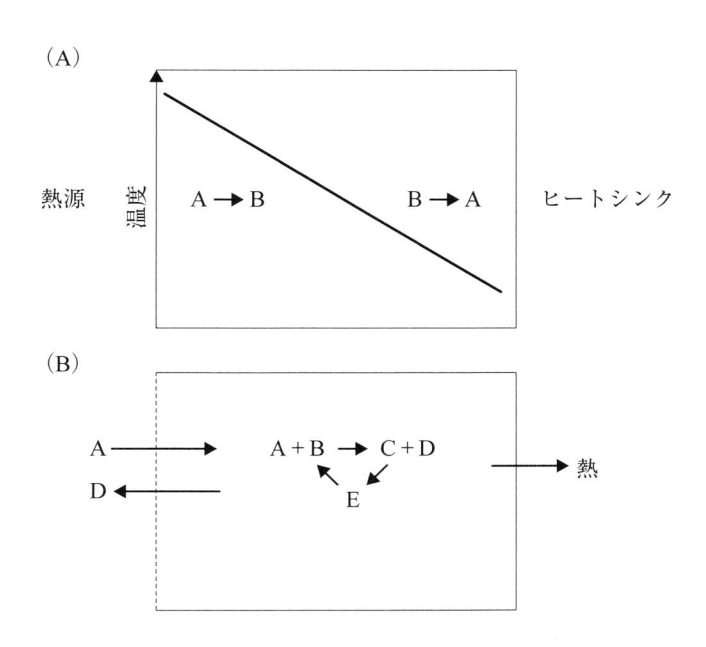

図11.1 エネルギーフローはエントロピーを減少し，物質の構造と流れを維持することができる．
A：温度に依存した物質の平衡，$A \leftrightarrow B$，のシステム．高温では平衡が右に傾き，低温では左に傾く．このシステムでは，温度勾配が維持されている場合，物質 A および B の濃度勾配ができ，その結果，分子の流れが起こる．
B：潜在的に高いエネルギーをもつ物質 A と低いエネルギーをもつ物質 D が透過できる半透膜で囲まれた閉鎖系システム．このシステムは外部の物質 A 供給源が存在するかぎり化学的な物質循環は維持される．物質 A と物質 B が結合して物質 C と物質 D が生成される．C は E を経て B に戻る．

システムのある1つのポイントで平衡が成り立っているなら，このシステムのあらゆるポイントで平衡が成り立つことが考えられ，そこでの平衡定数 $K = B/A$ は温度に依存しない．温度非依存性であるなら反応エンタルピーはゼロであり，これは一般的にはあり得ない．このように，非平衡であることは定常状態とエネルギーフローの条件で特徴づけられる．ある反応の Gibbs 自由エネルギーは平衡から離れる程度に比例しているが（補遺1），これは非平衡であることの重要な結末である．平衡では $\Delta G = 0$ なので，非平衡であることは，その反応は $\Delta G < 0$ であるか，反応が逆に進行する，つまり $B \rightarrow A$ であることを意味する．定常状態にあるエネルギーフローシステムで非平衡を維持することは，生命の進化にとって重要な前提条件の1つである．つまり，化学エネルギーが生物自身のために利用できる状況にある．

Morowitz (1968) は熱源と熱吸収体との中間に位置するシステムが物質循環によって特徴づけられることを示した．可逆的な異性化を例にとり，このシステムに，$A \leftrightarrow B$，つまり方向が逆で等量の正味の流れが存在する可能性を示した．システム内で濃度勾配がある場合，このような流れがあることは直感的に理解できる．しかも，定常状態（たとえば $d[A]/dt = 0$）でさえ，2つの分子種の Fick の法則にあてはまる拡散運動があるはずである（第2章）．

より複雑かつ生物地球化学的に意義のある事例，すなわち熱吸収体と共役したあるシステムによる放射エネルギーの吸収によって，物質循環を容易に示すことができる．また，高い化学ポテンシャルをもつ物質が流入するシステムや，低い化学ポテンシャルをもつ物質が流出するシステムを考えることもできる．前者では，反応システムは $A \leftrightarrow B \leftrightarrow C \leftrightarrow A$ で特徴づけられ，放射により発生した熱が吸収体への流れる場合，$A + h\nu \rightarrow B$ が物質循環を作りだす．後者では，システムは半透膜で外界と接触していると考えることができる．そこで，高い化学ポテンシャルをもつ物質 A と低いポテンシャルの物質 D は等温熱貯めを出入りできる．等温熱貯めは膜を透過できない物質 B，C と E を含む（図11.1）．A の化学ポテンシャルが $A > D$ で，$A + B \leftrightarrow C + D$ で，$C \leftrightarrow E \leftrightarrow B$ なら，熱の周囲への流れに沿って $B \rightarrow C \rightarrow E \rightarrow B$ の物質循環が形成される．これらの場合の各段で，エネルギーフローと物質フローのネットワークの発達は，システム内のエントロピーの減少を伴っている．

　どのシステムにおいても，物質循環とエネルギーフローに固有の特徴は，エネルギーの流入，システムの化学組成，および温度に依存する．電磁放射では，300～1,000 nm くらいの範囲にある波長がとくに重要で，その波長の電磁波が多くの分子種で電子的な再配置を特異的に引き起こす．いろいろなエネルギー源の中で，太陽エネルギーが物質循環での化学反応を促進する傾向が強い．300～1,000 nm の波長をもつ光子エネルギーがどれだけ利用できるかが，生命の起源と増殖の制約となりえる．たとえ液体状の水が容易に得られる場合でも，この波長の光源からの距離によっては，生命の存在しない惑星になってしまう．

　システムの化学組成もまた，利用できる化学反応のための物質と潜在的なエネルギーフローネットワークを決定するおもな要因である．単にバイオマスに貢献するだけでなく，いくつかの元素種は反応の触媒として働く可能性があり，逆にエネルギーフローを不安定にする元素もある．この議論を展開すると，C，H，N，O および S 以外の元素の利用性を決めるうえで，惑星全体の化学組成の重要性がみえてくる．分子構造の安定性は明らかに温度依存なので，システムの温度も同様に重要である．あるレベル以上の温度は分子構造に悪影響を与え，物質フローを不安定化する．それによって生命にとっての温度上限が決まる．

　ここまでの議論をもとにすると，1つのエネルギーフローシステムとしての地球の特徴について，物質の循環に加えてエントロピーの減少が予測される．つまり，元素の循環は地球に初めから備わった特性であり，生命圏の特定の組成や編成に依存してあとから付け加わった特性ではない．Morowitz (1968) は次のように述べている．

　"分子の組織化や物質循環は，生物にだけ備わった特性として理解されるべきでない．それらはすべてのエネルギーフローシステムに共通する特性である．生物システムの特性であるのみならず，生物システムが生まれ，さらに繁栄する場所，つまりその周辺の環境の特性でもある．"

　循環的な物質のフローについて，Morowitz は次のようにも述べている．"循環的な物質のフローは，エネルギーフラックスが起きているシステムでの組織だった挙動の一部である．"さらに続けて，"さまざまな物質循環の存在は，システムの中ではフィードバックが機能していることを暗示する．"つまり，生物システムを稼働させる基本レベル

でも，コントロール理論や自動最適化のネットワークがはたらいていると考えられる．

　生物が生存するシステムは，それ自体が生物地球化学的な物質循環の存在理由でもなければ，その駆動力でもない．むしろ，エネルギーの動きが非平衡な化学状態を作り出すことによって，生物が生存するシステムおよび生物地球化学的な物質循環が存在できるのである．

11.2

生命誕生前の地球における元素循環

　エネルギーフローシステムにおける無機物循環の発達について，非平衡熱力学理論（たとえば，Prigogine, 1967；Prigogine & Nicolis, 1971）はある信頼に足る予測を導きだす．その一方で，地球上の無機物循環がもつ特異な性質は地球の起源と地質学的発達に非常に大きく依存していることは明らかである．活発なマントル対流と地殻システムの存在から，初期の地球の特徴として確かにいえることは，大気圏，水圏および地圏の間で元素の交換が行われたこと，および，ある元素の存在形態にはほとんど変化がない場合でも，多くの元素種が2つか3つの貯蔵場所を通して循環したと考えられることである（Brown & Mussett, 1981）．地球，火星，金星を比較することによって，マントルと地殻のはたらきの役割をよりよく理解することができる．火星は小さいために，急速に冷却された．それによって，地殻活動が大きく減衰した（Brown & Mussett, 1981）．一方，金星では，物理学的および化学的環境と，周期的で，すべてが作り変えられているようにみえる地殻の再生が元素の循環を推し進めたようである．しかし，こうした状況は生命の誕生を完全に排除したようだ（Parmentier & Hess, 1992；Steinbach & Yuen, 1992）．

　すでに第10章で議論したように，大気圏，地圏，および水圏間でのCO_2の地球化学的循環は，地球上の非生物学的な（しかし，温度依存の）循環の好例である．ここでは，酸化還元状態の変化を伴わずに相の変化だけが起こる（たとえば，気体ではCO_2であり，固体では炭酸カルシウム）．生物が生存するシステムは，確かに炭酸塩とケイ酸塩をめぐるCO_2循環の速度に影響（加速）するが，しかし，この循環が生命とは独立して起こることも明らかである．

　ハロゲン属のようなその他の元素，さまざまな金属類（たとえば，鉄，マンガン，ナトリウム，マグネシウム，亜鉛，水銀）そして，リン，および窒素は，火山活動，熱水鉱床の活動，および地殻の運動の結果，地圏，大気圏，そして水圏をまたがって循環している．ある種の生物にとっては，元素循環は非生物学的な現象であり，必要であればその循環に適応する．Veizer et al. (1989) は，特定の元素の分布と生態学的な遷移の関係がこれと類似性があることを導いた．それによって，生物システムの特性の少なくともいくつかは，生物が担っているのではなく，むしろより普遍性のある原則に従う．

　非生物学的な元素循環の重要な特性は，次を含む：

1. 隆起した地殻鉱物の酸（CO_2）による風化．
2. 風化によって溶けだした元素の河川による輸送．
3. 風化を受けた鉱物の組成および，元素の化学性質に応じた輸送される元素の選択的変化．
4. 水圏での元素の滞留に影響する，吸着，交換，沈殿，凝集（たとえば，粘土の

生成).
5. 地殻とマントルに存在する鉱物における圧力および温度が駆動する元素分布の変化と，それに引き続いて起こる水圏や大気圏で交換できる元素の変化．

非生物的な酸化還元反応も起こる．地球がどのように形作られたかについてはさまざまなモデルがあるが，それらは，ケイ酸塩と金属酸化物に富む炭素の多い複数のコンドライト隕石が集まって巨大化して地球ができたという説を支持している（たとえば，Brown & Mussett, 1981；Delsemme, 1997）．地球表面が冷え，コアにはマントル，外側には地殻がある状態に変化するまでに，さまざまな反応が起こり，おそらく，鉄，イオウおよび炭素の酸化物が形成された．多くの化合物の中でも，それらが酸化還元反応に使われるようになった．火山や熱水鉱床からの SO_2 の排出は大気や海洋に酸化剤を供給した．初期の地球大気中の水蒸気が光分解されることによって，若干ではあるが，分子状酸素が生じたことは疑いがない．おそらくこれよりもさらに重要なことは，UV による二価鉄の酸化が CO_2 を含むさまざまな反応物の還元と共役した可能性が考えられることである（Braterman et al., 1983；Crowe et al., 2008）．このプロセスは，初期の縞状鉄鉱床の形成のメカニズムを説明するいくつかの可能性の1つである（以下を参照）．

このように，生物誕生以前の地球は元素循環の複雑なパターンで特徴づけられる．さまざまな形態の有機炭素を含む，いろいろな酸化剤と還元剤が利用でき，これがまた生物誕生以前の元素の多様な変換を支えたのかもしれない．その1つが，今では CO_2 固定として知られる反応である（Wächtershäuser, 1988a, b）．生物誕生以前の地球と同様に，現在の元素循環はいくつかの生物が係らない地球化学的プロセスに依存する場合もあり，また，ときには影響も受けている（たとえば，火山活動や熱水鉱床噴出）．しかし，初期の地球は放射性元素を含んでおり，その崩壊が進むことで地球内部の熱生成が減少する．その経過とともに，長い時間にわたって上述のさまざまなプロセスの速度が低下したことは明らかである．熱生成の減少に伴う大陸の発達と相対的な安定化が，生物システムの進化とそれによる元素循環に重要なインパクトを与えたことは疑いない．たとえば，大陸に生物システムのコロニーが出現したことは，それまでは純粋に非生物的な地球化学プロセスであった現象（たとえば，風化）の速度を大きく変化させ，大気中の酸素の増加に貢献し（以下を参照），微生物と原生動物の発達に影響した．

11.3

初期の生命とその起源

現存するすべての生物は共通の起源をもち，それはおおよそ40億年前に遡ることが，多くの証拠によって示唆されている．共通起源についての証拠としては，すべての生物がもつ相同な遺伝子の存在があり，これを使って生物すべてを含む系統樹を作ることができる（補遺2，さらに Eigen, 1992を参照）．さらに，すべての既知の生物は，多くの基本的な共通性をもっており，それには，遺伝のしくみ，遺伝暗号，タンパク質合成のメカニズムが含まれる．類縁性のない生物の間でも，代謝の機構の基本的な構成要素には類似性が認められる．

分子時計の精度には不確かさはあるが，約40億年前に生命が誕生したことと，生物すべてを含む系統樹とは矛盾しない．惑星生成

モデルによると，約40億年前に小惑星の衝突によって安定化するまでは，地球は頻繁に爆発を繰り返していた可能性を示している．したがって，生命起源がそれより早いなら，惑星生成モデルとは一致しないことになる．38億年前における最初の生命の兆候は，条件さえいったん合ってしまえば，生命は非常に迅速に進化したことを示している．生命についてのもっとも古い証拠は，グリーンランド西部にあるGodthåbフィヨルド付近で発見された，変成の度合いの低い，変成堆積岩に埋没したグラファイト粒子のかたちで現れている．この岩は，その頃，大陸と水循環が存在したことを示している．このグラファイトの炭素安定同位体組成は，生物プロセスによって生成された有機物質，つまりカルビン回路，と一致している（Moizsis et al., 1996；Rosing, 1999）．どんな種類の生物がこのグラファイト粒子を形成したかの詳細についてのこれ以外の証拠は存在しないが，ある種の独立栄養細菌であろうということは推定されるだろう．しかし，生命の痕跡としてのグラファイト粒子の解釈については，最近，論争がある（Whitehouse et al., 2009）．

生命の起源の理論的および実験的研究は，人間に深い思考と大きな努力を求める学問分野である．それは依然として，生物科学の中でも中心的な部分を占めている．生命の起源という課題への挑戦の大きさは，生物学者の20世紀中に払った努力に対して，わずかな成果しか得られなかったことからも，簡単に理解できるだろう．この20年間では，進歩のペースはいくらか速まったが，地球上でどのように生命が誕生したのか，誰も知らないのが事実である．

それについては，さまざまな理論的な考察があり，多少の実験的な裏付けもある．にもかかわらず，どこか逃げ腰のようにみえる課題もある．生命は次の2つの特性をもっている．1つは生命がもつ遺伝システムであり，それがダーウィン進化をもたらす．もう1つは，いわば熱力学的な特徴である．エネルギー代謝と同化の代謝である．基本的かつ未解明の課題とは，これら2つの特性が共役するかである．化石に残された記録しかないという制限，同位体からの証拠という不確かさ，38億年前の地球の歴史を考える場合には根拠の弱い考察が避けられないこと，これらは憶測や矛盾する複数の意見を許す余地を多く残すことになる．

生命の起源についての理論のひとつは，実際に理論だけの，生命の誕生以前の化学的な環境の可能性についての考察である．もっとも初期の，しかしもっとも影響力のあるこの種のアプローチは，"暖かい原始スープ"のアイディアで，1930年頃，HaldaneとOparinが別々に提案した（Oparin, 1938, 1953；Bernal, 1967も参照．ここでは，Oparinの原著論文の翻訳とHaldaneの1929年の原著論文が含まれている）．原始スープ理論は，地球の初期大気が分子状酸素を含んでいないが，メタン，水素，アンモニアなどの還元的な性質をもつ気体を含むことから示唆を得ている．それに適したエネルギー発生源（たとえば，稲妻の放電）があれば，原始スープのような状況からさまざまな有機化合物が生成され，それらがしばらく安定に保たれる可能性が若干ある．これらの理論はさらに，最初の生命体はこのように生成された有機物の発酵に依存したことを示唆する．つまり，系統樹の始点にあるのは従属栄養生物であろうという予測を導く．

今日，地球の初期大気は無酸素であることは広く受け入れられているが，その組成はよく解っていない．火山ガスの組成や地球にやってくる流星からの揮発成分をもとにしたモデルでは，還元的な性質をもつ気体の多い組成というより，いくぶん中性，つまり，

CO_2が多く，CH_4とわずかな量のCOであることが示唆されている．無酸素で，いくらか還元的な性質をもつ気体をエネルギー源（紫外線灯や先カンブリア代の稲妻を模倣した放電など）に曝した室内実験では，さまざまな有機化合物が生成することが示されてきた（Miller & Orgel, 1974）．必須アミノ酸のほとんどや核酸の4種の塩基のうちのいくつかがこのやり方で生成される．しかし，炭水化物（とくに五炭糖類とデオキシリボース）と直鎖の脂質は，この種の実験で生成を証明することは困難であった．一方，ピリミジンヌクレオチドについては，その前駆体であるリボースの合成さえ省いてやれば，このもっともらしい生物発生前の条件で合成できることが示された（Powner et al., 2009）．こうした結果は，彗星で起きている可能性のある反応も含め，生物がいない条件での有機物の合成が生命の起源にかかわっている可能性を示唆している．

　Wächterhäuser (1988a, b) は，やや急進的な原始スープ新理論を提案した．彼は，初期地球で液相を想定することは不可能であると疑問を呈し，液相に代わって，鉱物表面，とくに黄鉄鉱，の熱水鉱床での高温状態で起こる事象を通して生命が誕生したと主張している．黄鉄鉱がここでは重要な役割を演じるのだが，その理由は次のとおりである．黄鉄鉱はFeS + H_2Sで生成するが，同時にH_2も生成する．H_2はCO_2を有機物に還元する潜在的な能力をもっている．室内での模擬的な条件で，このタイプの一連の反応が起こることが実験的に示された．Wächterhäuser (1988a, b) はさらに，黄鉄鉱の結晶表面が短い分子を繋ぎあわせることを触媒し，細胞の組織化と進化を促した可能性もありうると考えている．

　さらに別の考えも提案されている．Cairns-Smith (1982) は，生命は粘土鉱物粒子で誕生したとの議論を展開した．またDeDuve (1991) は"チオエステルワールド"理論を展開し，そこでRNAの起源，およびATP生産と細胞生理学でのリン酸の役割を考察した．こうしたさまざまなアイディアは，互いのアイディアのすべてを排除しているわけではない．そうした理論のそれぞれが，生物が誕生する以前の地球でのさまざまな化学的な変換反応や特性を記述しているともいえ，それらのうちのいくつかが初期生命に取り入れられた可能性がある．このようにいろいろな説や議論はあるが，いずれも生命の起源を説明していないことにかわりはない．

　さらに，"RNAワールド"の概念に基づくまったく別のアプローチもある．次の3点が知られている：すべての種類の生物において，RNAが中心的な役割を担っていること，RNA分子は（DNAとは違って）酵素の役割をもつことがあること（つまりリボザイム），そして，ある種のウイルスの遺伝子そのものであること．これらを根拠に，自己複製するRNA分子として生命が出現したというアイディアが導かれた．さらに，別のRNA分子は自己触媒サイクルも形成する可能性がある，というわけである．適切な触媒とある種の条件があれば，ヌクレオシド三リン酸（リン酸結合の加水分解が反応にエネルギーを供給する）はRNA分子をポリマー化する．RNA分子は複製することが可能であり，変異の確率が比較的高いため，RNAは適応的なダーウィン進化を後押しする．他のRNA分子の複製を触媒するRNA分子は，また発達してゆく．そうした分子は，それがもつ触媒特性を，付着したアミノ酸によって改善する可能性があることが示唆されてきた．また付着したアミノ酸は酵素の役割をもつタンパク質の起源にあたるとも考えられてきた．この説は，ある1つの分子が同時に遺伝情報を担いかつ表現形質として振る舞う場合に生じる遺伝形

質-表現形質二元論の矛盾を解決する（Eigen, 1992；Lincoln & Joyce, 2009）．しかしながら，RNAワールド説にも次のような問題点がある．生物がいない条件では，RNAを構成するすべてヌクレオシド分子種を合成することができない．これらのシステムが区画化されて細胞になってゆくことを説明できない．また，細胞が生命の基本単位を構成することの説明もできない．RNAワールド説では，RNAがどのように代謝の機構に組み込まれたかも説明しない．にもかかわらず，これまでのところ，RNAワールド仮説は生命の起源にもっとも接近した意義のある学説である．Fry (2000) が生命の起源に関する諸説の歴史を総説にまとめている（Wächterhäuser, 2006も参照）．

11.4
先カンブリア代の生命と生物地球化学循環

現在利用できる証拠の性格

地質年代が古くなるほど利用できる非変成堆積岩が入手できなくなり，また，古い年代から見出された証拠の解釈もしだいに難しくなる．微生物化石もあるが，そこからはある種の細菌が存在したことは分かるが，たいていは，それ以上のことを結論することができない．なぜならば，細胞の形態的特徴は非常に限られた情報であり，その微生物の性質までは知ることができないからである．これに対して，いわゆる"化学化石"あるいは"バイオマーカー"と言われる，特定の細菌群の細胞壁を構成する成分のような分子構造の痕跡は，より多くの情報を含んでいる．現存する生物の特性をもとにした系統樹（補遺2）は，永い地質年代にわたって出現した主要な細菌群の変遷についての情報をもたらす．

その他のタイプの証拠としては，生物がつくる（あるいは生物がつくると推定される）堆積物，たとえば，縞状鉄鉱床や埋没有機物や埋没硫化物がある．蒸発残留物の化学組成もまた過去の海水の組成を示す．生物がつくる堆積物中の，ある特定の元素の安定同位体組成も有益な情報を与える（たとえば，Knoll & Canfield, 1998）．炭素には2種類の安定同位体，^{12}Cおよび^{13}C，があり，同様に，イオウの安定同位体は^{32}Sおよび^{34}Sである．いずれのケースでも，より軽い元素がより多くみられる同位体である．速度論的な理由で，生物はより重い元素をいくらか避ける．そのため，生物反応の生産物は，そのもととなった分子に比べてより軽い．「避ける」程度は代謝経路に依存する．たとえば，シアノバクテリア，藻類，および紅色細菌でみられるカルビン回路がはたらいた結果生じた有機物では，そのもととなるCO_2での値に対して^{13}Cが約25‰減る．一方，$H_2 + CO_2$によるメタン生成では，重い方の同位体がより避けられることが示される．

実際には，安定同位体比の解釈は難しいことがある．同位体分別，すなわち，重い同位体を避ける程度，は温度に依存する．また，基質の利用性にも依存する．たとえば，もし硫酸還元菌にとって硫酸が制限栄養素になっているとき，硫酸濃度が高いときに比べて，硫酸還元の結果として生じる硫化水素中の^{34}S含有量はより高くなる．孤立したシステムでは，重い同位体を分別する程度はより低い．有機炭素の埋没速度は，堆積物の有機物と現在の炭酸塩堆積物の比率に影響しないが，埋没速度が増加することは，炭酸塩と現在の埋没有機物と両方の^{13}Cの絶対量を増加させるはずである（Knoll & Canfield, 1998）．そのような問題点もあるが，安定同位体の検討によって，地質学的な長い時間をつうじて起った主要な生物地球化学的プロセスについ

| < 10^{-6} | < 1 | 1-2 | > 10 | 100 | O_2 (% PAL) |

ストロマトライト
縞状鉄鉱層

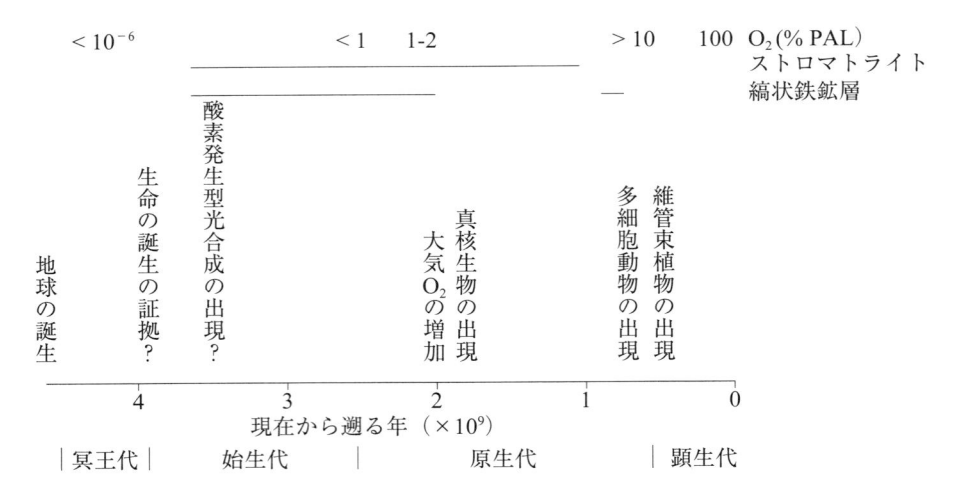

地球の誕生 ／ 生命の誕生の証拠？ ／ 酸素発生型光合成の出現？ ／ 真核生物の出現・大気O_2の増加 ／ 多細胞動物の出現 ／ 維管束植物の出現

```
4          3          2          1          0
       現在から遡る年 (×10⁹)
|冥王代|  始生代  |  原生代  | 顕生代 |
```

図 11.2 地質学的な時間スケール．地球誕生後，顕生代以前を先カンブリア代と名付ける．元素循環の進化に関わるもっとも重要な微生物学的な証拠が現れた時期を示す．% PAL は大気中のO_2を現在の大気中O_2濃度を100として，その相対%として表した値である．

ての重要な定量的な洞察が得られる．

先カンブリア代での無機物循環の発達の概要

始生代初期（図11.2）の非変成堆積岩は極めて希少であり，また系統樹でのもっとも初期の分岐についての私たちの理解も確かでないため，この時期における生命とその性状の直接的な証拠は少なく不確かである．ドメイン アーキアとドメイン バクテリアを含む系統樹におけるもっとも深い枝分かれの1つに，好熱細菌や硫黄化合物を利用してエネルギー代謝を行う多くの種が存在することが根拠になっている．このことから，生命は暖かい条件で出現したこと，おそらくそれは地熱のある状況であり，硫黄化合物を利用するエネルギー代謝の起こる状況であろうということが示唆されるが，その真偽は確かではない．

始生代初期における微生物の生物活動の特徴については推測の域を出ない．酸素非発生型の独立栄養やメタン生成のようなプロセスで，さまざまな独立栄養細菌が重要な役割を担っていること，さらに，光合成硫黄酸化生物や硫酸還元生物が担う硫黄循環が存在したことが想定されてきた．また，光合成鉄（Fe^{2+}）酸化細菌と鉄（Fe^{3+}）還元細菌が大きな役割を担う鉄循環の証拠も存在する．鉄還元の証拠は始生代の大半の期間をとおして見出される（Craddock & Dauphas, 2011）．メタン生成が早い時期で存在したことの証拠も見出されている．

生命の歴史のなかでもっとも影響の大きなイベントの1つは酸素発生型光合成の出現である．最初のシアノバクテリアがどの時期に出現したのかは確かではない．分子化石とストロマトライトをもとにすると，シアノバクテリアが27億年前には存在していたことは確かである（Canfield, 1999）．もっと古い化石（約35億年前）はシアノバクテリアに似てはいるが（たとえば，Schopf, 1999; Schopf & Klein, 1992），それらをシアノバクテリアに帰属できるかどうかについては議論がある．もしシアノバクテリアが，たとえば35億年前という，非常に早い時期に出現したとしても，約23億年前までの期間は，地

球の大気と海洋はほぼ無酸素の状態で維持されていた．大気のO_2分圧は現在の$<1〜2\%$程度であった．23億年以降で，大気中のO_2分圧が上昇した証拠として，鉄とウラニウム鉱物の風化を示すデータがある（Holland, 1984）．海洋と大気が長い間無酸素に維持された一方，シアノバクテリアが生息したと考えられる，ストロマトライト（シアノバクテリアが形成した）マット中や海洋の表層で，局所的に高いO_2分圧が生じた可能性がある（図7.4と7.3節を参照）．そのため，ある種の細菌のなかから，かなり早い時期に好気的な呼吸が発達した可能性がある．非常に低いO_2分圧条件下で多くの好気性細菌が酸素呼吸を維持できる（Fenchel & Finlay, 1995）．

大気中の酸素分圧が非常にゆっくり上昇した理由は，大気中酸素の蓄積が，基本的に，埋没有機物質の蓄積量に影響されるからである．私たちは酸素呼吸が早い時期に発達したと推定している．つまり，そこでは生産された酸素の大半が光合成で固定化された有機物の無機化に伴ってすぐに消費されたと考えられる．さらに，最初期の酸素は，地球のマントルに由来する還元物質によって消費されたはずである．現在の地球上では，この現象は海水中の硫酸塩と三価鉄の堆積物（たとえば，縞状鉄鉱床とヘマタイト鉱床の形成）として示されている．

先カンブリア代のほとんどの時期をつうじて海洋は基本的には無酸素であったと考えられるので，そこには溶存態の二価鉄が高い濃度で含まれていた．この先カンブリア代での状況と，嫌気的な水系では硫化水素によって鉄がすぐに沈殿する現在の地球上との間には，まったく類似性を見出すことができない．35億年から約18億年までの期間は部分的に酸化された鉄の堆積物，いわゆる縞状鉄鉱層，の膨大な生成で特徴づけられる．縞状鉄鉱層はすべての大陸で見出すことができ，鉄鉱石のおもな資源となっている．縞状鉄鉱層の形成のメカニズムについては完全に一致した見解はないが，次のように，いくつかの可能性が考えられている．

1. 海洋表層での紫外線への暴露によるFe^{2+}の光酸化
2. 紅色非硫黄細菌によるFe^{2+}の光酸化（Widdel et al., 1993）
3. 縞状鉄鉱層の形成自体が大気中および海洋表層にO_2が存在したことの反映である．鉄の酸化は地球史的には15億年以上にわたって酸素貯蔵庫の役割を担ってきたことを示す．

先カンブリア代の最後の年代にあたるベンド氷河期（エディアカラ紀）の，原生代の最後のごく短い期間でも，縞状鉄鉱床の形成が見出されている．氷河が地球の表面を覆い尽くし，海流が変化したために形成されたと考えられている（Canfield, 1998）．

23億年前まで，海水の硫酸塩濃度は低かった．その証拠は，生物起源の硫化物での^{34}Sの同位体分別値が低いことと，蒸発残留鉱物中の硫酸塩濃度が低いことである．その理由として，溶存性の鉄が硫化物を除去したことが考えられる．したがって，光合成によるFe^{2+}酸化とFe^{3+}還元が共役する鉄循環が量的には優勢であったであろう．大部分の鉄が酸化物として沈着し，酸素濃度が上昇してから，海水中の硫酸塩濃度は上昇し，原生代の後半期間で硫黄循環が優勢になった（Canfield & Raiswell, 1999；Canfield, 1999；Canfield et al., 2000）．

ストロマトライトは，先カンブリア代のおもな時期での特徴的な鉄の沈積である．もっとも古い年代である35億年前の地層での発見に対する解釈にはさまざまな議論がある．しかし，始生代後期と原生代の地層から，現

存種と疑いなく類似性のあるシアノバクテリアのマットの遺物が見出されている（7.3節）. 化石化したフィラメント状のこともあるが, ほぼ間違いなくシアノバクテリアと考えられる遺物が残されており, 現存種と驚くべき類似性を示している（Schopf, 1999；Schopf & Klein, 1992）. ストロマトライトは, 地球史的には15億年以上にわたって, シアノバクテリアが浅瀬の生物群の優占種であり続けたことを示唆している. 地質学的な記録によると, 原生代後期では, シアノバクテリアは急速に減少したが, それは後生動物が出現し, マットを破壊したことによると考えられている. 現存するストロマトライトは, 当時生息した後生動物による破壊を逃れたものと考えられる.

おそらく30億年以上前に, 大気中の酸素が少なくとも痕跡量レベルで存在したことは, 基礎的な生物地球化学的物質循環がすでに発達しており, それは, 現存する生物圏での物質循環とも, ある程度の共通性をもっていたと思われる. つまり, 硝化とそれにつづく反応である脱窒は出現しており, 窒素循環がすでに出来上がっていた可能性がある. 約20億年前での真核微生物の出現もまた, 酸素を含む大気の出現がもたらした結果である. ある種の単細胞真核生物は, 補完的に, 嫌気性生物となったが, 現存のすべての真核生物はミトコンドリアか, ミトコンドリア由来の細胞小器官をもっている. つまり, 現存のすべての真核生物の共通の最後の祖先は, おそらく, 好気性生物であったであろう. これは, 真核生物がより深い分岐をもつことと矛盾するわけではない.

原生代の終わり頃（エディアカラ紀）, 大気のO_2分圧は, 現在の大気レベルの約10%には達していた. これは, 巨視的な多細胞動物がそのころまでに出現した事実と, 現存する動物が好気的な代謝を維持するために必要とする最少限の酸素分圧から類推される.

すべてのエネルギー代謝がおそらく先カンブリア代で出現したと考えられるが, 地質学的なイベントと生物学的イベントによって, 各代謝様式の相対的な貢献度が変化した. これは, 顕生代でも同様である. たとえば, 多くの証拠（たとえば, 黒色頁岩堆積物, Tyson & Pearson, 1991 を参照）が, 古生代およびジュラ紀と白亜紀では, 嫌気的な沿岸海域が広く分布したことを示している. これは, 今日の黒海と似通っている. さらに, 大気のO_2分圧は3億年前頃のデボン紀のあとに上昇し, 石炭紀には約35%（現在は約21%）に達した. これは, 陸上植物の発達と, 堆積有機炭素の蓄積のせいである（Berner & Canfield, 1989；Dahl et al., 2010）.

これまでに説明してきたように, さまざまな証拠が, 微生物のエネルギー代謝のメカニズムも生物地球化学的な物質循環の質的な側面も, 地球史的には早い時期に出来上がっていたことを示している. もっとも重要なイベントは酸素発生型光合成のはじまりである. これが, いくつかのタイプの酸化的な代謝の発達を促し, 最終的には地球表面の化学的な環境までも変えてしまった. これも30億年前にはすでに起きていたのである. その後, これらのエネルギー代謝の基本的なタイプは維持されつづけた.

補遺 1　さまざまな代謝プロセスの熱力学とエネルギー収率の計算

　環境で微生物がおかれている条件下では，どの細菌プロセスが優占しているのかを理解するためには，異化代謝と増殖のエネルギー論を理解することが求められる．そこには，2つの視点が含まれている．それらは，(1) 化学熱力学に基づく考察，および (2) ある化学反応，および化学反応と増殖との共役での反応速度論上の制約，である．外からエネルギーを与えられずとも，どの反応が自発的に起こり得るか，また，反応基質と環境との間でのエネルギー交換（エネルギーの生産あるいは消費）の大きさはどれほどかを予測する場合に，熱力学が必要となる．熱力学はまた，ある反応が生物学的な仕事とうまく共役するかどうか，さらに，反応に伴う乱雑さ（エントロピー変化）の程度を予測させる．しかし，熱力学によって，反応速度論の特徴や反応機構を直接予測することはできない．

　それに対して，反応速度論の解析は反応機構と反応速度を広く取り扱う．そこに適した反応機構が1つでも欠けている場合，熱力学的には可能であっても，反応はゆっくりとしか進行しない可能性がある．反応速度は，また，その反応に十分エネルギーを供給する反応基質の割合に依存する．その割合は，温度とBolzmann分配則によって定義される"活性化エネルギー"の関数である．活性化エネルギー E_a は，最小あるいは閾値の分子エネルギー状態である．これは，分子どうしが衝突するために必要であり，それによってある反応が進行する．反応速度（あるいは速度定数）は，$k = Ae^{-E_a/RT}$ の関係（ここで，A は反応速度定数，E_a は活性化エネルギー，R は気体定数，T は絶対温度）で示されることでわかるように，温度と活性化エネルギーの関数である．一般に，活性化エネルギーが高いとき，反応はより遅くなる．

　酵素は触媒としての機能があり，活性化エネルギーを下げる働きをする．それによって，反応速度を上昇させる．酵素は，それがないと起こらないプロセスを押しすすめる反応機構をもたらす．たとえば，それ自体では反応が起きていない気体中や液体中に水素と酸素が同時に存在するとき，熱力学計算によれば，水素によって酸素が還元されて自発的に水が生成されるはずである．しかし，水素と酸素は反応することなしに共存することができる．水素と酸素が安定に含まれる混合液に細菌のヒドロゲナーゼを加えると，すぐにヒドロゲナーゼの活性が発揮される．それによって生成されるエネルギーが微生物の増殖とバイオマスの維持を可能とするが，微生物酵素が化学反応を大きく加速する例はこの他にも数多く存在する．ある反応について，もし，それが熱力学的に進行すると考えられるならば，その反応に関与する酵素や微生物が存在することは，ほとんど自明である．

　微生物の触媒である酵素が，どのような反応でも触媒できるというわけではない．O_2 による N_2 の酸化で硝酸が生産される反応は自発的に起こり，増殖のエネルギーを供

給できるはずである．しかし，活性化エネルギーが高く，しかもこれを適切に触媒する酵素が存在しないために，この反応は極端に遅い．これと同様に，H_2によるN_2の還元でアンモニアが生成する反応は熱力学的に進行しやすい反応であるが，標準的な非生物学的条件では，まったく進行しない．それは，上の例と同様に，活性化エネルギーが高いためである．複雑な微生物酵素であるニトロゲナーゼは，N_2とH_2からのアンモニアの生産を触媒する．これは，エネルギーを生産するプロセスというよりも，むしろエネルギーを使うプロセスである．たとえそうであったとしても，微生物プロセスは，工業的なアンモニア生産に使われている商業ベースの化学反応プロセスに比べると，相当効率がよい．いろいろな制約はあるが，微生物は，驚くべき数の一連の生物プロセスを駆使して多数の反応から化学エネルギーを抽出することでその生息環境を十分に活用する，驚くべき化学者である．

　平衡熱力学の原則は，代謝プロセスのエネルギー論と微生物の生物地球化学的なふるまいを理解するために利用することができる．生命の起源，代謝の多様性，微生物間の競合，物質とエネルギー循環は，熱力学と関連づけて理解することができる．また，そうされるべきである．内部エネルギー，エントロピー，そして自由エネルギーの概念はとくに重要である．ここでは，これらの概念と基本的な熱力学の原則の概要を見てゆくことにしよう．より詳しく厳密な取扱いについては，他の文献を参照願いたい（Battley, 1987；Levine, 1988；Stumm, Morgan, 1996）．

　生物学的なシステムでは，物理化学システムと同様に，ある反応の進行を予測するために有用な熱力学パラメータの1つがGibbs自由エネルギー，Gである．Gibbs自由エネルギーは状態関数の1つであり，Gの値は検討の対象となっているシステムの状態と量に依存する．Gibbs自由エネルギーは次のパラメータの関数である：内部エネルギー（EあるいはU），エンタルピー（H），エントロピー（S），そして温度（T）．

　静止状態（運動エネルギー = 0）にあり，かつ外部エネルギー場がない（たとえば，重力および位置エネルギー = 0）場合，内部エネルギー（U）は，あるシステムに存在するすべての分子の並進運動エネルギー，振動エネルギー，電子エネルギー，相対論的エネルギー，および相互作用的エネルギーの総和として定義される．熱力学の第一法則にしたがうと，あるシステムの内部エネルギー変化，ΔU，はそのシステムと周囲との熱交換，そのシステムによる（あるいはシステムにおける）仕事に関係している．つまり，$\Delta U = q + w$となる．ここで，q = 熱の流れ，w = 仕事（通常は，圧力－体積変化として記述される）である．Uの単位はジュールである．

　内部エネルギーとは別の状態関数であるエンタルピーも，その単位はジュールであり，次のように定義される．$H = U + PV$，ここでPとVはそれぞれ，圧力と体積である．エンタルピーという表現は，新たな熱力学の法則ではなく，圧力と体積が変化することによって仕事が起こっている，あるシステムについての熱力学第一法則から導かれる．次に，一定の圧力条件下で加熱されたシステムを考えてみよう．このシステムは以下の式で表される：

$$\Delta U = U_2 - U_1 = q_p - P(V_2 - V_1)$$

ここで，q_p = 定圧条件下での熱流量，である．さらに：

$$q_p = U_2 - U_1 + P(V_2 - V_1) = (U_2 + PV_2) - (U_1 + PV_1) = H_2 - H_1 = \Delta H.$$

もっと一般的には，状態のどんな変化についてでも，エンタルピーの変化は次の式で表すことができる．

$$\Delta H = (U_2 + P_2V_2) - (U_1 + P_1V_1) = \Delta U + \Delta(PV).$$

生物反応のように，低圧あるいは中圧で穏やかに加熱したとき，反応系の体積変化は小さいため，ほとんどの生物学的なシステムでは，$\Delta(PV)$ 項は小さい．このため，ΔH は ΔU にほぼ等しい．

生体物質の燃焼や，さまざまな生物プロセスの進行に伴っておこるエンタルピー変化は，各種の熱量測定法によって計測されてきた．たとえば，ボンベ熱量計によって，一定体積のシステムでの燃焼熱を測定することができる．対象が単純か複雑であるかにかかわらず，この方法は，生態学研究において，エネルギーフロー収支の検討にひろく用いられ，成功を納めてきた．収支を求めることで，エネルギー循環と物質循環いずれの解析も容易になり，特定の機能をもつ生物群の生態学的役割の検討がすすんだ．熱量測定解析はまた，微生物増殖のエネルギー論の解明と，増殖効率の推定にも有用である．生成熱の推定では，熱量測定はとくに有用である．通常 ΔH_f^0 で表される標準生成熱は，Hess の熱総量普遍の法則に基づいて，さまざまな反応の標準エンタルピーを推定するために使用される．

$$\Delta H^0 = E\Delta H_f^0 \text{(生産物)} - E\Delta H_f^0 \text{(反応基質)}. \tag{A1.1}$$

一例として，好気呼吸によるメタン酸化の ΔH^0 の計算を考えてみよう：

$$CH_4 + 2O_2 \rightarrow CO_2 + 2H_2O$$

CO_2，H_2O，CH_4 および O_2 の ΔH^0 値を基に，次のように計算できる．

$$\Delta H^0 = (-391.51 + [2 \times -285.83]) - (-74.60 + [2 \times 0.00]) = -890.57 \text{ kJmol}^{-1}$$

ここで，酸素は標準状態にあるとする．定義によって，酸素については，$\Delta H_f^0 = 0.00$ である．さまざまな場面でエンタルピーを計算することは有益であるが，微生物学や生物地球化学の研究者にとっては，むしろ Gibbs の自由エネルギー変化（ΔG）を推定することの方がはるかに有益である．

Gibbs 自由エネルギーも単位はジュールであり，定圧かつ定温のシステムにおける，ある状態から別の状態に定温下で遷移する間での，利用可能な最大エネルギー量の指標

である（Hemholtz エネルギー，A はこれと似通っているが，一定体積でのエネルギーである）．この定温・定圧の条件は，生物が生息できるほとんどの環境で典型的に見出され，微生物の反応にとくにうまく適用できる．それは，微生物という生きものはサイズが小さいため，まわりの環境といつも熱平衡にあると考えられるためである．しかし，熱力学の第二法則とエントロピーを考えることなしに，Gibbs 自由エネルギーを適切に論じることはできない．

　熱力学第一法則は，あるシステムの状態が遷移する間，エネルギーが保存されることを示す．第一法則に従うと，1 m の高さから床に落とされたたまごの運動エネルギー（約 0.7 J）は，床に落ちた衝撃で卵の周囲に，いくつかのメカニズムをとおして，伝達される．運動エネルギーは分配されて卵の殻のカルシウムアパタイト構造の破裂と，卵の中身の再分配に使われる．割れた卵を加熱することは，割られる前の卵を加熱するのと同じ内部エネルギーを与えるだろう．しかし，「太陽が西から昇ることがあっても」たまごを元に戻すことはできない．これをもっときちんと説明するなら，状態が変化する過程でエネルギーが保存されていることと，変化の方向やその起こりやすさとの間に一貫性があるわけではなく，したがって，その予測が可能になるわけではない．さまざまな塩類は，自発的に溶解するが，これは吸熱反応である．このとき，溶媒からの熱の移動はあるが，内部エネルギーには変化がない（つまり，$\Delta U = 0$）．別の物質では，自発的な溶解が発熱反応である場合があり，溶媒への熱の移動はあるが，この場合も内部エネルギーには変化がない．反応の方向性や起こりやすさを示す別のパラメータが存在する．

　熱力学第二法則には，いろいろな形式での記述がある．いずれも，変化がどれほど自発的に起こるか，あるいはどれほど容易に起こるかを記述している．Clausius によると，"あるシステムにとって不可能なこととは，全体としては，冷熱だめからそのシステムへの熱の流れを起こす循環プロセスを駆動することである"ということになる．これは明らかに常識を表現している．熱力学第二法則は，通常は，状態変数であるエントロピー S の変化（単位は JK^{-1}）で表現される．

　エントロピー，正確にはエントロピー変化，ΔS は，あるシステムでの変化の許容量と，変化の方向の指標となる．生物システムに特徴的な自発的で不可逆的な変化は，エントロピーの増大，$\Delta S > 0$，を伴う．一方，変化のない状態では，$\Delta S = 0$ であり，S は初期状態に対して極大である．つまり，熱の移動は熱い熱だめから冷たい熱だめへと自発的に起こり，拡散は高い濃度から低い濃度に向かう．

　エントロピー変化の概念を明確にしておくことは有益である．そのために，まず，周囲と相互作用する，あるシステムでの状態変化を考えてみよう．例として，圧力 – 体積仕事について考えてみよう．このシステムは熱学的および力学的に定義できるが，物質の平衡としては定義できない．一方，システムの周囲は，熱学的，力学的，および物質の平衡で定義できる．もし，このシステムとその周囲とが互いに隔離されているならば，このシステムと周囲の合計を"宇宙（universe）"とよぶことができ，また，エントロピーは拡張された状態関数であるから，

$$S_u = S_s + S_{su} \quad \text{および} \quad dS_u = dS_s + dS_{su}$$

とすることができる．ここで，下付き文字の意味は次のとおりである：u，宇宙；s，システム；su，周囲．これを微分すると，周囲は必ず熱を供給するので，ある仮説上の吸熱反応による，このシステム内における定圧条件での可逆的な熱交換は，$dQ_s = -dQ_{su}$ となる．なぜなら，周囲がそのシステムに熱を供給しなければならないからである．ある与えられた温度における熱交換に対して，dS は dQ/T と定義される．つまり，熱力学第一法則とエントロピーの定義から，

$$dS_{su} = dQ_{su}/T = -dQ_s/T = (dU + PdV_s)/T$$

平衡状態では，$dS_u = 0$，つまり：

$$dS_{su} - (dU + PdV_s)/T = 0 = (dU + PdV_s) - TdS_{su} = dH - TdS_{su}.$$

システム内での非可逆プロセスについて，エントロピーの総和は正にならなければならない．つまり，

$$dS_u = dS_s + dS_{su} > 0$$

システムの周囲についてみると，熱力学的な平衡が成り立っており，$dS_{su} = dQ_{su}/T$ である．非可逆的プロセスについては $dS_s \neq dQ_s/T$ であるが，$dQ_s + dQ_{su} = 0$ なので，$dS_s > -dQ_{su} = -dQ_{su}/T$ となる．したがって，熱学的および力学的平衡が成り立っている閉鎖系では，非可逆プロセスについては $dS_s > dQ_s/T$ である．熱力学第一法則および定圧条件での PV 仕事から，

$$TdS > U + PdV \quad \text{すなわち} \quad U + PdV - TdS < 0 \quad \text{すなわち} \quad dH - TdS < 0.$$

3つの状態方程式から成り立つ最終的な表現が Gibbs 自由エネルギーの定義である．

$$G = H - TS \quad \text{あるいは} \quad \Delta G = \Delta H - T\Delta S.$$

上の式にしたがうと，平衡状態では $\Delta G = 0$，自発的に反応が進行するプロセスでは $\Delta G < 0$ である．$\Delta G > 0$ で特徴づけられるプロセスは熱力学第二法則に抵触するので，自発的には進行しない．これらの関係性は，生物学および生物地球化学プロセスでとくに重要である．それは，これらの関係性が変化の量とともに方向性を予測させる基盤となるからである．さらに，自由エネルギー変化は，特異的な化学および生物化学反応に直接関係づけることができる．これらの反応には，以下に概説する電気化学的な変換を含む．

圧力 – 体積仕事を行っている孤立システムは，現実とはかけ離れた抽象概念ではあるが，平衡条件にあるプロセスについては $\Delta G = 0$ は事実であり，これが熱力学の特性と生命システムに特徴的な生物化学反応とを関係づける手段になる．次の反応を考えてみよう．

$$aA + bB \rightarrow cC + dD$$

ここで，a, b, c と d は化学量論反応での係数である．Hess の法則（A1.1）を使ったときのように，次のような反応として示される；

$$\Delta G = EG_{f\text{生産物}} - EG_{f\text{反応基質}} \quad (A1.2)$$

ここで，G_f は生成自由エネルギーである．一般的には，$G = G_f^\circ + nRT \ln [X]$ である．n はモル数，$[X]$ は物質の濃度である．

この反応では，$\Delta G = (G_C + G_D) - (G_A + G_B)$ が成り立ち，これは次の形式に表せる．

$$\Delta G = \Delta G^\circ + RT \ln \{([C]^c [D]^d)/([A]^a [B]^b)\} \quad (A1.3)$$

ここで，$([C]^c [D]^d)/([A]^a [B]^b) = Q$ とする．

Q は実際の反応基質と生産物の濃度に基づくため，この項は平衡状態から反応に置き換わる程度を表す．反応基質と生産物が平衡濃度で存在するとき，$K = Q$ である．

$$\Delta G = 0 = \Delta G^\circ + RT \ln Q \text{ なので，} \Delta G^\circ = -RT \ln K.$$

生物地球化学反応では，H^+ が反応基質や生産物であることが少なくない．そのため，ふつう生理学的に常識的な pH である，pH 7 に相当する H^+ が 10^{-7} M のときの G_f° を加算することによって ΔG° を補正し，$\Delta G^{\circ\prime}$ を得る．さまざまな反応についての ΔG° は（A1.2）を使って計算で求めることができる．そこで用いるさまざまな有機化合物および無機化合物の G_f° 値を表 A1.1 にまとめた．

ここで概説した熱力学の関係を電気化学反応にもあてはめることができる．これらの反応は，反応基質と生産物の原子価状態（価数）の変化として特徴づけることができる．ある電子供与体（つまり還元剤）は，ある電子受容体（つまり酸化剤）で酸化されるが，この反応を一般化した反応式は次のとおりである．

$$A^{(x)} + B^{(y)} \rightarrow A^{(x+n)} + B^{(y-n)} \quad (A1.4)$$

ここで，x と y は価数，n は移動した電子の数である．このタイプの反応は酸化還元反応と呼ばれ，生物学および生物地球化学システムできわめて重要である．異化の代謝

表 A1.1 元素からの生成自由エネルギー ΔG_f° 値．元素のもっとも安定した形態について $\Delta G_f^\circ = 0$ とする．Thauer et al. (1977) のデータに基づいて作成した

基質	状態*	ΔG_f° (kJmol^{-1})
H$^+$	aq	40.01 (pH7)
H$_2$O	l	-237.57
CO$_2$	aq	-394.90
CH$_4$	g	-50.82
メタノール	aq	-175.56
エタノール	aq	-181.84
ホルムアルデヒド	aq	-130.72
ギ酸	aq	-351.54
酢酸	aq	-369.93
プロピオン酸	aq	-361.08
酪酸	aq	-353.21
フマール酸	aq	-604.21
コハク酸	aq	-691.35
乳酸	aq	-519.56
α-D-グルコース	aq	-917.61
l-アラニン	aq	-371.53
グリシン	aq	-370.78
NH$_4^+$	aq	-79.61
NO	g	$+86.73$
NO$_2^-$	aq	-37.29
NO$_3^-$	aq	-111.45
N$_2$O	g	-104.33
HS$^-$	aq	-12.06
SO$_3^{2-}$	aq	-486.04
SO$_4^{2-}$	aq	-745.82
Fe^{2+}	aq	-85.05
Fe^{3+}	aq	-10.47

* l, 液体, aq, 水溶液, g, 気相

はすべて酸化還元反応に依存しており，同様に，ある種の同化プロセスは酸化還元的な化学変換を含んでいる．また，多くの非生物学的な一連の酸化還元反応がさまざまな元素の可動化と不動化に決定的な役割を担っている．たとえば，三価鉄 Fe^{3+} の硫化水素 H$_2$S による還元と黄鉄鉱の生成は海洋堆積物での鉄の沈着での鍵となる酸化還元プロセスである．

酸化還元反応のエネルギー論は，反応を"半反応"に分けることで解析できる．

（1） $A^{(x)} \rightarrow A^{(x+n)} + n\mathrm{e}^-$
（2） $B^{(y)} + n\mathrm{e}^- \rightarrow B^{(y-n)}$

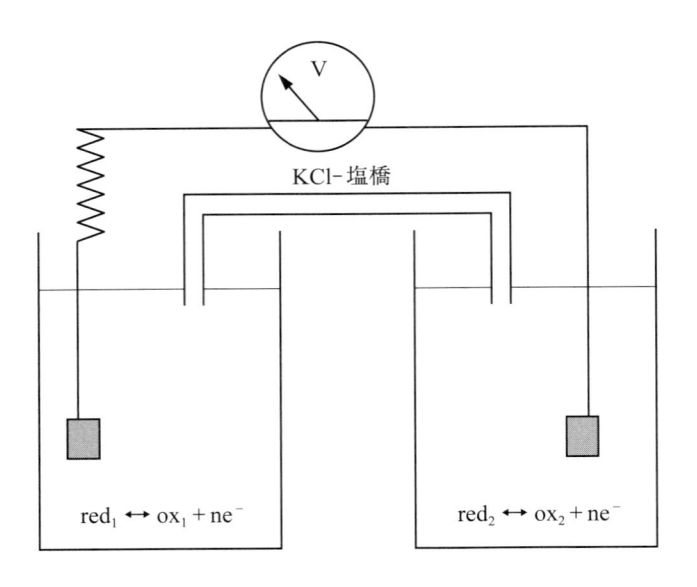

図 A1.1 酸化還元電位を測定する原理．比較電極（右）は pH = 0 での標準水素電極，大気圧で H_2 を吹き込んだとする．

それぞれの合計は明らかに式（A1.4）となる．それぞれの半反応は電子を消費するか，または生産するため，原則としては（多くの場合，実際にも），（電気化学的な）電池は，還元部と酸化部が別々になっており，それらは伝導性の接続部によって接続されている．接続部は E で示される電圧（あるいは電位）で電流を通す．これが2つの半反応の特徴である（図 A1.1）．電圧はある距離を動いた分の仕事，すなわちエネルギーを表すので，電気化学的な反応についての E は次の式で ΔG と関係づけることができる．

$$\Delta G = -nF\Delta E \tag{A.1.5}$$

F は Faraday の比例定数であり，JV^{-1}（ジュール/ボルト）で表される．この関係から，次の式を導くことができる：

$$\Delta E = (RT/nF)\ln K - (RT/nF)\ln Q \tag{A.1.6}$$

さらに，生産物と反応基質が標準状態にあるなら（$Q = 1$），

$$\Delta E^\circ = (RT/nF)\ln K.$$

便宜上，すべての半反応についての E° 値は，25℃で，$H^+ = 1$ M，および1気圧の水素についての，水素の半反応，$H_2 \leftrightarrow 2H^+ + 2e^-$，の電位を基準とした相対値として求め

表 A1.2 おもな酸化還元対についての pH 7 での標準電位 ($E°$). Stumm & Morgan (1996), Thauer et al., (1977) のデータをまとめた

酸化還元対	$E°$ (V)'
おもな細胞 e⁻ 伝達系	
チトクロム a 酸化/還元	+0.38
チトクロム c_1 酸化/還元	+0.23
ユビキノン 酸化/還元	+0.11
チトクロム b 酸化/還元	+0.03
APS/AMP + HSO_3^-	−0.06
FAD/FADH	−0.22
フラボドキシン 酸化/還元	−0.37
フェレドキシン 酸化/還元	−0.39
重要な有機物の酸化還元対	
フマール酸/コハク酸	+0.03
グリシン/酢酸	−0.01
ジヒドロキシアセトンリン酸/グリセロールリン酸	−0.19
ピルビン酸/乳酸	−0.19
CO_2/酢酸	−0.29
CO_2/ピルビン酸	−0.31
CO_2/ギ酸	−0.43
重要な無機物の酸化還元対	
O_2/H_2O	+0.82
Fe^{3+}/Fe^{2+}	+0.77
$MnO_2/MnCO_2$	+0.52
NO_3^-/NO_2^-	+0.38
SO_4^{2-}/HS^-	+0.22
CO_2/CH_4	+0.24
S^0/HS^-	−0.27
H_2O/H_2	−0.41

られる．実際には，さまざまな $E°$ 値は，カロメル電極や塩化銀電極などのより簡便な基準電極を用いて，それとの比較で測定し，その値を，水素電極を基準電極として補正する．

　生物学で検討されるさまざまな反応についての $\Delta E°$ 値，つまり $\Delta G°$ 値は，簡単な足し算で，半反応電位の数値（表 A1.2）を用いて計算で求めることができる．こうした資料に掲載されている生物反応の半反応電位は，pH = 7，25℃ での値であることを注意しておく必要がある．

補遺 2　生物地球化学循環における微生物の系統と機能

　永年の研究者の努力にもかかわらず，細菌の分布，多様性，そしてそれらの機能は，微生物学において依然として注目を集める課題である．たとえば，地球微生物群プロジェクト（www.earthmicrobiome.org）では，"この惑星と人類のために，地球に生息する微生物の分類学的そして機能の多様性"を解明することを目的としている．このプロジェクトも含めて，このような努力は細菌の分類学（あるいは系統学）とそれぞれのもつ機能を結びつけるうえで大きな力になると思われるが，従来の培養法やより近代的な分子生態学的な解析手法によっても，すでに多数の一般則が明らかになってきた．

　ここでは炭素，窒素，そして硫黄の循環に関連するいくつかの例を選び，それらの反応に関わる微生物の系統とその機能について概説する．現状ではほんのわずかの細菌についてしか培養されておらず，そのため特異的な機能の解析も一部にかぎられていることから，これらの循環に関係する事柄についてのより詳細な記述を行うには少々難しいところがあることは強調しておきたい．実際，16S rRNA 遺伝子の塩基配列のデータだけをもとにして，30 あるいはそれ以上の分類学上の門がバクテリアに見つかっていることはよく知られているものの，そこからは生理学的な特徴あるいは生物地球化学的機能に関する情報は，たとえあるとしても極めてわずかなものでしかない．メタゲノム解析では，16S rRNA 遺伝子の系統タイプを用いて，その微生物叢の中で優占する細菌群の機能にリンクさせるための情報を提供するが，16S rRNA 遺伝子の塩基配列は自然界の細菌群集の中では多くのより共通性の低い分類群に関して一義的な情報源であり続けるものであり，その機能はあくまでも推測に基づくものである．その結果，生物地球化学上のさまざまな機能が細菌の種類とともにどのように変化してきたのかをより深く理解するには，培養法の工夫と分子生態学の手法の改良の両方の課題のすみやかな解決が望まれている．

細菌の系統と炭素の生物地球化学

　細菌が行う膨大な種類の代謝反応が炭素循環を駆動している．この内のいくつかはバクテリアとアーキアに広く見いだされるプロセスである．一方，それ以外の代謝は比較的かぎられた数の，系統学的に限定された単系統の分類群にのみ見出される（図 A 2.1）．従属栄養性細菌による有機化合物の無機化反応は多くのバクテリアやアーキアに見出される反応の例として挙げることが出来る．というのも，極めて多種類のバクテリアおよびアーキアが，モノマーあるいは低分子の有機物を代謝することがしられているからである．後者の例としてはメタン生成菌が挙げられる．メタン生成菌は 2 つの綱（*Methanobacteria*, *Methanococci*），そして *Euryarchaeota* の 4 つの目のアーキアに限定してこの能力が見つかっており，メタン酸化細菌は *Alphaproteobacteria* および *Gammaproteobacteria* と，低

```
                            CO₂
                             │
        光, 水 ─┐             │        ┌─ NH₄⁺, NO₂⁻, H₂S, S⁰, Fe²⁺, H₂, CO
               │             │        │
         (1) *Cyanobacteria*        (2) *Aquifex*, **Chlorobi**, *Crenarchaeota*
                                       ***Proteobacteria***, *Thaumarchaeota*
         O₂ ←─┘             │        └→ NO₃⁻, SO₄²⁻, Fe³⁺, H₂O, CO₂
                             │
              (8) 細菌
                  アーキア
      CO₂ ←──────────────── 高分子有機物
      ↑ (7a) *Alphaproteobacteria*,
      │     *Gammaproteobacteria*,       (3) セルロース分解細菌の門：*Actinobacteria*
      │     *Verrucomicrobia*                *Chloroflexi, Bacteroidetes, Fibrobacteres, Firmicutes,*
      │ (7b) *Gammaproteobacteria*,          *Proteobacteria, Spirochaetes*
      │     *Euryarchaeota*
      CH₄
      ↑                                                   CO₂
      │                                         H₂S     ↗
      │ (6) *Euryarchaeota*                  SO₄²⁻
                        (4) *Firmicutes*                (5) *Gammaproteobacteria*
                            *Actinobacteria*
      酢酸, H₂, CO₂                                      酢酸, H₂, CO₂
```

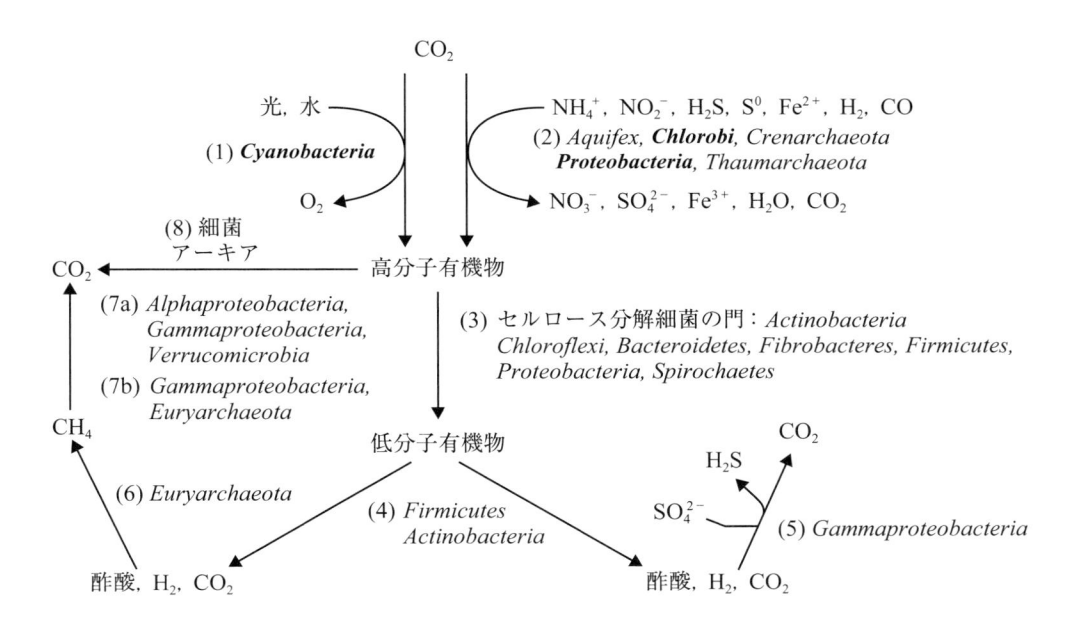

図 A2.1 炭素循環の主要な反応とそれぞれの変換反応に関わる *Proteobacteria* 内の主要な門および亜門．ボールドのイタリックで示した門及び亜門には，光に依存する分類群も含んでいる．（1）酸素発生型光合成独立栄養的 CO_2 固定．（2）さまざまな還元型無機化合物に依存する，偏性あるいは通性化学合成無機独立栄養的 CO_2 固定．（3）セルロースの加水分解．（4）低分子ポリマーの加水分解産物の一次発酵．ここで使われる基質はセルロースやその他の多様な高分子物質の分解産物に由来している．（5）硫酸塩還元による発酵代謝産物の酸化．（6）メタン生成による発酵代謝産物の酸化．（7a）好気的メタン酸化．（7b）嫌気的メタン酸化．（8）セルロース以外（たとえば，タンパク質，脂質，核酸，ヘミセルロース，ペクチンなど）の高分子物質の好気的条件下での加水分解．この反応は多くのバクテリアやアーキアによって起きる．

pH，高温環境に生息しているのが見つかる極限環境性のごく少数の *Verrucomicrobia* に限定的に分布する．

　セルロースの分解は炭素循環において大きな影響力をもつ律速反応といえるが，系統学的に見るとかなり広い範囲の分類群にその能力が見出される（図 A2.1）．以下に示す，少なくとも7つのバクテリアの門（しかし，今のところアーキアには見つかっていない）には，高分子物質であるセルロースを加水分解する酵素であるセルラーゼを生産するものが見つかっている：*Actinobacteria*，*Acidobacteria-Fibrobacteres*，*Bacteroidetes*，*Chloroflexi*（*Ktedonobacteria* 綱），*Firmicutes*，*Proteobacteria*（*Gammaproteobacteria*），そして *Spirochaetes*．これらのグループに属する細菌の生息域はきわめて広範囲である．これらの細菌には，好気性，絶対嫌気性，好熱性，自由生活型，そして（たとえば，ルーメンや樹木食性の無脊椎動物等の）特定の動物と共生するものが含まれる．しかしながら，セルロース分解はこれらの門あるいは綱を構成する細菌群に広く分布しているというわけではない．むしろ，このプロセスは特別なサブグループ内に限定されている．

興味深いことに，セルロースの加水分解によって生じるより単純な糖のセロビオースを加水分解する能力は，セルロースそのものを分解できない多くの分類群に見つかる．このことは，ある種類の細菌によって可動化された資源が，他の多くの細菌によって利用できるようになることを示唆するものといえる．

セルロースをはじめとして他の多くの高分子物質が加水分解をうけると，その分解産物をさらに異化代謝するために電子受容体として何を利用できるかによって，その反応に関わる細菌の系統学的位置とそれらが有する機能の関連は多様化する（図A2.1）．酸素を利用できる場合は，多くのバクテリアやアーキアは多彩な有機物を呼吸によって代謝しCO_2を発生する．嫌気的な条件下では，*Firmicutes*や*Actinobacteria*は典型的な最終代謝産物として酢酸，H_2，そしてCO_2を生成するうえで重要な役割を果たしている．SO_4^{2-}やFe^{3+}の利用が可能な場合は，*Deltaproteobacteria*（たとえば，多くのデサルフォバクテリアやジオバクテリア）の無機化の最終段階の反応で優占する；これらの電子受容体がどちらもない場合は，アーキアの*Euryarchaeota*のメタン生成菌が優占する．

上述のとおり，おもに*Alphaproteobacteria*や*Gammaproteobacteria*，さらに*Verrucomicrobia*は酸素の存在下でメタンを酸化する（図A2.1）．ユーリアーキオータと*Deltaproteobacteria*から構成される共同体ではメタンを嫌気的に酸化する．有機物質の無機化の過程で発生した硫化水素，Fe^{3+}，そして他の還元型無機化合物（たとえば，NH_4^+，H_2，CO）は，偏性あるいは通性の無機栄養性細菌によって大部分が好気的な条件下で酸化されるが，一部は嫌気的代謝を受ける例もある（たとえば，脱窒に共役した硫黄酸化）．これらを行うものとしては，*Aquifex*（好気性および嫌気性の好熱性水素及び硫黄酸化細菌）と多くの*Chlorobi*，*Proteobactereia*，*Archaea*が含まれる（図A2.1）．これらの反応にくわえて，これらのグループの細菌の無機化反応に引き続くCO_2の有機物への固定反応が行われ，炭素循環は完結する．

絶対および通性の無機栄養性細菌は有機物を光合成と化学合成の代謝によって作り出すが，主要な生産は光合成を行う細菌の1門であるシアノバクテリアによるものである（図A2.1，真核生物については除外する）．しかしながら，ある種のユーリアーキオータの好塩性菌と海洋性*Alphaproteobacteria*（たとえば，*Roseobacter*の仲間の細菌）では光エネルギーも利用する．この例では，光エネルギーはCO_2固定には共役しておらず，ATP合成に利用される．

窒素の生物地球化学と微生物

窒素循環は炭素循環よりもさらに複雑であり，この反応には門レベルでより広い範囲の分類群に属する微生物が関わっている．とはいっても，これらの微生物も炭素循環とは深い関わりをもっている（図A2.2）．窒素固定を行うバクテリアとアーキアは少なくとも7つの門に見つかっている（図A2.2）．*Cyanobacteria*は海洋環境では主要な存在であり，海洋の一次生産に供給される固定窒素の多くの部分に関わる．*Proteobacteria*は陸上の窒素固定に重要な役割を演じる．根粒の共生菌（大部分は*Alphaproteobacteria*であるが，*Burkholderia*属のような*Betaproteobacteria*も含まれる）は，たとえば，農耕地のような管理された場所や，まったく手の加わらない生態系における窒素固定に重

(1) *Actinobacteria, Chlorobi,* ***Cyanobacteria***
Euryarchaeota, Firmicutes, ***Proteobacteria***
Spirochaetes

(5) *Actinobacteria, Aquifex, Bacteroidetes*
Crenarchaeota, Deinococcus-Thermus,
Euryarchaeota, Firmicutes, Proteobacteria

(3) *Betaproteobacteria,*
Gammaproteobacteria,
Thaumarchaeota

(8) *Planctomycetes*

(6) *Firmicutes*
Proteobacteria

(4) *Alphaproteobacteria,*
Gammaproteobacteria,
Nitrospira,

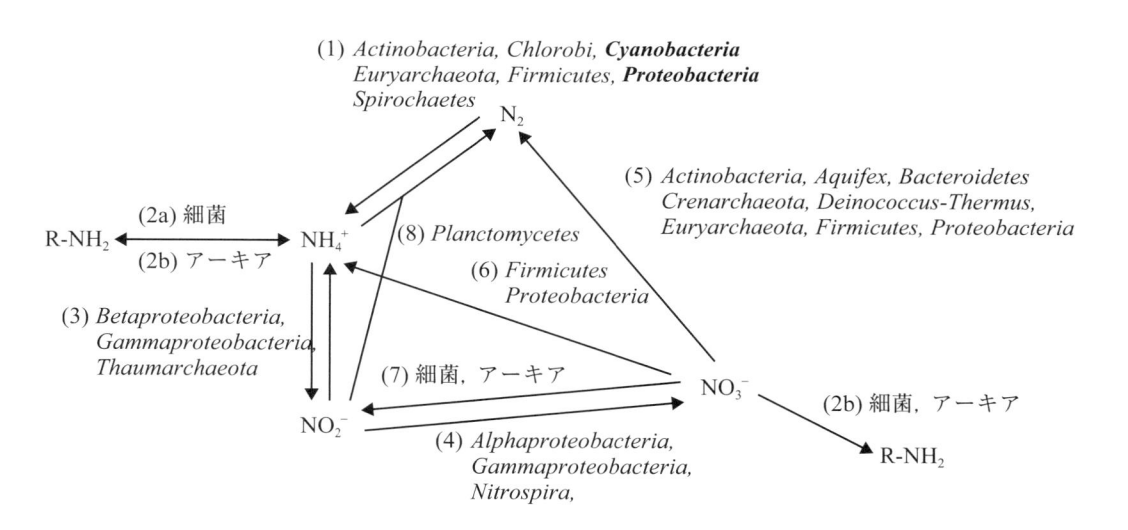

(2a) 細菌
(2b) アーキア
(7) 細菌,アーキア
(2b) 細菌,アーキア

$R-NH_2$ NH_4^+ N_2 NO_2^- NO_3^- $R-NH_2$

図 A2.2 特異的代謝反応を示した窒素固定サイクルの概要.関連する細菌について,*Proteobacteria* 内の主要な門および亜門について示してある.ボールドのイタリックで示した門および亜門名は,光に依存する分類群を示す.(1)窒素ガスの固定.(2a) アンモニアの固定化とアミノ基を含む化合物の無機化.(2b) 同化型硝酸塩還元.(3)好気的アンモニア酸化.(4)好気的亜硝酸塩酸化.(5)脱窒.(6)硝酸塩発酵.(7)異化的硝酸塩還元(これには亜硝酸塩が還元され NH_4^+ となる発酵的な反応もしばしば含まれる).(8)亜硝酸塩と NH_4^+ による嫌気的アンモニア酸化(アナモックス).

要な役割を担っている.窒素固定を行う *Frankia* 属(*Actinobacteria* の仲間)は,窒素分の不足する土壌でうまく植生を維持することが可能な放線菌根粒をもつ植物(アクチノリザル植物)の成長を支える.窒素固定を行う *Firmicutes*(たとえば,クロストリジウム菌)は,*Spirochaetes* やある種の *Deltaproteobacteria* と同様に嫌気的環境においても活性を示す.*Spirochaetes* の仲間は食樹性昆虫の共生菌としても機能を発揮しているものがある.

窒素を固定する細菌は門レベルの分類群で複数見つかっているのに対して,NH_4^+ から NO_3^- へ好気的に酸化するのはたった3つの門の細菌にしか見つかっておらず,しかもその反応に関わる細菌種も限られたものでしかない(図 A2.2).*Betaproteobacteria* および *Gammaproteobacteria*(たとえば,*Nitrosomonas*,*Nitrosococcus*)や *Thaumarchaeota*(たとえば,"*Candidatus* Nitrosopumilus")は NH_3 または NH_4^+ を NO_2^- に酸化し,*Alphaproteobacteria* および *Gammaproteobacteria* と *Nitrospira* は NO_2^- を NO_3^- へ酸化する.*Proteobacteria* は硝化において優先すると長い間考えられてきたが,最近の研究によると多くの土壌や海水環境のアンモニア酸化では *Thaumarchaeota* が優先しているのではないかと予想されている.

嫌気的アンモニア酸化,すなわちアナモックスは,*Planctomycetes* の中の生理学的にユニークなグループ(たとえば,"*Candidatus* Brocadia","*Candidatus* Kuenenia","*Candidatus* Scalindua" 属)の細菌に限定されており,窒素ガスを生成する反応では

NH_4^+ と NO_2^- の両方を基質とする．もともとは廃水処理系で見つかったアナモックス菌であるが、海洋や淡水の環境から広く見つかっている．

多くの分類群に属する微生物が硝酸塩還元を行い，窒素循環を完結させることに関与している．NO_3^- が最終産物として N_2（あるいはそれほど一般的ではないが N_2O）へ還元される脱窒は，少なくとも8つの門の細菌に見つかっている（図A2.2）．プロテオバクテリアに属する脱窒菌はおそらくもっともよく知られたものであり，議論の余地はあるが，地球全体で見た場合もっとも重要と思われるが，その他にも多様なアーキアや数多くのバクテリアがさまざまな環境条件下において、NO_3^- を利用しながら嫌気的呼吸を行なっている．大部分の脱窒菌は炭素循環と窒素循環を共役させているが，ある種の *Gammaproteobacteria*，*Aquifex*，そしてアーキアは還元型の硫黄化合物や水素を用いて嫌気的な化学無機栄養的な代謝を行う際に硝酸塩呼吸をする．NO_3^- はまた，バクテリアの数多くの門やアーキアに属する細菌によって，異化的代謝の中で NO_2^- へ還元される．場合によっては，発酵のプロセスとして NO_3^- はさらに NH_4^+ にまで還元されることもある．

硫黄の生物地球化学と関連細菌

硫黄の変換反応は，窒素の場合と同様に，複数の酸化還元状態にある多種の無機および有機の化学種を含む（図A2.3）．さまざまな酸化還元状態にある硫黄化合物が存在するということは，それだけ多様な細菌がエネルギー獲得を行う機会を得ることを示す．たとえば，嫌気的な状態では，*Crenarchaeota*，*Euryarchaeota*，*Thermodesulfobacteria*，*Deltaproteobacteria* および *Firmicutes* の細菌は SO_4^{2-} を還元し，場合によっては異化反応において低分子の基質を酸化して ATP を合成する反応に共役して，S^0 や部分的に酸化された硫黄化合物を酸化する（図A2.3）．アーキアと *Thermodesulfobacteria* は高温環境での硫酸塩還元において優占している．ある種の胞子形成を行う *Firmicutes*（たとえば，*Desulfotomaculum acetoxidans*）は，超高温ほどではないが，高めの温度環境において SO_4^{2-} の還元を行うことで知られる．

分布域が広い *Deltaproteobacteria* のなかで，地球上の SO_4^{2-} の還元に関わるものは，生理学的な性質から見て2つの主要なグループが重要である．1つ目のグループは *Desulfovibrio*，*Desulfomicrobium* や *Desulfobulbus* に属する細菌によって代表され，有機物の部分的な酸化を行うことで特徴づけられる．たとえば乳酸塩は CO_2 と酢酸にまで酸化される．*Desulfococcus*，*Desulfonema* や *Desulfobacter* の分類群を含む2番目のグループの細菌では，基質は CO_2 まで完全酸化される．このグループの細菌による酢酸の酸化は，嫌気的な環境での有機炭素の無機化の最終ステップであることから，重要な反応といえる（図A2.1）．さまざまなバクテリアやアーキアは同化的なエネルギー依存性の硫酸塩還元を行うが，その結果，生合成のプロセスに硫黄を送り込むことで重要な含硫アミノ酸であるシステインの生成を可能とする．多くの細菌もまた硫化物を直接同化することができる．

可溶性および金属が結合している硫化物の酸化は，好気的そして嫌気的な条件下において，生理学的にも系統的にも広範囲のものを含む細菌によって行なわれる．絶対無機

化学合成性の自由生活型 *Gammaproteobacteria*（たとえば，*Acidithiobacillus*，*Beggiatoa*，*Thiomargarita* など）や多くの *Epsilonproteobacteria* は海洋や淡水環境において硫化水素を酸化するが，これらのバクテリアはその代謝の過程で S^0 を蓄積する場合もあるし，蓄積しない場合もあることが知られている．硫化物を酸化する *Gammaproteobacteria* および *Epsilonproteobacteria* は多くの無脊椎動物〈たとえば，ハオリムシ（チューブワーム），棘皮動物，多毛類〉と共生的な関係を形成するものも有り，固定された炭素については完全に共生体に依存する場合もあるし，一部のみが依存しているものもある．多くのこれらの共生体は熱水鉱床の生物として見られるものが多いが，硫化物を含む海洋の底泥にも見出される．

　海洋の底泥でみられる硫化物の酸化は硫黄循環に重要な役割を果たすだけではなく，一般的に大量の酸素を消費し，無機独立栄養的な生合成反応を介して炭素循環にも貢献している（図 A2.1）．硫化水素酸化細菌は黄鉄鉱を含む石炭や鉱物鉱床に対しても活性を示す．低品位の硫化鉱物の微生物を用いたリーチングは，企業にとって採算がとれ，しかもいくつかの金属にとっては重要な資源を回収する方法としてその意義は増しつつ

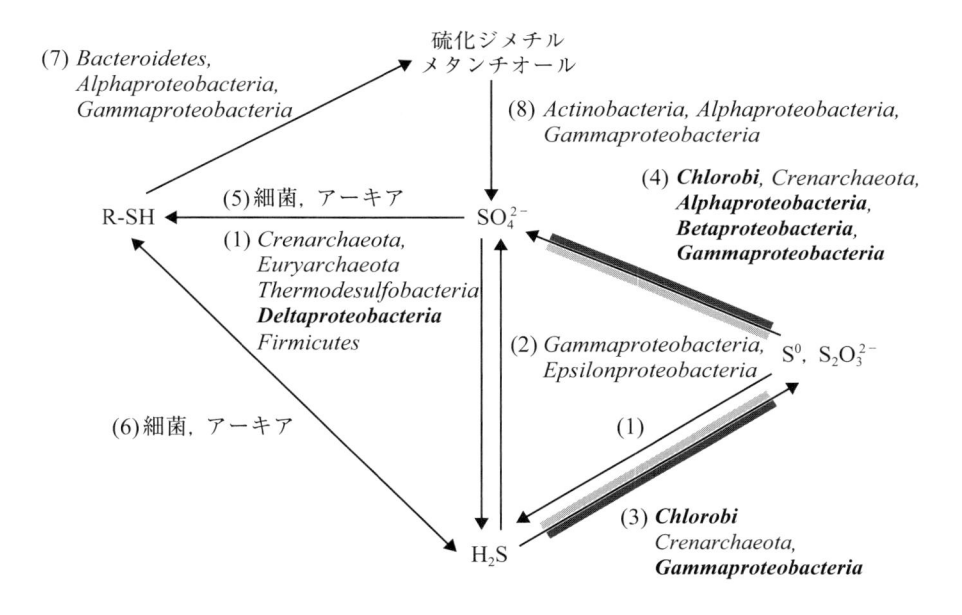

図 A2.3 特異的代謝反応を示した硫黄循環の概要．関連する細菌について、*Proteobacteria* 内の主要な門および亜門について示してある．ボールドのイタリックで示した門および亜門名は，光に依存する分類群を示す．（1）異化的硫酸塩還元．硫酸塩還元を行う分類群の多くの細菌は単体硫黄や他の部分的に酸化された硫黄化合物も還元する．（2）H_2S の硫酸塩への酸化．（3）H_2S の不完全な酸化．（4）単体硫黄とチオ硫酸塩の酸化．（5）バクテリアやアーキアによる同化的硫酸塩還元．（6）バクテリアやアーキアの作用による硫化水素の同化と有機物分解による H_2S 生成．（7）ジメチルスルホニオプロピオナートの分解．（8）硫化ジメチルとメタンチオールの酸化．灰色で示す矢印は緑色硫黄細菌を，黒色で示す矢印は紅色硫黄細菌を示す．

あり，たとえば，銅はその例である．しかし，黄鉄鉱の酸化は大量の酸性廃液を出すために，深刻な環境問題を引き起こす．

いくつかの酸素非発生型光合成細菌のグループ（たとえば，緑色硫黄細菌［*Chlorobi*］や紅色硫黄細菌［*Gammaproteobacteria*］）は光の存在下でH_2Sを嫌気的酸化する（図A2.3）．S^0は中間体として蓄積する場合もあればしない場合もある．これらの細菌にとっては，H_2S（そして場合によってはFe^{2+}も）はCO_2固定のための電子供与体として機能するが，一方，ATPはサイクリックな光リン酸化反応によって合成される．酸素非発生型光合成細菌は他の多くの*Proteobacteria*と同様に$S_2O_3^{2-}$を酸化する．クレンアーキオータや酸素非発生型光合成細菌はS^0を酸化する．さらに，ある種の*Deltaproteobacteria*は不均化反応（相互変換反応）を行い，$S_2O_3^{2-}$などの部分的に酸化された硫黄化合物を酸化すると共に還元を行い，硫酸と硫化物イオン（S^{2-}）を生成する．

有機態硫黄化合物の無機化反応は系統的に広い分類群に見出され，すべての陸生および水生生態系で起きる反応である．しかしながら，特徴的ないくつかの細菌のグループは海洋環境においてジメチルスルホニオプロピオナート（DMSP）や硫化ジメチル（DMS）の変換反応に携わるものがある．これらの化合物は，とくにDMSに関しては，海洋上の大気の地域的なスケールでの気候を支配する（第10章を参照）．*Bacteroidetes*，*Alphaproteobacteria*，*Gammaproteobacteria*に属する細菌にはDMSPの硫黄画分をDMSあるいはメタンチオールに変換する．これらの代謝産物は最終的には多様な*Actinobacteria*，*Alphaproteobacteria*，*Gammaproteobacteria*の細菌によって酸化される．

文献

Adamsen, A.P.S., King, G.M., 1993. Methane consumption in temperate and subarctic forest soils: rates, vertical zonation, and responses to water and nitrogen. Appl Environ Microbiol 59, 485-490.

Aira, M., Dominguez, J., 2011. Earthworm effects without earthworms: inoculation of raw organic matter with worm-worked substrates alters microbial community functioning. PLoS One 6, e16354.

Algar, C.K., Boudreau, B.P., 2010. Stability of bubbles in a linear elastic medium: Implications for bubble growh in marine sediments. J Geophys Res 115, F03012.

Allen, L.H., et al., 2003. Methane emissions of rice increased by elevated carbon dioxide and temperature. J Environ Qual 32, 1978-1991.

Aller, R.C., Yingst, J.Y., 1985. Effects of the marine deposit-feeders *Heteromastus filiformis* (Polychaeta), *Macoma balthica* (Bivalvia), and *Tellina texana* (Bivalvia) on averaged sedimentary solute transport, reaction rates, and microbial distributions. J Mar Res 43, 615-645.

Allison, S.D., Vitousek, P.M., 2005. Responses of extracellular enzymes to simple and complex nutrient inputs. Soil Biol Biochem 37, 937-944.

Allison, S.D., 2005. Cheaters, diffusion and nutrients constrain decomposition by microbial enzymes in spatially structured environments. Ecol Lett 8, 626-635.

Almagro, M., et al., 2009. Temperature dependence of soil CO_2 efflux is strongly modulated by seasonal patterns of moisture availability in a Mediterranean ecosystem. Soil Biol Biochem 41, 594-605.

Amato, P., et al., 2005. Microbial population in cloud water at the Puy de Dôme: Implications for the chemistry of clouds. Atmos Environ 39, 4143-4153.

Amato, P., et al., 2007. Microorganisms isolated from the water phase of tropospheric clouds at the Puy de Dôme: major groups and growth abilities at low temperatures. FEMS Microbiol Ecol 59, 242-254.

Amon, R.M.W., Benner, R., 1994. Rapid cycling of high-molecular-weight dissolved organic matter in the ocean. Nature 369, 549-552.

Amouroux, D., Donard, O.F.X., 1996. Maritime emission of selenium to the atmosphere in Eastern Mediterranean seas. Geophys Res Lett 23, 1777-1780.

Amouroux, D., et al., 2001. Role of oceans as biogenic sources of selenium. Earth Planet Sci Lett 189, 277-283.

Anbar, A.D., et al., 2007. A whiff of oxygen before the great oxidation event? Science 317, 1903-1906.

Anbar, A.D., et al., 1996. Methyl bromide: ocean sources, ocean sinks and climate sensitivity. Glob Biogeochem Cyc 10, 175-190.

Andersen, P., Fenchel, T., 1985. Bacterivory by microheterotrophic flagellates in seawater samples. Limnol Oceanogr 30, 198-202.

Andreae, M.O., 1990. Ocean-atmosphere interactions in the global biogeochemical sulfur cycle. Mar Chem 30, 1-29.

Armitage, J.P., Lackie, J.M. (Eds.), 1991. Biology of the Chemotactic Response. Cambridge University Press, Cambridge.

Arnold, G.L., et al., 2004. Molybdenum isotope evidence for widespread anoxia in mid-Proterozoic oceans. Science 304, 87-90.

Aoki, I., 1989. Holological study of lakes from an entropy viewpoint-Lake Mendota. *Ecol Mod* 45, 81-93.

Atreya, S.K., et al., 2007. Methane and related trace species on Mars: Origin, loss, implications for life, and habitability. Planet Space Sci 55, 358-369.

Austin, A.T., Ballaré, C.L., 2010. Dual role of lignin in plant litter decomposition in terrestrial ecosystems. Proc Natl Acad Sci USA 107, 4618-4622.

Austin, A.T., et al., 2004. Water pulses and biogeochemical cycles in arid and semiarid ecosystems. Oecologia 141, 221-235.

Avrahami, S., Bohannan, B.J.M., 2007. Response of *Nitrosospira* sp. strain AF-like ammonia oxidizers to changes in temperature, soil moisture content, and fertilizer concentration. Appl Environ Microbiol 73, 1166-1173.

Azam, F., et al., 1983. The ecological role of water-column microbes in the sea. Mar Ecol Prog Ser 10, 257-263.

Bachofen, R., 1991. Gas metabolism of microorganisms. Experientia 47, 508-514.

Bak, F., Cypionka, H., 1987. A novel type of energy metabolism involving fermentation of inorganic sulphur compounds. Nature 326, 891-892.

Baldrian, P., Valášková, V., 2008. Degradation of cellulose by basidiomycetous fungi. FEMS Microbiol Rev 32, 501-521.

Balk, M., et al., 2009. Isolation and characterization of a new CO-utilizing strain, *Thermoanaerobacter thermohydrosulfuricus* subsp. *carboxydovorans*, isolated from a geothermal spring in Turkey. Extremophiles 13, 885-894.

Balkwill, D.L., et al., 2004. Identification of iron-reducing *Thermus* strains as *Thermus scotoductus*. Extremophiles 8, 37-44.

Bao, H., et al., 2008. Triple oxygen isotope evidence for

elevated CO_2 levels after a Neoproterozoic glaciation. Nature 453, 504-506.

Bardgett, R.D., et al., 2008. Microbial contributions to climate change through carbon cycle feedbacks. ISME J 2, 805-814.

Bargsten, A., et al., 2010. Laboratory measurements of nitric oxide release from forest soil with a thick organic layer under different understory types. Biogeosci 7, 1425-1441.

Bateman, E.J., Baggs, E.M., 2005. Contributions of nitrification and denitrification to N_2O emissions from soils at different water-filled pore space. Biol Fertil Soils 41, 379-388.

Bates, T.S., et al., 1987. Evidence for the climatic role of marine biogenic sulphur. Nature 329, 319-321.

Bates, T.S., et al., 1989. Oceanic dimethylsulfide and marine aerosol: difficulties associated with assessing their covariance. Glob Biogeochem Cyc 3, 299-304.

Bates, T.S., et al., 1992a. Sulfur emissions to the atmosphere from natural sources. J Atm Chem 14, 315-337.

Bates, T.S., Lamb, B.K., 1992b. Natural sulfur emissions to the atmosphere of the continental United States. Glob Biogeochem Cyc 6, 431-435.

Bates, T.S., Quinn, P.K., 1997. Dimethysulfide (DMS) in the equatorial Pacific Ocean (1982 to 1996): Evidence of a climate feedback? Geophys Res Lett 24, 861-864.

Battley, E.H, 1987. Energetics of Microbial Growth. Wiley.

Bauchop, T., Elsden, S.R., 1960. The growth of microorganisms in relation to their energy supply. J Gen Microbiol 23, 457-469.

Baumgartner, L.K., et al., 2009. Microbial species richness and metabolic activities in hypersaline microbial mats: insight into biosignature formation through lithification. Astrobiol 9, 861-874.

Bédard, C., Knowles, R., 1989. Physiology, biochemistry, and specific inhibitors of CH_4, NH_4^+, and CO oxidation by methanotrophs and nitrifiers. Microbiol Rev 53, 68-84.

Beeder, J., et al., 1996. Penetration of sulfate reducers through a porous North Sea oil reservoir. Appl Environ Microbiol 62, 3551-3553.

Beerling, D.J., et al., 2002. On the nature of methane gas-hydrate dissociation during the Toarcian and Aptian oceanic anoxic events. Am J Sci 302, 28-49.

Béjà, O., Suzuki, M.T., 2008. Photoheterotrophic marine prokaryotes. In: Kirchman, D.L. (Ed.), Microbial Ecology of the Oceans. Wiley & Sons, Hoboken, New Jersey, pp. 131-157.

Bekki, S., et al., 1994. Effect of ozone depletion on atmospheric CH_4 and CO concentrations. Nature 371, 595-597.

Benner et al., 1985. Effects of pH and plant source on lignocellulose biodegradation rates in two wetland ecosystems, the Okefenokee Swamp and a Georgia salt marh. Limnol Oceanogr 30, 489-499.

Berg, C.H., 1993. Random Walks in Biology. Princeton University Press, Princeton.

Berger, A., et al., 1992. Stability of the astronomical frequencies over the Earth's history for paleoclimate studies. Science 255, 560-566.

Bergholz, P.W., et al., 2009. *Psychrobacter arcticus* 273-4 uses resource efficiency and molecular motion adaptations for subzero temperature growth. J Bacteriol 191, 2340-2352.

Berkner, L.V., Marshall, L.C., 1965. On the origin and rise of oxygen concentration in the Earth's atmosphere. J Atmos Sci 22, 225-261.

Bermudez, J., Wagensberg, J., 1986. On the entropy production in microbiological steady states. J Theor Biol 122, 347-358.

Bernal, R.A., 1967. The Origin of Life. Weidenfeld & Nicholson, London.

Bernard, C., Fenchel, T., 1995. Mats of colourless sulphur bacteria. II. Structure, composition of biota and successional patterns. Mar Ecol Prog Ser 128, 171-179.

Berner, R.A., 1963. Electrode studies of hydrogen sulfide in marine sediments. Geochim Cosmochim Acta 27, 563-575.

Berner, R.A., 1989. Biogeochemical cycles of carbon and sulfur and their effect on atmospheric oxygen over phanerozoic time. Paleogeog Paleoclimatol Paleoecol 75, 97-122.

Berner, R.A., 1990. Atmospheric carbon dioxide levels over Phanerozoic time. Science 249, 1382-1386.

Berner, R.A., 2006. Geological nitrogen cycle and atmospheric N_2 over Phanerozoic time. Geol 34, 413.

Berner, R.A., Canfield, D.E., 1989. A new model for atmospheric oxygen over phanerozoic time. Am J Sci 289, 333-361.

Beukes, N.J., Klein, C., 1992. Models for iron-formation deposition. In: Schopf, J.W., Klein, C. (Eds.), The Proterozoic Biosphere: A Multidisciplinary Study. Cambridge University Press, Cambridge, pp. 147-151.

Bhat, S., et al., 1990. Adhesion of cellulolytic ruminal bacteria to barley straw. Appl Environ Microbiol 56, 2698-2703.

Billi, D., Potts, M., 2002. Life and death of dried prokaryotes. Res Microbiol 153, 7-12.

Blackburn, T.H., Blackburn, N.D., 1992. Model of nitrification and denitrification in marine sediments. FEMS Microbiol Lett 100, 517-522.

Blackburn, N., Blackburn, T.H., 1993. A reaction diffusion model of C-N-S-O species in a stratified sediment. FEMS Microbiol Lett 102, 207-215.

Blackburn, N., Fenchel, T., 1999. Influence of bacteria, diffusion and shear on microscale nutrient patches, and implications for bacterial chemotaxis. Mar Ecol Prog Ser 189, 1-7.

Blackburn, N., et al., 1998. Microscale nutrient patches in planktonic habitats shown by chemotactic bacteria. Science 282, 2254-2256.

Blackburn, T.H., 1965. Nitrogen metabolism in the rumen. In: Dougherty, R.W. (Ed.), Physiology of Digestion in the Ruminant. Butterworths, Washington, pp. 322-334.

Blackburn, T.H., 1988. Benthic mineralization and bacterial production. In: Blackburn, T.H., Sørensen, J. (Eds.), Nitrogen Cycling in Marine, Coastal Environments. Wiley, Chichester, pp. 175-190.

Blackburn, T.H., 1991. Accumulation and regeneration: processes at the benthic boundary layer. In: Mantoura, R.C.F., et al., (Eds.), Ocean Margin Processes and Global Change. Wiley, Chichester, pp. 181-195.

Blackburn, T.H., Sørensen, J., 1988. Nitrogen cycling in Coastal Marine Environments. John Wiley & Sons, Chichester.

Blakemore, R.P., et al., 1985 Microaerobic conditions are required for magnetite formation within *Aquaspirillum magnetotacticum*. Geomicrobiol J 4, 53-71.

Blagodatskaya, E., Kuzyakov, Y., 2008. Mechanisms of real and apparent priming effects and their dependence on soil microbial biomass and community structure: critical review. Biol Fertil Soils 45, 115-131.

Blaut, M., 1994. Metabolism of methanogens. Ant van Leeuw 66, 187-208.

Blunier, T., et al., 1995. Variations in atmospheric methane concentration during the Holocene epoch. Nature 374, 46-49.

Boetius, A., et al., 2000. A marine microbial consortium apparently mediating anaerobic methane oxidation. Nature 407, 623-626.

Boivin-Jahns, V., et al., 1996. Bacterial diversity in a deep-subsurface clay environment. Appl Environ Microbiol 62, 3405-3412.

Bolin, B., et al., 1983. Interactions of biogeochemical cycles. In: Bolin, B., Cook, R.B. (Eds.), The Major Biogeochemical Cycles and their Interactions. SCOPE, Stockholm, pp. 1-39.

Bonfante, P., Anca, I.-A., 2009. Plants, mycorrhizal fungi and bacteria: a network of interactions. Ann Rev Microbiol 63, 363-384.

Borken, W., et al., 2003. Drying and wetting effects on carbon dioxide release from organic horizons. Soil Sci Soc Am J 67, 1888-1896.

Boucher, Y., et al., 2003. Lateral gene transfer and the origins of prokaryotic groups. Annu Rev Genet 37, 283-328.

Bousquet, P., et al., 2006. Contribution of anthropogenic and natural sources to atmospheric methane variability. Nature 443, 439-443.

Bousquet, P., et al. 2006. Contribution of anthropogenic and natural sources to atmospheric methane variability. Nature 443:439-43.

Boussau, B., et al., 2008. Accounting for horizontal gene transfers explains conflicting hypotheses regarding the position of aquificales in the phylogeny of Bacteria. BMC Evol Biol 8, 272.

Bowden, R.D., et al., 1991. Effects of nitrogen additions on annual nitrous oxide fluxes from temperate forest soils in the northeastern United States. J Geophys Res 96 (D), 9321-9328.

Bowers, K.J., et al., 2009. Biodiversity of poly-extremophilic bacteria: Does combining the extremes of high salt, alkaline pH and elevated temperature approach a physico-chemical boundary for life. Saline Sys 5(9).

Bowers, K.J., Wiegel, J., 2011. Temperature and pH optima of extremely halophilic archaea: a mini-review. Extremophiles 15, 119-128.

Bradford, M.A., et al., 2001. Controlling factors and effects of chronic nitrogen and sulphur deposition on methane oxidation in a temperate forest soil. Soil Biol Biochem 33, 93-102.

Brancazio, P.J., Cameron, A.G.W. (Eds.), The Origin and Evolution of Atmospheres and Oceans. John Wiley & Sons, New York, pp. 102-126.

Brandt, K.K., et al., 2001. Sulfate reduction dynamics and enumeration of sulfate-reducing bacteria in hypersaline sediments of the Great Salt Lake (Utah, USA). Microb Ecol 41, 1-11.

Brasseur, G., Granier, C., 1992. Mount Pinatubo aerosols, chlorofluorocarbons, and ozone depletion. Science 257, 1239-1242.

Bratbak, G., et al., 1992. Incorporation of viruses into the budget of microbial C transfer. Mar Ecol Prog Ser 83, 273-280.

Bratbak, G., et al., 1994. Viruses and the microbial loop. Microb Ecol 28, 209-221.

Braterman, P.S., et al., 1983. Photo-oxidation of hydrated Fe_2^+-significance for banded iron formations. Nature 303, 163-164.

Breitbart, M., et al., 2008. Marine viruses: community dynamics, diversity and impact on microbial processes. In: Kirchmann, D.L. (Ed.), Microbial Ecology of the Oceans. Wiley & Sons, Hoboken, N.J., pp. 443-479.

Breznak, J.A., 1984. Biochemical aspects of symbiosis between termites and their intestinal microbiota. In: Anderson, J.M., et al., (Eds.), Invertebrate ! Microbial

Interactions. Cambridge University Press, Cambridge, pp. 173-204.

Bright, M., Giere, O., 2005. Microbial symbiosis in Annelida. Symbiosis 38, 1-45.

Bright, M., Lallier, F.H., 2010. The biology of vestimentiferan tube worms. Oceanogr Mar Biol 48, 213-265.

Brito-Echeverria, J., et al., 2011. Response to adverse conditions in two strains of the extremely halophilic species *Salinibacter ruber*. Extremophiles 15, 379-389.

Britshigi, T.B., Giovannoni, S.J., 1991. Phylogenetic analysis of a natural marine bacterioplankton by rRNA gene cloning and sequencing. Environ Microbiol 57, 1313-1318.

Broecker, W.S., Sanyal, A., 1998. Does atmospheric CO_2 police the rate of chemical weathering? Glob Biogeochem Cyc 12, 403-408.

Brooks, J.M., et al., 1979. Chemical aspects of a brine pool at the East Flower Garden Bank, northwestern Gulf of Mexico. Limnol Oceanogr 24, 735-745.

Brown, A.D., 1990. Microbial Water Stress Physiology: Principles and Perspectives. John Wiley & Sons, New York.

Brown, G.C., Mussett, A.E., 1981. The inaccessible earth. Allen & Unwin, Winchester, Mass.

Bryant, D.A., et al., 2007. *Candidatus* Chloracidobacterium thermophilum: an aerobic phototrophic Acidobacterium. Science 317, 523-526.

Bryant, M.P., et al., 1967. *Methanobacillus omelianskii*, a symbiotic association of two species of bacteria. Arch Mikrobiol 59, 20-31.

Bugg, T.D., et al., 2011. The emerging role for bacteria in lignin degradation and bio-product formation. Curr Opin Biotechnol 22, 394-400.

Buick, R., 2008. When did oxygenic photosynthesis evolve? Phil Trans R Soc London B Biol Sci 363, 2731-2743.

Buol, S.W., et al., 2003. Soil Genesis and Classification, fifth ed. Iowa State Univerity Press, Ames.

Burggraf, S., et al., 1990. *Archaeoglobus profundus* sp. nov., represents a new species within the sulfate-reducing archaebacteria. Syst Appl Microbiol 13, 24-28.

Butler, J.H., et al., 1999. A record of atmospheric halocarbons during the twentieth century from polar firn air. Nature 399, 749-755.

Button, D.K., 1991. Biochemical basis for whole-cell uptake kinetics: specific affinity, oligotrophic capacity, and the meaning of the Michaelis constant. Appl Environ Microbiol 57, 2033-2038.

Cairns-Smith, A.G., 1982. Genetic Takeover and the Mineral Origins of Life. Cambridge University Press, Canbridge.

Caldwell, D.E., Tiedje, J.M., 1975. The structure of anaerobic bacterial communities in the hypolimnia of several Michigan lakes. Can J Microbiol 21, 377-385.

Calhoun, A., King, G.M., 1997. Regulation of root-associated methanotrophy by oxygen availabilty in the rhizosphere of two aquatic macrophytes. Appl Environ Microbiol 63, 3051-3058.

Calhoun, A., King, G.M., 1998. Characterization of root-associated methanotrophs from three freshwater macrophytes: *Pontderia cordata*, *Sparganium eurycarpum*, and *Sagittaria latifolia*. Appl Environ Microbiol 64, 1099-1105.

Callaway, R.M., et al., 2004. Soil biota and exotic plant invasion. Nature 427, 731-733.

Campbell, L., Nolla, H.A., 1994. The importance of *Prochlorococcus* to community structure in the central North Pacific Ocean. Limnol Oceanogr 39, 954-961.

Canfield, D.E., 1999. A breath of fresh air. Nature 400, 503-505.

Canfield, D.E., 1998. A new model for Proterozoic ocean chemistry. Nature 396, 450-453.

Canfield, D.E., et al., 2006. Early anaerobic metabolisms. Phil Trans R Soc London B Biol Sci 361, 1819-1834.

Canfield, D.E., et al., 2010. The evolution and future of Earth's nitrogen cycle. Science 330, 192-196.

Canfield, D.E., et al., 2000. The Archaean sulfur cycle and early history of atmospheric oxygen. Science 288, 658-661.

Canfield, D.E., Raiswell, R., 1999. The evolution of the sulfur cycle. Am J Sci 299, 697-723.

Canfield, D.E., et al., 1993. The anaerobic degradation of organic matter in Danish coastal sediments: iron reduction, manganese reduction, and sulfate reduction. Geochim Cosmochim Acta 57, 3867-3883.

Canfield, D.E., 1994. Factors influencing organic carbon preservation in marine sediments. Chem Geol 114, 315-329.

Canfield, D.E., DesMarais, D.J., 1993. Biogeochemical cycles of carbon, sulfur, and free oxygen in a microbial mat. Geochim Cosmochim Acta 57, 3971-3984.

Canfield, D.E., et al., 2010. A cryptic sulfur cycle in oxygen minimum-zone waters of the Chilean coast. Science 330, 1375-1378.

Canfield, D.E., Thamdrup, B., 2009. Towards a consistent classification scheme for geochemical environments, or, why we wish the term 'suboxic' would go away. Geobiol 7, 385-392.

Cape, J.N., Leith, I.D., 2002. The contribution of dry deposited ammonia and sulphur dioxide to the composition of precipitation from continuously open gauges. Atmos Environ 36, 5983-5992.

Caron, A.C., Goldman, J.C., 1990. Protozoan nutrient regeneration. In: Capriulo, G.M. (Ed.), Ecology of

Marine Protozoa. Oxford University Press, New York.
Carpenter, E.J., 1982. Physiology and ecology of marine planktonic oscillatoria(*Trichodesmium*). Mar Biol Lett 4, 69-85.
Carpenter, E.J., Romans, K., 1991. Major role of the cyanobacterium *Trichodesmium* in the nutrient cycling in the North Atlantic Ocean. Science 254, 1356-1358.
Carrillo, Y., et al., 2010. Carbon input control over soil organic matter dynamics in a temperate grassland exposed to elevated CO_2 and warming. Biogeosci Discuss 7, 1575-1602.
Carson, J.K., et al., 2010. Low pore connectivity increases bacterial diversity in soil. Appl Environ Microbiol 76, 3936-3942.
Cary, C., et al., 1989. Multiple trophic resources for a chemoautotrophic community at a cold water brine seep at the base of the Florida Escarpment. Mar Biol 100, 411-418.
Castro, M.S., et al., 1995. Factors controlling atmospheric methane consumption by temperate forest soils. Glob Biogeochem Cyc 9, 1-10.
Caumette, P., 1986. Phototrophic sulfur bacteria and sulfate-reducing bacteria causing red waters in a shallow brackish lagoon. FEMS Microb Ecol 38, 113-124.
Cavalier-Smith, T., et al., 2006. Introduction: how and when did microbes change the world? Phil Trans R Soc Lond B Biol Sci 361, 845-850.
Cavanaugh, C.M., 1983. Symbiotic chemotrophic bacteria in marine invertebrates from sulphide rich habitats. Nature 302, 58-61.
Chanton, J.P., Dacey, J.W.H., 1991. Effects of vegetation on methane flux, reservoirs, and carbon isotopic composition. In: Sharkey, T.D., et al. (Eds.), Trace Gas Emissions by Plants. Academic Press, Inc., New York, pp. 65-91.
Chapman, D.J., Schopf, J.W., 1983. Biological and biochemical effects of the development of an aerobic environment. In: Schopf, J.W. (Ed.), Earth's Earliest Biosphere: Its Origins and Evolution. Princeton University Press, Princeton, pp. 302-320.
Chapman, S.J., et al., 1996. Influence of temperature and oxygen availability on the flux of methane and carbon dioxide from wetlands: a comparison of peat and paddy soils. Soil Sci Plant Nutr 42, 269-277.
Chapman, S.K., et al., 2003. Insect herbivory increases litter quality and decomposition: an extension of the acceleration hypothesis. Ecol 84, 2867-2876.
Chappellaz, J., et al., 1990. Ice-core record of atmospheric methane over the past 160,000 years. Nature 345, 127-131.
Chappellaz, J.A., et al., 1993. The atmospheric CH_4 increase since the last glacial maximum. Tellus 45 (B), 228-241.
Charlson, R.J., et al., 1987. Oceanic phytoplankton, atmospheric sulphur, cloud albedo and climate. Nature 326, 655-661.
Charlson, R.J., et al., 1992. Climate forcing by anthropogenic aerosols. Science 255, 423-430.
Chin-Leo, G., Kirchman, D.L., 1988. Estimating bacterial production in marine waters from simultaneous incorporation of thymidine and leucine. Appl Environ Microbiol 54, 1934-1939.
Chisholm, S.W., et al., 1992. *Prochlorococcus* new gen. nov. sp.: an oxytrophic marine porkaryote containing divinyl chlorophyll *a* and *b*. Arch Microbiol 157, 297-300.
Chivian, D., et al., 2008. Environmental genomics reveals a single-species ecosystem deep within Earth. Science 332, 275-278.
Christensen, S., et al., 1990. Rhizosphere denitrification: a minor process but indicator of decomposition activity. In: Revsbech, N.P., Sørensen, J. (Eds.), Denitrification in Soil and Sediment. Plenum Press, New York, pp. 199-211.
Chung, H., et al., 2007. Plant species richness, elevated CO_2, and atmospheric nitrogen deposition alter soil microbial community composition and function. Glob Change Biol 13, 980-989.
Cicerone, R.J., Oremland, R.S., 1988. Biogeochemical aspects of atmospheric methane. Glob Biogeochem Cyc 2, 299-327.
Cockell, C.S., Raven, J.A., 2007. Ozone and life on the Archaean Earth. Phil Transact A Math Phys Eng Sci 365, 1889-1901.
Coffin, R.B., et al., 1993. Availability of dissolved organic carbon to bacterioplankton examined by oxygen utilization. Mar Ecol Prog Ser 101, 9-22.
Cohen, Y., 1986. Adaptation to hydrogen sulfide of oxygenic and anoxygenic photosynthesis among cyanobacteria. Appl Environ Microbiol 51, 398-407.
Cohen, Y., Rosenberg, E. (Eds.), 1989. Microbial Mats. American Society for Microbiology, Washington DC.
Coleman, D., Whitman, W., 2005. Linking species richness, biodiversity and ecosystem function in soil systems. Pedobiol 49, 479-497.
Coleman, D.C., et al., 2004. Fundamentals of Soil Ecology, second ed. Elsevier Academic Press, San Diego.
Conrad, R., 1988. Biogeochemistry and ecophysiology of atmospheric CO and H_2. Adv Microb Ecol 10, 231-283.
Conrad, R., 1996. Soil microorganisms as controllers of atmospheric trace gases (H_2, CO, CH_4, OCS, N_2O, and NO). Microbiol Rev 60, 609-640.
Conrad, R., et al., 1995. Methane emission from hypersaline

microbial mats: lack of aerobic methane oxidation activity. FEMS Microbiol Ecol 16, 295-305.
Conrad, R., et al., 1985. Gas metabolism evidence in support of the juxtaposition of hydrogen-producing and methanogenic bacteria in sewage sludge and lake sediments. Appl Environ Microbiol 50:595-601.
Cook, F.J., Orchard, V.A., 2008. Relationships between soil respiration and soil moisture. Soil Biol Biochem 40, 1013-1018.
Costa, K.C., et al., 2009. Microbiology and geochemistry of great boiling and mud hot springs in the United States Great Basin. Extremophiles 13, 447-459.
Cowan, D.A., 2004. The upper temperature for life – where do we draw the line? Trends Microbiol 12, 58-60.
Cox, P.A., 1995. In The Elements on Earth: Inorganic Chemistry in the Environment. Oxford University Press, Oxford.
Craddock, P.R., Dauphas, N., 2011. Iron and carbon evidence for microbial iron respiration throughout the Archaean. Earth Planet Sci Lett 303, 121-132.
Crawford, R.L., 1981. Lignin Biodegradation and Transformation. John Wiley and Sons, New York.
Crowe S.A., et al., 2008. Photoferrotrophs thrive in an Archean Ocean analog. Proc Natl Acad Sci 105, 15938-15943.
Crutzen, P.J., 1979. The role of NO and NO_2 in the chemistry of the troposphere and stratosphere. Ann Rev Earth Planet Sci 7, 443-472.
Crutzen, P.J., 1976. Upper limits on atmospheric ozone reductions following increased application of fixed nitrogen to the soil. Geophys Res Lett 3, 169-172.
Crutzen, P.J., 2006. Albedo enhancement by sratospheric sulfur injections: a contribution to resolve a policy dilemma? Clim Change 77, 211-220.
Crutzen, P.J., Gidel, L.T., 1983. A two-dimensional photochemical model of the atmosphere. 2: The tropospheric budgets of the anthropogenic chlorocarbons, CO, CH_4, CH_3Cl and the effect of various NO_X sources on tropospheric ozone. J Geophys Res 88 (C), 6641-6661.
Curtis, T.P., et al., 2002. Estimating prokaryotic diversity and its limits. Proc Natl Acad Sci 99, 10494-10499.
Cussler, E.L., 1984. Diffusion: mass transfer in fluid systems. Cambridge University Press. London, U.K. (訳注, 2009, 3rd ed.)
Czepiel, P.M., et al., 1995. Environmental factors influencing the variability of methane oxidation in temperate zone soils. J Geophys Res 100 (D), 9359-9364.
D'Amelio, E.D., et al., 1989. Comparative functional ultrastructure of two hypersaline submerged cyanobacterial mats: Guerrero Negro, Baja California Sur, Mexico and Solar Lake, Sinai, Egypt. In: Cohen, Y., Rosenberg, E. (Eds.), Microbial Mats: Physiological Ecology of Benthic Microbial Communities. ASM Press, Inc., Washington, DC, pp. 97-113.
Dacey, J.W.H., et al., 1994. Stimulation of methane emission by carbon dioxide enrichment of marsh vegetation. Nature 370, 47-49.
Dacey, J.W.H., Wakeham, S.G., 1986. Oceanic dimethylsulfide: production during zooplankton grazing. Science 233, 1314-1316.
Dahl, T.W., et al., 2010. Devonian rise in atmospheric oxygen correlated to the radiations of terrestrial plants and large predatory fish. Prooc Natl Acad Sci 107, 17911-17915.
Dahlbäck, B., et al., 1981. The hydrophobicity of bacteria an important factor in their initial adhesion to the air-water interface. Arch Microbiol 128, 267-270.
Dahlbäck, B., et al., 1982. Microbial investigations of surface microlayers, water column, ice and sediment in the Arctic Ocean. Mar Ecol Prog Ser 9, 101-109.
Dalsgaard, T., et al., 2005. Anaerobic ammonium oxidation (anammox) in the marine environment. Res Microbiol 156, 457-464.
Damgaard, L.R., et al., 1995. Microscale biosensors for environmental monitoring. Trends Anal Chem 14, 300-303.
Dando, P.R., et al., 1995. Preliminary observations on shallow hydrothermal vents in the Aegean Sea. In: Parson, L.M., Walker, C.L. (Eds.), Hydrothermal Vents and Processes. Geol Soc Spec Publ 87, 303-317.
Dando, P.R., et al., 2004. Rates of sediment sulphide oxidation by the bivalve *Thyasira sarsi*. Mar Ecol Prog Ser 280:181-187.
Daniels, J.S., Solomon, S., 1998. On the climate forcing of carbon monoxide. J Geophys Res 103 (D), 13249-13260.
Dansgaard, W., et al., 1993. Evidence for general instability of past climate from a 250-kyr ice-core record. Nature 364, 218-220.
Das, A., et al., 2011. Chemosynthetic activity prevails in deep-sea sediments of the Central Indian Basin. Extremophiles 15, 177-189.
Davidson, E.A., 1991. NO and N_2O fluxes from terrestrial ecosystems. In: Rogers, J.E., Whitman, W.B. (Eds.), Microbial Production and Consumption of Greenhouse Gases: Methane, Nitrogen Oxides, and Halomethanes. ASM Press, Washington, DC, pp. 220-235.
Davidson, E.A., 1992. Sources of nitric oxide and nitrous oxide following wetting of dry soil. Soil Sci Soc Am J 56, 95-102.
Davidson, E.A., et al., 1993. Processes regulating soil emissions of NO and N_2O in a seasonally dry tropical

forest. Ecol 74, 130-139.

Davidson, E.A., et al., 2006a. On the variability of respiration in terrestrial ecosystems: moving beyond Q10. Glob Change Biol 12, 154-164.

Davidson, E.A., et al., 2006b. Vertical partitioning of CO_2 production within a temperate forest soil. Glob Change Biol 12, 944-956.

Davidson, E.A., Janssens, I.A., 2006. Temperature sensitivity of soil carbon decomposition and feedbacks to climate change. Nature 440, 165-173.

Davidson, E.A., Schimel, J.P., 1995. Microbial processes of production and consumption of nitric oxide, nitrous oxide and methane. In: Matson, P.A., Harriss, R.C. (Eds.), Biogenic Trace Gases: Measuring Emissions from Soil and Water. Blackwell Science, Oxford, pp. 327-357.

Davidson, E.A., et al., 1990. Microbial production and consumption of nitrate in an annual grassland. Ecol 71, 1968-1975.

Davidson, E.A., et al., 2004. Effects of an experimental drought on soil emissions of carbon dioxide, methane, nitrous oxide, and nitric oxide in a moist tropical forest. Global Change Biol 10:718-730.

Davila, A.F., et al., 2008. Facilitation of endolithic microbial survival in the hyperarid core of the Atacama Desert by mineral deliquescence. J Geophys Res, 113. doi:10.1029/2007JG000561.

de Garidel-Thoron, T., et al., 2004. Evidence for large methane releases to the atmosphere from deep-sea gas-hydrate dissociation during the last glacial episode. Proc Natl Acad Sci 101, 9187-9192.

de los Rios, A., et al., 2010. Comparative analysis of the microbial communities inhabiting halite evaporites of the Atacama Desert. Int Microbiol 13, 79-89.

Dechesne, A., et al., 2010. Hydration-controlled bacterial motility and dispersal on surfaces. Proc Natl Acad Sci 107, 14369-14372.

DeDuve, C., 1991. Blueprint for a Cell. Neil Patterson, Burligton, NC.

Dedysh, S.N., 2004. *Methylocella tundrae* sp. nov., a novel methanotrophic bacterium from acidic tundra peatlands. Int J Sys Evol Microbiol 54, 151-156.

Dedysh, S.N., et al., 2004. Methane utilization by *Methylobacterium* species: new evidence but still no proof for an old controversy. Int J Syst Evol Microbiol 54:1919-1920.

Degerholm, J., et al., 2008. Seasonal significance of N_2 fixation in coastal and offshore waters of the North Western Baltic Sea. Mar Ecol Prog Ser 360, 73-84.

Del Giorgio, P.A., Cole, J.J., 1998. Bacterial growth efficiency in natural aquatic systems. Ann Rev Ecol Syst 29, 503-541.

Del Grosso, S., et al., 2008. Global potential net primary production predicted from vegetation class, precipitation, and temperature. Ecol 89, 2117-2126.

DeLong, E.F., 2000. Microbiology: resolving a methane mystery. Nature 407, 577-579.

DeLong, E.F., Béjà, O., 2010. The light-driven proton pump proteorhodopsin enhances bacterial survival during tough times. PLoS Biology 8 (4), e1000359. doi:10.1371/journal.pbio.100359.

DeLong, E.F., et al., 1993. Phylogenetic diversity of aggregate-attached vs. free-living marine bacterial assemblages. Limnol Oceanogr 38, 924-934.

DeLong, E.F., Karl, D.M., 2005. Genomic perspectives in microbial oceanography. Nature 437, 336-342.

Delsemme, A., 1997. The origin of the atmosphere and of the oceans. In, Thomas, P.J., et al. (Eds.), Comets and the Origin and Evolution of Life. New York, Springer.

Delwiche, C.F., et al., 1989. Lignin-like compounds and sporopollenin in Coleochate, an algal model for land plant ancestry. Science 245, 399-401.

Demirjian, D.C., et al., 2001. Enzymes from extremophiles. Curr Opin Chem Biol 5, 144-151.

Denier van der Gon, H.A.C., Neue, H.-U., 1996. Oxidation of methane in the rhizosphere of rice plants. Biol Fertil Soils 22, 359-366.

Des Marais, D.J., 2003. Biogeochemistry of hypersaline microbial mats illustrates the dynamics of modern microbial ecosystems and the early evolution of the biosphere. Biol Bull 204, 160-167.

Des Marais, D.J., et al., 1992. Carbon isotope evidence for the stepwise oxidation of the Proterozoic environment. Nature 359, 605-609.

Diaz, R.J., Rosenberg, R., 2008. Spreading dead zones and consequences for marine ecosystems. Science 321, 926-929.

Díaz, S., et al., 1993. Evidence of a feedback mechanism limiting plant response to elevated carbon dioxide. Nature 364, 616-617.

Dickens, G.R. et al., 1995. Disssociation of oceanic methane hydrate as a cause of the carbon isotope excursion at the end of the Paleocene. Paleoceanography 19, 965-971.

Dillon, J.G., et al., 2007. High rates of sulfate reduction in a low-sulfate hot spring microbial mat are driven by a low level of diversity of sulfate-respiring microorganisms. Appl Environ Microbiol 73, 5218-5226.

Dillon, R.J., Dillon, V.M., 2004. The gut bacteria of insects: nonpathogenic interactions. Annu Rev Entomol 49, 71-92.

Dise, N.B., Verry, E.S., 2001. Suppression of peatland methane emission by cumulative sulfate deposition in simulated acid rain. Biogeochem 53, 143-160.

Dlugokencky, E.J., et al., 1996. Changes in CH_4 and CO

growth rates after the eruption of Mt. Pinatubo and their link with changes in tropical tropospheric UV flux. Geophys Res Lett 23, 2761-2764.

Dlugokencky, E.J., et al., 2011. Global atmospheric methane: budget, changes and dangers. Phil Trans A Math Phys Eng Sci 369, 2058-2072.

Dobbie, K.E., Smith, K.A., 1996. Comparison of CH_4 oxidation rates in woodland, arable and set aside soils. Soil Biol Biochem 28, 1357-1365.

Dobbie, K.E., Smith, K.A., 2003. Nitrous oxide emission factors for agricultural soils in Great Britain: the impact of soil water-filled pore space and other controlling factors. Global Change Biol 9, 204-218.

Dodsworth, J.A., et al., 2011. Ammonia oxidation, denitrification and dissimilatory nitrate reduction to ammonium in two US Great Basin hot springs with abundant ammonia-oxidizing archaea. Environ Microbiol. doi:10.1111/j.1462-2920201102508x.

Dong, H., 2008. Microbial life in extreme environments: linking geological and microbiological processes. In: Dilek, Y., et al. (Eds.), Links Between Geological Processes, Microbial Activities and Evolution of Life. Springer Science, Berlin, pp. 237-280.

Dougherty, R.W. (Ed.), 1965. Physiology of Digestion in the Ruminant. Butterworths, Washington.

Drake, B.G., 1992. The impact of rising CO_2 on ecosystem production. Wat Air Soil Pollu 64, 25-44.

Drake, H.A., 2007. As the worm turns: the earthworm gut as a transient habitat for soil microbial biomes. Ann Rev Microbiol 61, 169-189.

Drigo, B., et al., 2008. Climate change goes underground: effects of elevated atmospheric CO_2 on microbial community structure and activities in the rhizosphere. Biol Fertil Soils 44, 667-679.

Drigo, B., et al., 2010. Shifting carbon flow from roots into associated microbial communities in response to elevated atmospheric CO_2. Proc Natl Acad Sci 107, 10938-10942.

Dubilier, N., et al., 2008. Symbiotic diversity in marine animals: the art of harnessing chemosynthesis. Nature Rev Microbiol 6, 725-740.

Duce, R.A., et al., 1991. The atmospheric input of trace species to the world ocean. Glob Biogeochem Cyc 5, 193-259.

Duce, R.A., et al., 2008. Impacts of atmospheric anthropogenic nitrogen on the open ocean. Science 320, 893-897.

Duce, R.A., Tindale, N.W., 1991. Atmospheric transport of iron and its deposition in the ocean. Limnol Oceanogr 36, 1715-1726.

Dunfield, P.F., et al., 2007. Methane oxidation by an extremely acidophilic bacterium of the phylum *Verrucomicrobia*. Nature 450, 879-882.

Dupraz, C., Visscher, P.T., 2005. Microbial lithification in marine stromatolites and hypersaline mats. Trends Microbiol 13, 429-438.

Dutaur, L., Verchot, L.V., 2007. A global inventory of the soil CH_4 sink. Global Biogeochemical Cycles, 21. doi:10.1029/2006GB002734.

Dworkin, M., et al., (Eds.), 2006. The Prokaryotes, A Handbook on the Biology of Bacteria. Springer, New York.

Dyhrman, S.T. et al., 2009. A microbial source of phosphonates in oligotrophic marine systems. Nature Geoscience 2, 696-699.

Dyrssen, D., 1986. Chemical processes in benthic flux chambers and anoxic basin water. Neth J Sea Res 20, 225-228.

Edwards, I.P., et al., 2008. Isolation of fungal cellobiohydrolase I genes from sporocarps and forest soils by PCR. Appl Environ Microbiol 74, 3481.

Edwards, K.J., et al., 2004. Neutrophilic iron-oxidizing bacteria in the ocean: their habitats, diversity, and roles in mineral deposition, rock alteration, and biomass production in the deep-sea. Geomicrobiol J 21:393-404.

Eigen, M., 1992. Steps Towards Life. Oxford University Press, Oxford.

Elsgaard, L., et al., 1994. Thermophilic sulfate reduction in hydrothermal sediment of Lake Tanganyika, East Africa. Appl Environ Microbiol 60, 1473-1480.

Emerson, D., et al., 2007. A novel lineage of proteobacteria involved in formation of marine Fe-oxidizing microbial mat communities, PloS One doi:10.1371/journal.pone.0000667.

Emerson, D., Revsbech, N.P., 1994. Investigations of an iron-oxidizing microbial mat community located near Aarhus, Denmark: laboratory studies. Appl Environ Microbiol 60, 4032-4038.

Erguder, T.H., et al., 2009. Environmental factors shaping the ecological niches of ammonia-oxidizing archaea. FEMS Microbiol Rev 33, 855-869.

Ettwig, K.F., et al., 2010. Nitrite-driven anaerobic methane oxidation by oxygenic bacteria. Nature 464, 543-548.

Evans, C., et al., 2007. The relative significance of viral lysis and microzooplankton grazing as pathways of dimethylsulfoniopropionate (DMSP) cleavage: an *Emiliania huxleyi* culture study. Limnol Oceanogr 52, 1036-1045.

Falkowski, P.G., Knoll, A.H. (Eds.), 2007. Evolution of Primary Producers in the Sea. Elsevier. London, UK.

Falkowski, P.G., Raven, J.A., 2007. Aquatic Photosynthesis. Princeton University Press, Princeton.

Falkowski, P., et al., 2008. The microbial engines that drive Earth's biogeochemical cycles. Science 320, 1034-1039.

Falkowski, P.G., et al., 2004. The evolution of modern eukaryotic phytoplankton. Science 305, 354-360.

Fanning, D.S., Fanning, M.C.B., 1989. Soil Morphology, Genesis and Classification. John Wiley & Sons, New York.

Fardeau, M.-L., et al., 2009. *Archaeoglobus fulgidus* and *Thermotoga elfii*, thermophilic isolates from deep geothermal water of the Paris Basin. Geomicrobiol J 26, 119-130.

Feinberg, L.F., Holden, J.F., 2006. Characterization of dissimilatory Fe(III) versus NO_3 reduction in the hyperthermophilic archaeon *Pyrobaculum aerophilum*. J Bacteriol 188, 525-531.

Felix, C.R., Ljungdahl, L.G., 1993. The cellulosome: the extracellular organelle of *Clostridium*. Ann Rev Microbiol 47, 791-819.

Fennel, K., et al., 2006. The co-evolution of the nitrogen, carbon and oxygen cycles in the Proterozoic ocean. Am J Sci 306, 520-545.

Fenchel, T., 1969. The ecology of marine microbenthos. IV. Ophelia 6, 1-182.

Fenchel, T., 1970. Studies on the decomposition of organic detritus from the turtle grass *Thalassia testudinum*. Limnol Oceanogr 15, 14-20.

Fenchel, T., 1982a. Ecology of hetertrophic microflagellates. II. Bioenergetics and growth. Mar Ecol Prog Ser 8, 225-231.

Fenchel, T., 1982b. Ecology of heterotrophic microflagellates. IV. Quantitative occurrence and importance as bacterial consumers. Mar Ecol Prog Ser 9, 35-42.

Fenchel, T., 1996. Worm burrows and oxic microniches in marine sediments. 1 Spatial and temporal scales. Mar Biol 127, 289-295.

Fenchel, T., 2001. *Eppur si muove*: many water column bacteria are motile. Aquat Microb Ecol 24, 197-258.

Fenchel, T., 2002. Microbial behavior in a heterogeous world. Science 296, 1068-1071.

Fenchel, T., 2008. Motility of bacteria in sediments. Aquat Microb Ecol 51, 23-30.

Fenchel, T., Bernard, C., 1995. Mats of colourless sulphur bacteria. I. Major microbial processes. Mar Ecol Prog Ser 128, 161-170.

Fenchel, T., Blackburn, T.H., 1979. Bacteria and Mineral Cycling. Academic Press, London.

Fenchel, T., et al., 1979. Symbiotic cellulose degradation in green turtles *Chelonia mydas* L. Appl Environ Microbiol 37, 348-350.

Fenchel, T., et al., 1995. Microbial diversity and activity in a Danish fjord with anoxic deep water. Ophelia 43, 45-100.

Fenchel, T., Finlay, B.J., 1989. *Kentrophorus*: a mouthless ciliate with a symbiotic kitchen garden. Ophelia 30, 75-93.

Fenchel, T., Finlay, B.J., 1995. Ecology and Evolution in Anoxic Worlds. Oxford University Press, Oxford.

Fenchel, T., Finlay, B.J., 2010. Free-living protozoa with endosymbiotic methanogens. In: Hackstein, J.H.P. (Ed.), (Endo) Symbiotic Archaea. Springer, Berlin, pp. 1-11.

Fenchel, T., Glud, R.N., 1998. Veil architecture in a sulphide oxidising bacterium enhances counter current flux. Nature 53, 99-110.

Fenchel, T., Glud, R.N., 2000. Benthic primary production and O_2–CO_2 dynamics in a shallow-water sediment: spatial and temporal heterogeneity. Ophelia 53, 159-171.

Fenchel, T., Harrison, P., 1976. The significance of bacterial grazing and mineral cycling. In: Macfadyen, A., Anderson, J.M. (Eds.), The Role of Terrestrial and Aquatic Organisms in the Decomposition Process. Blackwell, Oxford.

Fenchel, T., et al., 1998. Bacterial Biogeochemistry: the Ecophysiology of Mineral Cycling, second ed. Academic Press, San Diego.

Fenchel, T., Kühl, M., 2000. Artificial cyanobacterial mats: growth, structure, and vertical zonation patterns. Microb Ecol 40, 85-93.

Fennel, K., et al., 2005. The co-evolution of the nitrogen, carbon and oxygen cycles in the Proterozoic ocean. Am J Sci 305, 526-545.

Fierer, N., et al., 2003a. Controls on microbial CO_2 production: a comparison of surface and subsurface soil horizons. Glob Change Biol 9, 1322–1332.

Fierer, N., et al., 2003b. Influence of drying-rewetting frequency on soil bacterial community structure. Microb Ecol 45, 63-71.

Fierer, N., et al., 2009. The biogeography of ammonia-oxidizing bacterial communities in soil. Microb Ecol 58, 435-445.

Fierer, N., Jackson, R.B., 2006. The diversity and biogeography of soil bacterial communities. Proc Natl Acad Sci 103, 626-631.

Fierer, N., Schimel, J.P., 2002. Effects of drying-rewetting frequency on soil carbon and nitrogen transformations. Soil Biol Biochem 34, 777-787.

Fierer, N., Schimel, J.P., 2003a. A proposed mechanism for the pulse in carbon dioxide production commonly observed following the rapid rewetting of a dry soil. Soil Sci Soc Am J 67, 798-805.

Fierer, N., Schimel, J.P., 2003b. A proposed mechanism for the pulse in carbon dioxide production commonly observed following the rapid rewetting of a dry soil. Soil Sci Soc Am J 67, 798-805.

Finlayson-Pitts, B.J., et al., 1992. Kinetics of the reactions of OH with methylchloroform and methane:

Finster, K., et al., 1990. Formation of methylmercaptan and dimethylsulfide from methoxylated aromatic compounds in anoxic marine and freshwater sediments. FEMS Microbiol Ecol 74, 295-302.

Fiore, C.L., et al., 2010. Nitrogen fixation and nitrogen transformations in marine symbioses. Trends Microbiol 18, 455-463.

Firestone, M.K., Stark, J.M., 1995. Mechanisms for soil moisture effects on activity of nitrifying bacteria. Appl Environ Microbiol 61, 218-221.

Fischelson, L., et al., 1985. A unique symbiosis in the gut of tropical herbivorous surgeon fish (Acanthuridae: Teleostei) from the Red Sea. Science 229, 49-51.

Fischer, A.G., 1984. The two phanerozoic supercycles. In: Berggren, W.A., van Couvering, J.A. (Eds.), Catastrophes and Earth History: The New Uniformitarianism. Princeton University Press, Princeton, pp. 129-150.

Fisher, D.A., et al., 1990. Model calculations of the relative effects of CFCs and their replacements on stratsopheric ozone. Nature 344, 508-510.

Fishman, J., et al., 1979. Tropospheric ozone and climate. Nature 282, 818-820.

Fisk, M.R., 2003. Evidence of biological activity in Hawaiian subsurface basalts. Geochem Geophys 4, 1-15.

Flückiger, J., et al., 2004. N2O and CH4 variations during the last glacial epoch: insight into global processes. Glob Biogeochem Cyc 18, 323-336.

Fogg, G.E., 1983. The ecological significance of extracellular products of phytoplankton photosynthesis. Bot Marina 26, 3-14.

Folman, L.B., et al., 2008. Impact of white-rot fungi on numbers and community composition of bacteria colonizing beech wood from forest soil. FEMS Microbiol Ecol 63, 181-191.

Fossing, H., et al., 2002. Concentration and transport of nitrate by the mat-forming sulfur bacterium *Thioploca*. Nature 374, 713-715.

Foti, M., et al., 2007. Diversity, activity, and abundance of sulfate-reducing bacteria in saline and hypersaline soda lakes. Appl Environ Microbiol 73, 2093-2100.

Franche, C., et al., 2009. Nitrogen-fixing bacteria with leguminous and non-leguminous plants. Plant Soil 321, 35-59.

Fransson, P.M.A., et al., 2001. Elevated atmospheric CO_2 alters root symbiont community structure in forest trees. New Phytol 152, 431-442.

Franzluebbers, A.J., 1999. Microbial activity in response to water-filled pore space of variably eroded southern Piedmont soils. Appl Soil Ecol 11, 91-101.

Fredrickson, J.K., et al., 1997. Pore-size constraints on the activity and survival of subsurface bacteria in a late Cretaceous shale-sandstone sequence, northwestern New Mexico. Geomicrobiol J 14, 183-202.

Friedrich, B., 1985. Evolution of chemolithotrophy. In: Schleifer, K.H., Stackenbrandt, E. (Eds.), Evolution of Prokaryotes. Academic Press, London, pp. 205-234.

Frigaard, N.U., et al., 2006. Proteorhodopsin lateral gene transfer between marine planktonic Bacteria and Archaea. Nature 439, 847-850.

Fründ, C., Cohen, Y., 1992. Diurnal cycle of sulfate reduction under oxic conditions in cyanobacterial mats. Appl Environ Microbiol 58, 70-77.

Fry, I., 2000. The Emergence of Life on Earth. A Historical and Scientific Overview. Rutgers University Press, New Brunswick.

Fuhrman, J.A., Azam, F., 1982. Thymidine incorporation as a measure of heterotrophic bacterioplankton production in marine surface waters: evaluations and field results. Mar Biol 66, 109-120.

Fuhrman, J.A., Hagström, Å., 2008. Bacterial and archeal community structure and its patterns. In: Kirchman, D.L. (Ed.), Microbial Ecology of the Oceans. Wiley & Sons, Hoboken, New Jersey, pp. 45-90.

Fung, I., et al., 1991. Three-dimensional model synthesis of the global methane cycle. J Geophys Res 96 (D), 13033-13065.

Funk, D.W., et al., 1994. Influence of water table on carbon dioxide, carbon monoxide and methane fluxes from Taiga Bog microcosms. Glob Biogeochem Cyc 8, 271-278.

Furlong, M.A., et al., 2002. Molecular and culture-based analyses of prokaryotic communities from an agricultural soil and the burrows and casts of the earthworm *Lumbricus rubellus*. Appl Environ Microbiol 68, 1265-1279.

Gallardo, A., Schlesinger, W.H., 1994. Factors limiting microbial biomass in the mineral soil and forest floor of a warm-temperate forest. Soil Biol Biochem 26, 1409-1415.

Galloway, J., et al., 2003. The nitrogen cascade. Biosci 53, 341-356.

Galloway, J.N., et al., 1995. Nitrogen fixation: anthropogenic enhancement-environmental response. Glob Biogeochem Cyc 9, 235-252.

Galloway, J.N., et al., 2008. Transformation of the nitrogen cycle: recent trends, questions, and potential solutions. Science 320, 889-892.

Gantt, E., 2011. Oxygenic photosynthesis and distribution of chloroplasts. Photosynth Res 107, 1-6.

Gao, H., et al., 2010. Aerobic denitrification in permeable Wadden Sea sediments. ISME J. 4, 417-426.

Gasaway, W.C., 1976. Seasonal variation in diet, volatile fatty acid production and size of the cecum of rock ptarmigan. Comp Biochem Physiol A53, 109-114.

Gates, D.M. (1980). Biophysical Ecology. Springer, New York.

Gaumont-Guay, D., et al., 2006. Interpreting the dependence of soil respiration on soil temperature and water content in a boreal aspen stand. Agri For Meteorol 140, 220-235.

Gehring, C.A., Whitham, T.G., 1991. Herbivore-driven mycorrhizal mutualism in insectsusceptible pinyon pine. Nature 353, 556-557.

Geib, S.M., et al., 2008. Lignin degradation in wood-feeding insects. Proc Natl Acad Sci 105, 12932-12937.

Ghiorse, W.C., 1986. Biology of iron- and manganese-depositing bacteria. Ann Rev Microbiol 38, 515-550.

Gilbert, B., Frenzel, P., 1995. Methanotrophic bacteria in the rhizosphere of rice microcosms and their effect on porewater methane concentration and methane emission. Biol Fertil Soil 20, 93-100.

Gillette, D.A., et al., 1992. Emissions of alkaline elements calcium, magnesium, potassium and sodium from open sources in the contiguous United States. Glob Biogeochem Cyc 6, 437-457.

Gilliland, R.L., 1989. Solar evolution. Paleogeog Paleoclimatol Paleoecol (Glob Planet Chng Sec) 75, 35-55.

Ginsburg, G., et al., 1999. Gas hydrate accumulation at the Håkon Mosby mud volcano. Geo-Mar Lett 19, 57-67.

Giovannoni, S.J., et al., 1990. Genetic diversity in Sargasso Sea bacterioplankton. Nature 345, 60-63.

Giovannoni, S.J., Stingl, U., 2007. The importance of culturing bacterioplankton in the omics age. Nat Rev Microbiol 5, 820-826.

Glass, J.B., et al., 2009. Coevolution of metal availability and nitrogen assimilation in cyanobacteria and algae. Geobiol. doi:10.1111/j.1472-4669200900190x.

Gleeson, D., et al., 2008. Influence of water potential on nitrification and structure of nitrifying bacterial communities in semiarid soils. Appl Soil Ecol 40, 189-194.

Gleeson, D.B., et al., 2010. Response of ammonia oxidizing archaea and bacteria to changing water filled pore space. Soil Biol Biochem 42, 1888-1891.

Glibert, P.M., et al., 2008. Ocean urea fertilization for carbon credits poses high ecological risks. Mar Pollu Bull 56, 1049-1056.

Glud, R.N., 2008. Oxygen dynamics of marine sediments. Mar Biol Res 4, 243-289.

Glud, R.N., et al., 1994. Diffusive and total oxygen uptake of deep-sea sediments in eastern South Atlantic: in situ and laboratory measurements. Deep-Sea Res I 41, 1767-1788.

Glud, R.N., Middelboe, M., 2004. Virus and bacteria dynamics of a coastal sediment: implication for benthic carbon cycling. Limnol Oceanogr 49, 2073-2081.

Goa, H., et al., 2010. Aerobic denitrification in permeable Wadden Sea sediments. ISME J 4, 417-426.

Goebel, M.-O., et al., 2007. Significance of wettability-induced changes in microscopic water distribution for soil organic matter decomposition. Soil Sci Soc Am J 71, 1593-1599.

Goetz, F.E., Jannasch, H.W., 1993. Aromatic hydrocarbon-degrading bacteria in the petrolium-rich sediments of the Guaymas Basin hydrothermal vent site – preference for carboxylic acids. Geomicrobiol J 11, 1-18.

Goh, F., et al., 2009. Determining the specific microbial populations and their spatial distribution within the stromatolite ecosystem of Shark Bay. ISME J 3, 383-396.

Goldfarb, K.C., et al., 2011. Differential growth responses of soil bacterial taxa to carbon substrates of varying chemical recalcitrance. Front Microbiol, 2. doi:10.3389/fmicb.201100094

Gorby, Y.A., et al., 2006. Electrically conductive bacterial nanowires produced by *Shewanella oneidensis* strain MR-1 and other microorganisms. Proc Natl Acad Sci 103, 11358-11363.

Goulden, M.L., et al., 1998. Sensitivity of boreal forest carbon balance to soil thaw. Nature 279, 214-217.

Grandy, A.S., et al., 2006. Long-term trends in nitrous oxide emissions, soil nitrogen, and crop yields of till and no-till cropping systems. J Environ Qual 35, 1487-1495.

Granéli, W., et al., 1996. Photo-oxidative production of dissolved inorganic carbon in lakes of different humic content. Limnol Oceanogr 41, 698-706.

Green, S.J., et al., 2008. A salinity and sulfate manipulation of hypersaline microbial mats reveals stasis in the cyanobacterial community structure. ISME J 2, 457-470.

Griebler, C., 1997. Dimethylsulfoxide (DMSO) reduction: a new approach to determine microbial activity in freshwater sediments. J Microb Meth 29, 31-40.

Griebler, C., Slezak, D., 2001. Microbial activity in aquatic environments measured by dimethyl sulfoxide reduction and intercomparison with commonly used methods. Appl Environ Microbiol 67, 100-109.

Griffin, D.M., 1981. Water and microbial stress. Adv Microb Ecol 5, 91-136.

Griffiths, R.I., et al., 2003. Physiological and community responses of established grassland bacterial populations to water stress. Appl Environ Microbiol 69, 6961-6968.

Groffman, P.M., Tiedje, J.M., 1989. Denitrification in north temperate forest soils: relationships between denitrification and environmental factors at the landscape scale. Soil Biol Biochem 5, 621-626.

Grossart, H.-P., et al., 2003. Bacterial colonization of particles: growth and interactions. Appl Environ Microbiol 69, 3500-3509.

Grossart, H.-P., et al., 2001. Bacterial motility in the sea and its ecological implications. Aquat Microb Ecol 25, 247-258.

Gubri-Rangin, C., et al., 2010. Archaea rather than bacteria control nitrification in two agricultural acidic soils. FEMS Microb Ecol 74, 566-574.

Guenther, A., et al., 1995. A global model of natural volatile organic compound emissions. J Geophys Res 100 (D), 8873-8892.

Guerro, R., et al., 1985. Phototrophic sulfur bacteria in two Spanish lakes: vertical distribution and limiting factors. Limnol Oceanogr 30, 919-931.

Guiral, M., et al., 2006. Hyperthermostable and oxygen resistant hydrogenases from a hyperthermophilic bacterium *Aquifex aeolicus*: physicochemical properties. Int J Hydrogen Energy 31, 1424-1431.

Güsewell, S., Verhoeven, J.T.A., 2006. Litter N:P ratios indicate whether N or P limits the decomposability of graminoid leaf litter. Plant Soil 287, 131-143.

Hagström, Å., et al., 1979. Frequency of dividing cells, a new approach to the determination of bacterial growth rates in aquatic environments. Appl Environ Microbiol 37, 805-812.

Hagström, Å., et al., 2001. Biogeographical diversity among marine bacterioplankton. Aquat Microb Ecol 21, 231-244.

Häner, A., et al., 1995. Degradation of *p*-xylene by a denitrifying enrichment culture. Appl Environ Microbiol 61, 3185-3188.

Hanson, C.A., et al., 2008. Fungal taxa target different carbon sources in forest soil. Ecosyst 11, 1157-1167.

Hanson, R.S., Hanson, T.E., 1996. Methanotrophic bacteria. Microbiol Rev 60, 439-471.

Harrison, K.G., et al., 1993. The effect of changing land use on soil radiocarbon. Science 262, 725-726.

Hartnett, H.E. et al., 2010. Geochemical evidence for denitrification in a Yellowstone National Park hot spring. Astrobiology Science Conference 5409.

Hartshorne R.S. et al., 2009. Characterization of an electron conduit between bacteria and the extracellular environment. Proc Natl Acad Sci 106, 22169-22174.

Harriss, R.C., Frolking, S., 1992. The sensitivity of methane emissions from northern freshwater wetlands to global warming. In Firth, P., Fisher, S.G. (eds.) Climate Change and Freshwater Ecosystems, p.48-67, Springer-Verlag, New York.

Hassett, J.E., et al., 2009. Are basidomycete laccase gene abundance and composition related to reduced lignolytic activity under elevated atmospheric NO_3^- deposition? Microb Ecol 57, 728-739.

Hattori, K., Matsui, H., 2008. Diversity of fumarate reducing bacteria in the bovine rumen revealed by culture dependent and independent approaches. Anaerobe 14, 87-93.

Hawkes, C.V., et al., 2007. Root interactions with soil microbial communities and processes. In: Cardon, Z.G., Whitbeck, J.L. (Eds.), The Rhizosphere: An Ecological Perspective. Elsevier Inc., New York. pp. 1-29.

Hayes, J.M., 1983. Geochemical evidence bearing on the origin of aerobiosis, a speculative hypothesis. In: Schopf, J.W. (Ed.), Earth's Earliest Biosphere: Its Origins and Evolution. Princeton University Press, Princeton, pp. 291-301.

Hazen, T.C., et al., 2010. Deep-sea oil plume enriches indigenous oil-degrading bacteria. Science 330, 204-208.

He, J.Z., et al., 2007. Quantitative analyses of the abundance and composition of ammonia-oxidizing bacteria and ammonia-oxidizing archaea of a Chinese upland red soil under long-term fertilization practices. Environ Microbiol 9, 2364-2374.

Head, I.M., et al., 2003. Biological activity in the deep subsurface and the origin of heavy oil. Nature 426, 344-352.

Heimann, M., et al., 1998. Evaluation of terrestrial carbon cycle models through simulations of the seasonal cycle of atmospheric CO_2: first results of a model intercomparison study. Glob Biogeochem Cyc 12, 1-24.

Henckel, T., et al., 2000. Molecular analyses of novel methanotrophic communities in forest soil that oxidize atmospheric methane. Appl Environ Microbiol 66, 1801-1808.

Hicks, D.B., et al., 2010. F1F0-ATP synthases of alkaliphilic bacteria: lessons from their adaptations. Biochim Biophys Acta 1797, 1362-1377.

Hines, M.E., et al., 1993. Emissions of sulfur gases from marine and freshwater wetlands of the Florida Everglades: rates and extrapolation using remote sensing. J Geophys Res 98 (D), 8991-8999.

Hirayama, H., et al., 2005. Bacterial community shift along a subsurface geothermal water stream in a Japanese gold mine. Extremophiles 9, 169-184.

Hjort, K., et al., 2010. Diversity and reductive evolution of mitochondria among microbial eukaryotes. Phil Trans R Soc B 365, 713-727.

Hobbie, J.E., et al., 1977. The use of nuclepore filters for counting bacteria by fluorescence microscopy. Appl Environ Microbiol 33, 1225-1228.

Hobbie, J.E., et al., 1972. A study of the distribution and activity of microorganisms in ocean water. Limnol Oceanogr 17, 544-555.

Hobson, P.N. (Ed.), 1997. The Rumen Microbial Ecosystem. Springer, New York.

Hoeft, S., et al., 2007. *Alkalilimnicola ehrlichii* sp. nov., a novel arsenite-oxidizing haloalkaliphilic gammaproteobacterium capable of chemoautotrophic or heterotrophic growth with nitrate or oxygen as the electron acceptor. Int J Syst Evol Microbiol 57, 504-512.

Hoehler T.M., et al., 1994. Field and laboratory studies of methane oxidation in an anoxic marine sediment: evidence for a methanogen-sulfate reducer consortium. Glob Biogeochem Cyc 8:451-463

Hoffman, P.F., 1998. A Neoproterozoic snowball earth. Science 281, 1342-1346.

Hofmann, D.J., et al., 2006. The role of carbon dioxide in climate forcing from 1979 to 2004: introduction of the Annual Greenhouse Gas Index. Tellus B 58, 614-619.

Holden, J., Adams, M.W.W., 2003. Microbe-metal interactions in marine hydrothermal environments. Curr Op Chem Biol 7, 160-165.

Holland, H.D., 1978. The Chemistry of the Atmosphere and Oceans. John Wiley and Sons, New York.

Holland, H.D., 1984. The Chemical Evolution in the Atmosphere and Oceans. Princeton University Press, Princeton, N.J.

Holland, H.D., 2006. The oxygenation of the atmosphere and oceans. Phil Trans R Soc London B Biol Sci 361, 903-915.

Hong, S., et al., 1996. History of ancient copper smelting pollution during Roman and Medieval times recorded in Greenland ice. Science 272, 246-249.

Horikoshi, K., 1999. Alkaliphiles: some applications of their products for biotechnology. Microbiol Molec Biol Rev 63, 735-750.

Houghton, R.A., 2007. Balancing the Global Carbon Budget. Ann Rev Earth Planet Sci 35, 313-347.

Howard, E.C., et al., 2006. Bacterial taxa that limit sulfur flux from the ocean. Science 314, 649-652.

Huang, Z., et al., 2007. Molecular phylogeny of uncultivated *Crenarchaeota* in Great Basin hot springs of moderately elevated temperature. Geomicrobiol J 24, 535-542.

Huber, H., et al., 1997. *Archaeoglobus veneficus* sp. nov., a novel facultative chemolithoautotrophic hyperthermophilic sulfite reducer, isolated from abyssal black smokers. Syst Appl Microbiol 20, 374-380.

Hudson, R.J.M., et al., 1994. Modeling the global carbon cycle: nitrogen fertilization of the terrestrial biosphere and the "missing" CO_2 sink. Glob Biogeochem Cyc 8, 307-333.

Hügler, M., Sievert, S.M., 2011. Beyond the Calvin Cycle: autotrophic carbon fixation in the ocean. Ann Rev Mar Sci 3, 261-289.

Hungate, B.A., et al., 2004. CO_2 elicits long-term decline in nitrogen fixation. Science 304, 1291.

Hungate, R.E., 1966. The Rumen and its Microbes. Academic Press, New York.

Hungate, R.E., 1975. The rumen microbial system. Ann Rev Ecol Syst 6, 39-66.

Hutchin, P.R., et al., 1995. Elevated concentrations of CO_2 may double methane emissions from mires. Glob Change Biol 1, 125-128.

Hutchinson, G.E., et al., 1939. The oxidation-reduction potentials of lake waters and their ecological significance. Proc Natl Acad Sci 25:87.

Hütsch, B.W., et al., 1996. CH_4 oxidation in tow temperate arable soils as affected by nitrate and ammonium application. Biol Fertil Soils 23, 86-92.

Hüttel, M., Webster, I.T., 2001. Porewater flow in permeable sediments. In: Boudreau, B., Jørgensen, B.B. (Eds.), The Benthic Boundary Layer. Oxford University Press, New York, **pp.** 144-179.

Hüttel, M., Webster, I.T. 2001. Porewater flow in permeable sediments. In: Boudreau, B., Jørgensen, B.B. (Eds.), The Benthic Boundary Layer. New York, Oxford University Press, pp.144-179.

Ichiki, H., et al., 2001. Purification, chararacterization, and genetic analysis of Cu-containing dissimilatory nitrate reductase from a denitrifying halophilic archaeon, *Haloarcula marismortui*. J Bacteriol 183, 4149-4156.

Idso, S.B., Kimball, B.A., 2001. CO_2 enrichment of sour orange trees: 13 years and counting. Environ Experiment Botany 46, 147-153.

Inagaki, F., et al., 2003. Distribution and phylogenetic diversity of the subsurface microbial community in a Japanese epithermal gold mine. Extremophiles 7, 307-317.

Indrebø, G., et al., 1979. Microbial activities in a permanently stratified estuary. I. Primary production and sulfate reduction. Mar Biol 51, 295-304.

Iturriaga, R., Mitchell, B.G., 1986. Chroococcoid cyanobacteria: a significant component in the food web dynamics of the open ocean. Mar Ecol Prog Ser 28, 291-297.

Iverson, J.B., 1980. Colic modifications in iguanine lizards. J Morphol 163, 79-93.

Jaeschke, A., et al., 2009. 16S rRNA gene and lipid biomarker evidence for anaerobic ammonium-oxidizing bacteria (anammox) in California and Nevada hot springs. FEMS Microbiol Ecol 67, 343-350.

Jahren, A.H., 2002. The biogeochemical consequences of the mid-Cretaceous superplume. J Geodynam 34, 177-191.

Janis, C. 1976. The evolutionary strategy of the Equidae and the origins of rumen and cecal digestion. Evolution 30, 757-774.

Jastrow, J.D., et al., 2006. Mechanisms controlling soil carbon turnover and their potential application for enhancing carbon sequestration. Clim Change 80, 5-23.

Jia, Z., Conrad, R., 2009. Bacteria rather than Archaea dominate microbial ammonia oxidation in an agricultural soil. Environ Microbiol 11, 1658–1671.

Joabsson, A., et al., 1999. Vascular plant controls on methane emissions form northern peatforming wetlands. Trends Ecol Evol 14, 385-388.

Johnson, S.S., et al., 2007. Ancient bacteria show evidence of DNA repair. Proc Natl Acad Sci 104, 14401-14405.

Johnston, D.T., et al., 2009. Anoxygenic photosynthesis modulated Proterozoic oxygen and sustained Earth's middle age. Proc Natl Acad Sci 106, 16925-16929.

Jones, J.G., Simon, B.M., 1985. Interaction of acetogens and methanogens in anaerobic freshwater sediments. Appl Environ Microbiol 49, 944-948.

Jørgensen, B.B., Cohen, Y., 1977. Solar Lake (Sinai). 5 The sulfur cycle of the benthic cyanobacterial mats. Limnol Oceanogr 22, 657-666.

Jørgensen, B.B., Fenchel, T., 1974. The sulfur cycle of a marine sediment model system. Mar Biol 24, 189-201.

Jørgensen, B.B., Gallardo, V.A., 1999. *Thioploca* spp.: filamentous sulfur bacteria with nitrate vacuoles. FEMS Microbiol Ecol 28, 301-313.

Jørgensen, B.B., et al., 1983. Photosynthesis and structure of benthic microbial mats:microelectrode and SEM studies of four cyanobacterial mats. Limnol Oceanogr 28, 1073-1093.

Juniper, S.K., Brinkhurst, R.O., 1986. Water column dark CO_2 fixation and bacterial mat growth in intermittently anoxic Saanich Inlet, British Columbia. Mar Ecol Prog Ser 33, 41-50.

Kamra, D.N., 2005. Rumen microbial ecosystem. Curr Sci 89, 124-135.

Kardol, P., et al., 2010. Soil ecosystem functioning under climate change: plant species and community effects. Ecol 91, 767-781.

Karl, D.M., et al., 1988. Downward flux of particulate organic matter in the ocean: a particle decomposition paradox. Nature 332, 438-441.

Kasting, J.F., 1989. Long-term stability of the Earth's climate. Paleogeog Paleoclimatol Paleoecol 75, 83-95.

Kasting, J.F., 1992. Proterozoic climates: the effect of changing atmospheric carbon dioxide concentrations. In: Schopf, J.W., Klein, C. (Eds.), The Proterozoic Biosphere: A Multidisciplinary Study. Cambridge University Press, Cambridge, UK, pp. 165-168.

Kasting, J.F., Ackerman, T.P., 1986. Climatic consequences of very high carbon dioxide levels in the Earth's early atmosphere. Science 234, 1383-1385.

Kasting, J.F., Catling, D., 2003. Evolution of a habitable planet. Ann Rev Astron Astrophys 41, 429-463.

Kasting, J.F., et al., 1992. Atmospheric evolution: the rise of oxygen. In: Schopf, J.W., Klein, C. (Eds.), The Proterozoic Biosphere: A Multidisciplinary Study. Cambridge University Press, Cambridge, UK, pp. 159-163.

Kasting, J.F., Howard, M.T., 2006. Atmospheric composition and climate on the early Earth. Phil Trans R Soc London B Biol Sci 361, 1733-1741.

Keil, R.G., Kirchman, D.K., 1994. Abiotic transformation of labile protein to refractory protein in seawater. Mar Chem 45, 187-196.

Kellner, H., et al., 2010. Fungi unearthed: transcripts encoding lignocellulolytic and chitinolytic enzymes in forest soil. PLoS One 5, e10971.

Kelly, D.P., Baker, S.C., 1990. The organosulphur cycle: aerobic and anaerobic processes leading to turnover of C1-sulphur compounds. FEMS Microbiol Rev 87, 241-246.

Kelly, D.P., Smith, N.A., 1990. Organic sulphur compounds in the environment: biogeochemistry, microbiology and ecological aspects. Adv Microb Ecol 11, 345-385.

Kepkay, P.E., Johnson, B.D., 1988. Microbial response to organic particle generation by surface coagulation in seawater. Mar Ecol Prog Ser 48, 193-198.

Kepkay, P.E., Johnson, B.D., 1989. Coagulation on bubbles allows the microbial respiration of oceanic carbon. Nature 338, 63-65.

Kepkay, P.E., 1994. Particle aggregation and biological reactivity of colloids. Mar Ecol Prog Ser 109, 293–304.

Kessler, J.D., et al., 2011. A persistent oxygen anomaly reveals the fate of spilled methane in the deep Gulf of Mexico. Science 331, 312-315.

Keys, A., et al., 1935. The organic metabolism of sea-water with special reference to the ultimate food cycle in the sea. J Mar Biol Assoc UK 20, 181-196.

Khalil, K., 2004. Nitrous oxide production by nitrification and denitrification in soil aggregates as affected by O_2 concentration. Soil Biol Biochem 36, 687-699.

Khalil, M.A.K., Rasmussen, R.A., 1989. The potential of soils as a sink of chlorofluorocarbons and other man-made chlorocarbons. Geophys Res Lett 16, 679-682.

Kiene, R.P., 1996a. Microbiological controls on dimethylsulfide emissions from wetlands and the ocean. In: Murrell, J.C., Kelly, D.P. (Eds.),

Microbiology of Atmospheric Trace Gases: Sources, Sinks and Global Change Processes. Springer-Verlag, Berlin, pp. 207-225.

Kiene, R.P., 1996b. Production of methanethiol from dimethylsulfoniopropionate in marine surface waters. Mar Chem 54, 69-83.

Kiene, R.P., et al., 2000. New and important roles for DMSP in marine microbial communities. J Sea Res 43, 209-224.

Kim, S.J., Katayama, Y., 2000. Effect of growth conditions on thiocyanate degradation and emission of carbonyl sulfide by *Thiobacillus thioparus* THI115. Wat Res 34, 2887-2894.

Kimura, H., et al., 2005. Microbial community in a geothermal aquifer associated with the subsurface of the Great Artesian Basin, Australia. Extremophiles 9, 407-414.

King, G.M., 1990a. Dynamics and controls of methane oxidation in a Danish wetland sediment. FEMS Microbiol Ecol 74, 309-323.

King, G.M., 1990b. Regulation by light of methane emission from a Danish wetland. Nature 345, 513-515.

King, G.M., 1992. Ecological aspects of methane oxidation, a key determinant of global methane dynamics. Adv Microb Ecol 12, 431-468.

King, G.M., 1994. Associations of methanotrophs with the roots and rhizomes of aquatic plants. Appl Environ Microbiol 60, 3220-3227.

King, G.M., 1996. In situ analyses of methane oxidation associated with the roots and rhizomes of a bur reed, *Sparganium eurycarpum*, in a Maine wetland. Appl Environ Microbiol 62, 4548-4555.

King, G.M., 1997a. Responses of atmospheric methane consumption by soils to global climate change. Glob Change Biol 3, 101-112.

King, G.M., 1997b. Stability of trifluoromethane to methanotrophic degradation in pure cultures and soils. FEMS Microbiol Ecol 22, 103-110.

King, G.M., 1999. Characteristics and significance of atmospheric carbon monoxide consumption by soils. Chemosphere- Global Change Sci 1, 53-63.

King, G.M., 2003. Contributions of atmospheric CO and hydrogen uptake to microbial dynamics on recent Hawaiian volcanic deposits. Appl Environ Microbiol 69, 4067-4075.

King, G.M., 2011. Enhancing soil carbon storage for carbon remediation: potential contributions and constrains by microbes. Trends Microbiol 19, 75-84.

King, G.M., Weber, C.F. 2007. Distribution, diversity and ecology of aerobic CO-oxidizing bacteria. Nature Rev Microbiol 5, 107-118.

King, G.M., Crosby. H., 2002. Impacts of plant roots on soil CO cycling and soil-atmosphere CO exchange. Glob Change Biol 8, 1085-1093.

King, G.M., Nanba, K., 2008. Distribution of atmospheric methane oxidation and methanotrophic communities on Hawaiian volcanic deposits and soils. Microbes Environ 23, 326-330.

King, G.M., Schnell, S., 1994. Enhanced ammonium inhibition of methane consumption in forest soils by increasing atmospheric methane. Nature 370, 282-284.

King, G.M., et al., 1990. Methane oxidation in sediments and peats of a sub-tropical wetland, the Florida Everglades. Appl Environ Microbiol 56, 2902-2911.

King, G.M., 2001. Aspects of carbon monoxide production and oxidation by marine macroalgae. Mar Ecol Prog Ser 224, 69-75.

Kiørboe, T., 2008. A Mechanistic Approach to Plankton Ecology. Princeton University Press, Princeton.

Kiørboe, T., et al., 2003. Dynamics of microbial communities on marine snow aggregates: colonization, growth, attachment and grazing mortality of attached bacteria. Appl Environ Microbiol 64, 3036-3047.

Kip, N., et al., 2010. Global prevalence of methane oxidation by symbiotic bacteria in peat-moss ecosystems. Nature Geosci 3, 617-621.

Kirchman, D.L., 1994. The uptake of inorganic nutrients by heterotrophic bacteria. Microb Ecol 28, 255-271.

Kirchman, D.L. (Ed.), 2008. Microbial Ecology of the Oceans (second ed.). Wiley-Blackwell, Hoboken, New Jersey.

Kirk, T.K., Farrell, R.L., 1987. Enzymatic "combustion": the microbial degradation of lignin. Ann Rev Microbiol 41, 465-505.

Kirschvink, J.L., et al., 2000. Paleoproterozoic snowball Earth: extreme climatic and geochemical global change and its biological consequences. Proc Natl Acad Sci 97, 1400-1405.

Kirschvink, J.L., Kopp, R.E., 2008. Palaeoproterozoic ice houses and the evolution of oxygen-mediating enzymes: the case for a late origin of photosystem II. Phil Trans R Soc London B Biol Sci 363, 2755-2765.

Kjeldsen, K.U., et al., 2007. Diversity of sulfate-reducing bacteria from an extreme hypersaline sediment, Great Salt Lake (Utah). FEMS Microbiol Ecol 60, 287-298.

Klatt, C.G., et al., 2007. Comparative genomics provides evidence for the 3-hydroxypropionate autotrophic pathway in filamentous anoxygenic phototrophic bacteria and in hot spring microbial mats. Environ Microbiol 9, 2067-2078.

Klemedtsson, L., et al., 2005. Soil CN ratio as a scalar parameter to predict nitrous oxide emissions. Glob Change Biol 11, 1142-1147.

Kloster, S., et al., 2006. DMS cycle in the marine ocean-atmosphere system - a global model study. Biogeosci 3, 29-51.

Kluyver, A.J., Donker, J.L., 1926. Die einheit in der biochemie. Borntraeger, Stuttgart, Germany.

Knapp, A.K., et al., 2002. Rainfall variability, carbon cycling, and plant species diversity in a mesic grassland. Science 298, 2202-2205.

Knauth, L.P., Kennedy, M.J., 2009. The late Precambrian greening of the Earth. Nature 460, 728-732.

Knief, C., et al., 2003. Diversity and activity of methanotrophic bacteria in different upland soils. Appl Environ Microbiol 69, 6703-6714.

Knief, C., et al., 2005. Diversity of methanotrophic bacteria in tropical upland soils under different land uses. Appl Environ Microbiol 71, 3826-3831.

Knoll, A.H., 2003. The geological consequences of evolution. Geobiol 1, 3-14.

Knoll, A.H., Canfield, D.E., 1998. Isotopic inferences on early ecosystems. Isotope Palaeobiol Paleoecol 4, 212-243.

Kobayashi, T., et al., 2008. Phylogenetic and enzymatic diversity of deep subseafloor aerobic microorganisms in organics ! and methane-rich sediments off Shimokita Peninsula. Extremophiles 12, 519-527.

Koblížek, M., et al., 2007. Rapid growth rates of aerobic anoxygenic phototrophs in the ocean. Environ Microbiol 9, 2401-2406.

Koch, A.L., 1990. Diffusion: the crucial process in many aspects of the biology of bacteria. Adv. Microbiol. Ecol. 11, 37-70.

Koch, A.L., Wang, C.H., 1982. How close to the theoretical diffusion limit do bacterial uptake systems function?. Arch. Microbiol. 131, 36-42.

Koch, A.L., 1971. The adaptive responses of *Escherichia coli* to a feast and famine existence. Adv. Microbiol. Physiol. 6, 147-217.

Koch, O., et al., 2007. Temperature sensitivity of microbial respiration, nitrogen mineralization, and potential soil enzyme activities in organic alpine soils. Glob Biogeochem Cyc, 21. doi:10.1029/2007GB002983.

Kochetkova, T.V., et al., 2011. Anaerobic transformation of carbon monoxide by microbial communities of Kamchatka hot springs. Extremophiles 15, 319-325.

Kochevar, R.E., et al., 1992. The methane mussel: roles of symbionts and host in the metabolic utilization of methane. Mar Biol 112, 389-401.

Kolber, Z.S., et al., 2001. Contribution of aerobic photoheterotrophic bacteria to the carbon cycle in the ocean. Science 292, 2492-2495.

Komhyr, W.D., et al., 1994. Unprecedented 1993 ozone decrease over the United States from Dobson spectrophotometer observations. Geophys Res Lett 21, 201-204.

Konhauser, K., 2007. Introduction to Geomicrobiology. Blackwell Sciences Ltd, Oxford.

Könneke, M. et al., 2005. Isolation of an autotrophic ammonia-oxidizing marine archaeon. Nature 437, 543-546.

Kopp, R.E., et al., 2005. The Paleoproterozoic snowball Earth: a climate disaster triggered by the evolution of oxygenic photosynthesis. Proc Natl Acad Sci 102, 11131-11136.

Koskinen, K., et al., 2011. Spatially differing bacterial communities in water columns of the Northern Baltic Sea. FEMS Microb Ecol 75, 99-110.

Kristensen, E., et al., 1992. Effects of benthic macrofauna and temperature on degradation of macroalgal detritus: the fate of organic carbon. Limnol Oceanogr 37, 1404-1419.

Kritzberg, E.S., et al., 2010. Temperature and phosphorus regulating carbon flux through bacteria in a coastal marine system. Aquat Microb Ecol 58, 141-151.

Kroeze, C., Reijnders, L., 1992. Halocarbons and global warming. Sci Tot Environ 111, 1-24.

Krogh, A., 1934. Conditions of existence of aquatic animals. Ecol Monogr 4, 420-429.

Krulwich, T.A., 2006. Alkaliphilic prokaryotes. In: Dworkin, M., et al. (Eds.), The Prokaryotes, 283–308.

Krumbein, W.E., et al. (Eds.), 2003. Fossil and Recent Biofilms. A Natural History of Life on Earth. Kluwer Academic Publishers, Dordrecht, Netherlands.

Krumholz, L.R., et al., 1997. Confined subsurface microbial communities in Cretaceous rock. Nature 386, 64-66.

Kruse, C.W., Iversen, N., 1995. Effect of plant succession, ploughing, and fertilization on the microbiological oxidation of atmospheric methane in a heathland soil. FEMS Microbiol Ecol 18, 121-128.

Kühl, M., 2005. Optical microsensors for analysis of microbial communities. Meth Enzymol 397, 166-199.

Kühl, M., Fenchel, T., 2000. Bio-optical characteristics and the vertical distribution of photosynthetic pigments and photosynthesis in an artificial cyanobacterial mat. Microb Ecol 40, 94-103.

Kühl, M., Jørgensen, B.B., 1992. Microsensor measurements of sulfate reduction and sulfide oxidation in compact microbial communities of aerobic biofilms. Appl Environ Microbiol 58, 1164-1174.

Kühl, M., Polerecky, L., 2008. Functional and structural imaging of phototrophic microbial communities and symbiosis. Aquat Microb Ecol 53, 99-110.

Kulp, T.R., et al., 2008. Arsenic (III) fuels anoxygenic photosynthesis in hot spring biofilms from Mono Lake, California. Science 321, 967-970.

Kunin, V., et al., 2008. Millimeter-scale genetic gradients and community-level molecular convergence in a hypersaline microbial mat. Mol Syst Biol 4, 198.

Kutzbach, J., et al., 1996. Vegetation and soil feedbacks on the response of the African monsoon to orbital forcing in the early to middle Holocene. Nature 384, 623-626.

Kuylenstierna, M., Karison, B., 1994. Seasonality and composition of pico- and nanoplanktonic cyanobacteria and protists in the Skagerrak. Bot Mar 37, 17-33.

L'Haridon, S., et al., 1995. Hot subterranean biosphere in a continental oil reservoir. Nature 313, 223-224.

Lake, J.A., et al., 2009. Genome beginnings: rooting the tree of life. Phil Trans R Soc London B Biol Sci 364, 2177-2185.

Lal, R., 2008. Carbon sequestration. Phil Trans R Soc London B Biol Sci 363, 815-830.

Lambeck, K., et al., 2002. Links between climate and sea levels for the past three million years. Nature 410, 199-206.

Langford, A.O., et al., 1992. Gaseous ammonia fluxes and background concentrations in terrestrial ecosystems of the United States. Glob Biogeochem Cyc 6, 459-483.

Langner, J., Rodhe, H., 1991. A global 3-dimensional model of the tropospheric sulfur cycle. J Atm Chem 13, 225-263.

LaRock, P.A., et al., 1979. Microbial biomass and activity distribution in an anoxic hypersaline basin. Appl Environ Microbiol 37, 466-470.

Lavelle, P., 1997. Faunal activities and soil processes: adaptive strategies that determine ecosystem function. Adv Ecol Res 27, 93-132.

Law, K.S., Nisbet, E.G., 1996. Sensitivity of the CH_4 growth rate to changes in CH_4 emissions from natural gas and coal. J Geophys Res 101 (D), 14387-14397.

Le Borgne, S., et al., 2008. Biodegradation of organic pollutants by halophilic bacteria and archaea. J Mol Microbiol Biotechnol 15, 74-92.

Leahy, S.C., et al., 2010. The genome sequence of the rumen methanogen *Methanobrevibacter ruminantium* reveals new possibilities for controlling ruminant methane emissions. PLoS One 5, e8926.

Lee, D.S., Atkins, D.H.F., 1994. Atmospheric ammonia emissions from agricultural waste combustion. Geophys Res Lett 21, 281-284.

Leininger, S., et al., 2006. Archaea predominate among ammonia-oxidizing prokaryotes in soils. Nature 442, 806-809.

Lenton, T.M., Vaughan, N.E., 2009. The radiative forcing potential of different climate geoengineering options. Atmos Chem Phys Discuss 9, 2559-2608.

Lester, E.D., et al., 2007. Microflora of extreme arid Atacama Desert soils. Soil Biol Biochem 39, 704-708.

Levine, I.N., 1988, Physical Chemistry. 3rd edition. McGrawa-Hill.

Levy, H.I., et al., 1997. The global impact of human activity on tropospheric ozone. Geophys Res Lett 24, 791-794.

Ley, R.E., et al., 2006. Unexpected diversity and complexity of the Guerrero Negro hypersaline microbial mat. Appl Environ Microbiol 72, 3685-3695.

Li, C., et al., 2005. Carbon sequestration in arable soils is likely to increase nitrous oxide emissions, offsetting reductions in climate radiative forcing. Clim Change 72, 321-338.

Li, C., et al., 1996. Model estimates of nitrous oxide emissions from agricultural lands in the United States. Glob Biogeochem Cyc 10, 297-306.

Li, L.L., et al., 2009. Bioprospecting metagenomes: glycosyl hydrolases for converting biomass. Biotechnol Biofuels 2, 10.

Li, W.K.W. 1995. Composition of ultraphytoplankton in the central North Atlantic. Mar Ecol Prog Ser 122, 1-8.

Lien, T., et al., 1998. *Petrotoga mobilis* sp. nov., from a North Sea oil-production well. Int J Syst Evol Microbiol 48, 1007-1013.

Liesack, W., et al., 2000. Microbiology of flooded rice paddies. FEMS Microbiol Rev 24, 625-645.

Lighthart, B., 1997. The ecology of bacteria in the alfresco atmosphere. FEMS Microbiol Ecol 23, 263-274.

Lin, L.-H., et al., 2005. The yield and isotopic composition of radiolytic H_2, a potential energy source for the deep subsurface biosphere. Geochim Cosmochim Acta 69, 893-903.

Lincoln, T.A., Joyce, G.F., 2009. Self-sustained replication of an RNA-enzyme. Science 323, 1229-1232.

Lindel, M.J., et al., 1995. Enhanced bacterial growth in response to photochemical transformation of dissolved organic matter. Limnol Oceanogr 40, 195-199.

Linn, D.M., Doran, J.W., 1984. Effect of water-filled pore space on carbon dioxide and nitrous oxide production in tilled and nontilled soils. Soil Sci Soc Am J 48, 1267-1272.

Liu, C., Shao, Z., 2005. *Alcanivorax dieselolei* sp. nov., a novel alkane-degrading bacterium isolated from sea water and deep-sea sediment. Int J Syst Evol Microbiol 55, 1181-1186.

Liu, J., et al., 2011. Cloning and functional characterization of a novel endo-β-1, 4-glucanase gene from a soil-derived metagenomic library. Appl Microbiol Biotechnol 89, 1083-1092.

Liu, S.C., et al., 1976. Limitation of fertilizer induced ozone reduction by the long lifetime of the reservoir of fixed nitrogen. Geophys Res Lett 3, 157-160.

Logan, G.A., et al., 1995. Terminal proterozoic

reorganization of biogeochemical cycles. Nature 376, 53-56.

Lomans, B.P., et al., 2001. Microbial populations involved in cycling of dimethyl sulfide and methanethiol in freshwater sediments. Appl Environ Microbiol 67, 1044-1051.

López-García, P., et al., 2003. Bacterial diversity in hydrothermal sediment and epsilonproteobacterial dominance in experimental microcolonizers at the Mid-Atlantic Ridge. Environ Microbiol 5, 961-976.

López, N.I., Duarte C.M., 2004. Dimethyl sulfoxide (DMSO) reduction potential in Mediterranean seagrass (*Posidonia oceanica*) sediments. J Sea Res 51:11-20.

Lorensen, J., et al., 1998. Biosensor determination of the microscale distribution of nitrate, nitrate assimilation, nitrification, and denitrification in a diatom-inhabited freshwater sediment. Appl Environ Microbiol 64, 3264-3269.

Loulergue, L., et al., 2008. Orbital and millennial-scale features of atmospheric CH_4 over the past 800,000 years. Nature 453, 383-386.

Lovley, D.R., Klug, M.J., 1986. Model for the distribution of sulfate reduction and methanogenesis in freshwater sediments. Geochim Cosmochim Acta 50, 11-18.

Lovley, D.R., Woodward, J.C., 1992. Consumption of freons CFC-11 and CFC-12 by anaerobic sediments and soils. Environ Sci Technol 26, 925-929.

Lovley, D.R., 1993. Dissimilatory metal reduction. Ann Rev Microbiol 47, 263-291.

Loya, W.M., et al., 2003. Reduction of soil carbon formation by tropospheric ozone under increased carbon dioxide levels. Nature 425, 705-707.

Lucas, R.W., et al., 2007. Soil microbial communities and extracellular enzyme activity in the New Jersey pinelands. Soil Biol Biochem 39, 2508-2519.

Ludwig, R., et al., 2005. Photosynthesis-controlled calcification in a hypersaline microbial mat. Limnol Oceanogr 50, 1836-1843.

Luis, P., et al., 2004. Diversity of laccase genes from basidiomycetes in a forest soil. Soil Biol Biochem 36, 1025-1036.

Luo, Y., et al., 2001. Acclimatization of soil respiration to warming in a tall grass prairie. Nature 413, 622-625.

Lutzow, M., et al., 2006. Stabilization of organic matter in temperate soils: mechanisms and their relevance under different soil conditions – a review. Eur J Soil Sci 57, 426-445.

Ma, K.E., et al., 2010. Microbial mechanism for rice variety control on methane emission from rice field soil. Glob Change Biol 16, 3085-3095.

Macdonald, F.A., et al., 2010. Calibrating the Cryogenian. Science 327, 1241-1243.

MacDonald, I.R., et al., 1990. Chemosynthetic mussels at a brine-filled pockmark in the northern Gulf of Mexico. Science 248, 1096-1099.

MacDonald, J.A., et al., 1998. Methane emission rates from a northern wetland; response to temperature, water table and transport. Atmos Environ 32, 3219-3227.

Machida, T., et al., 1995. Increase in the atmospheric nitrous oxide concentration during the last 250 years. Geophys Res Lett 22, 2921-2924.

Madigan, M.T., et al., 2011. Brock Biology of Microorganisms, thirteenth ed. Prentice Hall, Engelwood Cliffs, New Jersey.

Madsen, E.L., 2008. Environmental Microbiology: From Genomes To Biogeochemistry. John Wiley and Sons, New York.

Mahowald, N.M., et al., 2005. Atmospheric global dust cycle and iron inputs to the ocean. Global Biogeochemical Cycles, 19. doi:10.1029/2004GB002402.

Malfatti, F., Azam, F., 2009. Atomic force microscopy reveals microscale networks and possible symbiosis among pelagic bacteria. Aquat Microb Ecol 58, 1-14.

Malla, G., et al., 2005. Mitigating nitrous oxide and methane emissions from soil in ricewheat system of the Indo-Gangetic plain with nitrification and urease inhibitors. Chemosphere 58, 141-147.

Malmstrom, R.R., et al., 2004. Identification and enumeration of bacteria assimilating dimethylsulfoniopropionate (DMSP) in the North Atlantic and Gulf of Mexico. Limnol Oceanogr 49, 597-606.

Mann, K.H., Lazier, J.R.N., 1991. Dynamics of Marine Ecosystems. Blackwell, Oxford.

Margulis, L., Lovelock, J.E., 1978. The biota as ancient and modern modulator of the Earth's atmosphere. Pure Appl Environ Sci 116, 239-243.

Markmann, K., Parniske, M., 2009. Evolution of root endosymbiosis with bacteria: How novel are nodules? Trends Plant Sci 14, 77-86.

Maron, P., et al., 2005. Assessing genetic structure and diversity of airborne bacterial communities by DNA fingerprinting and 16S rDNA clone library. Atmos Environ 39, 3687-3695.

Marshall, J., Plumb, R.A., 2007. Atmosphere, Ocean and Climate Dynamics: An Introductory Text. Elsevier Academic Press, San Diego.

Marshall, K.C. (Ed.), 1986. Microbial Adhesion ad Aggregation. Springer, Berlin, Germany.

Martens, C.S., et al., 1991. Biogenic methane from abyssal brine seeps at the base of the Florida Escarpment. Geol 19, 851-854.

Martin, J.H., et al., 1994. Testing the iron hypothesis in ecosystems of the equatorial Pacific Ocean. Nature 371, 123-129.

Martin, J.H., et al., 1990. Iron in Antarctic water. Nature 345, 156-158.

Martin, J.P., et al., 1974. Decomposition and distribution of residual activity of some ^{13}C-microbial polysaccharides and cells, glucose, cellulose and wheat straw in soil. Soil Biol Biochem 6, 221-230.

Masin, N., et al., 2008. Distribution of aerobic anoxygenic phototrophs. Environ Microbiol 10, 1988-1996.

Mason, O.U., et al., 2010. First investigation of the microbiology of the deepest layer of ocean crust. PLoS One 5, e15399.

Matson, P.A., et al., 1996. Fertilization practices and soil variations control nitrogen oxide emissions from tropical sugar cane. J Geophys Res 101 (D), 18533-18545.

Matthews, E., 1994. Nitrogenous fertilizers: global distribution of consumption and associated emissions of nitrous oxide and ammonia. Glob Biogeochem Cyc 8, 411-439.

Mauzerall, D.L., Wang, X., 2001. Protecting agricultural crops from the effects of tropospheric ozone exposure: reconciling science and standard setting in the United States, Europe and Asia. Annu Rev Energy Environ 26, 237-268.

Max, M.D., et al., 1999. Sea-floor methane blow-out and global firestorm at the K-T boundary. Geo-Mar Lett 18, 285-291.

McBride, M.J., 2001. Bacterial gliding motility: multiple mechanisms for cell movement over surfaces. Ann Rev Microbiol 55, 49-75.

McCarren, J., DeLong, E.F., 2007. Proteorhodopsin photosystem gene clusters exhibit co-evolutionary trends and shared ancestry among diverse marine microbial phyla. Environ Microbiol 9, 846-858.

McCarthy, H.R., et al., 2010. Re-assessment of plant carbon dynamics at the Duke free-air CO_2 enrichment site: interactions of atmospheric CO_2 with nitrogen and water availability over stand development. New Phytol 185, 514-528.

McGuire, K.L., Treseder, K.K., 2010. Microbial communities and their relevance for ecosystem models: Decomposition as a case study. Soil Biol Biochem 42, 529-535.

Medina-Sáchez, J.M., et al., 2010. Patterns of resource limitation of bacteria along a trophic gradient in Mediterranean inland waters. FEMS Microb Ecol 74, 554-565.

Melillo, J.M., et al., 1982. Nitrogen and lignin control of hardwood litter decomposition dynamics. Ecol 63, 621-626.

Melillo, J.M., et al., 1990. Effects on ecosystems. In: Houghton, J.T., et al. (Eds.), Climate Change: The IPCC Scientific Assessment. Cambridge University Press, Cambridge, pp. 287-310.

Melillo, J.M., et al., 2011. Soil warming, carbon-nitrogen interactions, and forest carbon budgets. Proc Natl Acad Sci USA 108, 9508-9512.

Meyer, R.L., et al., 2008. Nitrification and denitrification as sources of sediment nitrous oxide production: A microsensor approach. Mar Chem 110, 68-76.

Meyer-Reil, L.A., 1978. Autoradioautography and epifluorescence microscopy for the determination of number and spectrum of actively metabolizing bacteria in natural waters. Appl Environ Microbiol 36, 506-512.

Middelboe, M., et al., 1995. Attached and free-living bacteria: production and polymer hydrolysis during a diatom bloom. Microb Ecol 29, 231-248.

Middelboe, M., Søndergaard, M., 1993. Bacterioplankton growth yield: seasonal variation and coupling to substrate lability and a-glucosidase. Appl Environ Microbiol 59, 3916-3921.

Middelboe, M., Søndergaard, M., 1995. Concentration and bacterial utilization of submicron particles and dissolved organic carbon in lakes and a coastal area. Arch Hydrobiol 133, 129-147.

Milich, L., 1999. The role of methane in global warming: where might mitigation strategies by focused? Glob Environ Change 9, 179-201.

Miller, L.G., et al., 2001. Large carbon isotope fractionation associated with oxidation of methyl halides by methylotrophic bacteria. Proc Natl Acad Sci 98, 5833-5837.

Miller, S.J., Orgel, L.E., 1974. The Origins of Life on Earth. Prentice-Hall, Englewood Cliffs, NJ.

Miller, S.L., Lazcano, A., 1995. The origin of life – did it occur at high temperatures? J Mol Evol 41, 689-692.

Miller, S.R., et al., 2009. Bar-coded pyrosequencing reveals shared bacterial community properties along the temperature gradients of two alkaline hot springs in Yellowstone National Park. Appl Environ Microbiol 75, 4565-4572.

Minchin F.R., et al., 1981. Carbon and nitrogen nutrition of nodulated roots of grain legumes. Plant Cell Environ. 4, 5-26.

Mirete, S., et al., 2011. Diversity of Archaea in Icelandic hot springs based on 16S rRNA and chaperonin genes. FEMS Microbiol Ecol 77, 165-175.

Miroshnichenko, M.L., 2003. *Caldithrix abyssi* gen. nov., sp. nov., a nitrate-reducing, thermophilic, anaerobic bacterium isolated from a Mid-Atlantic Ridge hydrothermal vent, represents a novel bacterial lineage. Int J Syst Evol Microbiol 53, 323-329.

Miroshnichenko, M.L., Bonch-Osmolovskaya, E.A., 2006. Recent developments in the thermophilic microbiology of deep-sea hydrothermal vents. Extremophiles 10, 85-96.

Miroshnichenko, M.L., et al., 2010. *Caldithrix*

palaeochoryensis sp. nov., a thermophilic, anaerobic, chemo-organotrophic bacterium from a geothermally heated sediment, and emended description of the genus *Caldithrix*. Int J Syst Evol Microbiol 60, 2120-2123.

Mischler, J.A., et al., 2009. Carbon and hydrogen isotopic composition of methane over the last 1000 years. Glob Biogeochem Cyc, 23. doi:10.1029/2009GB003460.

Mohr, R., et al., 2010. A new chlorophyll *d*-containing cyanobacterium: evidence for niche adaptation in the genus *Acaryochloris*. ISME J 4, 1456-1469.

Moin, N.S. et al., 2009. Distribution and diversity of archaeal and bacterial ammonia oxidation in salt marsh sediments. Appl Environ Microbiol 75, 7461-7468.

Moissl-Eichinger, C., 2011. Archaea in artificial environments: their presence in global spacecraft clean rooms and impact on planetary protection. ISME J 5, 209-219.

Moizsis, S.J., et al., 1996. Evidence for life on Earth before 3800 million years ago. Nature 384, 55-59.

Moldrup, P., et al., 2000. Predicting the gas diffusion coefficient in undisturbed soil from soil water characteristics. Soil Sci Soc Am J 64, 94-100.

Møller, M.M., et al., 1985. Oxygen responses and mat formation by *Beggiatoa* spp. Appl Environ Microbiol 50, 373-382.

Mongodin, E.F., et al., 2005. The genome of *Salinibacter ruber*: convergence and gene exchange among hyperhalophilic bacteria and archaea. Proc Natl Acad Sci 102, 18147-18152.

Montzka, S.A., et al., 2010. Recent increases in global HFC-23 emissions. Geophys Res Lett, 37. doi:10.1029/2009GL041195

Mooney, H.A., et al., 1987. Exchange of materials between terrestrial ecosystems and the atmosphere. Science 238, 926-932.

Moore, R.M., Tokarczyk, R., 1992. Chloro-iodomethane in N Atlantic waters: a potentially significant source of atmospheric iodine. Geophys Res Lett 19, 1779-1782.

Moore, T.R., Roulet, N., 1993. Methane flux: water table relations in northern wetlands. Geophys Res Lett 20, 587-590.

Moosavi, S.C., et al., 1996. Controls on CH_4 flux from an Alaskan boreal wetland. Glob Biogeochem Cyc 10, 287-296.

Mopper, K., et al., 1991. Photochemical degradation of dissolved organic carbon and its impact on the oceanic carbon cycle. Nature 353, 60-62.

Moran, M.A., 2008. Genomics and metagenomics of marine prokaryotes. In: Kirchman, D.L. (Ed.), Microbial Ecology of the Oceans, Second Edition. John Wiley & Sons, Inc., Hoboken, New Jersey.

Moran, M.A., Hodson, R.E., 1994. Dissolved humic substances of vascular plant origin in a coastal marine environment. Limnol Oceanogr 39, 762-771.

Morel, A., et al., 1993. *Prochlorococcus* and *Synechococcus*: a comparative study of their optical properties in relation to their size and pigmentation. J Mar Res 51, 617-649.

Morowitz, H.J., 1992. Beginnings of cellular life. Yale University Press, New Haven, CT. Microbial Ecology of the Oceans. Wiley & Sons, Hoboken, New Jersey, pp. 91-158.

Morowitz, H.J., 1960. Some consequences of the application of the Second Law. Biochim Biophys Acta 40, 340-345.

Morowitz, H.J., 1968. Energy Flow in Biology. Academic Press, New York.

Mosier, A.R., et al., 1996. CH_4 and N_2O fluxes in the Colorado shortgrass steppe, I, Impact of landscape and nitrogen addition. Glob Biogeochem Cyc 10, 387-400.

Mosier, A.R., et al., 1997. CH_4 and N_2O fluxes in the Colorado shortgrass steep 2 Long-term impact of land use change. Glob Biogeochem Cyc 11, 29-42.

Munhoven, G., François, L.M., 1996. Glacial-interglacial variability of atmospheric CO_2 due to changing continental silicate rock weathering: a model study. J Geophys Res 101 (D), 21423-21437.

Murray, R.M., et al., 1977. The role of the midgut caecum and large intestine in the digestion of sea grasses by the dugong (Mammalia: Sirenia). Comp Biochem Physiol Part A: Physiology 56, 7-10.

Murray, R.W., et al., 1995. Terrigenous Fe input and biogenic sedimentation in the glacial and interglacial equatorial Pacific Ocean. Glob Biogeochem Cyc 9, 667-684.

Mussmann, M., et al., 2003. Phylogeny and distribution of nitrate-storing *Beggiatoa* spp. In coastal marine sediments. Environ Microbiol 5, 523-533.

Nannipieri, P., et al., 2003. Microbial diversity and soil functions. Eur J Soil Sci 54, 655-670.

Nealson, K.H., Saffarini, D., 1994. Iron and manganese in anaerobic respiration: environmental significance, physiology, and regulation. Ann Rev Microbiol 48, 311-343.

Nechitaylo, T.Y., et al., 2010. Effect of the earthworms *Lumbricus terrestris* and *Aporrectodea caliginosa* on bacterial diversity in soil. Microb Ecol 59, 574-587.

Nelson, D.C., 1989. Physiology and biochemistry of filamentous sulfur bcateria. In: Schlegel, H.G., Bowien, B. (Eds.), Autotrophic Bacteria. Springer, Berlin, pp. 219-238.

Nelson, D.C., et al., 1986a. Growth pattern and yield of a chemoautotrophic *Beggiatoa* sp. in oxygen-sulfide microgradients. Appl Environ Microbiol 52, 225-233.

Nelson, D.V., et al., 1986b. Microoxic-anoxic niche of *Beggiatoa* spp: microelectrode survey of marine and freshwater strains. Appl Environ Microbiol 52, 161-168.

Neubauer, S.C., et al., 2002. Life at the energetic edge: kinetics of circumneutral iron oxidation by lithotrophic iron-oxidizing bacteria isolated from the wetland-plant rhizosphere. Appl Environ Microbiol 68, 3988-3995.

Never, S., 1992. Growth dynamics of marine *Synechococcus* spp. in the Gulf of Alaska. Mar Ecol Prog Ser 83, 251-262.

Nicholson, J.A.M., et al., 1987. Structure of a microbial mat at Great Sippewissitt Marsh, Cape Cod, Massachusetts. FEMS Microb Ecol 45, 343-364.

Nielsen, L.P., et al., 2010. Electric currents couple spatially separated biogeochemical processes in marine sediment. Nature 463, 1071-1074.

Nielsen, L.P., Glud, R.N., 1996. Denitrification in a coastal sediment measured in situ. Mar Ecol Prog Ser 137, 181-186.

Niemelä, S., Sundman, V., 1977. Effects of clear-cutting on the composition of bacterial populations of northern spruce forest soil. Can J Microbiol 23, 131-138.

Nikolausz, M., et al., 2008. Diurnal redox fluctuation and microbial activity in the rhizosphere of wetland plants. Eur J Soil Biol 44, 324-333.

Nilsen, R.K., et al., 1996. Distribution of thermophilic marine sulfate reducers in North Sea oil field waters and oil reservoirs. Appl Environ Microbiol 62, 1793-1798.

Nisbet, E.G., Sleep, N.H., 2001. The habitat and nature of early life. Nature 409, 1083-1091.

Nobel, P.S., 1999. Physiochemical and Environmental Plant Physiology, second ed. Academic Press, New York. p. 489

Novelli, P.C., et al., 1998. Distributions and recent changes of carbon monoxide in the lower troposphere. J Geophys Res 103 (D), 19015-19033.

Nunoura, T., et al., 2005. Genetic and functional properties of uncultivated thermophilic crenarchaeotes from a subsurface gold mine as revealed by analysis of genome fragments. Environ Microbiol 7, 1967-1984.

Olesen, M., Lundsgaard, C., 1995. Seasonal sedimentation of autochthonous material from the euphotic zone of a coastal system. Estuarine Coast Shelf Sci 41, 475-490.

Ollinger, S.V., et al., 2002. Interactive effects of nitrogen deposition, tropospheric ozone, elevated CO_2 and land use history on the carbon dynamics of northern hardwood forests. Glob Change Biol 8, 545-562.

Onstott, T.C., et al., 1998. Observations pertaining to the origin and ecology of microorganisms recovered from the deep subsurface of Taylorsville Basin, Virginia. Geomicrobiol J 15, 353-385.

Oostergetel, G.T., et al., 2010. The chlorosome: a prototype for efficient light harvesting in photosynthesis. Photosyn Res 104, 245-255.

Oparin, A.I., 1938. The Origin of Life. MacMillan, New York Translated by S. Morgulis.

Oparin, A.I., 1953. Origin of Life. Dover Publications, New York.

Oremland, R.S., 1988. The biogeochemistry of methanogenic bacteria. In: Zehnder, A.J.B. (Ed.), Biology of Anaerobic Microorganisms. Wiley Interscience, New York, pp. 707-770.

Oremland, R.S., 1996. Microbial degradation of atmospheric halocarbons. In: Murrell, J.C., Kelly, D.P. (Eds.), Microbiology of Atmospheric Trace Gases: Sources, Sinks And Global Change Processes. Springer-Verlag, Berlin, pp. 85-101.

Oren, A., 2002. Diversity of halophilic microorganisms: environments, phylogeny, physiology, and applications. J Ind Microbiol Biotechnol 28, 56-63.

Orphan, V.J., et al., 2002. Multiple archaeal groups mediate methane oxidation in anoxic cold seep sediments. Proc Natl Acad Sci 99, 7663-7668.

Osterhelt, D., et al., 1977. Light energy conversion in halobacteria. Symposia Soc Gen Microbiol 27, 333-349.

Ott, J. A., et al., 1998. The ecology of a novel symbiosis between a marine peritrich and chemoautotrophic bacteria. Mar Ecol PSZN 19, 229-243.

Ott, J.A., Novak, R., 1989. Living at an interface: meiofauna at the oxygen/sulfide boundary of marine sediments. In: Ryland, J.S., Tyler, P.A. (Eds.) Reproduction Genetics and Distributions of Marine Organisms. Olsen & Olsen, Fredensborg, pp. 415-422.

Overmann, J., Schubert, K., 2002. Phototrophic consortia: model systems for symbiotic interrelations between prokaryotes. Arch Microbiol 177, 201-208.

Overpeck, J., et al., 1996. Possible role of dust-induced regional warming in abrupt climate change during the last glacial period. Nature 384, 447-449.

Owens, N.J.P., et al., 1992. Episodic atmospheric nitrogen deposition to oligotrophic oceans. Nature 357, 397-399.

Paerl, H.W., Fogel, M.L., 1994. Isotopic characterization of atmospheric nitrogen inputs as sources of enhanced primary production in coastal Atlantic Ocean. Mar Biol 119, 635-645.

Papineau, D., et al., 2005. Composition and structure of microbial communities from stromatolites of Hamelin Pool in Shark Bay, Western Australia. Appl Environ Microbiol 71, 4822-4832.

Parkes, R., et al., 2007. Temperature activation of organic

matter and minerals during burial has the potential to sustain the deep biosphere over geological timescales. Organic Geochem 38, 845-852.

Parkin, T., 1990. Characterizing the variability of soil denitrification. In: Revsbech, N.P., Sørensen, J. (Eds.), Denitrification in Soils and Sediment. Plenum Press, New York, pp. 213-228.

Parmentier, E.M., Hess, P.C., 1992. Chemical differentiation of a convecting planetary interior: consequences for a one-plate planet such as Venus. Geophys Res Lett 19, 2015-2018.

Payne, W.J., Wiebe W.J., 1978. Growth yield and efficiency in chemosynthetic microorganisms. Ann. Rev. Microbiol. 32, 155-183.

Pearce, D.A., et al., 2010. Biodiversity of air-borne microorganisms at Halley Station, Antarctica. Extremophiles 14, 145-159.

Pearsall, W.H., Mortimer, C.H., 1939. Oxidation-reduction potentials in waterlogged soils, natural waters and muds. J Ecol 27, 483-501.

Pedersen, K., 2000. Exploration of deep intraterrestrial microbial life: current perspectives. FEMS Microbiol Lett 185, 9-16.

Pelegri, S.P., Blackburn, T.H., 1994. Bioturbation effects of the amphipod *Corophium volutator* on microbial transformation in marine sediments. Mar Biol 121, 253-258.

Pelegri, S.P., Blackburn, T.H., 1995a. Effects of *Tubifex tubifex* (Oligochaeta, Tubificidae) on N-mineralization in freshwater sediments measured with ^{15}N isotopes. Aquat Microb Ecol 9, 289-294.

Pelegri, S.P., Blackburn, T.H., 1995b. Effect of bioturbation by *Nereis* sp., *Mya arenaria* and *Cerastoderma* sp. on nitrification and denitrification in estuarine sediments. Ophelia 42, 289-299.

Pelegri, S.P., Blackburn, T.H., 1996. Nitrogen cycling in lake sediments bioturbated by *Chironimus plumosus* larvae under different degrees of oxygenation. Hydrobiol 325, 231-238.

Pendall, E., et al. 2004. Below - ground process responses to elevated CO_2 and temperature: a discussion of observations, measurement methods, and models. New Phytologist 162, 311-322.

Pendall, E., et al., 2008. Towards a predictive understanding of belowground process responses to climate change: have we moved any closer? Functional Ecology 22, 937-940.

Peng, S., et al., 2004. Rice yields decline with higher night temperature from global warming. Proc Natl Acad Sci 101, 9971-9975.

Petersen, J.M., Dublier, N., 2009. Methanotrophic symbiosises in marine invertebrates. Environ Microbiol Rep 1, 319-335.

Petersen, S., et al., 2008. Nitrous oxide evolution from structurally intact soil as influenced by tillage and soil water content. Soil Biol Biochem 40, 967-977.

Petit, J.R., et al., 1999. Climate and atmospheric history of the past 420,000 years from the Vostok ice core, Antarctica. Nature 399, 429-436.

Phelps, T.J., Zeikus, J.G., 1984. Influence of pH on terminal carbon metabolism in anoxic sediments from a mildly acid lake. Appl Environ Microbiol 48, 1088-1095.

Philippot, L., et al., 2009. Biochemical cycling in the rhizosphere having an impact on global change. Plant Soil 321, 61-81.

Philippot, L., et al., 2009. Mapping field-scale spatial distribution patterns of size and activity of the denitrifier community. Environ Microbiol 11, 1518-1526.

Phoenix, V.R., et al., 2006. Chilean high-altitude hot-spring sinters: a model system for UV screening mechanisms by early Precambrian cyanobacteria. Geobiol 4, 15-28.

Pierson, B.K., et al., 1987. Pigments, light penetration, and photosynthetic activity in the multi-layered microbial mats at Great Sippewissett salt marsh, Massachusetts. FEMS Microb Ecol 45, 365-376.

Pinhassi, J., et al., 2006. Seasonal changes in bacterioplankton: nutrient limitation and their effects on bacterial community composition in the NW Mediterranean Sea. Aquat Microb Ecol 44, 241-252.

Plante, C., Jumars, P., 1992. The microbial environment of marine deposit feeder guts characterized via microelectrodes. Microb Ecol 23, 257-277.

Plante, C.J., et al., 1989. Rapid bacterial growth in the hindgut of a marine deposit feeder. Microb Ecol 18, 29-44.

Plante, C.J., et al., 1990. Digestive associations between marine detritivores and bacteria. Ann Rev Ecol Syst 21, 93-127.

Ploug, H., et al., 1999. Photosynthesis, respiration, and carbon turnover in sinking marine snow from surface waters of Southern California Bight: implications for the carbon cycle in the ocean. Mar Ecol Prog Ser 179, 1-11.

Ploug, H., Grossart, H.-P., 1999. Bacterial production and respiration in suspended aggregates – a matter of incubation method. Aquat Microb Ecol 5, 21-29.

Pol, A., et al., 2007. Methanotrophy below pH 1 by a new *Verrucomicrobia* species. Nature 450, 874-878.

Polley, H.W., et al., 1993. Increase in C3 plant water-use efficiency and biomass over Glacial to present CO_2 concentrations. Nature 361, 61-64.

Pomeroy, L.R., 1974. The oceans food web: a changing paradigm. BioScience 24, 409-504.

Postgate, J., 1998. The Fundamentals of Nitrogen Fixation.

Cambridge University Press, Cambridge.
Postma-Blaauw, M.B., et al., 2006. Earthworm species composition affects the soil bacterial community and net nitrogen mineralization. Pedobiol 50, 243-256.
Potrikos, C.J., Breznak, J.A., 1981. Gut bacteria recycle uric acid nitrogen in termites: a strategy of nutrient conservation. Proc Natl Acad Sci 78, 4601-4605.
Potts, M., 1994. Desiccation tolerance of prokaryotes. Microbiol Rev 58, 755-805.
Powner, M.W., et al., 2009. Synthesis of activated pyrimidine ribonucleotides in prebiotically plausible conditions. Nature 459:239-242.
Prigogine, I., 1967. Thermodynamics of irreversible processes. Wiley, New York.
Prigogine, I., Nicolis, G., 1971. Biological order, structure and instabilities. Quart Rev Biophys 4, 107-148.
Prinn, R.G., Fegley Jr., B., 1987. The atmospheres of Venus, Earth, and Mars: a critical comparison. Ann Rev Earth Planet Sci 15, 171-212.
Proctor, L.M., Fuhrman J.A., 1990. Viral mortality of marine bacteria and cyanobacteria. Nature 343, 60-62.
Prosser, J.I., Nicol, G.W., 2008. Relative contributions of archaea and bacteria to aerobic ammonia oxidation in the environment. Environ Microbiol 10, 2931-2941.
Pulleman, M., Tietema, A., 1999. Microbial C and N transformations during drying and rewetting of coniferous forest floor material. Soil Biol Biochem 31, 275–285.
Purcell, E.M., 1977. Life at low Reynolds Number. Ann J Phys 45, 3-11.
Qi, Y., Xu, M., 2001. Separating the effects of moisture and temperature on soil CO_2 efflux. Plant Soil 237, 15-23.
Rabatin, S.C., Stinner, B.R., 1991. Vesicular-Arbuscular Mycorrhizae, Plant, and Invertebrate Interactions in Soil. John Wiley and Sons, Inc., New York.
Raghoebarsing, A.A., et al., 2006. A microbial consortium couples anaerobic methane oxidation to denitrification. Nature 440, 918-921.
Raich, J.W., Potter, C.S., 1995. Global patterns of carbon dioxide emissions from soils. Glob Biogeochem Cyc 9, 23-36.
Randlett, D.L., et al., 1996. Elevated atmospheric carbon dioxide and leaf litter chemistry: influences on microbial respiration and net nitrogen mineralization. Soil Sci Soc Am J 60, 1571-1577.
Rasse, D.P., et al., 2005. Seventeen years of elevated CO_2 exposure in a Chesapeake Bay wetland: sustained but contrasting responses of plant growth and CO_2 uptake. Glob Change Biol 11, 369-377.
Rastogi, G., et al., 2009. Isolation and characterization of cellulose-degrading bacteria from the deep subsurface of the Homestake gold mine, Lead, South Dakota, USA. J Ind Microbiol Biotechnol 36, 585-598.
Ravishankara, A.R., et al., 2009. Nitrous oxide (N_2O): the dominant ozone-depleting substance emitted in the 21st century. Science 326, 123-125.
Raymond, J., Segre, D., 2006. The effect of oxygen on biochemical networks and the evolution of complex life. Science 311, 1764-1767.
Reddy, K.R., et al., 1989. Nitrification-denitrification at the plant-root-sediment interface in wetlands. Limnol Oceanogr 34, 1004-1013.
Reddy, S.M., Evans, D.A.D., 2009. Palaeoproterozoic supercontinents and global evolution: correlations from core to atmosphere. Geological Society, Londonon, Special Publications 323, 1-26.
Redfield, A.C., et al., 1963. The influence of organisms on the composition of sea-water. In: Hill, M.N. (Ed.), The Sea. Wiley Interscience, New York, pp. 26-77.
Reeburgh, W.S., 1983. Rates of biogeochemical processes in anoxic sediments. Ann Rev Earth Planet Sci 11, 269-298.
Reeburgh, W.S., et al., 1993. The role of methylotrophy in the global methane budget. In: Murrell, J.C., Kelly, D.P. (Eds.), Microbial Growth on C1 Compounds. Intercept Ltd, Andover, pp. 1–14.
Rego, J.V., et al., 1985. Free and attached proteolytic activity in water environments. Mar Ecol Prog Ser 21, 245-249.
Reguera, G., et al., 2005. Extracellular electron transfer via microbial nanowires. Nature 435, 1098-1101.
Reid, R.P., et al., 2000. The role of microbes in accretion, lamination and early lithification of modern marine stromatolites. Nature 406, 989-992.
Reigstad, L.J., et al., 2010. Diversity and abundance of Korarchaeota in terrestrial hot springs of Iceland and Kamchatka. ISME J 4, 346-356.
Reimers, C.E., et al., 2001. Harvesting energy from the marine sediment-water interface. Environ Sci Technol 35, 192-195.
Rennenberg, H., 1984. The fate of excess sulfur in higher plants. Ann Rev Plant Physiol 35, 121-153.
Retallack, G.J., 1997. Early forest soils and their role in Devonian global change. Science 276, 583-585.
Revsbech, N.P., Sørensen, J., 1990. Combined use of the acetylene inhibition technique and microsensors for quantification of denitrification in sediments and biofilms. In: Revsbech, N.P., Sørensen, J. (Eds.), Denitrification in Soil and Sediment. Plenum Press, New York, pp. 259-275.
Revsbech, N.P., et al., 2006. Nitrogen transformations in stratified aquatic microbial systems. Ant van Leeuw 90, 361-375.
Revsbech, N.P., Glud, R.N., 2009. Biosensor for a laboratory and lander analysis of benthic nitrate plus nitrite

Revsbech, N.P., Jørgensen, B.B., 1986. Microelectrodes: their use in microbial ecology. Adv Microb Ecol 9, 293-352.

Reysenbach, A.L., Cady, S.L., 2001. Microbiology of ancient and modern hydrothermal systems. Trends Microbiol 9, 79-86.

Reysenbach, A.-L., et al., 2002. Microbial diversity of marine and terrestrial thermal springs. In: Staley, J.T., Reysenbach, A.L. (Eds.), Biodiversity of Microbial Life. Wiley-Liss, Inc., New York, pp. 345-421.

Reysenbach, A.L., et al., 2006. A ubiquitous thermoacidophilic archaeon from deep-sea hydrothermal vents. Nature 442, 444-447.

Rheinheimer G., et al., 1989. Vertical distribution of microbiological and hydrographic-chemical parameters in different areas of the Baltic Sea. Mar Ecol Prog Ser 52, 55-70.

Rigler, P.H., 1956. A tracer study of the phosphorus cycle in lake water. Ecol 37, 550-562.

Riley, G.A., 1963. Organic aggregates in seawater and the dynamics of their formation and utilization. Limnol Oceanogr 8, 372-381.

Rillig, M.C., 2004. Arbuscular mycorrhizae and terrestrial ecosystem processes. Ecology Letters 7, 740-754.

Roberts, M.F., 2005. Organic compatible solutes of halotolerant and halophilic microorganisms. Saline Sys 1, 5.

Robertson, C.E., et al., 2009. Diversity and stratification of archaea in a hypersaline microbial mat. Appl Environ Microbiol 75, 1801-1810.

Robertson, G.P., Tiedje, J.M., 1987. Nitrous oxide sources in aerobic soils: nitrification, denitrification and other biological processes. Soil Biol Biochem 19, 187-193.

Robinson, C., 2008. Heterotrophic bacterial respiration. In: Kirchman, D.L. (Ed.), Microbial Ecology of the Oceans. Wiley & Sons, Hoboken, NJ, pp. 299-334.

Rogers, A., et al., 2009. Will elevated carbon dioxide concentration amplify the benefits of nitrogen fixation in legumes? Plant Physiol 151, 1009-1016.

Rogers, J.E., Whitman, W.B., 1991. Introduction. In: Rogers, J.E., Whitman, W.B. (Eds.), Microbial Production and Consumption of Greenhouse Gases: Methane, Nitrogen Oxides, and Halomethanes. ASM Press, Washington DC, pp. 1-6.

Rohde, R.A., et al., 2008. *In situ* microbial metabolism as a cause of gas anomalies in ice. Proc Natl Acad Sci USA 105, 8667-8672.

Rosenberg, M., Kjelleberg, S., 1986. Hydrophobic interactions: role in bacterial adhesion. Adv Microb Ecol 9, 353-393.

Rosing, M.T., 1999. ^{13}C-depleted carbon microparticles in # 3700 Ma sea-floor sedimentary rocks from West Greenland. Science 283, 674-676.

Roslev, P., King, G.M., 1996. Regulation of methane oxidation in a freshwater wetland by water table changes and anoxia. FEMS Microbiol Ecol 19, 105-115.

Rosnes, J.T., et al., 1991. Spore-forming thermophilic sulfate-reducing bacteria isolated from North Sea oilfield waters. Appl Environ Microbiol 57, 2302-2307.

Roulet, N.T. et al., 1992. Low boreal wetlands as a source of atmospheric methane. J Geophys Res 97, 3739-3749.

Rowland, F.S., 1989. Chlorofluorocarbons and the depletion of stratospheric ozone. Am Sci 77, 36-45.

Rueter, P., 1994. Anaerobic oxidation of hydrocarbons in crude oil by new types of sulphatereducing bacteria. Nature 372, 455-458.

Rueter, P., 1994. Anaerobic oxidation of hydrocarbons in crude oil by new types of sulphate-reducing bacteria. Nature 372, 455-458.

Rusch, A., et al., 2005. Microbial communities near the oxic/anoxic interface in the hydrothermal system of Vulcano Island, Italy. Chem Geol 224, 169-182.

Rutherford, P.M., Juma, N.G., 1992. Influence of texture on habitable pore space and bacterial-protozoan populations in soil. Biol Fertil Soils 12, 221-227.

Rützler, K., et al., 1983. The black band disease of Atlantic reef corals. PSZNI: Mar Ecol 4, 329-358.

Ryckelynck, N., et al., 2005. Understanding the anodic mechanism of a seafloor fuel cell: interactions between geochemistry and microbial activity. Biogeochem 76, 113-134.

Sahl, J.W., et al., 2008. Subsurface microbial diversity in deep-granitic-fracture water in Colorado. Appl Environ Microbiol 74, 143-152.

Saito, M.A., et al., 2003. The bioinorganic chemistry of the ancient ocean: the co-evolution of cyanobacterial metal requirements and biogeochemical cycles at the Archean-Proterozoic boundary? Inorgan Chim Acta 356, 308-318.

Salka, I., Moulisova, V., Koblizek, M., Jost, G., Jurgens, K., Labrenz, M., 2008. Abundance, depth distribution, and composition of aerobic bacteriochlorophyll *a*-producing bacteria in four basins of the central Baltic Sea. Appl Environ Microbiol 74, 4398-4404.

Santer, B.D., et al., 1996. A search for human influences on the thermal structure of the atmosphere. Nature 382, 39-46.

Sass, A.M., et al., 2002. Growth and chemosensory behavior of sulfate-reducing bacteria in oxygen-sulfide gradients. FEMS Microbiol Ecol 40, 47-54.

Schiller, C.L., Hastie, D.R., 1996. Nitrous oxide and methane fluxes from perturbed and unperturbed boreal forest sites in northern Ontario. J Geophys Res 101, 22767-

22774.

Schimel, J., 2003. The implications of exoenzyme activity on microbial carbon and nitrogen limitation in soil: a theoretical model. Soil Biol Biochem 35, 549-563.

Schimel, J., et al., 2007. Microbial stress-response physiology and its implications for ecosystem function. Ecol 88, 1386-1394.

Schimel, J.P., Weintraub, M.N., 2003. The implications of exoenzyme activity on microbial carbon and nitrogen limitation in soil: a theoretical model. Soil Biol Biochem 35, 549-563.

Schippers, A., et al., 2005. Prokaryotic cells of the deep sub-seafloor biosphere identified as living bacteria. Nature 433, 861-864.

Schlegel, H.G., 1989. Aerobic hydrogen-oxidizing (knallgas) bacteria. In: Schlegel, Bowien, Autotrophic Bacteria. Science Technical Publishers/Springer, Madison/Berlin, pp. 305-329.

Schlegel, H.G., Bowien, B., 1989. Autotrophic Bacteria. Science Technical Publishers/Springer, Madison/Berlin.

Schlesinger, W.H., 1997. Biogeochemistry: An Analysis of Global Change, second ed. Academic Press, Inc., New York.

Schlesinger, W.H., 2009. On the fate of anthropogenic nitrogen. Proc Natl Acad Sci 106, 203-208.

Schlesinger, W. H., 2009. On the fate of anthropogenic nitrogen. Proc Nat Acad Sci 106, 203-208.

Schlesinger, W.H., Andrews, J.A., 2000. Soil respiration and the global carbon cycle. Biogeochem 48, 7-20.

Schneider, T., et al., 2010. Proteome analysis of fungal and bacterial involvement in leaf litter decomposition. Proteomics 10, 1819-1830.

Schnell, S., King, G.M., 1996. Response of methanotrophic activity in soils and cultures to water stress. Appl Environ Microbiol 62, 3203-3209.

Schopf, J.W.,1999. Cradle of Life. Princeton University Press, Princeton.

Schopf, J.W., Klein, C., 1992. The Proterozoic Biosphere. Cambridge University Press, Cambridge.

Schott, J., et al., 2010. Anaerobic phototrophic nitrite oxidation by *Thiocapsa* sp. strain KS1 and *Rhodopseudomonas* sp. strain LQ17. Microbiol 156, 2428-2437.

Schrenk, M.O., et al., 2004. Low archaeal diversity linked to subseafloor geochemical processes at the Lost City Hydrothermal Field, Mid-Atlantic Ridge. Environ Microbiol 6, 1086-1095.

Schrödinger, E., 1944. What is Life? Cambridge University Press, Cambridge.

Schuler, S., Conrad, R., 1991. Hydrogen oxidation activities in soil as influenced by pH, temperature, moisture, and season. Biol Fertil Soils 12, 127-130.

Schultz, H.N., Jørgensen, B.B., 2001. Big bacteria. Ann Rev Microbiol 55, 105-137.

Schulze, W.X., et al., 2005. A proteomic fingerprint of dissolved organic carbon and of soil particles. Oecologia 142, 335-343.

Schwartzman, D., Lineweaver, C.H., 2004. The hyperthermophilic origin of life revisited. Biochem Soc Trans 32, 168-171.

Schwartzman, D.W., Volk, T., 1989. Biotic enhancement of weathering and the habitability of Earth. Nature 340, 457-459.

Sebacher, D.I., et al., 1985. Methane emissions to the atmosphere through aquatic plants. J Envtl Qual 14, 40-46.

Segers, R., 1998. Methane production and methane consumption: a review of processes underlying wetland methane fluxes. Biogeochem 41, 23-51.

Sexstone, A.J., et al., 1985. Direct measurement of oxygen profiles and denitrification rates in soil aggregates. Soil Sci Soc Am Proc 49, 645-651.

Shakhova, N., et al., 2010. Extensive methane venting to the atmosphere from sediments of the East Siberian Arctic Shelf. Science 327, 1246-1250.

Sherr, B.F., et al., 1999. Estimating abundance and single-cell characteristics of actively respiring bacteria with a redox dye. Aquat Microb Ecol 18, 117-131.

Sigren, L.K., et al., 1997. Comparison of soil acetate concentrations and methane production, transport, and emission in two rice cultivars. Glob Biogeochem Cyc 11, 1-14.

Sillén, H., 1966. Regulation of O_2, N_2 and CO_2 in the atmosphere: thoughts of a laboratory chemist. Tellus 18, 198-206.

Simo, R., et al., 2000. Biological turnover of DMS, DMSP and DMSO in contrasting open-sea waters. Mar Ecol Prog Ser 203, 1-11.

Simon, M., et al., 2002. Microbial ecology of organic aggregates in aquatic ecosystems. Aquat Microb Ecol 28, 175-211.

Singh, B.K., et al., 2010. Microorganisms and climate change: terrestrial feedbacks and mitigation options. Nat Rev Microbiol 8, 779-790.

Sinsabaugh, R.L., 2010. Phenol oxidase, peroxidase and organic matter dynamics of soil. Soil Biol Biochem 42, 391-404.

Skei, J.H., 1983. Permanently anoxic marine basins – exchange of substances across boundaries. Ecol Bull (Stockholm) 35, 419-429.

Skopp, J., 1985. Oxygen uptake and transport in soils: analysis of the air-water interfacial area. Soil Sci Soc Am J 49, 1327-1331.

Skopp, J., et al., 1990. Steady-state aerobic microbial activity as a function of soil water content. Soil Sci Soc Am J

54, 1619-1625.
Sleep, N.H., Bird, D.K., 2008. Evolutionary ecology during the rise of dioxygen in the Earth's atmosphere. Phil Trans Royal Soc Londonon B 363, 2651-2664.
Smith, K.A., 1990. Anaerobic zones and denitrification in soil: modelling and measurement. In: Revsbech, N.P., Sørensen, J. (Eds.), Denitrification in Soil and Sediment. Plenum Press, New York, pp. 222-244.
Smith, K.A., et al., 1998. Effects of temperature, water content and nitrogen fertilization on emissions of nitrous oxide by soils. Atmos Environ 32, 3301-3309.
Smith-Downey, N.V., et al., 2008. Molecular hydrogen uptake by soils in forest, desert, and marsh ecosystems in California. J Geophys Res, 113. doi:10.1029/2008JG000701.
Söderlund, R., Rosswall, T., 1982. The nitrogen cycles. In: Hutziner, O. (Ed.), The Handbook of Environmental Chemistry, vol. 1/Part B. Springer-Verlag, Berlin, pp. 60-81.
Söderström, B., et al., 1983. Decrease in soil microbial activity and biomasses owing to nitrogen amendments. Can J Microbiol 29, 1500-1506.
Søgaard, D.H., et al., 2010. Autotrophic and heterotrophic activity in Arctic first-year ice: seasonal study from Malene Bight, SW Greenland. Mar Ecol Prog Ser 419, 31-45.
Sokolov, A.P., Trotsenko, Y.A., 1995. Methane consumption in (hyper)saline habitats of Crimea (Ukraine). FEMS Microbiol Ecol 18, 299-304.
Søndergaard, M., et al., 1995. Dynamics of dissolved organic carbon lability in a eutrophic lake. Limnol Oceanogr 40, 46-54.
Søndergaard, M., Middelboe, M., 1995. A cross-system analysis of labile dissolved organic carbon. Mar Ecol Prog Ser 118, 283-294.
Sørensen, J., Revsbech, N.P., 1990. Denitrification in stream biofilm and sediment: in situ variation and control factors. In: Revsbech, N.P., Sørensen, J. (Eds.), Denitrification in Soil and Sediment. Plenum Press, New York, pp. 277-289.
Sørensen, J., et al., 1981. Volatile fatty acids and hydrogen as substrates for sulfate-reducing bacteria in anaerobic mud. Appl Environ Microbiol 42, 5-11.
Sorokin, D.Y., et al., 2008. *Thiohalospira halophila* gen. nov., sp. nov. and *Thiohalospira alkaliphila* sp. nov., novel obligately chemolithoautotrophic, halophilic, sulfur-oxidizing gammaproteobacteria from hypersaline habitats. Int J Syst Evol Microbiol 58, 1685-1692.
Sorokin, D.Y., Muyzer, G., 2010. Bacterial dissimilatory MnO_2 reduction at extremely haloalkaline conditions. Extremophiles 14, 41-46.
Sorokin, Y.I., 1972. The bacterial population and the process of hydrogen sulphide oxidation in the Black Sea. J Cons Int Explor Mer 34, 423-455.
Sorokin, Y.I., 1977. The heterotrophic phase of plankton succession in the Japan Sea. Mar Biol 41, 107-117.
Southward, A.J., et al., 1996. On the biology of submarine caves with sulphur springs: appraisal of $^{13}C/^{12}C$ ratios as a guide to trophic relations. J. Mar. Biol. Assoc. UK 76, 26-285
Spang, A., et al., 2010. Distinct gene set in two different lineages of ammonia-oxidizing archaea supports the phylum Thaumarchaeota. Trends Microbiol 18, 331-340.
Spear, J.R., et al., 2005. Hydrogen and bioenergetics in the Yellowstone geothermal ecosystem. Proc Natl Acad Sci 102, 2555-2560.
Sposito, G., 2008. The Chemistry of Soils, second ed. Oxford University Press, Oxford.
Sprent, J.I., Sprent, P., 1990. Nitrogen-fixing Organisms: Pure and Applied Research. Chapman and Hall, London.
Stal, L.J., Caumette, P. (Eds.), 1994. Microbial Mats. Springer, Berlin.
Stal, L. J., Caumette, P., (eds). (1994). Microbial Mats. Springer, Berlin,.
Stark, J.M., Firestone, M.K., 1995. Mechanisms for soil moisture effects on activity of nitrifying bacteria. Appl Environ Microbio 61, 218-221.
Stark, J.M., Hart, S.C., 1997. High rates of nitrification and nitrate turnover in undisturbed coniferous forests. Nature 385, 61-64.
Steele, J.H., 1976. The Structure of Marine Ecosystems. Harvard University Press, Cambridge, Mass.
Steenwerth, K., et al., 2005. Response of microbial community composition and activity in agricultural and grassland soils after a simulated rainfall. Soil Biol Biochem 37, 2249-2262.
Steinbach, V., Yuen D.A., 1992. The effects of multiple phase transitions on Venusian mantle convection. Geophys Res Lett 19, 2243-2246
Stetter, K.O., 2006. Hyperthermophiles in the history of life. Phil Trans Royal Soc London Ser B 361, 1837-1842.
Stetter, K.O., 1993. Hyperthermophilic archaea are thriving in deep North Sea and Alaskan oil reservoirs. Nature 365, 743-745.
Steudler, P.A., et al., 1996. Consequence of forest-to-pasture conversion on CH_4 fluxes in the Brazilian Amazon Basin. J Geophys Res 101 (D), 18547-18554.
Steudler, P.A., et al., 1989. Influence of nitrogen fertilization on methane uptake in temperate forest soils. Nature 341, 314-316.
Steunou, A.S., et al., 2008. Regulation of *nif* gene expression and the energetics of N_2 fixation over the diel cycle in a hot spring microbial mat. ISME J 2, 364-378.
Steven, B., et al., 2006. Microbial ecology and biodiversity in

permafrost. Extremophiles 10, 259-267.

Stevens, T.O., McKinley, J.P., 1995. Lithoautotrophic microbial ecosystems in deep basalt aquifers. Science 270, 452-454.

Stewart, F.J., et al., 2005. Chemosynthetic endosymbiosis: adaptations to oxic-anoxic interfaces. Trends Microbiol 13, 439-448.

Stewart, W.N., Rothwell, G.W., 1993. Paleobotany and the Evolution of Plants, second ed. Cambridge University Press, New York.

Stoeckenius, W., Bogomolni, R.A., 1982. Bacteriorhodopsin and related pigments of halobacteria. Ann Rev Biochem 51, 587-616.

Stotler, R.L., et al., 2011. Hydrogeology, chemical and microbial activity measurement through deep permafrost. Ground Water 49, 348-364.

Stout, J.D., et al., 1976. Decomposition processes in New Zealand soils with particular respect to rates and pathways of plant degradation. In: Anderson, J.M., Macfadyen, J.M. (Eds.), The Role of Terrestrial and Aquatic Organisms in Decomposition Processes. Blackwell, Oxford, pp. 97-144.

Stouthamer, A.H., 1973. A theoretical study of the amount of ATP required for microbial cell material. Ant van Leeuw 39, 545-565.

Strack, M., 2004. Effect of water table drawdown on northern peatland methane dynamics: Implications for climate change. Glob Biogeochem Cyc 18. doi:10.1029/2003GB002209.

Stres, B., et al., 2008. Influence of temperature and soil water content on bacterial, archaeal and denitrifying microbial communities in drained fen grassland soil microcosms. FEMS Microbiol Ecol 66, 110-122.

Strickland, M.S., et al., 2010. Rates of in situ carbon mineralization in relation to land-use, microbial community and edaphic characteristics. Soil Biol Biochem 42, 260-269.

Strous, M., et al., 1999. Key physiology of anaerobic ammonium oxidation. Appl Environ Microbiol 65, 3248-3250.

Stumm, W.M., Morgan, J.J., 1996. Aquatic Chemistry, third ed. John Wiley, New York.

Sulka, I., et al., 2008. Abundance, depth distribution, and composition of aerobic bacteriochlorophyll a-producing bacteria in four basins of the central Baltic Sea. Appl Environ Microbiol 74, 4398-4404.

Sunderland, E.M., Mason, R.P., 2007. Human impacts on open ocean mercury concentrations. Glob Biogeochem Cyc 21. doi:10.1029/2006GB002876.

Suttle, A., Chan, A.M., 1994. Dynamics and distribution of cyanophages and their effects on marine *Synechococcus* spp. Appl Environ Microbiol 60, 3167-3174.

Sweerts, J.-P.R.A., et al., 1990. Denitrification by sulphur oxidising *Beggiatoa* spp. mats on freshwater sediments. Nature 344, 762-763.

Takai, K., et al., 2002. Isolation and metabolic characteristics of previously uncultured members of the order aquificales in a subsurface gold mine. Appl Environ Microbiol 68, 3046-3054.

Tate III, R.L., 2000. Soil Microbiology, second ed. John Wiley and Sons, Inc, New York.

Taylor, F.J.R., 1982. Symbiosis in marine microplankton. Ann Inst Océanogr Paris 58 (s), 61-90.

Tebo, B.M., et al., 2005. Geomicrobiology of manganese (II) oxidation. Trends Microbiol 13, 421-428.

Tehei, M., et al., 2004. Adaptation to extreme environments: macromolecular dynamics in bacteria compared in vivo by neutron scattering. EMBO Rep 5, 66-70.

Thamdrup, B., et al., 1994. Manganese, iron, and sulfur cycling in a coastal marine sediment, Aarhus Bay, Denmark. Geochim Cosmochim Acta 58, 5115-5129.

Thar, R., Fenchel, T., 2001. True chemotaxis in oxygen gradients of the sulfur-oxidizing bacterium *Thiovuulum majus*. Appl Environ Microbiol 67, 3299-3303.

Thar, R., Fenchel, T., 2005. Survey of motile microaerophilic bacterial morphotypes in the oxygen gradient above a marine sulfidic sediment. Appl Environ Microbiol 71, 3682-3691.

Thauer, R.K., et al., 1977. Energy conservation in chemotrophic anaerobic bacteria. Bact Rev 41, 100-180.

Theuerl, S., Buscot, F., 2010. Laccases: toward disentangling their diversity and functions in relation to soil organic matter cycling. Biol Fertil Soils 46, 215-225.

Thornley, J.H.M., Cannell, M.G.R., 2001. Soil carbon storage response to temperature: an hypothesis. Annal Bot 87, 591-598.

Thorsen, M.S., 1999. Abundance and biomass of the gut-living microorganisms (bacteria, protozoa and fungi) in the irregular sea urchin *Echinocardium cordatum* (Spatangoidea: Echinodermata). Mar Biol 133, 353-369.

Thorsen, M.S., et al., 2003. Distribution, identity and activity of symbiotic bactreia in anoxic aggregates from the hindgut of the sea urchin *Echinocardium cordatum*. Ophelia 57, 1-12.

Tiedje, J.M., 1988. Ecology of denitrification and dissimilatory nitrate reduction to ammonium. In: Zehnder, A.J.B. (Ed.), Biology of Anaerobic Microorganisms. John Wiley and Sons, New York, pp. 179-244.

Timmis, K.N. (Ed.), 2010. Handbook of Hydrocarbon and Lipid Microbiology. Springer-Verlag, Berlin.

Tirawongsaroj, P., et al., 2008. Novel thermophilic and

thermostable lipolytic enzymes from a Thailand hot spring metagenomic library. J Biotechnol 133, 42-49.

Tolli, J.D., et al., 2006. Unexpected diversity of bacteria capable of carbon monoxide oxidation in a coastal marine environment, and contribution of the *Roseobacter* associated clade to the total CO oxidation. Appl Environ Microbiol 72, 1966-1973.

Tourna, M., et al., 2011. *Nitrososphaera viennensis*, an ammonia-oxidizing archaeon from soil. Proc Natl Acad Sci 108, 8420-8425.

Tromp, T.K., et al., 1995. Potential accumulation of a CFC-replacement degradation product in seasonal wetlands. Nature 376, 327-330.

Tromp, T.K., et al., 2003. Potential environmental impact of a hydrogen economy on the stratosphere. Science 300, 1740-1742.

Trotsenko, Y.A., Doronina, N.V., 2003. The biology of methylobacteria capable of degrading halomethanes. Microbiol 72, 121-131.

Tuoliva, B.J., et al., 1987. Preservation of ATP in hypersaline environments. Appl Environ Microbiol 51, 2749-2753.

Tuomela, M., et al., 2002. Degradation of synthetic ^{14}C-lignin by various white-rot fungi in soil. Soil Biol Biochem 34, 1613-1620.

Turetsky, M.R., et al., 2008. Short-term response of methane fluxes and methanogen activity to water table and soil warming manipulations in an Alaskan peatland. J Geophys Res 113 (D). doi:10.1029/2007JG000496.

Turley, C.M., Mackie, P.J., 1994. Biogeochemical significance of attached and free-living bacteria and the flux of particles in the NE Atlantic Ocean. Mar Ecol Prog Ser 115, 191-203.

Tyson, R.V., Pearson, T.H., 1991 (eds). Modern and Ancient Continental Shelf Anoxia. Geological Society Special Publication No 58, Geological Society, London.

Valentine, D.L., 2007. Adaptations to energy stress dictate the ecology and evolution of the Archaea. Nat Rev Microbiol 5, 316-323.

Valentine, D.L., et al., 2010. Propane respiration jump-starts microbial response to a deep oil spill. Science 330, 208-211.

van Beek, C.L., et al., 2010. Feeding the world's increasing population while limiting climate change impacts: linking N$_2$O and CH$_4$ emissions from agriculture to population growth. Environ Sci Policy 13, 89-96.

van Bodegom, P., et al., 2001. Methane oxidation and the competition for oxygen in the rice rhizosphere. Appl Environ Microbiol 67, 3586-3597.

van de Vossenberg, J.L., et al., 1998. The essence of being extremophilic: the role of the unique archaeal membrane lipids. Extremophiles 2, 163-170.

van der Meer, M.T., et al., 2005. Diel variations in carbon metabolism by green nonsulfurlike bacteria in alkaline siliceous hot spring microbial mats from Yellowstone National Park. Appl Environ Microbiol 71, 3978-3986.

Van Dover, C.L., 2000. Deep-Sea Hydrothermal Vents. Princeton University Press, Princeton.

van Gemerden, H., et al., 1989. Development of mass blooms of *Thiocapsa roseopersecina* on sheltered beaches in Scapa Flow, Orkney Islands. FEMS Microb Ecol 62, 111-118.

van Groenigen, K.J., et al., 2011. Increased soil emissions of potent greenhouse gases under increased atmospheric CO$_2$. Nature 475, 214-216.

Varel, V.H., et al., 2007. Combination of a urease inhibitor and a plant essential oil to control coliform bacteria, odour production and ammonia loss from cattle waste. J Appl Microbiol 102, 472-477.

Veizer J., et al., 1989. Mineralization through geological time: recycling perspective. Am. J. Sci. 289, 484-524.

Veldhuis, M.J.W., Kaay, G.W., 1994. Cell abundance and fluorescence of picoplankton in relation to growth, irradiance and nitrogen availability in the Red Sea. Neth J Sea Res 31, 135-145.

Veraart, A.J., et al., 2010. Effects of aquatic vegetation type on denitrification. Biogeochem 104, 267-274.

Verhamme, D.T., et al., 2011. Ammonia concentration determines differential growth of ammonia-oxidising archaea and bacteria in soil microcosms. ISME J 5, 1067-1071.

Verna, C., et al., 2010. High symbiont diversity in the bone-eating worm *Osedax mucofloris* from shallow whale-falls in the North Atlantic. Environ Microbiol 12, 2355-2370.

Vernadsky, V., 2007. Geochemistry and the Biosphere. Synergetic Press, Santa Fe.

Vetter, Y.A., et al., 1998. A predictive model of bacterial foraging by means of freely released extracellular enzymes. Microb Ecol 36, 75-92.

Vitousek, P.M., Howarth, R.W., 1991. Nitrogen limitation on land and in the sea: how can it occur. Biogeochem 13, 87-115.

Von Dohlen, C.D., et al., 2001. Mealybug β-proteobacterial endosymbionts contain γ-proteobacterial symbionts. Nature 412, 433-436.

Wächtershäuser, G., 1988a. Before enzymes and templates: theory of surface metabolism. Microb Rev 52, 452-484.

Wächtershäuser, G., 1988b. Pyrite formation, the first energy source for life: a hypothesis. Syst Appl Microbiol 10, 207-210.

Wächtershäuser, G., 2006. From volcanic origins of chemoautotrophic life to Bacteria, Archaea and Eukarya. Phil Trans Royal Soc B 361, 1787-1808.

Waddington, J.M., et al., 1996. Water table control of CH_4 emission enhancement by vascular plants in boreal peatlands. J Geophys Res 101 (D), 22775-22785.

Wagai, R., et al., 2008. Climate and parent material controls on organic matter storage in surface soils: A three-pool, density-separation approach. Geoderma 147, 23-33.

Wagner, D., 2008. Microbial communities and processes in arctic permafrost environments. In: Dion, P., Nautiyal, C.S. (Eds.), Microbiology of Extreme Soils. Soil Biology 13. Springer-Verlag, Berlin, pp. 133–154.

Waidner, L., Kirchman, D.L., 2008. Diversity and distribution of ecotypes of aerobic anoxygenic phototrophy gene *pufM* in Delaware Estuary. Appl Environ Microbiol 74, 4012-4021.

Wake, L., 1977. A thermodynamic assessment of possible substrates for sulphate-reducing bacteria. Aust J Biol Sci 1977, 155-172.

Walker, J.C.G., 1993. Biogeochemical cycles of carbon on a heirarchy of time scales. In: Oremland, R.S. (Ed.), Biogeochemistry of Global Change: Radiatively Active Trace Gases. Chapman & Hall, New York, pp. 3-28.

Wallenstein, M.D., Weintraub, M.N., 2008. Emerging tools for measuring and modeling the in situ activity of soil extracellular enzymes. Soil Biol Biochem 40, 2098-2106.

Wang, B., Adachi, K., 2000. Differences among rice cultivars in root exudation, methane oxidation and populations of methanogenic and methanotrophic bacteria in relation to methane emission. Nutr Cyc Agroecosys 58, 349-356.

Wang, G., Or, D., 2010. Aqueous films limit bacterial cell motility and colony expansion on partially saturated rough surfaces. Environ Microbiol 12, 1363-1373.

Wang, Y., et al., 1998. Global simulation of tropospheric O_3-NO_x-hydrocarbon chemistry 3 Origin of tropospheric ozone and effects of nonmethane hydrocarbons. J Geophys Res 103, 10757-10768.

Wang, Y.P., et al., 2007. A model of biogeochemical cycles of carbon, nitrogen and phosphorus including symbiotic nitrogen fixation and phosphatase production. Glob Biogeochem Cyc 21. doi:10.1029/2006GB002797.

Waterbury, J.B., et al., 1983. A cellulolytic nitrogen-fixing bacterium cultured from the gland of Deshayes in shipworms (Bivalvia:Teredinidae). Science 221, 1401-1403.

Waters, E., et al., 2003. The genome of *Nanoarchaeum equitans*: insights into early archaeal evolution and derived parasitism. Proc Nat Acad Sci 100, 12984-8.

Watsby, A.E., et al., 1997. The selective advantage of buoyancy provided by gas vesicles for planktonic cyanobacteria in the Baltic Sea. New Phytol 136, 407-417.

Watson, A.J., 1997. Volcanic iron, CO_2, ocean productivity and climate. Nature 385, 587-588.

Watson, R.T., et al., 1990. Greenhouse gases and aerosols. Climate change: the IPCC scientific assessment 1 17.

Watts, S.F., 2000. The mass budgets of carbonyl sulfide, dimethyl sulfide, carbon disulfide and hydrogen sulfide. Atmos Environ 34, 761-779.

Weber, K.A., et al., 2002. Anaerobic nitrate-dependent iron (II) bio-oxidation by a novel lithoautotrophic betaproteobacterium, strain 2002. Appl Environ Microbiol 72, 686-694.

Weber, A., et al., 2007. Metabolism and metabolomics of eukaryotes living under extreme conditions. Int Rev Cytol 256, 1-34.

Weber, C.F., King, G.M., 2009. Water stress impacts on bacterial carbon monoxide oxidation on recent volcanic deposits. ISME J 3, 1325-1334.

Weber, C.F., King, G.M., 2010. Distribution and diversity of carbon monoxide-oxidizing bacteria and bulk bacterial communities across a succession gradient on a Hawaiian volcanic deposit. Environ Microbiol 12, 1855-1867.

Weber, K.A., et al., 2006. Microorganisms pumping iron: anaerobic microbial iron oxidation and reduction. Nat Rev Microbiol 4,752-764.

Webster, G., et al., 2005. Links between ammonia oxidizer species composition, functional diversity and nitrification kinetics in grassland soils. Environ Microbiol 7, 676-684.

Wei, H., et al., 2009. Natural paradigms of plant cell wall degradation. Curr Opin Biotechnol 20, 330-338.

Weintraub, M.N., et al., 2007. The effects of tree rhizodeposition on soil exoenzyme activity, dissolved organic carbon, and nutrient availability in a subalpine forest ecosystem. Oecologia 154, 327-338.

Wells, M.L., Goldberg, E.D., 1993. Colloid aggregation in seawater. Mar. Chem. 41, 353-358.

Wenzhöfer, F., Glud, R., 2002. Benthic carbon mineralization in the Atlantic: a synthesis based on in situ data from the last decade. Deep-Sea Res I 49, 1255-1279.

Wessén, E., et al., 2010. Responses of bacterial and archaeal ammonia oxidizers to soil organic and fertilizer amendments under long-term management. Appl Soil Ecol 45, 193-200.

Wessman, C.A., et al., 1988. Remote sensing of canopy chemistry and nitrogen cycling in temperate forest ecosystems. Nature 335, 154-156.

Wever, R., 1991. Formation of halogenated gases by natural sources. In: Rogers, J.E., Whitman, W.B. (Eds.), Microbial Production and Consumption of Greenhouse Gases: Methane, Nitrogen Oxides, and

Halomethanes. ASM Press, Washington, DC, pp. 277-286.

Whalen, S.C., Reeburgh W.S., 1992. Interannual variations in tundra methane emission: A 4 - year time series at fixed sites. Global Biogeochem Cyc 6, 139-159.

Whalen, S.C., Reeburgh, W.S., 1996. Moisture and temperature sensitivity of CH_4 oxidation in boreal soils. Soil Biol Biochem 28, 1271-1281.

White, R.H., 1984. Hydrolytic stability of biomolecules at high temperatures and its implication for life at 250° C. Nature 310, 430-432.

Whitehouse, M.J., et al., 2009. The Akilia controversy: field, structural and geochronologica evidence question interpretations of #3.8 Ga life in SW Greenland. J Geol Soc 166, 335-348.

Whiting, G.J., Chanton, J.P., 1992. Plant-dependent CH_4 emission in a subarctic Canadian fen. Glob Biogeochem Cyc 6, 225-231.

Whiting, G.J., Chanton, J.P., 1993. Primary production control of methane emission from wetlands. Nature 364, 794-795.

Whitman, W.B. et al., 1998. Prokaryotes: The unseen majority. Proc Natl Acad Sci 95, 6578-6583.

Widdel, F., et al., 1993. Ferrous iron oxidation by anoxygenic phototrophic bacteria. Nature 361, 834-836.

Wieland, A., et al., 2005. Biogeochemistry of an iron-rich hypersaline microbial mat (Camargue, France). Microb Ecol 49, 34-49.

Wierzchos, J., et al., 2006. Endolithic cyanobacteria in halite rocks from the hyperarid core of the Atacama Desert. Astrobiol 6, 415-422.

Wierzchos, J., et al., 2011. Microbial colonization of Ca-sulfate crusts in the hyperarid core of the Atacama Desert: implications for the search for life on Mars. Geobiol 9, 44-60.

Wilkinson, C.R., Fay, P., 1979. Nitrogen fixation in coral reef sponges with symbiotic cyanobacteria. Nature 279, 527-529.

Williams, E.J., et al., 1992. NO_x and N_2O emissions from soil. Glob Biogeochem Cyc 6, 351-388.

Williams, P.L.B., 1990. The importance of losses during microbial growth: commentary on the physiology, measurement and ecology of the release of dissolved organic material. Mar Microb Food Web 4, 175-206.

Williams, P.L.B., 1981. Incorporation of microheterotrophic processes into the classical paradigm of the plankton food web. Kieler Meeresforsch Sonderh 5, 1-28.

Wilson, W.H., et al., 1998. Population dynamics of phytoplankton and viruses in a phosphate-limited mesocosm and their effect on DMSP and DMS production. Est Coastal Shelf Sci 46 (A), 49-59.

Winkler, J.P., et al., 1996. The Q10 relationship of microbial respiration in a temperate forest soil. Soil Biol Biochem 28, 1067-1072.

Witkamp, M., Ausmus, B.S., 1976. Processes in decomposition and nutrient transfer in forest systems. In: Anderson, J.M.M., Macfadyen, A. (Eds.), The Role of Terrestrial and Aquatic Organisms in the Decomposition Processes. Blackwell, Oxford.

Woese, C., 1987. Bacterial evolution. Microbial Rev 51, 221-271.

Wolfe, G.V., et al., 1999. Microbial consumption and production of dimethyl sulfide (DMS) in the Labrador Sea. Aquat Microb Ecol 18, 197-205.

Wolff, E., Spahni, R., 2007. Methane and nitrous oxide in the ice core record. Phil Trans A Math Phys Eng Sci 365, 1775-1792.

Worsley, T.R., Nance, R.D., 1989. Carbon redox and climate control through earth history: a speculative reconstruction. Paleogeogr Paleoclimatol Paleoecol (Glob Planet Chng Sec) 75, 259-282.

Wrage, N., et al., 2001. Role of nitrifier denitrification in the production of nitrous oxide. Soil Biol Biochem 33, 1723-1732.

Wright, R.T., Hobbie, J.E., 1965. The uptake of organic solutes in lake water. Limnol Oceanogr 10, 22-28.

Wuebbles, D.J., Hayhoe, K., 2002. Atmospheric methane and global change. Eath-Sci Rev 57, 177-210.

Xiang, S.-R., et al., 2008. Drying and rewetting effects on C and N mineralization and microbial activity in surface and subsurface California grassland soils. Soil Biol Biochem 40, 2281-2289.

Yakimov, M.M., et al. 1998. *Alcanivorax borkumensis* gen. nov., sp. nov., a new hydrocarbon-degrading and surfactant-producing marine bacterium. Int J Syst Bacteriol 48, 339-348.

Yakimov, M.M., et al., 2007. Primary producing prokaryotic communities of brine, interface and seawater above the halocline of deep anoxic lake L'Atalante, Eastern Mediterranean Sea. ISME J 1, 743-755.

Yang, W., et al., 2007. Grain yield and yield attributes of new plant type and hybrid rice. Crop Sci 47, 1393.

Ye, M., et al., 2010. Molecular cloning and characterization of a novel metagenome-derived multicopper oxidase with alkaline laccase activity and highly soluble expression. Appl Microbiol Biotechnol 87, 1023-1031.

Young, J.P.W., Johnston, A.W.P., 1989. The evolution of specificity in the legume-rhizobium symbiosis. Trends Ecol Evol 4, 341-349.

Yuste, J., et al., 2007. Microbial soil respiration and its dependency on carbon inputs, soil temperature and moisture. Glob Change Biol 13, 2018-2035.

Yuste, J.C., et al., 2011. Drought-resistant fungi control soil organic matter decomposition and its response to temperature. Glob Change Biol 17, 1475-1486.

Zak, D.R., et al., 2008. Simulated atmospheric NO_3-deposition increases soil organic matter by slowing decomposition. Ecol Appl 18, 2016-2027.

Zak, D.R., Grigal, D.F., 1991. Nitrogen mineralization, nitrification and denitrification in upland and wetland ecosystems. Oecologia 88, 189-196.

Zehnder, A.J.B. (Ed.), 1988. Biology of Anaerobic Microorganisms. John Wiley and Sons, New York.

Zhang, C.L., et al., 2008. Global occurrence of archaeal *amoA* genes in terrestrial hot springs. Appl Environ Microbiol 74, 6417-6426.

Zhang, L.M., et al., 2010. Autotrophic ammonia oxidation by soil thaumarchaea. Proc Natl Acad Sci 107, 17240-17245.

Zhaxybayeva, O., et al., 2009. On the chimeric nature, thermophilic origin, and phylogenetic placement of the Thermotogales. Proc Natl Acad Sci 106, 5865-5870.

Zhuang, G.S., et al., 1992. Link between iron and sulphur cycles suggested by detection of Fe(II) in remote marine aerosols. Nature 355, 537-539.

Zobell, C.E., 1943. The effect of solid surfaces upon bacterial activity. J Bacteriol 46, 39-56.

Zobell, C.E., 1946. Marine Microbiology. Chronica Botanica Co, Waltham, Mass.

Zweifel, U.L., et al., 1993. Consumption of dissolved organic carbon by marine bacteria and demand for inorganic nutrients. Mar Ecol Prog Ser 101, 23-32.

事項索引

【A】
ATP 合成　　004, 016

【B】
Bolzmann 分配則　　191

【C】
C/N 比　　042, 062, 073, 088, 094, 164
C/P 比　　042, 062
CO（一酸化炭素）　　157
CO（一酸化炭素）酸化　　009, 078, 084, 118, 169
CO（一酸化炭素）資化菌　　157, 169
CO_2（二酸化炭素）資化菌　　158, 166

【F】
FeS_2（パイライト）　　102, 104
Fe-S タンパク質　　006, 009, 016
Fick の第一法則　　028
Fick の第二法則　　028

【G】
Gibbs 自由エネルギー　　181, 192, 193

【H】
H^+（プロトン）のポンプ　　004, 006, 016, 056

【N】
N_2O（一酸化二窒素, 亜酸化窒素）　　012, 082, 151, 153
N_2O 還元酵素　　012
N_2O（一酸化二窒素）の還元　　012, 050, 082, 157
Na^+ ポンプ　　006
NO_2^-（亜硝酸塩）還元酵素　　012
NO_2^-（亜硝酸塩）酸化菌　　010
NO_2^-（亜硝酸塩）の還元　　012, 049
NO_3^-（硝酸塩）還元酵素　　012, 019
NO_3^-（硝酸塩）の還元　　012, 021, 049, 079, 110
NO（一酸化窒素）還元酵素　　012

【O】
O_2（酸素）濃度勾配　　033
OH（ヒドロキシル）ラジカル　　156, 160, 169

【Q】
Q_{10} 値　　093, 173

【R】
RuBisCO（ルビスコ）　　019

【S】
Shannon 指数　　086, 091
SO_4^{2-}（硫酸塩）の還元　　012, 156, 204

【T】
Twitching 運動　　036

【Y】
Y_{ATP}　　022

【あ】
亜酸化帯　　069, 099, 102
アシドーシス　　137
アナモキソゾーム　　012, 049
アナモックス　　012, 019, 050, 104, 203
アーバスキュラー菌根菌　　095
アルベド　　155, 166, 168
安定同位体組成　　185, 187
アンモニア酸化　　079, 084, 091, 118, 128, 164, 203
アンモニア酸化アーキア　　010, 081
アンモニア酸化菌　　010, 056, 081, 091

【い】
硫黄酸化細菌　　002, 010, 111, 145, 202
硫黄循環　　050, 104, 188, 205
硫黄の循環　　021, 204
イオン交換反応　　050
イオンポンプ　　121
異化代謝　　003, 022, 191
イシサンゴ類　　111
イソチオシアネート　　167
遺伝子の水平伝播　　017, 128
移流　　027, 032, 034, 074, 111, 145

【う】
ウイルス　　054, 056, 063, 101, 167, 186
渦鞭毛藻　　055
ウレアーゼ　　164

運動性　　027, 035, 064

【え】

永久凍土　　125, 129
栄養共生　　008, 032, 131, 140
エネルギー収率　　021, 098, 100, 191
エンタルピー　　181, 192
鉛直移動　　100
エントロピー　　117, 180, 192, 194
塩分躍層　　066

【お】

オーカー（黄土色の水酸化鉄）　　114
オカメブンブク属　　139
オキシゲナーゼ　　040, 057, 091, 162
オシラトリア　　109
オゾン　　082, 152, 156, 165, 170
帯状の色の砂干潟　　108
オリゴ糖　　041, 142
オリゴリグノール　　091
温室効果　　153, 166
温室効果ガス　　082, 092, 153, 158, 160, 165, 170
温泉　　106, 118, 126
温暖化　　092, 151, 158, 167, 172
温暖化の正のフィールドバック　　161, 165, 176
温度躍層　　066

【か】

外生菌根菌　　095
外部共生　　131, 146
拡散　　027, 032, 059, 064, 100
拡散係数　　028, 032, 064, 069
火山活動　　166, 183
加水分解　　003, 006, 039, 059, 087, 167, 201
加水分解酵素　　041, 059, 087, 130
活性化エネルギー　　005, 020, 191
滑走運動　　036, 111
カルビン（カルビン-ベンソン-バッシャム）回路
　　　019, 119, 185
カロチノイド　　016, 109
還元型アセチル CoA 経路　　019
還元型クエン酸回路　　019, 119
乾性沈着　　149
岩石孔内微生物群集　　123

【き】

気候撹乱　　158

気候変動　　085, 092, 158, 163, 168
基質の取り込み　　029, 030
基質レベルのリン酸化　　006, 008
キチン　　040, 088
キノン類　　009, 044
揮発性脂肪酸　　048, 099, 113, 135
共生的窒素固定　　140
共生的発酵　　139
共生的分解　　133
極限環境微生物　　117
極限生物　　002
棘皮動物　　205
菌根菌　　073, 086, 095

【く】

黒帯病　　111
クロロフィル　　016, 055, 106, 109, 150
クロロフルオロカーボン　　153, 170
グンネラ　　143

【け】

ケイ酸塩鉱物　　155
ケイ酸カルシウム　　154
珪藻　　055, 058, 060, 141, 144
系統学　　200
ケモスタット　　138
ゲレロネグロ　　121
ケロゲン　　025, 039, 103
嫌気呼吸　　011, 014, 066, 099
嫌気性原生動物　　146
嫌気的メタン酸化　　015, 113, 201
元素循環　　047
懸濁態有機炭素　　057

【こ】

後胃発酵　　134, 139
高塩環境　　119
好塩性微細藻類　　117
好気性　　022, 031, 201
好気性光従属栄養菌　　055
孔隙サイズ　　075, 125
孔隙スペース量　　077, 082
光合成　　015
光合成鉄酸化細菌　　188
高硝酸イオン-低クロロフィル　　150
紅色硫黄細菌　　016, 055, 106, 114, 127, 206
紅色非硫黄細菌　　004, 016, 189

239

鉱石リーチング　　011, 205
好熱性　　116, 126, 188, 201
好熱性のアーキア　　013, 126
呼吸　　009
呼吸商　　106
コペポーダ　　002, 060, 069, 107
コロニー計数　　053
根圏　　086, 093, 141, 175
混合栄養　　127
混合係数　　101
混合酸型の発酵　　007
根毛　　142
根粒菌　　020, 140

【さ】
細菌食者　　086
サイクリック光リン酸化　　017, 020, 056
細胞外酵素　　041, 087, 093, 132
酢酸の不均化反応　　014
酢酸利用性メタン生成菌　　014
サワーリング　　126
酸化還元対　　024, 199
酸化還元反応　　005, 024, 184, 197
酸化第二鉄　　104
酸化的リン酸化　　006, 011, 025
酸性雨　　094, 166
酸素呼吸　　189
酸素の拡散　　033, 072, 078
酸素発生型光合成　　005, 017, 047, 106, 110, 158, 188, 190
酸素非発生型の光合成細菌　　106, 119, 156
酸素負債　　106

【し】
シアネレ　　133, 144
シアノバクテリア　　018, 069, 108, 121, 143, 188, 202
塩水だまり　　122
ジクロロジフルオロメタン　　170
湿性沈着　　149
シトクロム　　009
子嚢菌類　　078, 143
ジビニルクロロフィル　　055
縞状鉄鉱床　　160, 184, 187, 189
縞状鉄鉱層　　155, 160, 188
ジメチル水銀　　151
ジメチルスルホニオプロピオナート　　167, 206
集塊形成　　060

自由生活型　　140, 201
集積培養　　116, 122
従属栄養　　004
重量含水率　　074, 083
種間水素転移　　008, 013, 021
硝化　　049, 079, 202
食植活動　　129
食植者　　130
直接計数　　053
植物デトリタス　　087
食物連鎖　　053
シロアリ　　091, 133, 140, 170
真菌食者　　086
深部地下環境　　123
森林伐採　　095

【す】
水素スカベンジャー　　146
水素利用性のメタン生成　　014, 024
スティックランド反応　　008
ストロマトライト　　108, 121, 188
スノーボールアース（全球凍結）　　157
スピロヘータ　　140
スペシャリスト　　133

【せ】
生成自由エネルギー　　196
成層　　066, 162
成層圏　　152
成層圏のオゾン　　082, 150, 153, 165
生態的地位　　117
生物撹乱　　032, 097, 101
赤色岩層　　160
石炭　　044, 089
石油　　044, 126
世代時間　　002, 054, 063
絶対嫌気性　　201
セリン経路　　019
セルロース　　023, 039, 202
セルロソーム　　041
前胃発酵　　134, 139
先カンブリア　　108, 187
繊毛虫類　　135, 144

【そ】
増殖収率　　022, 031, 137
増殖速度　　015, 022, 030, 053

走性　035
相利共生　131
促進拡散　001
ソテツ　020, 141, 143

【た】

耐気性　014
耐気性嫌気性菌　006
微好気性　014, 037, 111, 127, 141
代謝速度　002, 122
代謝の多様性　003, 125, 192
代謝物の排出　031
体積含水率　071, 074, 076
対流圏　115, 152
対流圏雲粒　166
大量酸化イベント　158
脱窒　012, 079, 163, 202
多毛類　205
担子菌類　078, 091, 143
炭素隔離　092
炭素循環　047, 048, 103, 201

【ち】

地衣類　018, 020, 141, 143
チオシアネート　167
地下圏　123
地球温暖化　093, 165
地球温暖化能力　169
窒素固定細菌　140
窒素酸化物　025, 050, 094, 157
窒素循環　047, 048, 050, 103, 118, 163, 202
地熱　051, 119, 126
チューブワーム（ハオリムシ）　144, 205
超好熱性　116, 127
超鞭毛虫類　135
沈降粒状有機物　097

【つ】

通性嫌気性菌　006, 020
ツボカビ類　135

【て】

低酸素水塊　095
底生-漂泳カップリング　089
泥炭（ピート）　044, 103, 159, 162, 175
鉄還元細菌　188
鉄酸化　010, 114

鉄沈着　150
デトリタス　034, 042, 043, 048, 087, 097, 101, 139
電子供与体　004, 016-019, 024, 049, 196
電子受容体　004, 006, 009, 021, 024, 048, 098, 196
電子伝達系　003, 006
電子伝達鎖　004, 009, 014, 016
伝導性の線毛　102

【と】

同位体分別　187, 189
同化　003
独立栄養　004, 008-011, 018, 067, 144, 201
土壌吸水性　074
土壌水分含量　072, 076, 078, 082, 165
土壌マトリックス　074, 087
トリコモナス原虫類　135
トリフルオロメタン　170
トロフォソーム　144

【な】

内部エネルギー　192
内部共生　131, 144
ナノワイヤー　013

【に】

ニトロゲナーゼ　019, 020, 073, 141, 142, 192

【ね】

熱水鉱床噴出　184
熱水噴出口　107, 126, 161
熱力学第一法則　116, 192, 194
熱力学第二法則　180, 194
粘液ポリマー　107
燃料電池　101

【の】

能動輸送　001, 006

【は】

バイオフィルム　107, 126, 166
培養できない細菌　056
白色腐朽菌　091
バクテリオクロロフィル　004, 016, 054, 106, 109
バクテリオロドプシン　017, 056, 121
バクテロイド　142
発酵　006, 025, 139, 201
ハルパクチコイド　107

ハロペルオキシダーゼ　170
反芻動物　137, 138, 171
反応速度論　020, 191
半反応　197, 198

【ひ】
光捕捉分子　016
微好気性　014, 111, 127, 141
微小電極　103
ヒステリシス　076
非生物学的な元素循環　183
微生物多様性　086, 091, 094
非生物的な酸化還元反応　184
微生物バイオマス　042, 085, 088, 094, 134
微生物マット　066, 107, 120, 166
微生物ループ　054
ヒドラジン　012, 049
4-ヒドロキシブチル酸　118
3-ヒドロキシプロピオン酸回路　019, 118
4-ヒドロキシ酪酸サイクル　118
ヒドロクロロフルオロカーボン　170
ヒドロゲノゾーム　146
ヒドロフルオロカーボン　170
非平衡熱力学理論　180, 183
標準エンタルピー　193
標準生成熱　193
標準電位（E^0）　026, 199
日和見感染　132
貧栄養環境　055
貧栄養水域　099
貧毛類　107, 145

【ふ】
フィコエリスリン　017, 055, 109
フィコビリン　017, 055, 109
フィードバック効果　092, 151-178
風成ダスト　150
富栄養化　094, 149, 165, 177
フェオフィチン　016
不均化反応（相互変換反応）　206
腐植酸　044
腐植物質　044, 057, 059
物質輸送　027
フナクイムシ　133, 139
フマール酸還元　013
浮遊性細菌　017, 053, 064
浮遊生物　018, 053, 062

フューミン（フミン）　044
プライミング（点火効果）　093
フルボ酸　044
プロクロロファイト　018, 144
プロテアーゼ　116
プロテオロドプシン　017, 054, 056, 121
ブロモホルム　150, 170
ブロモメタン　170
分類学　200

【へ】
平面光学プローブ　106
ペクチン　039, 088, 119, 133
ヘテロシスト　020, 143
ペプチドグリカン　040, 119
ヘマタイト鉱床　157, 189
ヘミセルロース　039, 043, 073, 088, 091, 119, 136
ペルオキシダーゼ　091, 170
偏性嫌気性菌　006, 014
鞭毛虫類　135, 140
片利共生　131

【ほ】
放射強制力　092, 153
放線菌根粒　143, 203
補酵素 F_{420}　015
補酵素 M　015
ホスホン酸　105
ホットスポット　106
ホネクイハナムシ　139
ホモ酢酸生成菌　008, 024
ホモ乳酸発酵　007

【ま】
マイクロゾーニング　080
埋没有機物　033, 039, 187, 189
埋没硫化物　187
マトリックポテンシャル　075-077
マメ科植物　020, 141, 142
マリンスノー　060, 061
マンガン酸化　010

【み】
ミカエリス−メンテンの式　030
水ポテンシャル　075-079, 084, 086, 115, 177
ミミズ　086, 094
ミランコビッチサイクル　158

【む】

無機栄養性　050, 202
無機化　009, 023-025, 039, 044, 062, 088-091, 099, 103, 178, 201
無色硫黄細菌　010, 104, 110-112

【め】

メイオファウナ　101, 107, 114
メタゲノム解析　122, 126, 200
メタノトローフ　011, 015, 019, 118, 170
メタン生成　007-009, 014, 015, 023, 024, 032, 048, 113, 162, 171, 187, 201
メタン生成菌　009, 201
メタンチオール　166-168, 205
メタンハイドレート　103, 161, 171
メタンモノオキシゲナーゼ　162
メチロトローフ　014, 169
メチロトローフメタン生成　014

【も】

モノーの式　030
モリブデン　164

【ゆ】

誘因物質　064
有機態 N　048, 050
有機物の分解　039, 059, 094, 164
有酸素 - 無酸素の境界　112

【よ】

溶存態有機炭素　057, 058
溶存有機物　054, 064

【ら】

葉緑体　017, 133

乱雑さ　191
乱流　027, 034, 064, 097

【り】

リグナイト　103
リグニン　040, 089, 136
リター　043, 087, 090, 094
リパーゼ　116
リブロースモノリン酸経路　019
硫化カルボニル（COS）　013, 166
硫化ジメチル（DMS）　152, 166-168, 205, 206
硫化水素酸化細菌　032, 144, 145, 205
硫化水素生産菌　032
硫酸エアロゾル　166
硫酸塩還元菌　009, 013, 023, 125, 162
緑色硫黄細菌　003, 019, 020, 032, 069, 106, 131, 206
リン酸鉄　105
リンの循環　047, 062

【る】

ルーメン　134-139, 201

【れ】

レクチン　142
レグヘモグロビン　142

【わ】

ワムシ類　107

菌種名索引

【A】

Acaryochloris　018
Achromatium　001, 010
Acidithiobacillus　010, 205
Acidithiobacillus ferrooxidans　010
Actinobacteria　011, 020, 169, 201-203, 205, 206
Agrobacterium　141
Alcaligenes　044
Alcanivorax　045
Alphaproteobacteria　017, 019, 020, 056, 132, 141, 145, 162, 200-203, 205, 206
Anabaena　109, 141
Anaerovibrio lipolytica　137
Aphanizomenon　055
Aquifex　012, 117, 118, 127, 201-204
Aquificales　003, 019, 124, 127
Archaeoglobus　126, 128
Azospirillum lipoferum　141
Azotobacter　020, 140, 141

【B】

Bacillus　020
Bacteroides amylophila　137
Bacteroides　137
Bacteroides succinogenes　137
Bacteroidetes　012, 201, 203, 205, 206
Beggiatoa　001, 010, 012, 110-113, 205
Betaproteobacteria　019, 132, 141, 165, 202, 203, 205
Bradyrhizobium　141
Brevibacterium　044
"*Candidatus* Brocadia"　203
Burkholderia　020, 115, 202
Butyrovibrio　137

【C】

Caldithrix　127
Calothrix　141
"*Candidatus* Desulforudis audaxviator"　125
Chlamydia　001
Chlorobi　019, 201-203, 205, 206
Chlorobium　003, 016
Chlorochromatium　131
Chloroflexi　019, 117-119, 121, 127, 201
Chloroflexus　110

Chromatium　016, 109, 114
Chroococcales　109
Chroococcus　109
Clostridium　006, 007, 009
Clostridium acetobutylicum　009
Crenarchaeota　010, 056, 057, 118, 121, 122, 128, 201, 203-205
Cyanobacteria　018, 143, 201-203
Cytophaga　036

【D】

Deinococcus-Thermus　203
Deltaproteobacteria　013, 019, 202-206
Desulfobacter　204
Desulfobulbus　204
Desulfococcus　204
Desulfonema　204
Desulfotomaculum acetoxidans　204
Desulfomicrobium　204
Desulfovibrio　204
Desulfurococcales　128
Dunaliella tertiolecta　117

【E】

Ectothiorhodospira　016, 118
Epsilonproteobacteria　019, 123, 128, 205
Erythrobacter　017, 056
Euryarchaeota　014, 019, 121, 128, 200-205

【F】

Fibrobacteres　201
Firmicutes　011-013, 019, 078, 124, 125, 201-205
Flavobacterium　044
Frankia　020, 141, 143, 203

【G】

Gallionella　114
Gammaproteobacteria　010, 019, 056, 132, 145, 162, 200-205
Geobacteriaceae　013

【H】

Haloarcula marismortui　122
Halobacter　017

244

【K】
Klebsiella　020
Korarchaeota　128
Ktedonobacteria　119, 201
"*Candidatus* Kuenenia"　203

【L】
Leptothrix　011, 114
Lyngbya　018, 109

【M】
Macromonas　112
Merismopedia　109
Methanobacillus omelianskii　008
Methanobacteria　200
Methanobacteriales　014
Methanobacterium　008
Methanobacterium ruminantium　137
Methanococcales　014
Methanococci　200
Methanomicrobiales　014
Methanopyrales　014
Methanosaeta　014
Methanosarcina　014
Methanosarcinales　014
Methylobacter　011
Methylococcus capsulatus　019
Methylocystis　011
Methylomirabilis oxyfera　015, 163
Methylosinus　011
Micrococcus　044
Microcoleus　018, 109

【N】
Nanoarchaeum equitans　001
Nitrobacter　010
Nitrococcus　010
Nitrosospira　010
Nitrosococcus　203
Nitrosocystis　010
Nitrosomonas　010, 203
"*Candidatus* Nitrosopumilus"　203
"*Candidatus* Nitrosopumilus maritimus"　010
Nitrospina　010
Nitrospira marina　010
Nitrospira　203
Nitrospirae　010, 019

Nocardia　044
Nodularia　018, 055
Nostoc　141, 143
Nostoc punctiforme　143

【O】
Oscillatoria　018, 109

【P】
Pelagibacter ubique　056
Pelochromatium　032, 131
Petrotoga　126
Phormidium　111
Photobacterium phosphoreum　132
Planctomycetes　019, 049, 203
Prochlorococcus　055
Proteobacteria　003, 010-012, 016, 019, 045, 078, 081, 118, 124, 127, 162, 163, 167, 169, 201-203, 205, 206
Pseudomonas　044, 115

【R】
Rhizobium　141
Rhodopseudomonas　003, 016
Rhodospirillum　016
Richelia　141
Roseobacter　017, 056, 167, 202
Ruminococcus　137

【S】
"*Candidatus* Scalindua"　203
Selenomonas　137
Siderocapsa　011
Sparganium eurycarpum　175
Sphaerotilus　114
Spirochaetes　201, 203
Spirulina　018, 109
Streptococcus bovis　137
Synechococcus　018, 055

【T】
Thaumarchaeota　010, 081, 118, 122, 128, 201, 203
Thermodesulfobacteria　117, 204, 205
Thermodesulforhabdus　126
Thermodesulfovibrio　126, 127
Thermoproteales　128
Thermotoga　124, 126, 127

245

Thermus　　124–127, 203
Thermus aquaticus　　126
Thermus scotoductus　　125
Thiobacillus　　010, 012
Thiobacillus denitrificans　　012
Thiocapsa　　016, 109, 110, 114
Thiocapsa pfennigii　　110
Thiomargarita　　001, 010, 205
Thiopedia　　016, 109
Thioploca　　010, 012, 112
Thiothrix　　010
Thiovulum　　001, 010, 111, 112
Trichodesmium　　018, 055

[V]

"*Veillonella gazogeneous*"　　137
Verrucomicrobia　　118, 162, 201, 202
Vibrio　　115, 132
Vibrio fischeri　　132

訳者あとがき

　街の書店で，偶然，本書（第2版）をみつけた．"Bacterial Biogeochemistry" というタイトルに引かれて頁をめくり，第6章の図，「土壌水分含量と微生物活性」を見て，教わってきた土壌学や土壌微生物学にはない新たな観点を知った．これは重要だと思った．その後，偶然にも，著者の一人である Gary M. King 教授と共同研究を行う機会を得た．さらに，本学の授業も担当していただく機会も得て，本書をめぐる交流が展開した．第3版の出版を機に，賛同者と出版社にも恵まれ，翻訳に至ったしだいである．

　本書は，微生物学の基本である代謝や物質輸送から，生物地球化学を軸に，土壌，水系，極限環境，進化に至るまでを広範に扱い，さらに，世界的な課題である気候変動との関係も扱っている点で，極めて壮大な試みといえる．これが，これまでの教科書にはない大きな特色である．

　地球上に存在する原核微生物の総数を概算すると，5×10^{30} と言われる．数だけでは実感がわかないので，大腸菌1細胞の重さ（1×10^{-12} グラム）で当てはめてみると，その総数は 5×10^{12} トンの重量に相当する．世界人口を70億，ヒトの平均体重を60キログラムとすれば，地球人類の総重量は 4.2×10^8 トンと計算される．両者を比較すれば明らかなように，原核微生物の総重量は人類の1万倍になる．地球におけるこの膨大な量の原核微生物の働きを知ることが，地球の持続性を考えるには大事であろう．

Gary M. King 教授を囲んでの翻訳打合せ（2014年2月22日，中央大学理工学部にて）．
左から片山葉子，難波謙二，G. M. King，太田寛行，諏訪裕一．

謝　辞

　翻訳にあたっては，土壌物理学（第6章）と熱力学（補遺1）の部分で，それぞれ西脇淳子博士（茨城大学農学部）と小池裕幸博士（中央大学理工学部）に丁寧かつ有益なコメントを頂いた．ここに感謝の意を表します．

　最後に，原書の翻訳書の出版への理解と翻訳作業を辛抱強く見守って下さった，東海大学出版部の稲 英史氏と田志口克己氏に感謝申し上げます．

太田寛行
難波謙二
諏訪裕一
片山葉子

原著者の紹介

T. フェンチェル
デンマーク，コペンハーゲン大学，名誉教授
海洋生態学者　ECI（Ecology Institute）賞受賞（1986）

G. M. キング
米国，ルイジアナ州立大学，教授
メタンやCOを代謝する微生物の生態，火山環境の微生物生態を研究

T. H. ブラックバーン
デンマーク，オーフス大学，名誉教授
窒素循環に関する微生物の生理・生態および生物地球化学的モデルを研究

訳者の紹介

太田　寛行（おおた　ひろゆき）
1954年生まれ　東北大学大学院農学研究科博士後期課程修了　農学博士
現職：茨城大学農学部　教授
専門：環境毒性化学，微生物生態学
著書：『農学入門』（共編著，養賢堂），『土壌微生物生態学』（分担執筆，朝倉書店）他

難波　謙二（なんば　けんじ）
1964年生まれ　東京大学大学院農学系研究科修士課程修了　博士（農学）
現職：福島大学共生システム理工学類　教授
専門：環境微生物学
著書：『阿武隈川流域の環境学』（分担執筆，福島民報社）他

諏訪　裕一（すわ　ゆういち）
1956年生まれ　東北大学大学院農学研究科博士前期課程修了　農学博士
現職：中央大学理工学部　教授
専門：微生物生態学
著書：『環境化学の事典』（分担執筆，朝倉書店）他

片山　葉子（かたやま　ようこ）
1952年生まれ　日本女子大学家政学部家政理学科卒業　農学博士
現職：東京農工大学大学院農学研究院　教授
専門：環境微生物学
著書：『環境毒性学』（分担執筆，朝倉書店）他

装丁　岸　和泉

微生物の地球化学──元素循環をめぐる微生物学

2015年6月30日　第1版第1刷発行

訳　者　太田寛行・難波謙二・諏訪裕一・片山葉子
発行者　橋本敏明
発行所　東海大学出版部
　　　　〒257-0003　神奈川県秦野市南矢名3-10-35
　　　　TEL　0463-79-3921　FAX　0463-69-5087
　　　　URL　http://www.press.tokai.ac.jp/
　　　　振替　00100-5-46614
デザイン　岸　和泉
印刷所　港北出版印刷　株式会社
製本所　誠製本　株式会社

© Hiroyuki Ohta, Kenji Nanba, Yuichi Suwa, Yoko Katayama, 2015　　　ISBN978-4-486-02070-7

Ⓡ〈日本複製権センター委託出版物〉
本書の全部または一部を無断で複写複製（コピー）することは，著作権法上の例外を除き，禁じられています．本書から複写複製する場合は日本複製権センターへご連絡のうえ，許諾を得てください．日本複製権センター（電話03-3401-2382）